U0826995

"十四五"职业教育国家规划教材

职业教育国家在线精品课程配套教材
高等职业教育新形态一体化教材

"十三五"江苏省高等学校重点教材

NX10.0 多轴数控编程典型案例教程

主　编　石皋莲　季业益
副主编　吴少华　顾　涛
参　编　李春雷　丁云鹏　耿　哲
殷　铭　刘　婧　管慧军
陈宝华　周　挺　戴春华

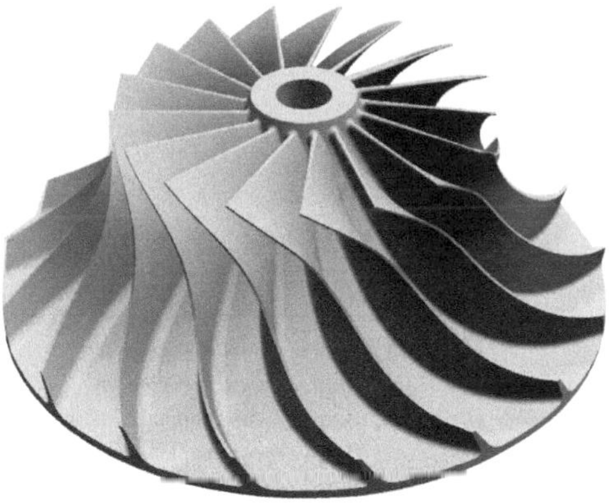

中国教育出版传媒集团
高等教育出版社·北京

内容简介

本书是“十四五”职业教育国家规划教材，也是职业教育国家在线精品课程配套教材。

本书是“十三五”江苏省高等学校重点教材，编号为2017-2-131。

本书是作者团队从事NX CAM编程与加工工作多年来的经验总结和知识积累，书中实践实例均源自于企业真实产品，具有很强的专业性和实用性。本书不仅可以作为职业院校数控技术、模具设计与制造、机械制造与自动化专业及相关专业学生的教学用书，而且可以作为在岗从事NX CAM多轴数控编程与加工的工程技术人员的参考用书。

全书共分为三轴铣削加工、四轴铣削加工、五轴铣削加工、车铣复合铣削加工4个模块和拓展项目，内容涉及NX CAM操作基础，平面铣、型腔铣、固定轴曲面轮廓铣、点位加工、可变轴曲面轮廓铣、叶轮模块等自动编程技术，三轴、四轴、五轴及车铣复合加工的后置处理及仿真加工技术等。

全书实例典型、丰富，代表性和指导性强。案例讲解深入浅出，大大降低了学习门槛，易学易懂。读者即使此前没有基础，也可以迅速实现从入门到精通。同时，读者可登录“中国大学MOOC”网站（www.icourse163.org）搜索课程“多轴数控编程与仿真加工（NX CAM）”进行在线学习。

授课教师如需要本书配套的教学课件资源，可发送邮件至邮箱gzjx@pub.hep.cn获取。

图书在版编目(CIP)数据

NX10.0多轴数控编程典型案例教程/石皋莲，季业益主编.--北京：高等教育出版社，2019.2(2025.5重印)

ISBN 978-7-04-050591-7

Ⅰ.①N… Ⅱ.①石… ②季… Ⅲ.①数控机床-加工-计算机辅助设计-应用软件-教材 Ⅳ.①TG659.022

中国版本图书馆CIP数据核字(2018)第240966号

NX10.0多轴数控编程典型案例教程

NX10.0 DUOZHOU SHUKONG BIANCHENG DIANXING ANLI JIAOCHENG

策划编辑 张 璋　责任编辑 张 璋　封面设计 张 志　版式设计 马 云

插图绘制 于 博　责任校对 窦丽娜　责任印制 张益豪

出版发行 高等教育出版社
社 址 北京市西城区德外大街4号
邮政编码 100120
印 刷 北京中科印刷有限公司
开 本 787mm×1092mm 1/16
印 张 24.5
字 数 580千字
购书热线 010-58581118
咨询电话 400-810-0598

网 址 http://www.hep.edu.cn
http://www.hep.com.cn
网上订购 http://www.hepmall.com.cn
http://www.hepmall.com
http://www.hepmall.cn

版 次 2019年2月第1版
印 次 2025年5月第7次印刷
定 价 59.80元

物 料 号 50591-A0

配套资源索引

续表

项目	名称	资源类型	页码
项目 3	零件精加工	微课	127
项目 3	零件精加工	知识点微课	127
项目 4	加工准备、零件粗加工	微课	139
项目 4	零件精加工、仿真加工	微课	149
项目 5	加工准备、零件粗加工	微课	159
项目 5	零件精加工、仿真加工	微课	168
项目 6	加工准备、零件粗加工	微课	179
项目 6	零件精加工、仿真加工	微课	189
项目 7	加工准备、零件粗加工	微课	201
项目 7	零件半精加工、零件精加工、仿真加工	微课	208
项目 8	加工准备、零件粗加工、底面精加工	微课	218
项目 8	侧壁、凹槽精加工、仿真加工	微课	231
项目 9	加工准备	微课	239
项目 9	加工准备	知识点微课	239
项目 9	叶片粗加工	微课	247
项目 9	叶片粗加工	知识点微课	247
项目 9	叶片精加工	微课	252
项目 9	叶片精加工	知识点微课	252
项目 9	轮毂精加工	微课	257
项目 9	轮毂精加工	微课	257
项目 9	圆角精加工	微课	262
项目 9	圆角精加工	知识点微课	262
项目 9	仿真加工	微课	267
项目 9	仿真加工	知识点微课	267
项目 10	加工准备、端部内腔加工	微课	273
项目 10	内环面加工、底部内腔面加工、孔加工、仿真加工	微课	291
项目 11	加工准备、零件粗加工	微课	307
项目 11	零件精加工、仿真加工	微课	321
项目 12	加工准备、外径加工	微课	342
项目 12	内孔加工、仿真加工	微课	365
项目 13	项目内容	资料	375
项目 13	加工准备	微课	375

续表

前言

扫一扫

多轴数控编程与仿真加工(NX CAM)

本书深刻践行党的二十大报告中提出的要努力培养造就更多的卓越工程师、大国工匠、高技能人才的文件精神，立足于“智改数转”产业变革对数控技术岗位人才素质素养提出的更高要求，实施价值引领推进课程改革，着力培养“德技双馨”的高素质技术技能人才。

本书是职业教育国家在线精品课程配套教材。读者可登录“中国大学 MOOC”(www.icourse163.org)搜索课程“多轴数控编程与仿真加工(NX CAM)”进行在线学习，或扫描右侧二维码链接课程。

本书以 NX 10.0 软件为平台，与企业合作开发课程内容，实践案例来自于企业真实产品，具有很强的专业性和实用性；基于项目任务，在开展任务中教学、在解决问题中学习、在完成任务中提高，有利于激发读者探究性学习的兴趣，培养专业精神、职业精神、工匠精神和创新精神。

全书共分 4 个模块 12 个学习项目及 3 个拓展项目。模块一主要以连接块、导板、水壶凹模 3 个三轴铣削加工项目为例，重点介绍 NX CAM 三轴数控加工的基础及操作流程，引导读者入门；模块二则通过滚轴、凹轮、定位夹具 3 个四轴铣削加工项目，重点介绍 NX 四轴数控加工的设置管理与刀具路径生成和验证等知识与方法；模块三以模具、壳体、叶轮 3 个五轴铣削加工项目为例，详细讲解五轴铣削加工编程、后置处理定制和 NX 加工仿真；模块四以回转轴、定位件、五金件 3 个车铣削加工项目为例，详细讲解车铣削加工编程、后置处理定制和 NX 加工仿真等。同时，为了丰富读者的学习，本书增加了玩具相机凸模、模型、杯 3 个拓展项目供大家学习。

本书在每个项目中都含有学习目标、项目导读、任务描述、工作任务等，并在工作任务中重点介绍加工工艺制订、加工程序编制及仿真加工等，以便读者进行有针对性的操作，从而掌握学习重点和难点。每个项目后面都配有专家点拨、课后训练，提示和辅助读者加深理解操作要领、使用技巧和注意事项。

本书由校企人员联合创作编写。模块一由季业益编写；模块二由吴少华编写；模块三由石皋莲编写；模块四由顾涛编写；拓展项目中项目 13 由李春雷编写；拓展项目中项目 14 由丁云鹏编写；拓展项目中的项目 15 由耿哲编写；殷铭、刘婧、管慧军、周挺、陈宝华、戴春华等教师和企业的工程技术人员参与了本书项目的工艺制订、程序编制及在线学习资源建设等工作。石皋莲和季业益担任本书主编，进行了大纲的编写和书稿统稿工作。

衷心感谢西门子工业软件(上海)公司、DMG MORI、英格索兰苏州吴江有限公司、纽威数控装备(苏州)股份有限公司、江苏迈信林航空科技股份有限公司等企业无私提供的实践案例和宝贵的应用经验。本书的撰写得到江苏高校品牌专业建设工程项目(PPZY2015B186)和江苏省高等学校重点教材建设项目(项目编号：2017-2-131)的资助。

同时,感谢我们团队中每一位成员为编写本书付出的努力。

由于编者水平有限,谬误欠妥之处在所难免,恳请专家和广大读者批评指正。

编者

2022 年 11 月

目录

模块一　三轴铣削加工

模块二　四轴铣削加工

模块三　五轴铣削加工

模块四　车铣复合加工

拓展项目

模块一

三轴铣削加工

本模块以真实产品为例讲述 NX CAM 三轴铣削数控编程、仿真与加工方法，详细介绍了 NX CAM 平面铣、型腔铣、固定轴曲面轮廓铣和点位加工等加工方式，常用参数设置，后置处理方法，编程操作技巧等。通过本模块的学习，使学生能完成三轴铣削零件的数控编程与加工仿真。

项目1

连接块的数控编程与仿真加工

学习目标

能力目标：能运用 NX 软件完成连接块的编程与仿真加工。
知识目标：掌握 NX CAM 的基本操作流程。
基本掌握平面铣、面铣、精加工壁几何体设置。
基本掌握定心钻、啄钻、铣孔等点位加工的参数设置。
素质目标：激发学生的学习兴趣，培养团队合作和创新精神。

项目导读

连接块是机械结构中常见的一类零件，这类零件的特点是结构比较简单，零件整体外形成块状，零件上一般会有台阶、圆弧角、连接孔、配合孔等特征。在编程与加工过程中要特别注意台阶面的精度和配合孔的精度。

任务描述

学生以企业制造部门 MC 数控程序员的身份进入 NX CAM 功能模块，根据连接块的特征，制定合理的工艺路线，创建表面铣、平面铣、点位加工操作、设置必要的加工参数、生成刀具路径、检验刀具路径是否正确合理，并对操作过程中存在的问题进行研讨和交流，通过相应的后处理生成数控加工程序，并运用机床加工零件。

工作任务

按照零件加工要求，制定连接块加工工艺；编制连接块加工程序；完成连接块的仿真加工，后处理得到数控加工程序，完成零件加工。

一、制订加工工艺

1. 连接块件结构分析

该连接块结构比较简单，主要有台阶、圆弧过渡面、孔等特征组成，主要加工内容为外形、台阶、孔。

2. 毛坯选用

零件材料为厚度为 55 mm 的 45 钢板切割而成，尺寸为 94 mm×62 mm×55 mm。零件四周单边最小余量为 3 mm，零件厚度方向为了保证零件的装夹，余量为 7 mm。

3. 制订加工工序卡

零件选用立式三轴联动机床加工，平口钳夹持，遵循先粗后精、先面后孔的加工原则。制订加工工序如表 1-1 所示。

表 1-1　加工工序卡

零件号：	工序名称：	工艺流程卡_工序单	
2655869	连接块铣削加工		
材料:45	页码:1	工序号:01	版本号:0
夹具:平口钳	工位:MC	数控程序号:	

刀具及参数设置				
加工内容	刀具号	刀具规格	主轴转速	进给速度
零件粗加工	T01	D25R5	S1800	F1200
零件顶面和台阶面精加工	T02	D16R0	S2200	F1000
零件台阶侧面精加工	T02	D16R0	S2200	F1000
零件外轮廓精加工	T02	D16R0	S2200	F1000
圆角加工	T03	D16R4	S2200	F1000
钻中心孔	T05	ZXZ10	S1500	F300
钻 D17 通孔	T06	D17DRILL	S600	F80
钻 D11 通孔	T07	D11DRILL	S600	F80
钻 D11.8 盲孔	T08	D11.8DRILL	S800	F100
粗铣 D25 沉孔	T04	D12R0	S1800	F800
精铰 D12 盲孔	T09	D12REAMER	S300	F30
精镗 D25 沉孔	T10	D25BORING	S400	F40

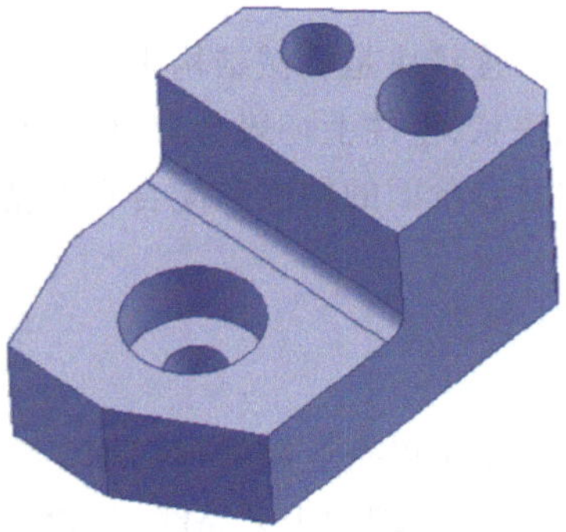

更改号	更改内容			批准	日期		（单位）
拟制：	日期：	审核：	日期：	批准：	日期：		

二、加工准备

微课
加工准备

知识点微课
加工准备

1. 启动 NX 10.0，单击【打开】按钮，选择【连接块.prt】文件，如图 1-1 所示，单击【OK】按钮，打开零件模型。

图 1-1　【打开】对话框

2. 在菜单栏中选择【应用模块】选项卡，单击【加工】图标，进入加工环境，如图 1-2 所示。

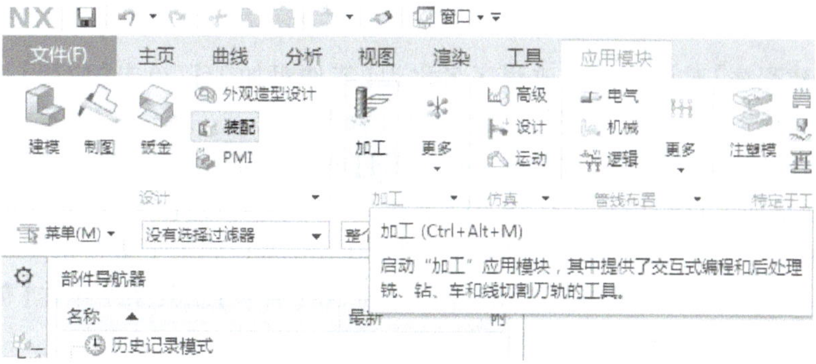

图 1-2　进入加工环境

3. 在弹出的【加工环境】对话框【CAM 会话配置】栏中选择【cam_general】选项，在【要创建的 CAM 设置】栏中选择【mill_planar】选项，如图 1-3 所示，单击【确定】按钮，初始化加工环境。

图 1-3　【加工环境】对话框

4. 在【插入】工具条中单击【创建程序】按钮，如图 1-4 所示，系统弹出【创建程序】对话框。

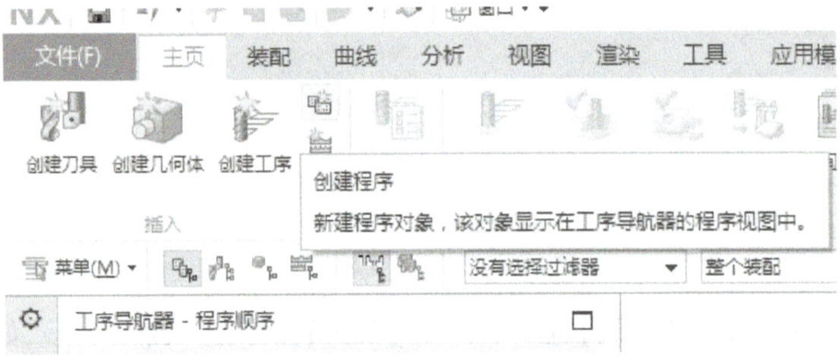

图 1-4　创建程序

5. 在【创建程序】对话框中修改程序名称为【零件粗加工】，单击【应用】按钮，再单击【确定】按钮，完成零件粗加工程序的创建，如图 1-5 所示。

6. 使用同样的方法创建【零件外轮廓精加工】【零件台阶侧面精加工】【零件顶面和台阶面精加工】【圆角加工】【钻中心孔】【钻 D17 通孔】【钻 D11 通孔】【钻 D11.8 盲孔】【粗铣 D25 沉孔】【精铰 D12 盲孔】【精铰 D25 沉孔】，删除【PROGRAM】，如图 1-6 所示。

7. 在【导航器】工具条中单击【机床视图】按钮，在【插入】工具条中单击【创建刀具】按钮，如图 1-7 所示，弹出【创建刀具】对话框。

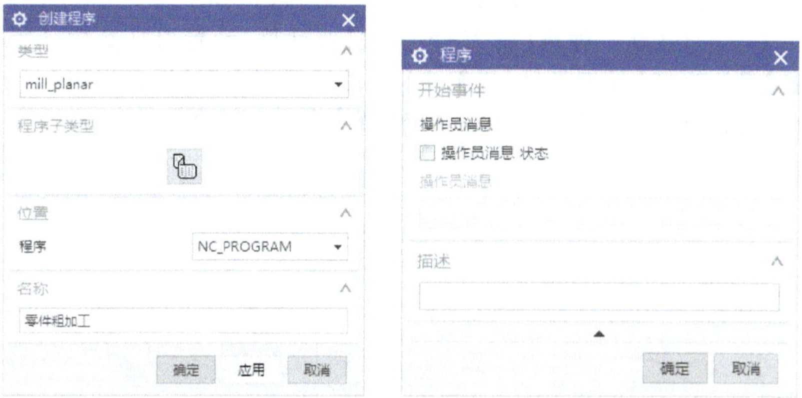

图 1-5　创建程序

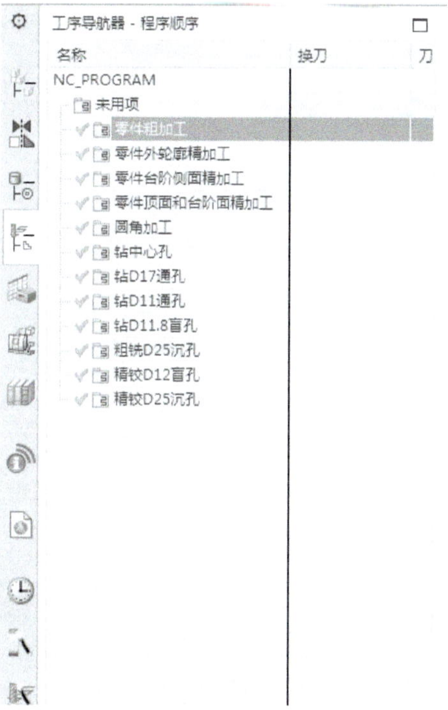

图 1-6　创建程序组

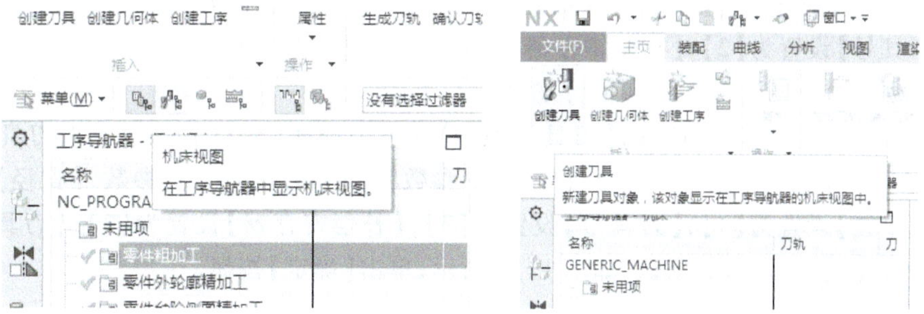

图 1-7　创建刀具

8. 在【创建刀具】对话框【刀具子类型】选项中选择【MILL】选项，修改刀具【名称】为【D25R5】，单击【应用】按钮。弹出【铣刀-5 参数】对话框，设置刀具参数，【直径】设置为【25】，【下半径】设置为【5】，【刀具号】设置为【1】，【补偿寄存器】设置为【1】，【刀具补偿寄存器】设置为【1】，其他参数默认，如图 1-8 所示，单击【确定】按钮。

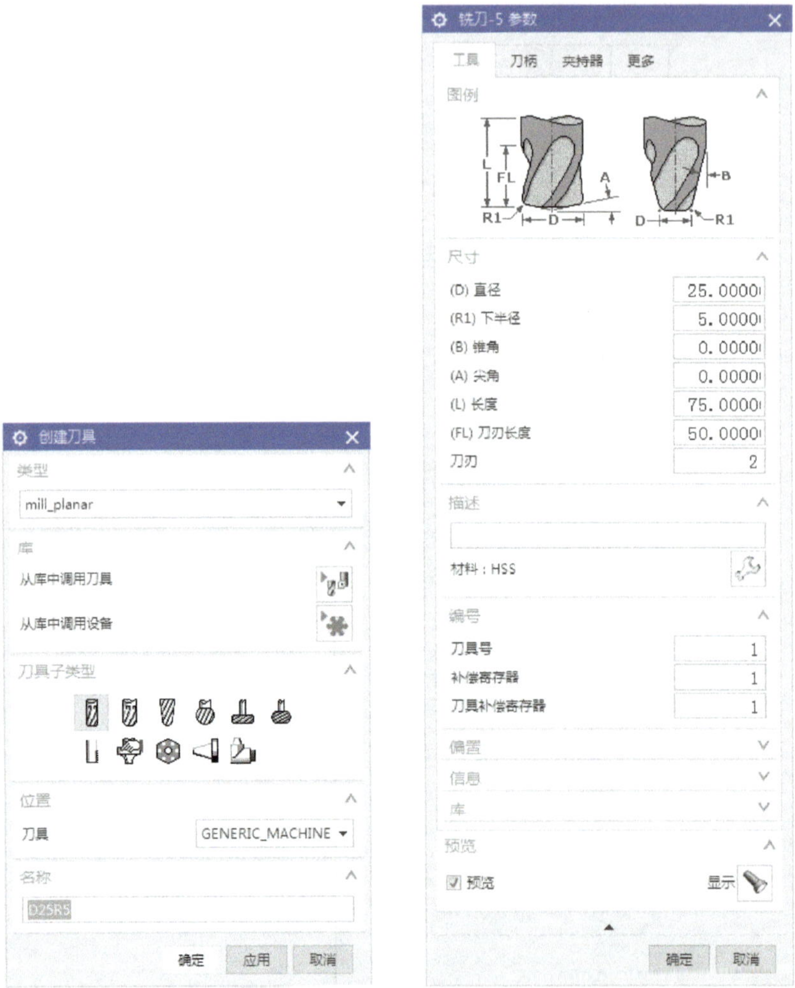

图 1-8　创建【D25R5】刀具

9. 回到【创建刀具】对话框，【刀具子类型】选项中选择【MILL】选项，修改刀具【名称】为【D16R0】，单击【应用】按钮。弹出【铣刀-5 参数】对话框，设置刀具参数，【直径】设置为【16】，【刀具号】设置为【2】，【补偿寄存器】设置为【2】，【刀具补偿寄存器】设置为【2】，其他参数默认，如图 1-9 所示，单击【确定】按钮。

10. 回到【创建刀具】对话框，【刀具子类型】选项中选择【MILL】选项，修改刀具【名称】为【D16R4】，单击【应用】按钮。弹出【铣刀-5 参数】对话框，设置刀具参数，【直径】设置为【16】，【下半径】设置为【4】，【刀具号】设置为【3】，【补偿寄存器】设置为【3】，【刀具补偿寄存器】设置为【3】，其他参数默认，如图 1-10 所示，单击【确定】按钮。

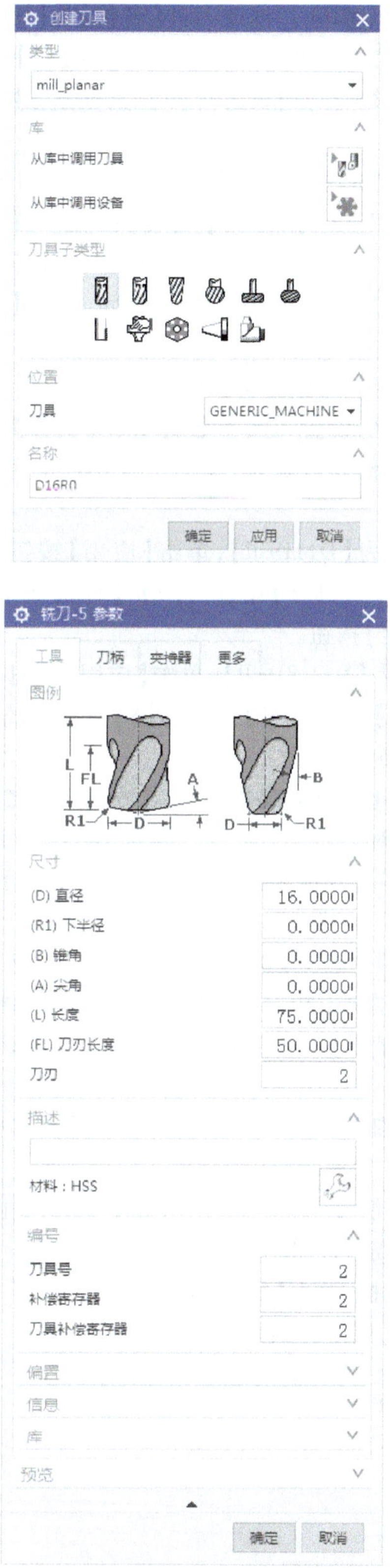

图 1-9　创建【D16R0】刀具

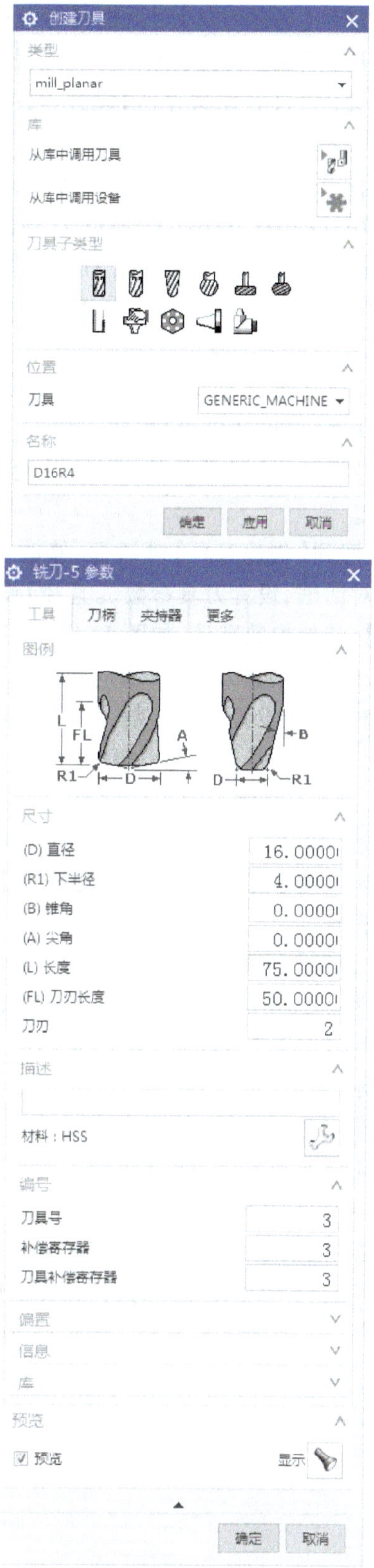

图 1-10　创建【D16R4】刀具

11. 回到【创建刀具】对话框,【刀具子类型】选择【MILL】,修改刀具【名称】为【D12R0】,单击【应用】按钮。弹出【铣刀-5 参数】对话框,设置刀具参数,【直径】设置为【12】,【刀具号】设置为【4】,【补偿寄存器】设置为【4】,【刀具补偿寄存器】设置为【4】,其他参数默认,如图 1-11 所示,单击【确定】按钮。

12. 回到【创建刀具】对话框,刀具【类型】选择【drill】,【刀具子类型】选择【SPOTDRILLING_TOOL】,修改刀具【名称】为【ZXZ10】,单击【应用】按钮。弹出【钻刀】对话框,设置刀具参数,【直径】设置为【10】,【刀尖角度】设置为【90】,【刀具号】设置为【5】,【补偿寄存器】设置为【5】,其他参数默认,如图 1-12 所示,单击【确定】按钮。

13. 回到【创建刀具】对话框,【刀具子类型】选择【DRILLING_TOOL】,修改刀具【名称】为【D17Drill】,单击【应用】按钮。弹出【钻刀】对话框,设置刀具参数,【直径】设置为【17】,【刀具号】设置为【6】,【补偿寄存器】设置为【6】,其他参数默认,如图 1-13 所示,单击【确定】按钮。

14. 回到【创建刀具】对话框,修改刀具【名称】为【D11Drill】,单击【应用】按钮。弹出【钻刀】对话框,设置刀具参数,【直径】设置为【11】,【刀具号】设置为【7】,【补偿寄存器】设置为【7】,其他参数默认,如图 1-14 所示,单击【确定】按钮。

15. 回到【创建刀具】对话框,修改刀具【名称】为【D11.8Drill】,单击【应用】按钮。弹出【钻刀】对话框,设置刀具参数,【直径】设置为【11.8】,【刀具号】设置为【8】,【补偿寄存器】设置为【8】,其他参数默认,如图 1-15 所示,单击【确定】按钮。

16. 回到【创建刀具】对话框,【刀具子类型】选择【REAMER】,修改刀具【名称】为【D12REAMER】,单击【应用】按钮。弹出【钻刀】对话框,设置刀具参数,【直径】设置为【12】,【刀具号】设置为【9】,【补偿寄存器】设置为【9】,其他参数默认,如图 1-16 所示,单击【确定】按钮。

17. 回到【创建刀具】对话框,【刀具子类型】选项中选择【BORING_BAR】选项,修改刀具【名称】为【D25BORING_BAR】,单击【确定】按钮。弹出【钻刀】对话框,设置刀具参数,【直径】设置为【25】,【刀具号】设置为【10】,【补偿寄存器】设置为【10】,其他参数默认,如图 1-17所示,单击【确定】按钮。

18. 在【导航器】工具条中单击【几何视图】按钮,在【工序导航器-几何】窗口中双击【MCS_MILL】,如图 1-18 所示。

19. 弹出【MCS 铣削】对话框,单击【CSYS】对话框按钮,选择工作坐标【WCS】,在【安全距离】文本框中输入【50】,如图 1-19 所示,单击【确定】按钮。

20. 双击【WORKPIECE】选项,弹出【工件】对话框,单击【指定部件】图标,弹出【部件几何体】对话框,选择零件实体,如图 1-20 所示,单击【确定】按钮。

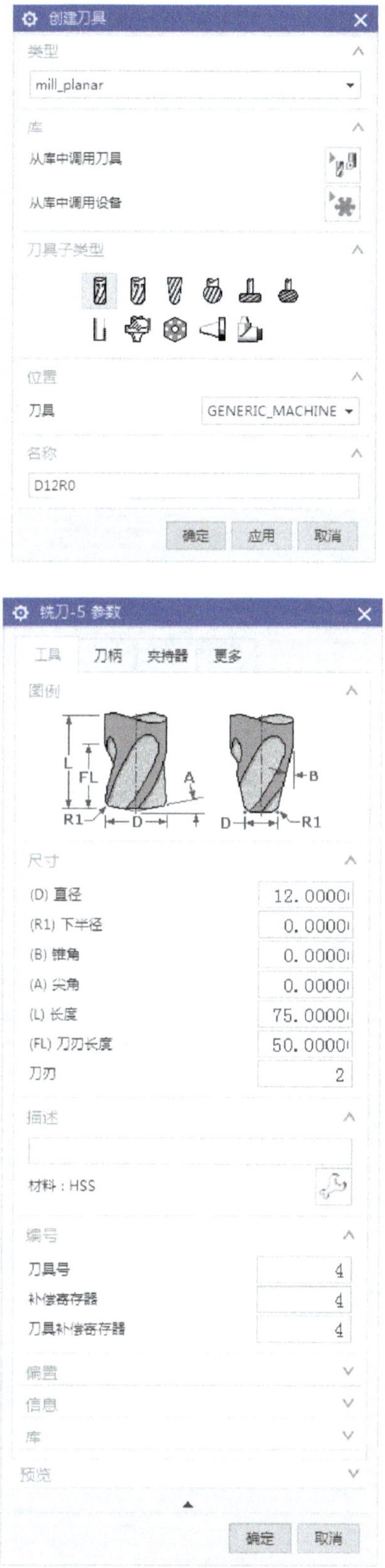

图 1-11　创建【D12R0】刀具

图 1-12　创建【ZXZ10】刀具

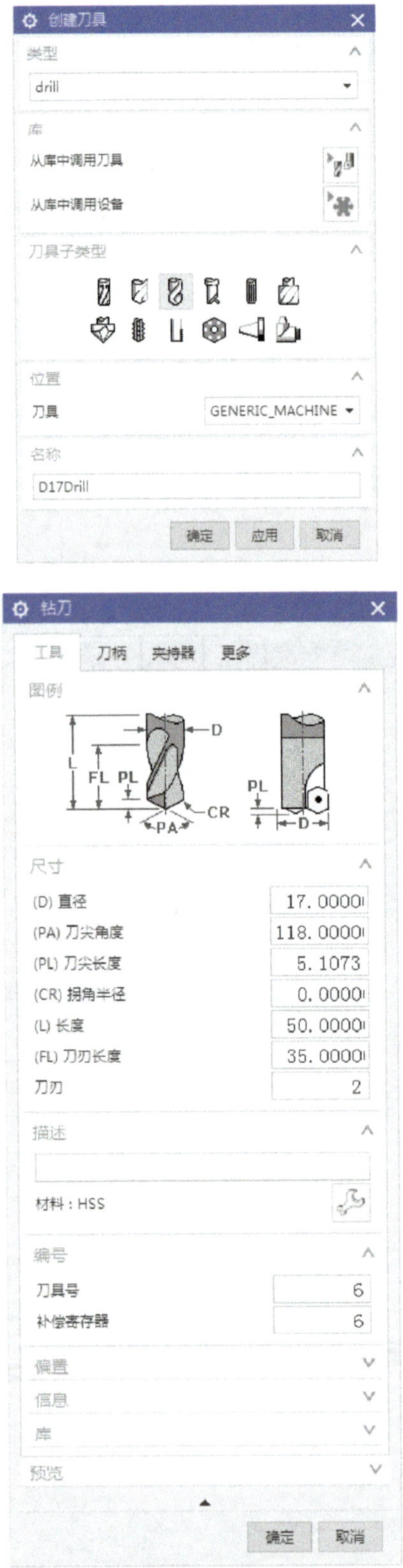

图 1-13　创建【D17Drill】刀具

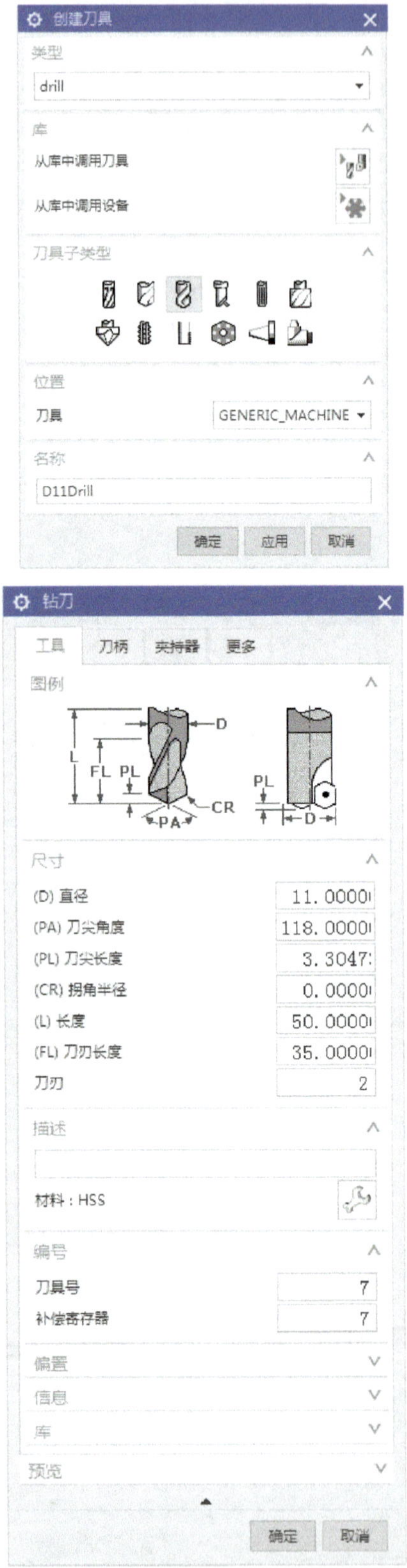

图 1-14　创建【D11Drill】刀具

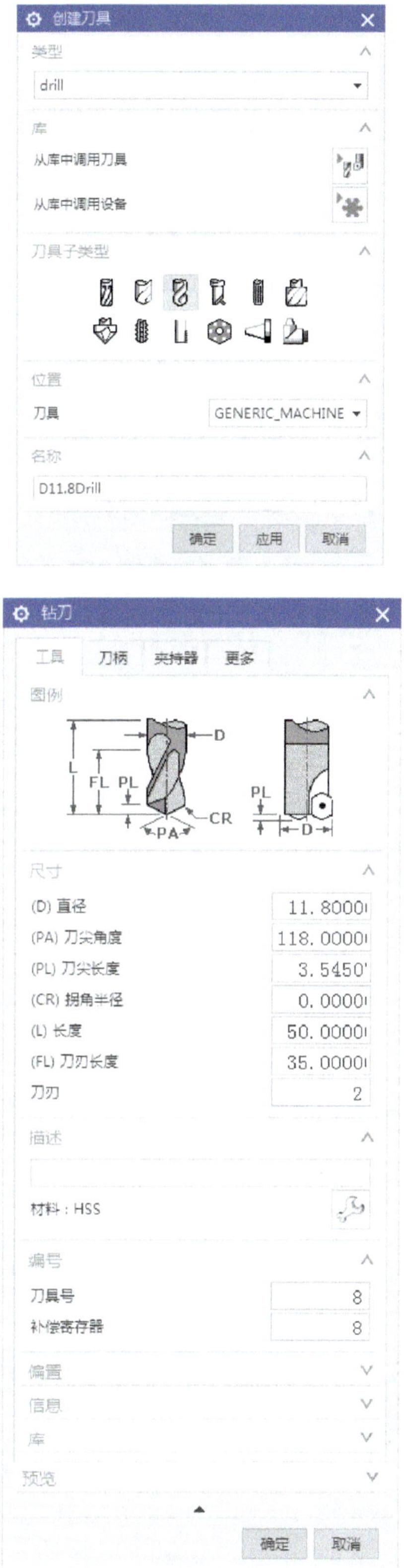

图 1-15　创建【D11.8Drill】刀具

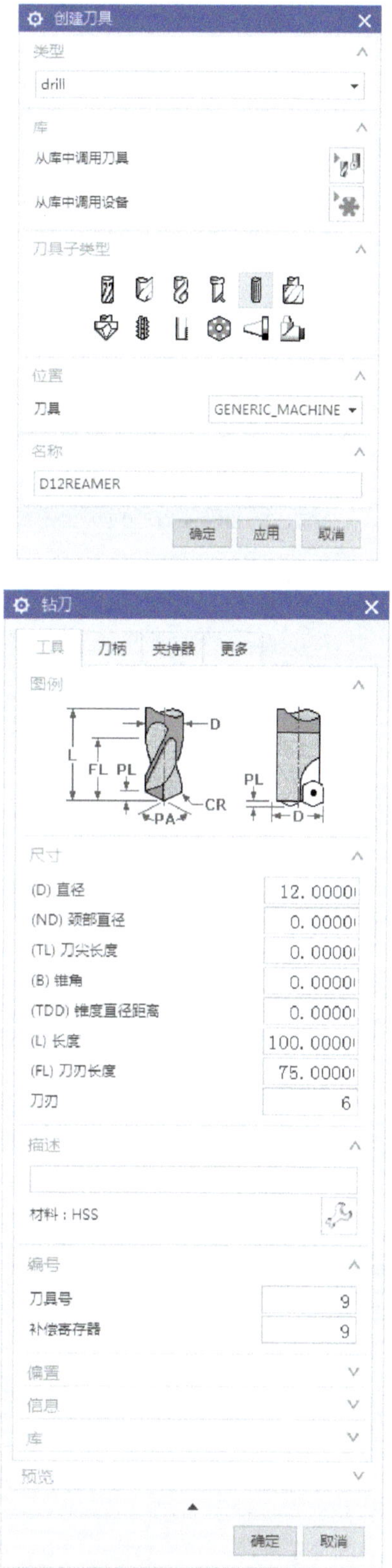

图 1-16　创建【D12REAMER】刀具

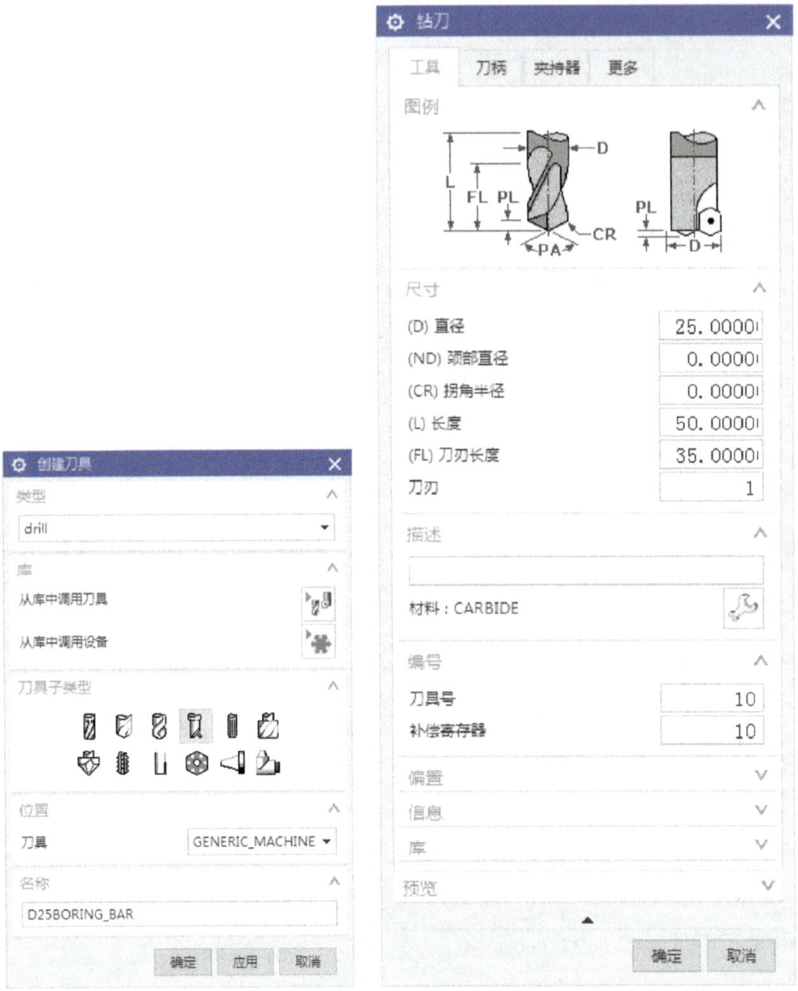

图 1-17　创建【D25BORING_BAR】刀具

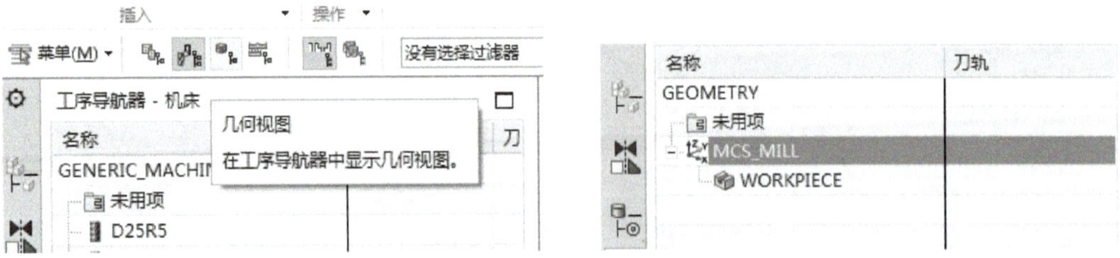

图 1-18　编辑【MCS_MILL】

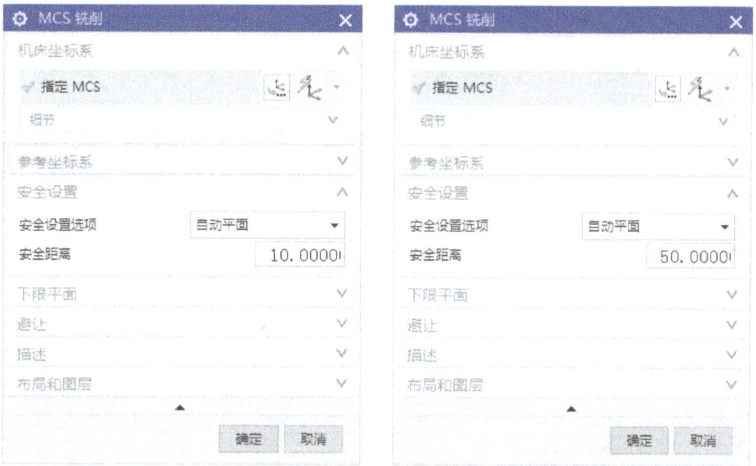

图 1-19　设置 MCS

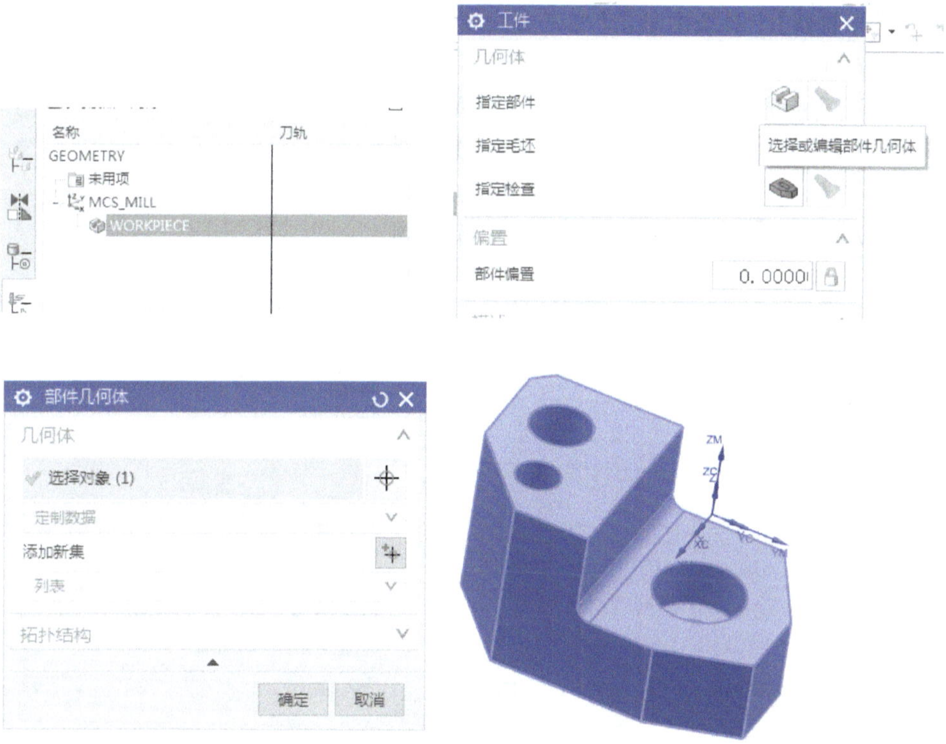

图 1-20　指定部件

21. 单击【指定毛坯】图标，弹出【毛坯几何体】对话框，选择类型为【包容块】，【XM-】设置为【5】【XM+】设置为【5】【YM-】设置为【5】【YM+】设置为【5】【ZM-】设置为【5】【ZM+】设置为【1】，如图 1-21 所示，单击【确定】按钮，回到【工件】对话框，再单击【确定】按钮，退出【工件】对话框。

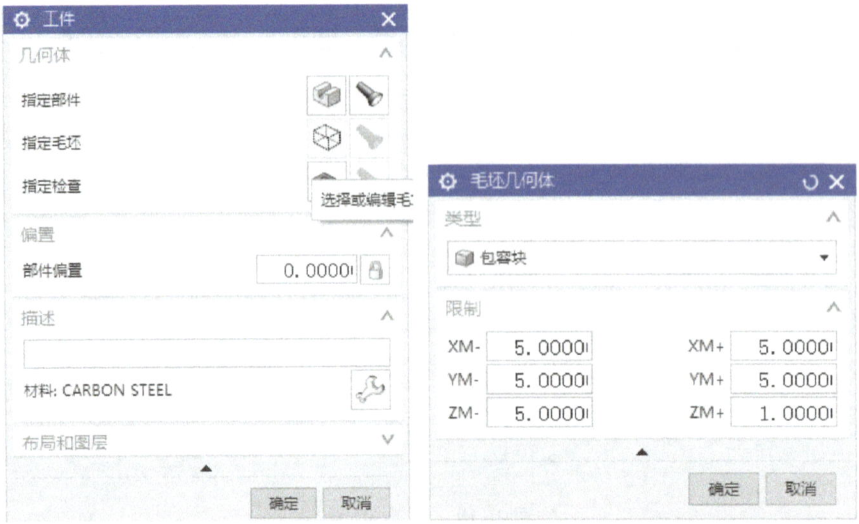

图 1-21　指定毛坯

22. 在【导航器】工具条中单击【加工方法视图】按钮，如图 1-22 所示。

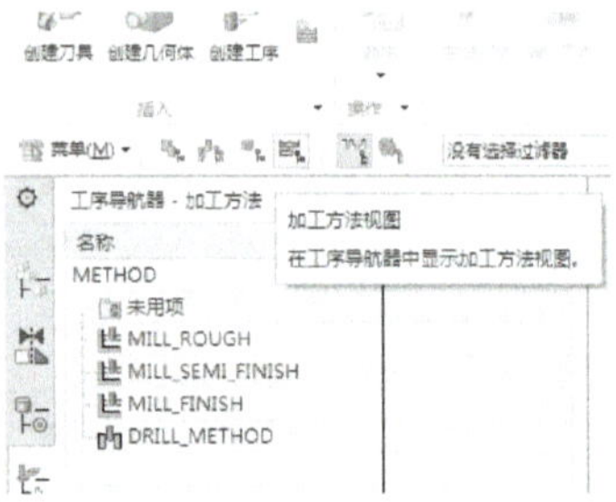

图 1-22　编辑加工方法

23. 在【工序导航器-加工方法】双击【MILL_ROUGH】，弹出【铣削粗加工】对话框，修改【部件余量】为【0.5】，修改【内公差】为【0.03】，修改【外公差】为【0.03】，如图 1-23 所示，单击【确定】按钮。

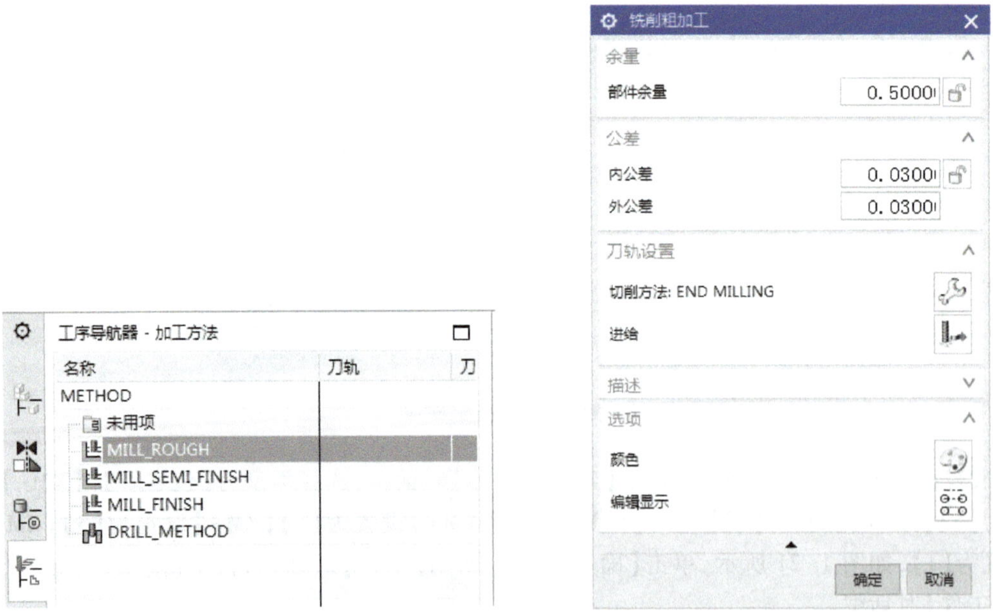

图 1-23　设置【MILL_ROUGH】加工参数

24. 在【工序导航器-加工方法】视图中双击【MILL_SEMI_FINISH】选项，弹出【铣削半精加工】对话框，修改【部件余量】为【0.1】，修改【内公差】为【0.01】，修改【外公差】为【0.01】，如图 1-24 所示，单击【确定】按钮。

图 1-24　设置【MILL_SEMI_FINISH】加工参数

25. 在【工序导航器-加工方法】视图中双击【MILL _FINISH】选项，弹出【铣削精加工】对话框，修改【内公差】为【0.003】，修改【外公差】为【0.003】，如图 1-25 所示，单击【确定】按钮。

图 1-25　设置【MILL _FINISH】加工参数

三、程序编制

（一）零件粗加工

微课　零件粗加工

知识点微课　零件粗加工

1. 在【插入】工具条中单击【创建工序】图标，弹出【创建工序】对话框，在【类型】选择【mill_planar】，【工序子类型】选择【平面铣】，【程序】选择【零件粗加工】，【刀具】选择【D25R5】，【几何体】选择【WORKPIECE】，【方法】选择【MILL_ROUGH】，在【名称】栏输入【Rough_mill-1】，如图 1-26 所示，单击【确定】按钮，弹出【平面铣】对话框。

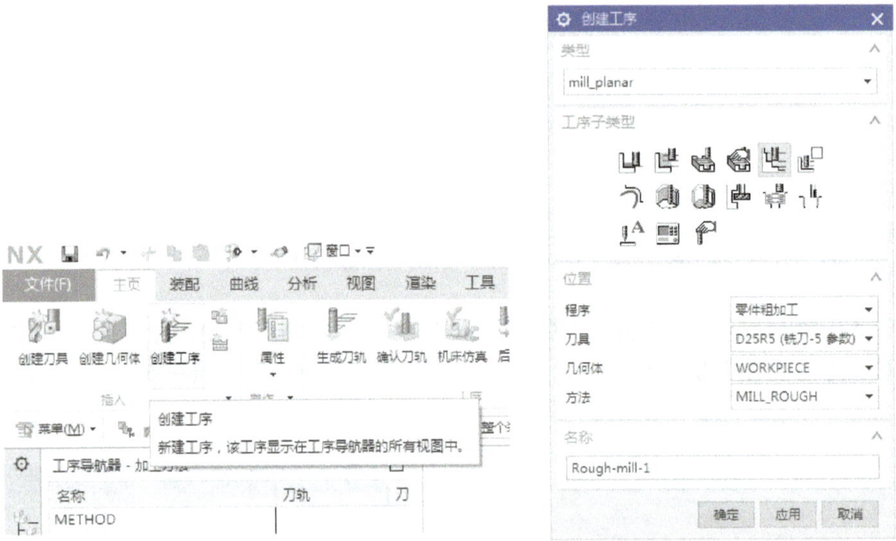

图 1-26　创建工序

2. 在【平面铣】对话框中单击【指定部件边界】图标，弹出【边界几何体】对话框，选择【忽略孔】，选择工件底面，如图 1-27 所示，单击【确定】按钮，完成边界的创建，回到【平面铣】对话框。

3. 在【平面铣】对话框中再次单击【指定部件边界】图标，【刨】选择【用户定义】选项，弹出【刨】对话框，【类型】下拉列表框中选择【XC-YC 平面】选项，【距离】设为【1】，如图 1-28 所示，两次单击【确定】按钮，退出【编辑边界】对话框。

4. 在【平面铣】对话框中单击【指定底面】图标，选择工件底面，如图 1-29 所示，单击【确定】按钮，完成底面的指定，系统返回【平面铣】对话框。

5. 修改【切削模式】为【轮廓】。

6. 单击【切削层】图标，弹出【切削层】对话框，【类型】下拉列表框中选择【恒定】选项，【每刀切削深度】中【公共】设为【1.5】，如图 1-30 所示，单击【确定】按钮，系统返回【平面铣】对话框。

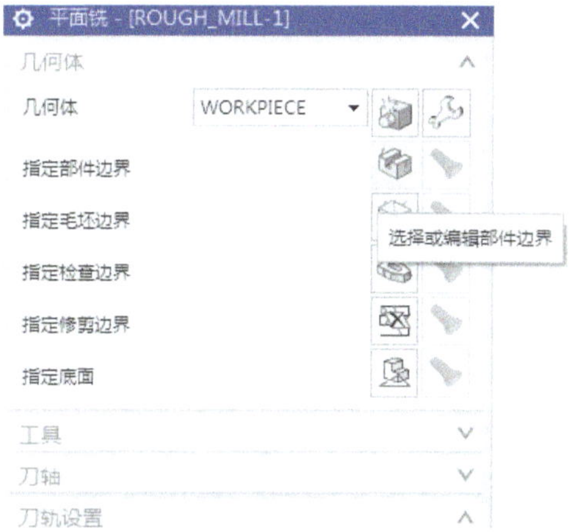

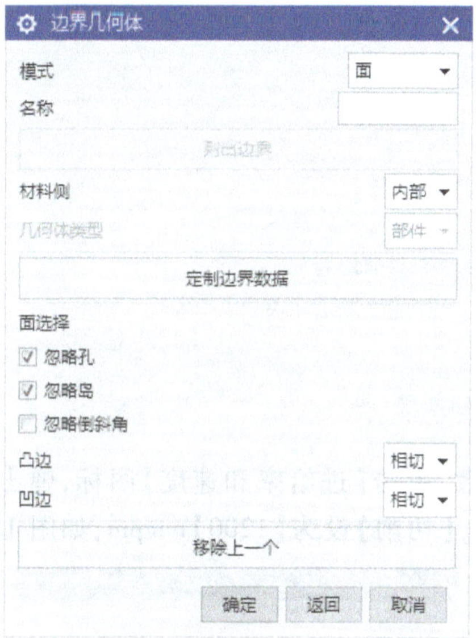

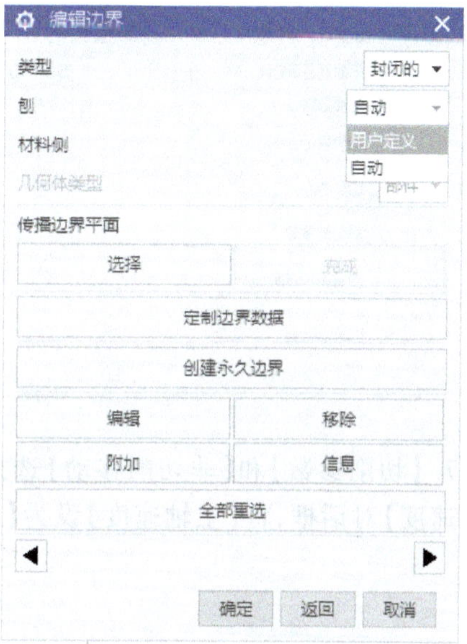

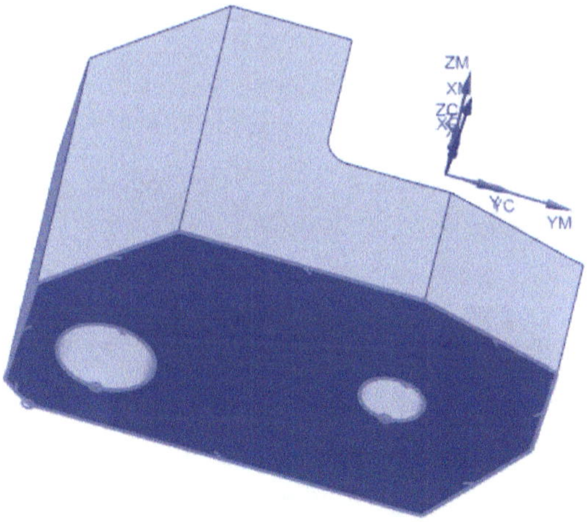

图 1-27　设置部件边界

图 1-28　设置部件边界

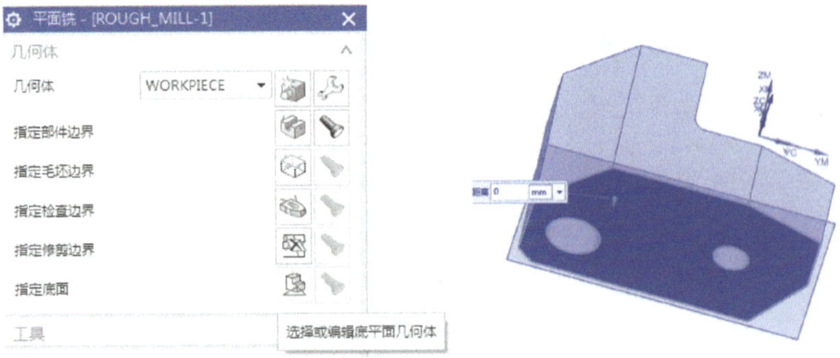

图 1-29　设置底面

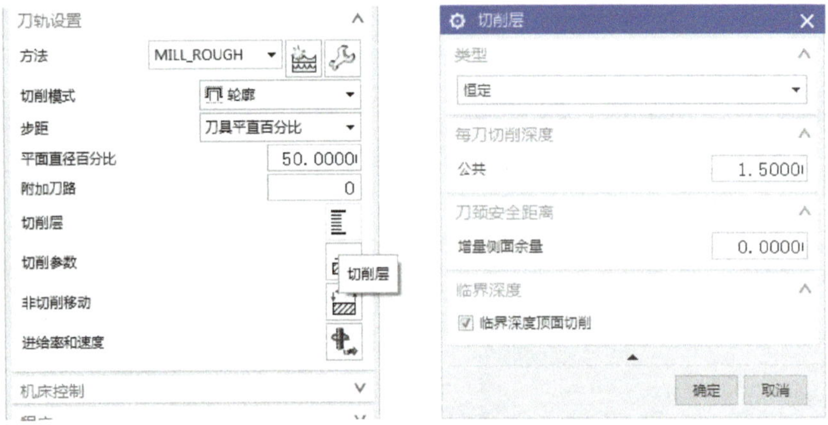

图 1-30　设置切削层

7.【切削参数】和【非切削移动】选择默认参数，单击【进给率和速度】图标，弹出【进给率和速度】对话框，将【主轴速度】设为【1800】rpm，【切削】设为【1200】mmpm，如图 1-31 所

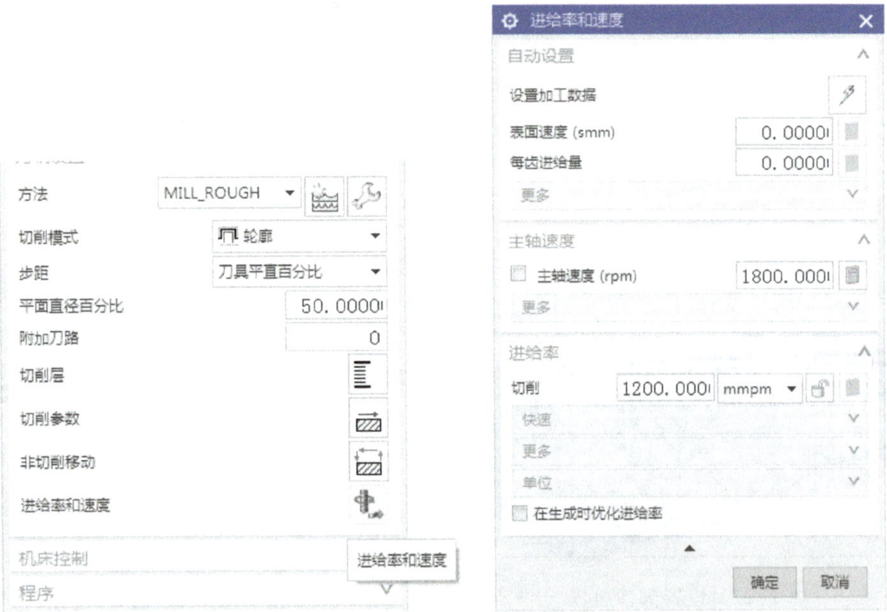

图 1-31　设置进给率和速度

示，单击【确定】按钮，系统返回【平面铣】对话框。

8. 在【平面铣】对话框的【操作】区域中单击【生成】图标，查看生成的刀具路径，如图 1-32所示，单击【确定】按钮，生成粗加工刀轨。

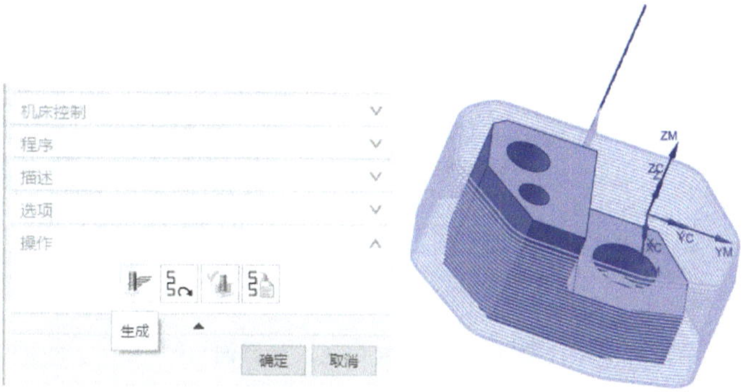

图 1-32　生成刀轨

9. 在【插入】工具条中单击【创建工序】图标，在弹出的【创建工序】对话框的【类型】下拉列表框中选择【mill_planar】选项，【工序子类型】选择【底壁加工】，修改名称为【Rough_mill-2】，如图 1-33 所示，单击【确定】，系统弹出【底壁加工】对话框。

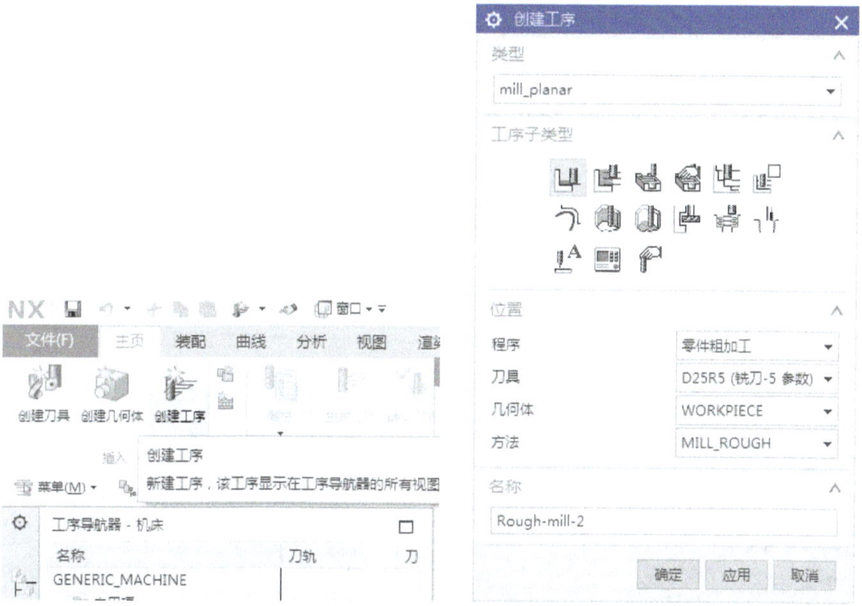

图 1-33　创建工序

10. 在【底壁加工】对话框中单击【指定切削区底面】图标，选择工件台阶面，如图 1-34 所示，单击【确定】按钮。

11. 在【底壁加工】对话框中勾选【自动壁】【切削模式】下拉列表框中选择【往复】选项，修改【平面直径百分比】为【60】，如图 1-35 所示。

12. 单击【菜单】—【分析】—【测量距离】，选择两个台阶平面，勾选结果显示中【显示信息窗口】，如图 1-36 所示，单击【确定】按钮，完成距离的测量。

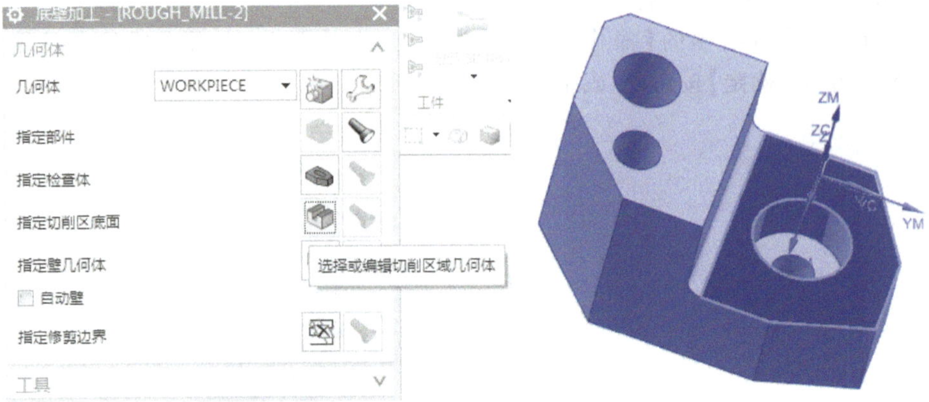

图 1-34　设置切削区域底面

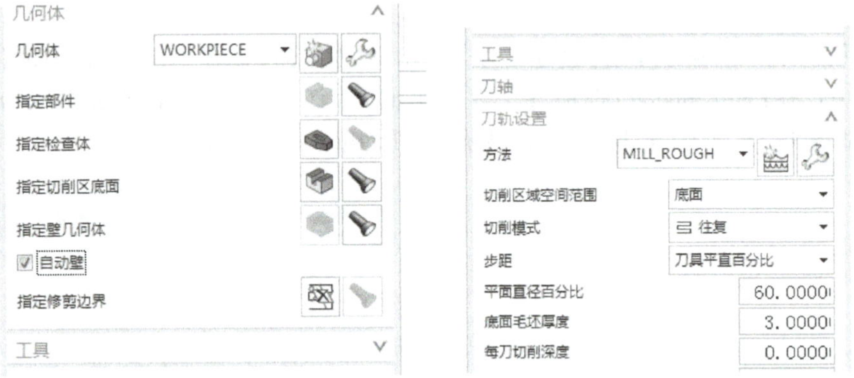

图 1-35　刀轨设置

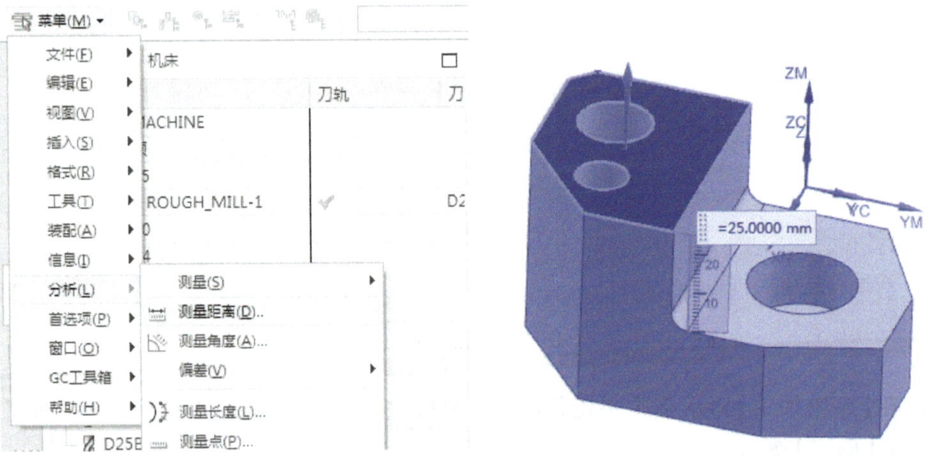

图 1-36　测量距离

13. 在【底壁加工】对话框中修改【底面毛坯厚度】为【25】，修改【每刀切削深度】为【1.5】，如图 1-37 所示。

14. 单击【切削参数】图标，弹出【切削参数】对话框，单击【余量】选项卡，修改【最终底面余量】为【0.2】，单击【确定】按钮，系统返回【底壁加工】对话框。【非切削移动】选择默认参数，如图1-38所示。

15. 单击【进给率和速度】图标，系统弹出【进给率和速度】对话框，将【主轴速度】设为【1800】rpm，【切削】设为【1200】mmpm，如图 1-39 所示，单击【确定】按钮。

16. 在【底壁加工】对话框【操作】区域中单击【生成】图标，生成刀轨，查看生成的刀具路径，单击【确定】按钮，完成零件的粗加工如图 1-40 所示。

图 1-37　设置毛坯厚度

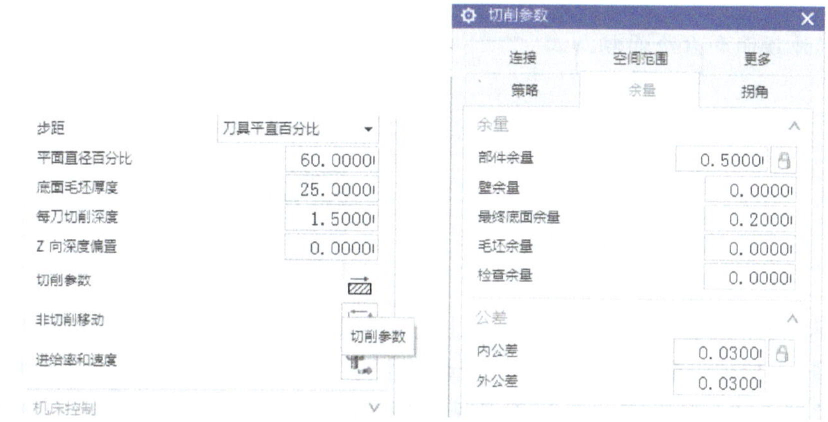

图 1-38　设置余量

图 1-39　设置进给率和速度

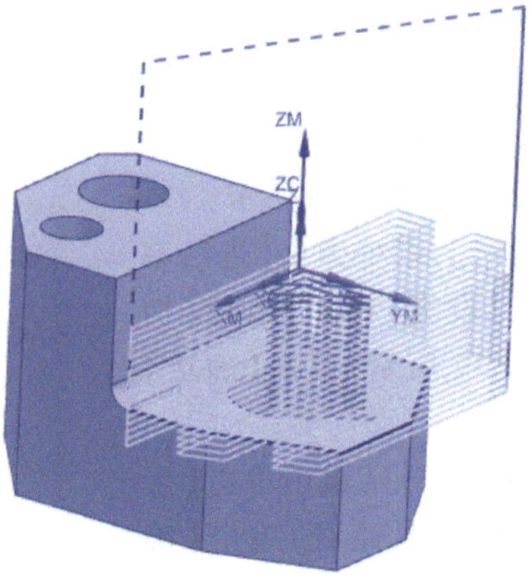

图 1-40　生成刀轨

(二) 零件顶面和台阶面精加工

微课
零件顶面和台阶面精加工

知识点微课
零件顶面和台阶面精加工

1. 在【插入】工具条中单击【创建工序】图标，弹出【创建工序】对话框，在【创建工序】对话框的【类型】下拉列表框中选择【mill_planar】选项，工序子类型选择【使用边界面铣削】，程序选择【零件顶面和台阶面精加工】，刀具选择【D16R0】，几何体选择【WORKPIECE】，方法选择【MILL_FINISH】，在【名称】栏中输入【Finish_mill-1】，如图 1-41 所示，单击【确定】按钮，系统弹出【面铣】对话框。

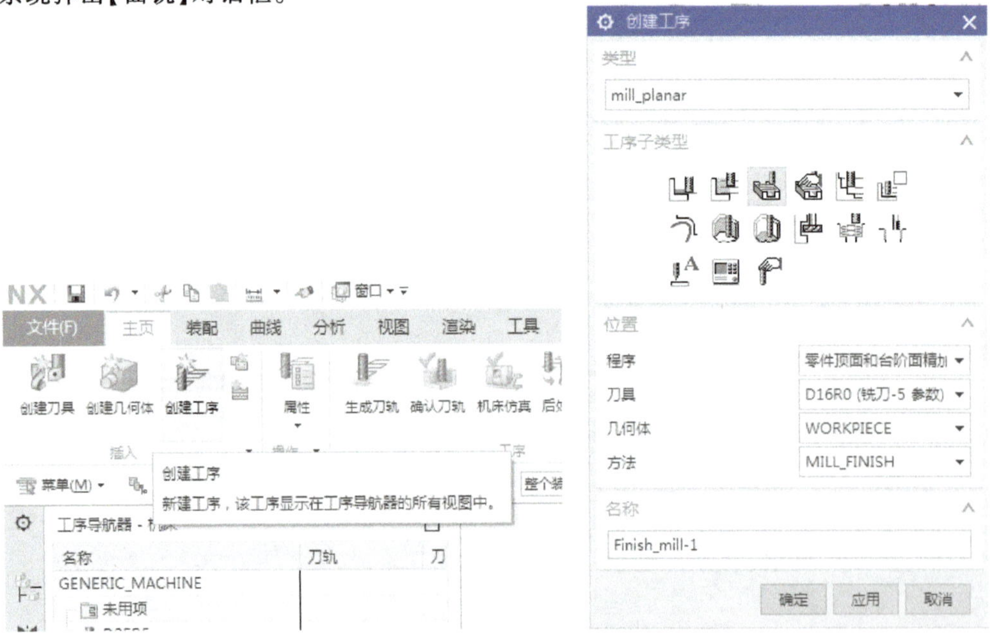

图 1-41　创建工序

2. 在【面铣】对话框中单击【指定面边界】图标，选择工件顶面，如图 1-42 所示，单击【确定】按钮，完成面边界几何体的创建，系统返回【面铣】对话框。

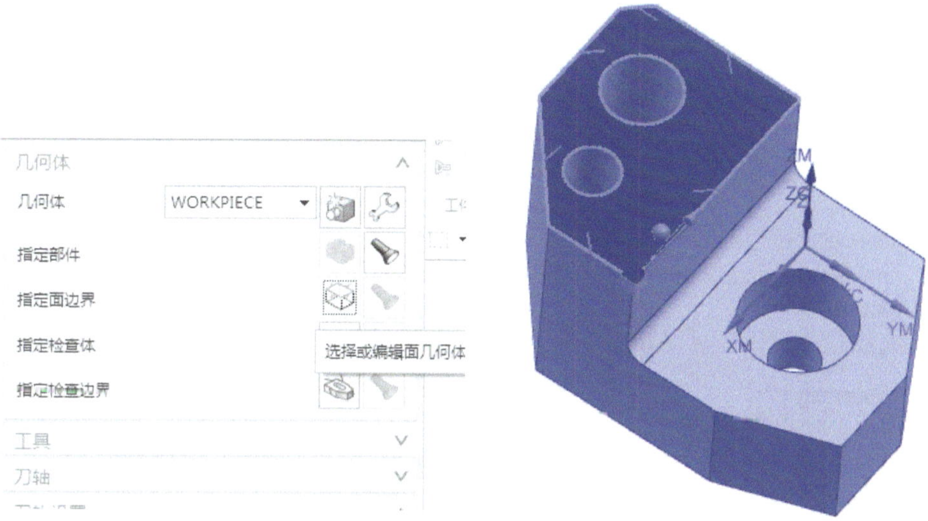

图 1-42　设置面边界

3. 在【面铣】对话框的【切削模式】下拉列表框中选择【往复】选项，在【平面直径百分比】栏中输入【60】，在【毛坯距离】栏中输入【1】，在【每刀切削深度】栏中输入【0.5】，在【最终底面余量】栏中输入【0.1】，如图 1-43 所示。

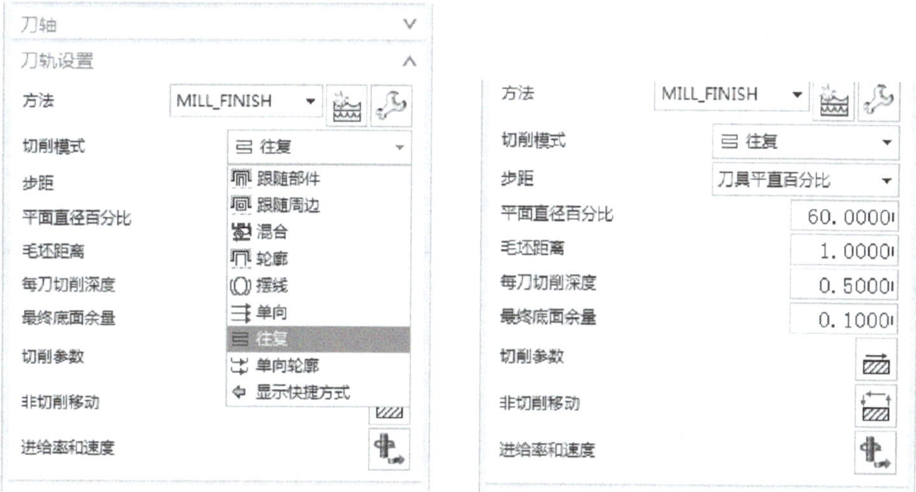

图 1-43　刀轨设置

4.【切削参数】和【非切削移动】选择默认参数，在【面铣】对话框中单击【进给率和速度】图标，弹出【进给率和速度】对话框，勾选【主轴速度】复选框，输入【主轴速度】为【2200】rpm，将【切削】设为【1000】mmpm，如图 1-44 所示，单击【确定】按钮，系统返回【面铣】对话框。

5. 在【面铣】对话框的【操作】区域中单击【生成】图标，系统自动生成刀轨，查看生成的

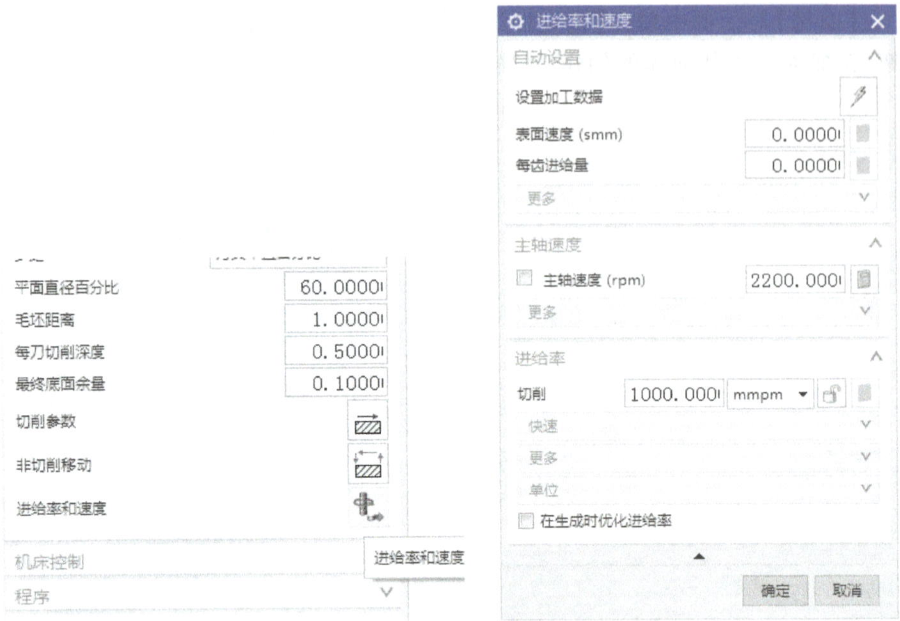

图 1-44　设置进给率和速度

刀轨，如图 1-45 所示，单击【确定】按钮，接受刀轨。

6. 在工序导航器的零件顶面和台阶面精加工节点的操作 FINISH_MILL-1 处单击鼠标右键，在弹出的快捷菜单中单击【复制】命令，复制 FINISH_MILL-1，并粘贴在零件顶面和台阶面精加工节点下，重新命名为【FINISH_MILL-2】。双击打开该程序，弹出【面铣】对话框，修改【毛坯距离】为【0.1】，修改【每刀切削深度】为【0.1】，修改【最终底面余量】为【0】，如图 1-46 所示。

7. 在【面铣】对话框的【操作】区域中单击【生成】图标系统自动生成刀轨，查看生成的刀轨，如图 1-47 所示，单击【确定】按钮，接受刀轨。

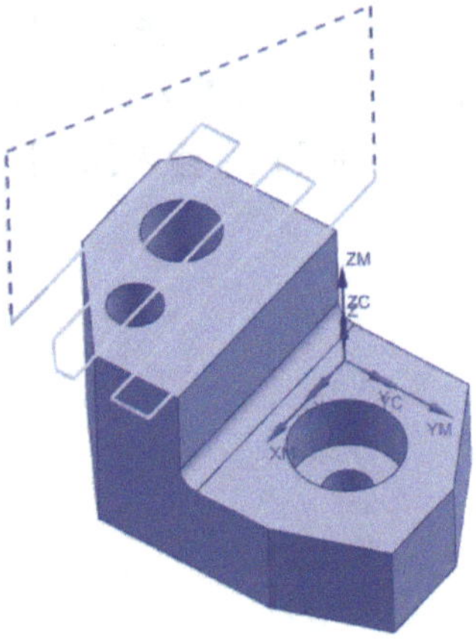

图 1-45　生成刀轨

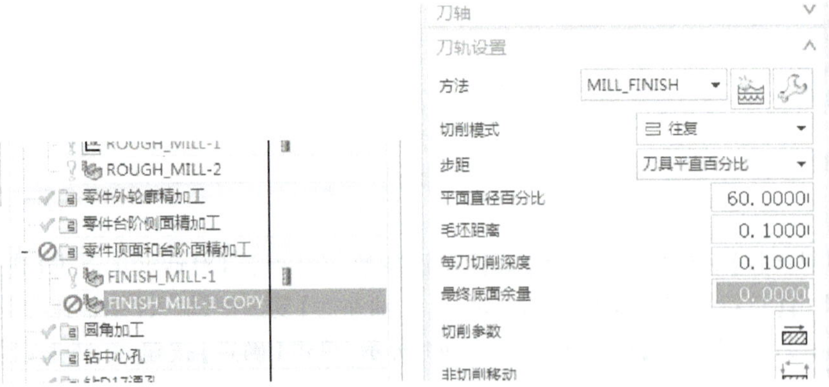

图 1-46　刀轨设置

8. 按上述方法复制程序【FINISH_MILL-1】并粘贴在原节点下，修改程序名【FINISH_MILL-3】，如图 1-48 所示。

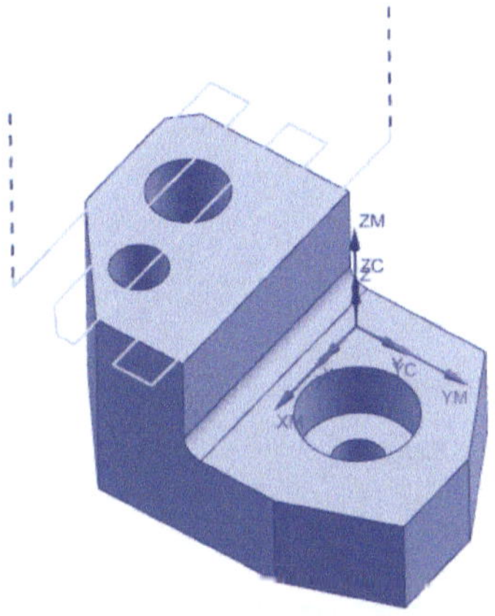

图 1-47　生成刀轨

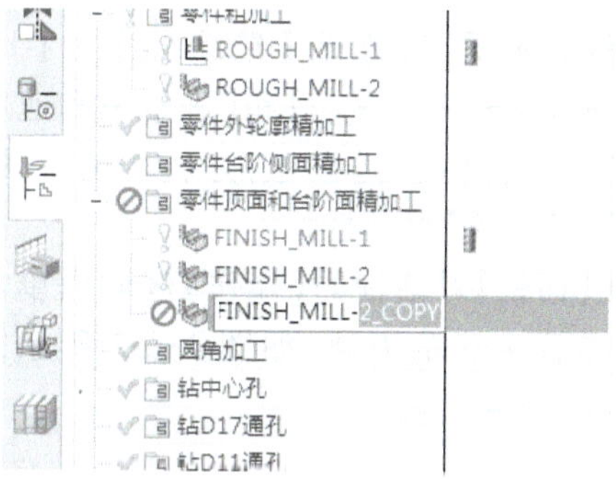

图 1-48　复制程序

9. 在【工序导航器-程序顺序】窗口中双击打开【FINISH_MILL-3】程序，单击【指定面边界】图标，弹出【编辑边界】对话框，删除已选择的面，选择工件台阶面，如图 1-49 所示，单击【确定】按钮，系统返回【面铣】对话框。

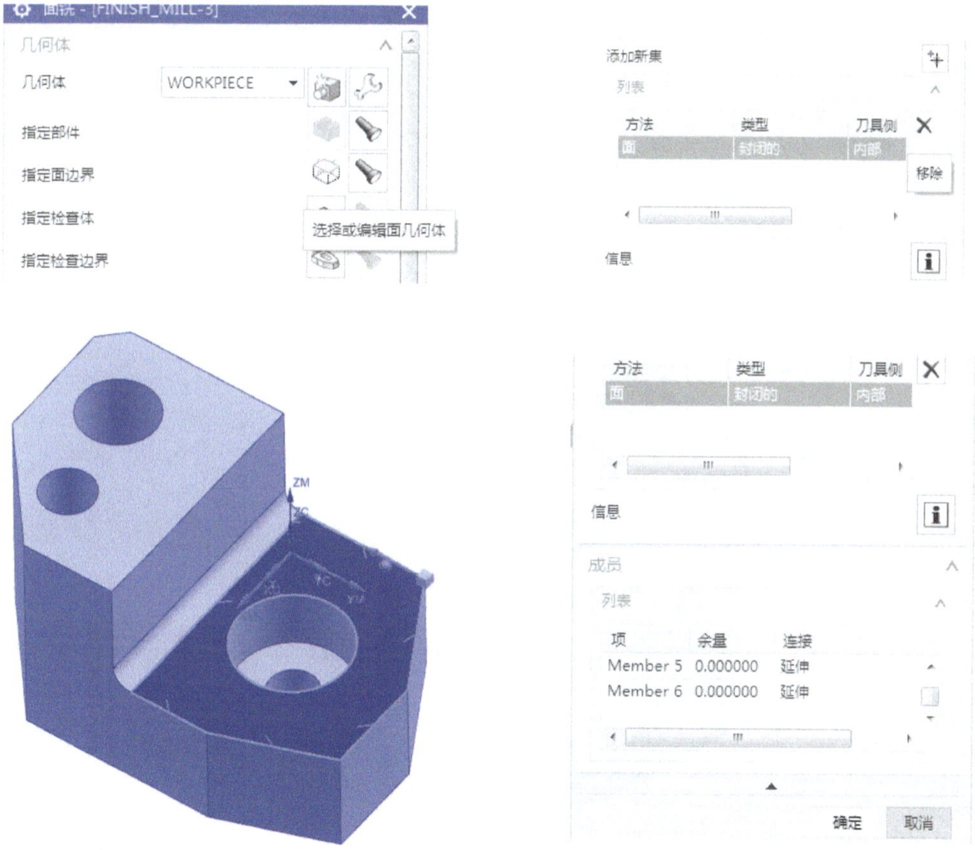

图 1-49　设置面边界

10. 在【面铣】对话框的【切削模式】下拉列表中选择【往复】选项，修改【毛坯距离】为【0.2】，修改【每刀切削深度】为【0.1】，修改【最终底面余量】为【0】，如图 1-50 所示。

图 1-50　刀轨设置

11. 在【面铣】对话框中单击【切削参数】图标，单击【余量】选项卡，修改【壁余量】为【1】，如图 1-51所示。【非切削移动】和【进给率和速度】选择默认参数，单击【确定】按钮，完成切削参数的设置，系统返回【面铣】对话框。

12. 在【面铣】对话框的【操作】区域内单击【生成】图标，查看生成的刀轨，如图 1-52 所示，单击【确定】按钮，接受刀轨。

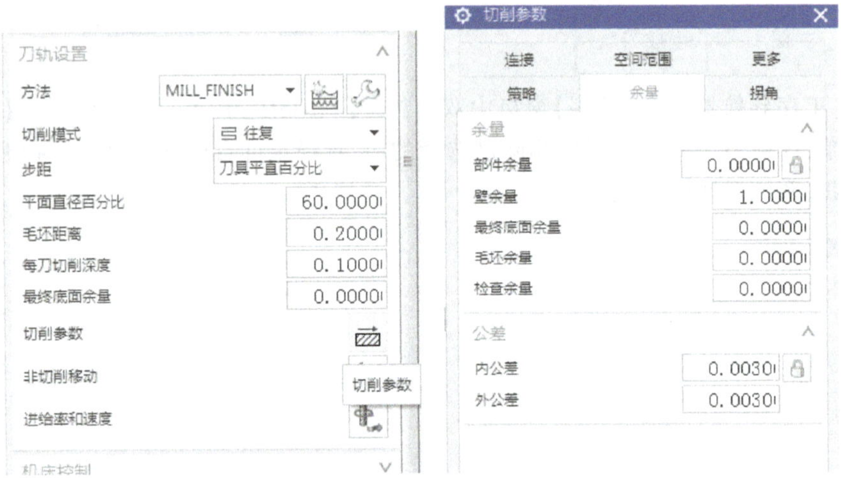

图 1-51　设置余量

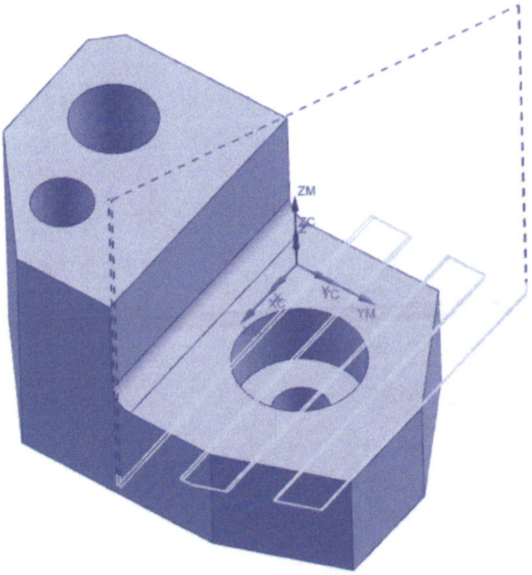

图 1-52　生成刀轨

（三）零件外轮廓精加工

微课
零件外轮廓精加工

知识点微课
零件外轮廓精加工

1. 在【插入】工具条中单击【创建工序】图标，弹出【创建工序】对话框，在【类型】下拉列表框中选择【mill_planar】选项，在【工序子类型】区域内选择【精加工壁】图标，在【程序】下拉列表框中选择【零件台阶侧面精加工】图标，刀具选择【D16R0】，几何体选择【WORKPIECE】，方法选择【MILL_FINISH】，名称为【Finish_mill-4】，如图 1-53 所示，单击【确定】按钮，系统弹出【精加工壁】对话框。

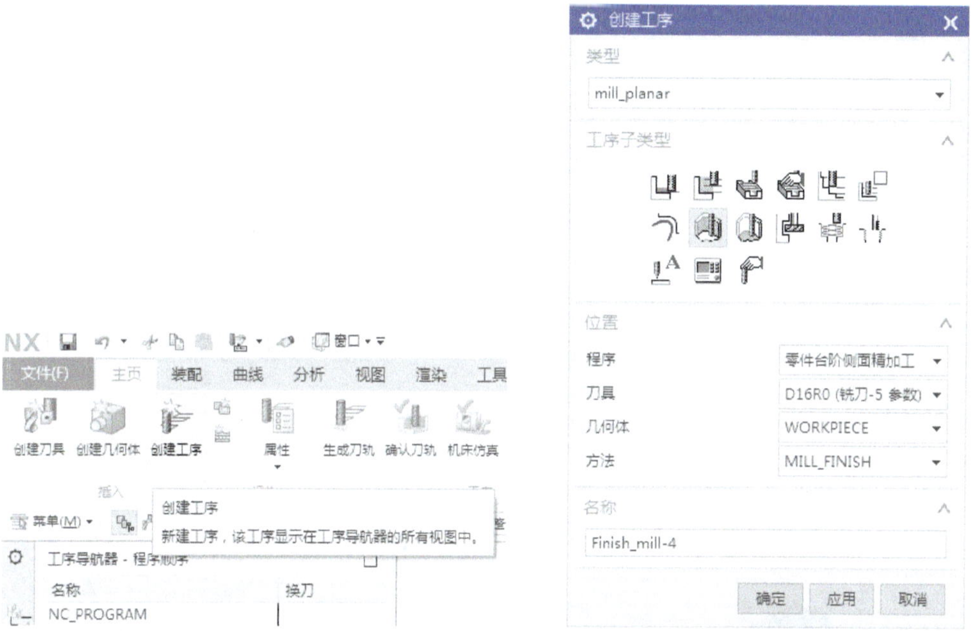

图 1-53　创建工序

2. 在【精加工壁】对话框中单击【指定部件边界】图标，弹出【边界几何体】对话框选择【忽略孔】复选框，再选择工件顶面，如图 1-54 所示，单击【确定】按钮，完成部件边界的指定。

3. 再次单击【指定部件边界】图标，弹出【编辑边界】对话框，在【刨】下拉列表框中选择【用户定义】选项，弹出【刨】对话框，在【类型】下拉列表框中选择【XC-YC 平面】，距离设为【1】，单击【确定】，如图 1-55 所示，再单击【确定】退出【编辑边界】对话框，返回【精加工壁】对话框。

4. 单击【分析】—【测量距离】按钮，测量圆弧上边界和台阶面的距离，如图 1-56 所示，单击【确定】按钮，完成距离的测量。

5. 单击【指定底面】图标，选择台阶面，输入【距离】为【4】，如图 1-57 所示，单击【确定】。

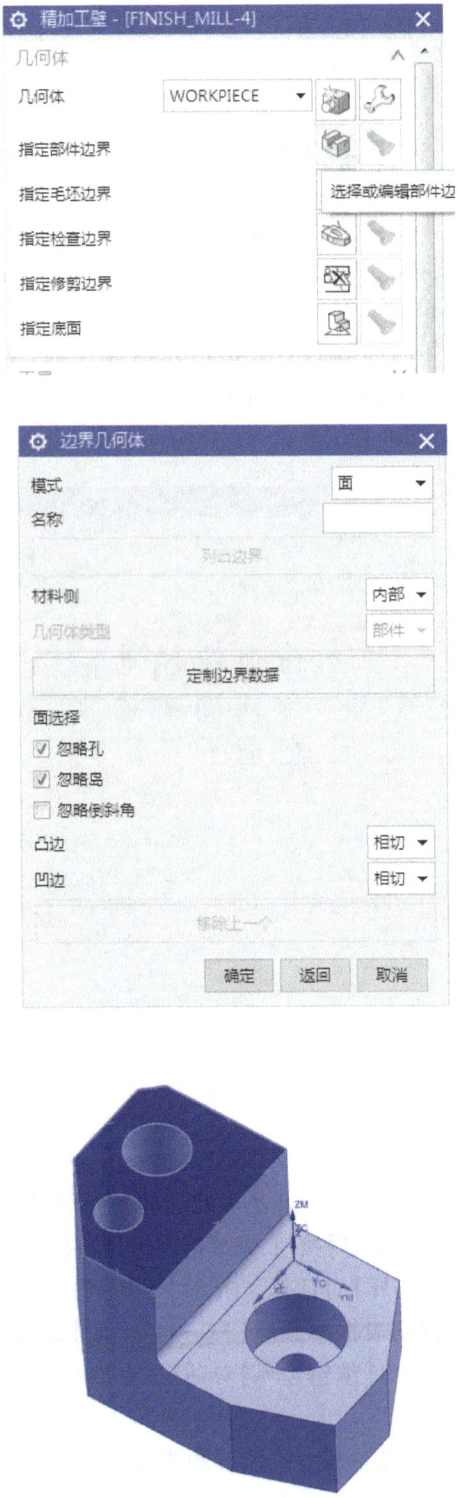

图 1-54　设置部件边界

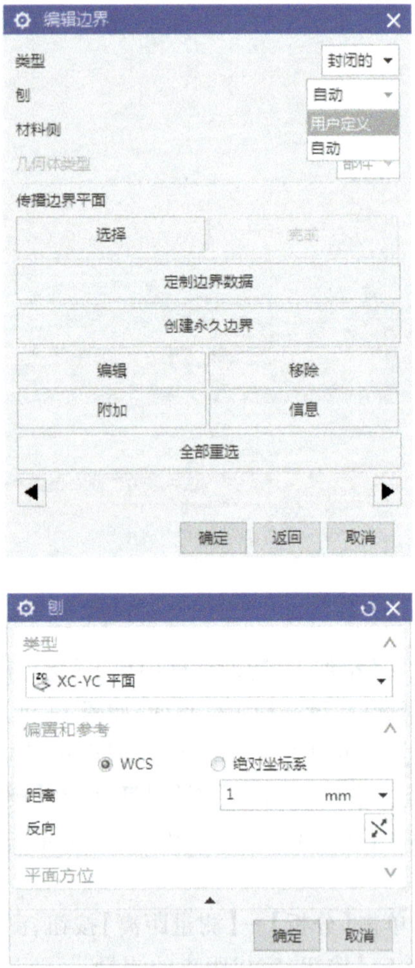

图 1-55　设置部件边界

图 1-56　测量距离

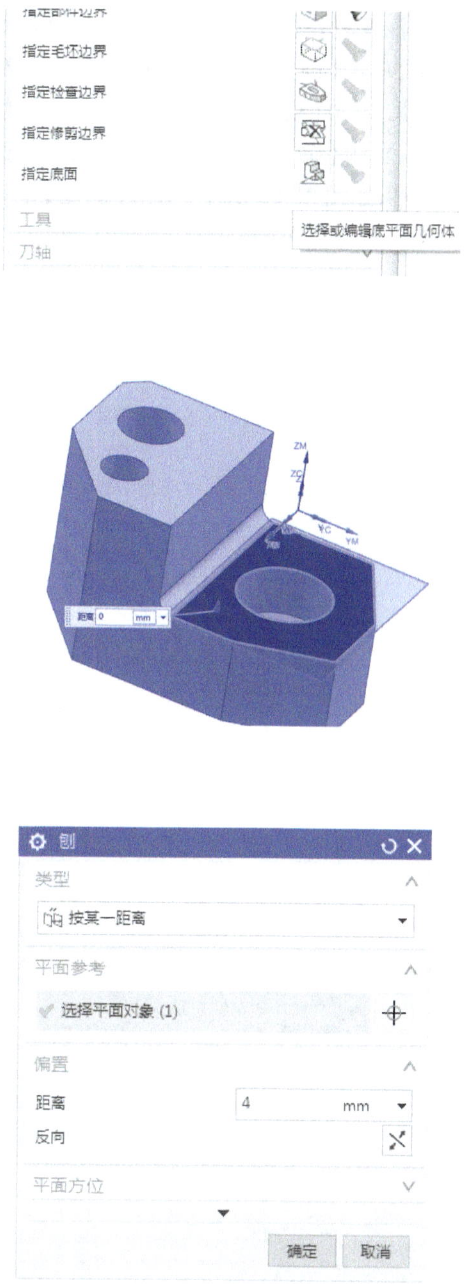

图 1-57　设置底面

6.【切削模式】选择【轮廓】,【步距】设为【恒定】,在【最大距离】文本框中输入【0.1】,在【附加刀路】文本框中输入【1】,如图 1-58 所示。

7. 单击【切削层】图标,弹出【切削层】对话框,在【类型】下拉列表框中选择【恒定】,在每刀切削深度栏【公共】文本框中输入【4】,如图 1-59 所示,单击【确定】按钮,完成切削层参数的设置。

8. 单击【切削参数】图标,弹出【切削参数】对话框,单击【余量】选项卡,修改【最终底面余量】为【0】,如图 1-60 所示,单击【确定】按钮。

图 1-58　刀轨设置

图 1-59　设置切削层

图 1-60　设置余量

9. 单击【非切削移动】图标,单击【进刀】选项卡,在开放区域栏中取消勾选【修剪至最小安全距离】,单击【起点/钻点】选项卡,单击【指定点】按钮,选择工件上表面倒角点,完成起刀点的设置,如图 1-61 所示,单击【确定】按钮。

图 1-61　设置进刀

10. 单击【进给率和速度】图标，将【主轴速度】设为【2200】rpm，【切削】设为【1000】mmpm，如图 1-62 所示，单击【确定】按钮，完成进给率和速度参数的设置。

11. 在【操作】区域内单击【生成】图标，查看生成的刀轨，如图 1-63 所示，单击【确定】按钮，接受刀轨。

12. 复制程序【FINISH_MILL-4】，右键单击【零件外轮廓精加工】，选择【内部粘贴】，修

图 1-62　设置进给率和速度

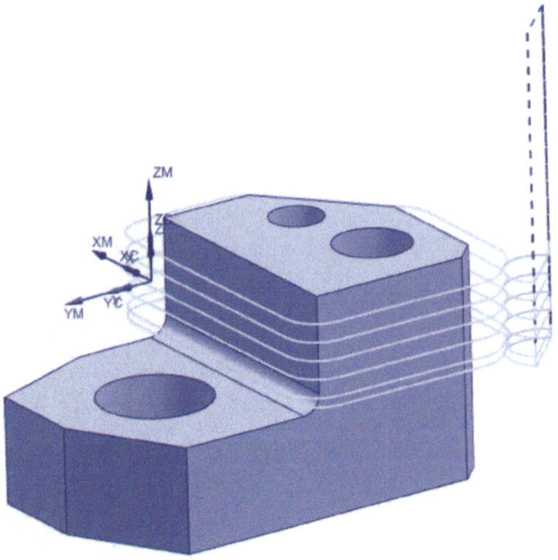

图 1-63　生成刀轨

改程序名为【FINISH_MILL-5】，如图 1-64 所示双击打开程序，弹出【精加工壁】对话框。

13. 在【精加工壁】对话框中单击【指定部件边界】图标，弹出【编辑边界】对话框，单击【全部重选】，如图 1-65 所示，单击【确定】按钮，弹出【边界几何体】对话框。

14. 在【边界几何体】对话框中选择【忽略孔】复选框，选择工件底面，如图 1-66 所示，单击【确定】按钮，返回【编辑边界】对话框。

15. 在【编辑边界】对话框的【刨】下拉列表框中选择【用户定义】，弹出【刨】对话框，选择台阶面，将【距离】设为【4.5】，单击【确定】退出【刨】对话框，如图 1-67 所示，单击【确定】

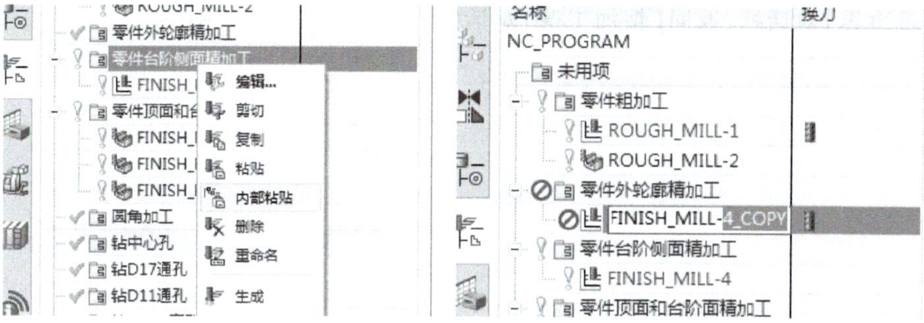

图 1-64 复制程序

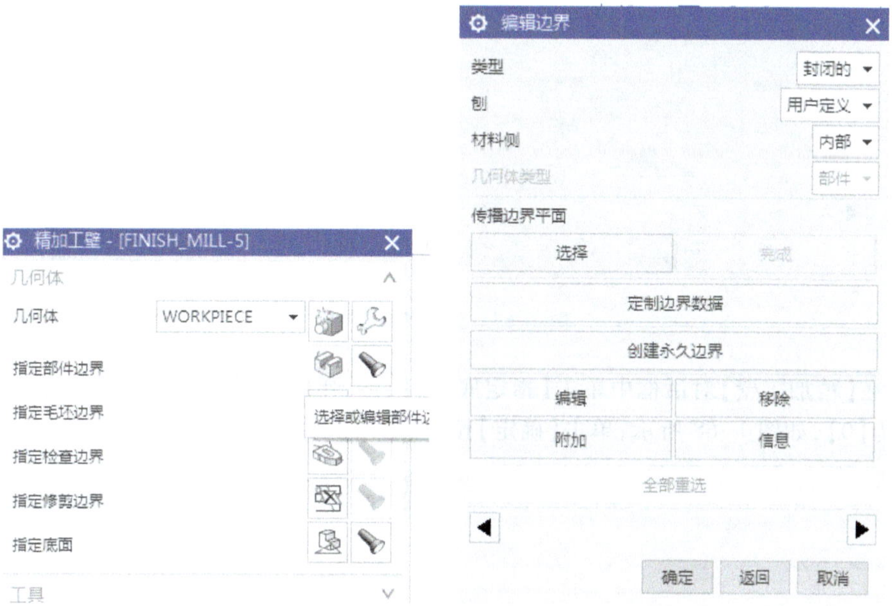

图 1-65 设置部件边界

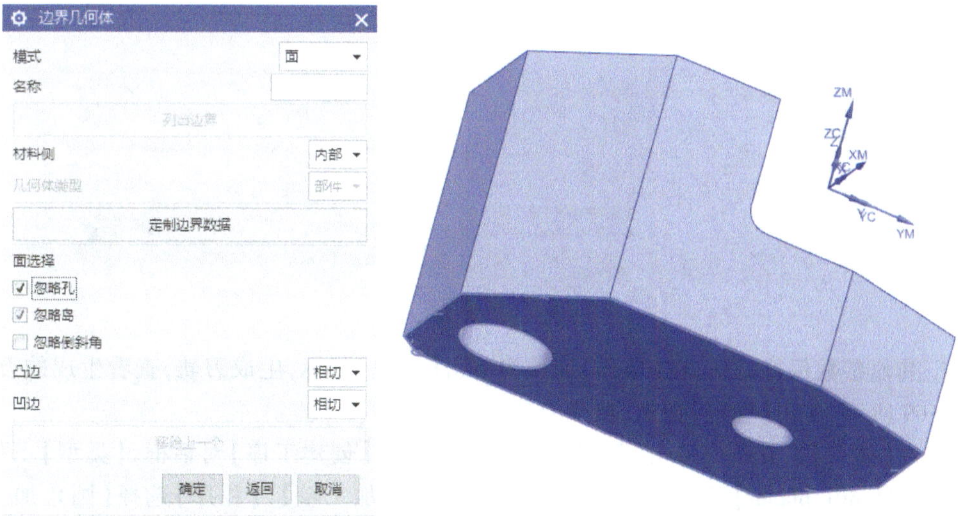

图 1-66 设置部件边界

退出【编辑边界】对话框，返回【精加工壁】对话框。

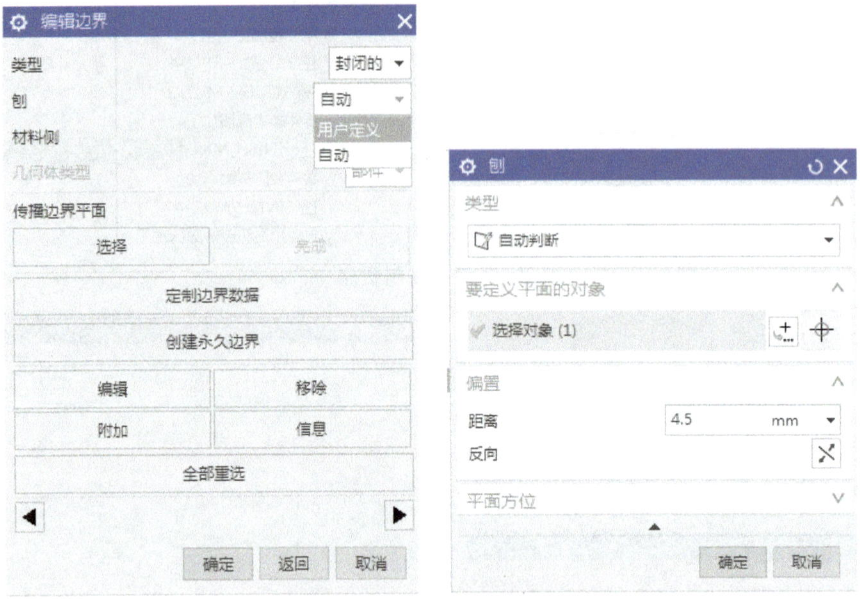

图 1-67　设置部件边界

16. 在【精加工壁】对话框中单击【指定底面】图标，弹出【刨】对话框选择工件底面，输入【距离】为【0】，如图 1-68 所示，单击【确定】按钮，返回【精加工壁】对话框。

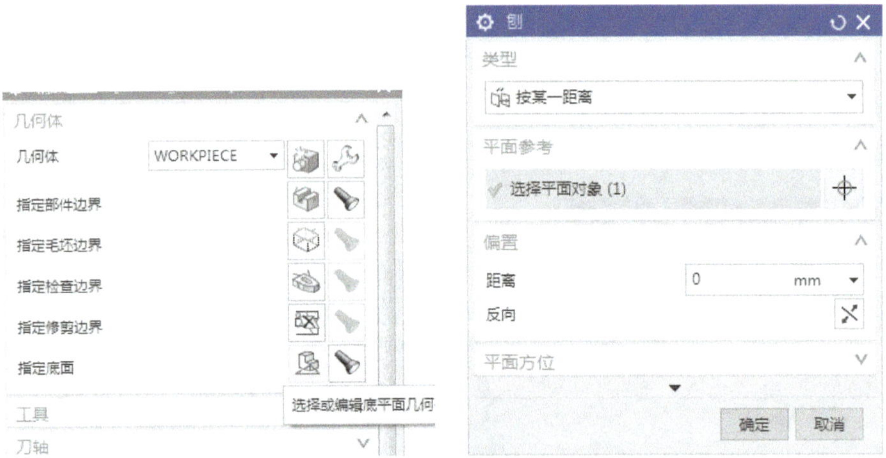

图 1-68　设置底面

17. 其他参数保持默认，在【操作】区域内单击【生成】图标，生成刀轨，查看生成的刀轨，如图 1-69 所示，单击【确定】按钮，接受刀轨。

18. 在【插入】工具条中单击【创建工序】图标，弹出【创建工序】对话框，【类型】下拉列表框中选择【mill_planar】选项，【工序子类型】选择【精加工壁】，【程序】选择【圆角加工】，【刀具】选择【D16R4】，【几何体】选择【WORKPIECE】，【方法】选择【MILL_FINISH】，【名称】栏输入【Finish_mill-6】，如图 1-70 所示，单击【确定】按钮，系统弹出【精加工壁】对话框。

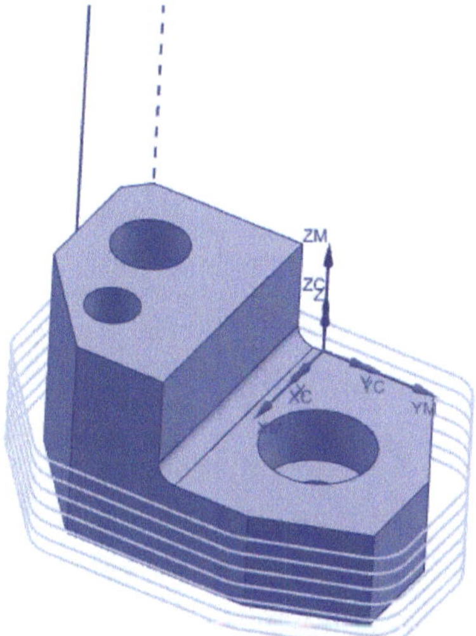

图 1-69　生成刀轨

图 1-70　创建程序

19. 在【精加工壁】对话框中单击【指定部件边界】图标，系统弹出【边界几何体】对话框，在【模式】下拉列表框中选择【曲线/边】，如图 1-71 所示单击【确定】按钮，系统弹出【创建边界】对话框。

20. 在【创建边界】对话框中，【类型】选择【开放的】，【材料侧】选择【右】，单击如图 1-72所示边，单击【确定】按钮系统返回【边界几何体】对话框，再单击【确定】按钮，返回【精加工壁】对话框。

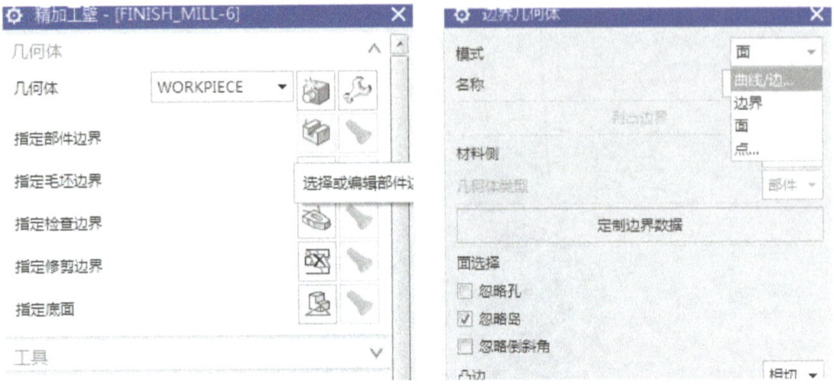

图 1-71　设置部件边界

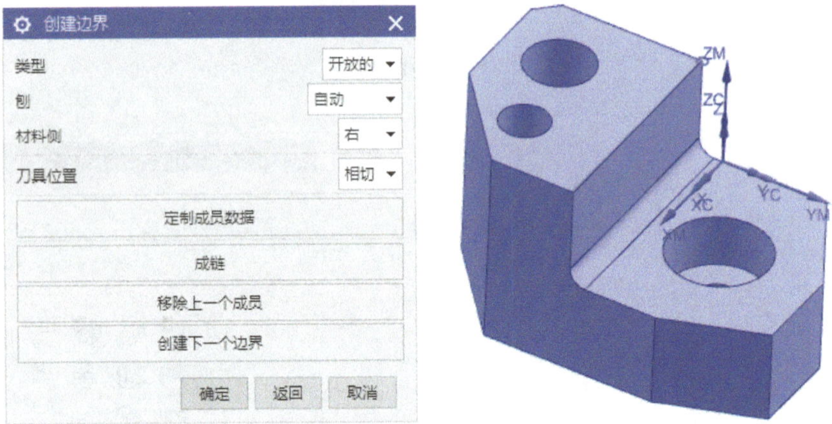

图 1-72　设置部件边界

21. 在【精加工壁】对话框中单击【指定底面】图标，选择台阶面，如图 1-73 所示，单击【确定】按钮，完成底面的指定。

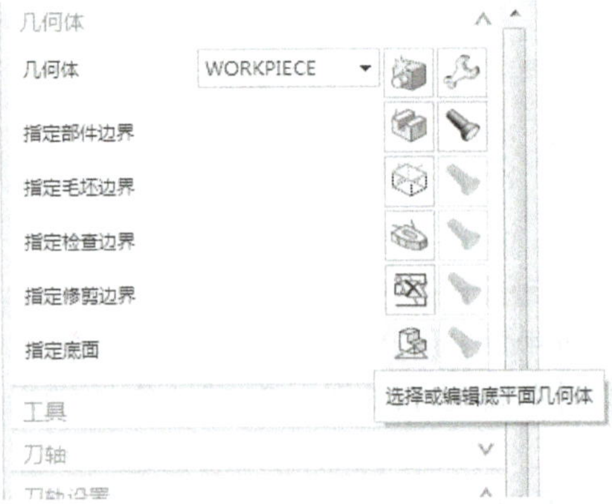

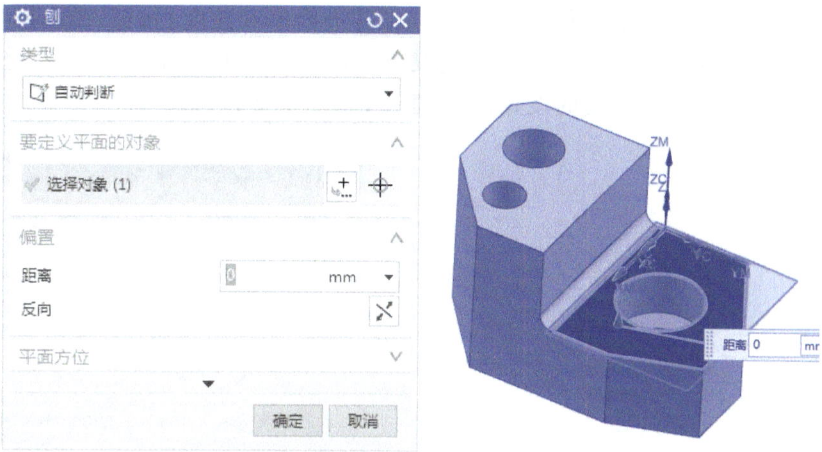

图 1-73　设置底面

22.【切削模式】选择【轮廓】，设【步距】为【恒定】，【最大距离】为【0.5】，【附加刀路】为【4】，如图 1-74 所示。

图 1-74　刀轨设置

23. 单击【切削参数】图标，弹出【切削参数】对话框，在该对话框中单击【余量】选项卡，修改【最终底面余量】为【0】，如图 1-75 所示，单击【确定】按钮，完成切削参数的设置，系统返回【精加工壁】对话框。

图 1-75　设置余量

24.【切削层】和【非切削移动】保持默认，单击【进给率和速度】按钮，弹出【进给率和速度】对话框，将【主轴速度】设为【2200】rpm，【切削】设为【1000】mmpm，如图 1-76 所示，单击【确定】按钮，完成进给率和速度的设置，系统返回【精加工壁】对话框。

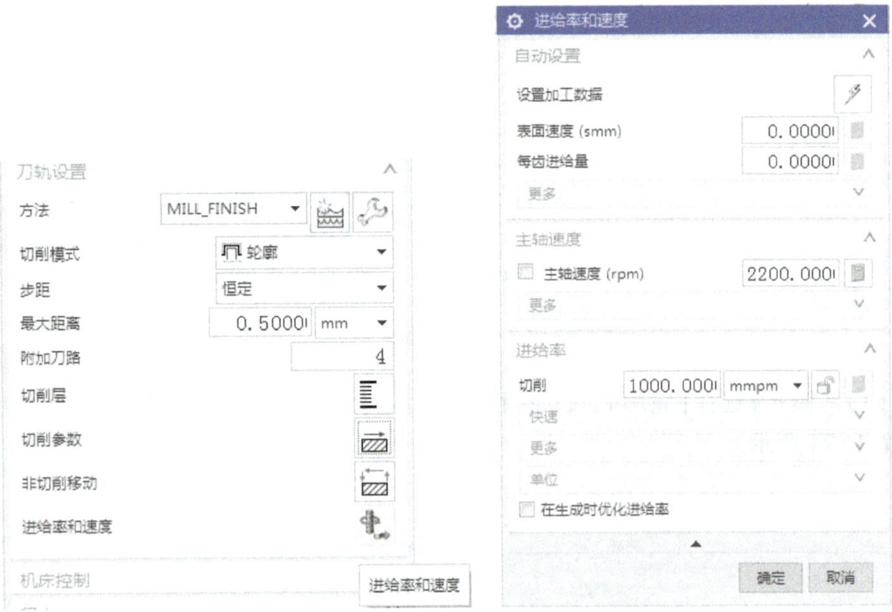

图 1-76　设置切削层

25. 在【精加工壁】对话框【操作】区域中单击【生成】图标，生成刀轨，如图 1-77 所示，查看生成的刀轨，可对刀轨进一步优化。

26. 单击【指定部件边界】图标，系统弹出【编辑边界】对话框，如图 1-78 所示，单击【编辑】按钮，弹出【编辑成员】对话框。

27. 在【编辑成员】对话框中单击【起点】按钮，弹出【修改边界起点】对话框，在该对话框中选择【延伸】，选择【距离】，输入【5】，如图 1-79 所示，单击【确定】按钮，完成边界起点的修改，系统返回【编辑成员】对话框。

28. 在【编辑成员】对话框单击【终点】按钮，弹出【修改边界终点】对话框，在该对话框中，选择【延伸】，选择【距离】，输入【61】，如图 1-80 所示，单击【确定】按钮，系统返回【编辑成员】对话框，再单击【确定】按钮，系统返回【精加工壁】对话框。

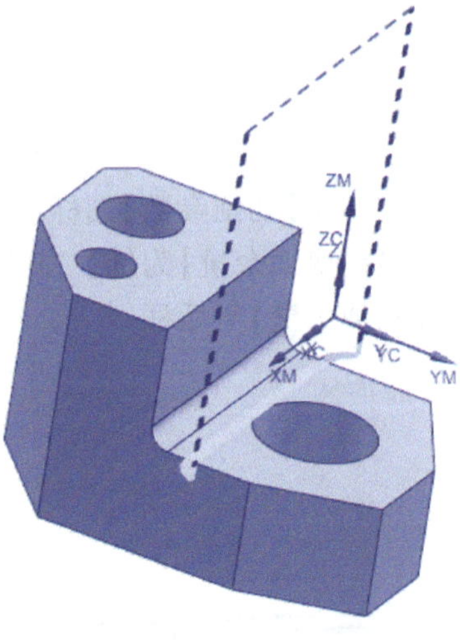

图 1-77　生成刀轨

29. 在【精加工壁】对话框【操作】区域中单击【生成】图标，生成刀轨，查看生成的刀轨，如图 1-81 所示，单击【确定】按钮，接受生成的刀轨。

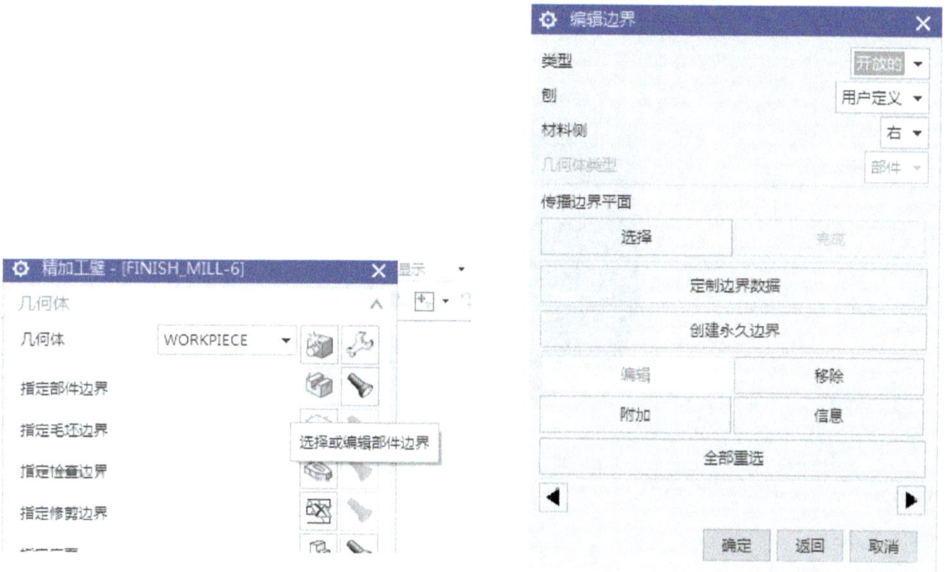

图 1-78　设置部件边界

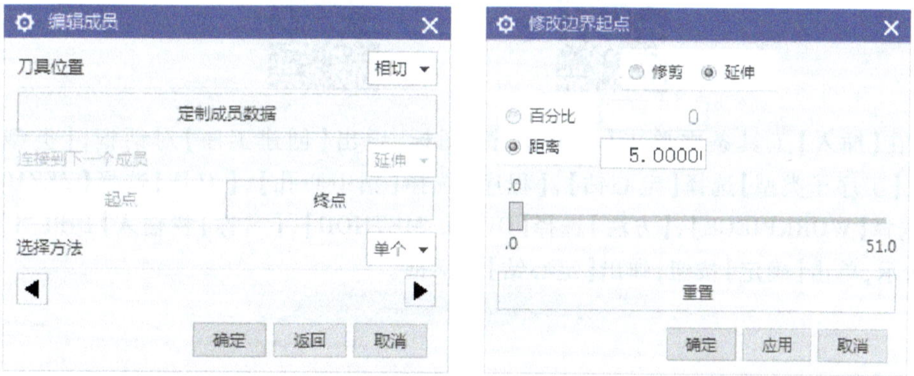

图 1-79　设置边界起点

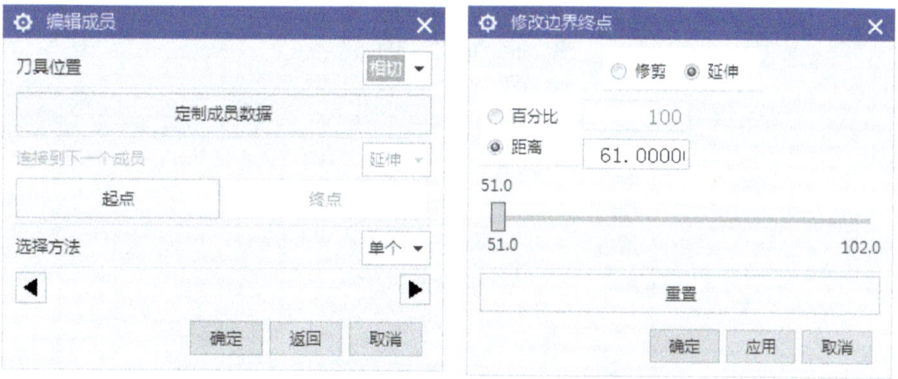

图 1-80　设置边界中点

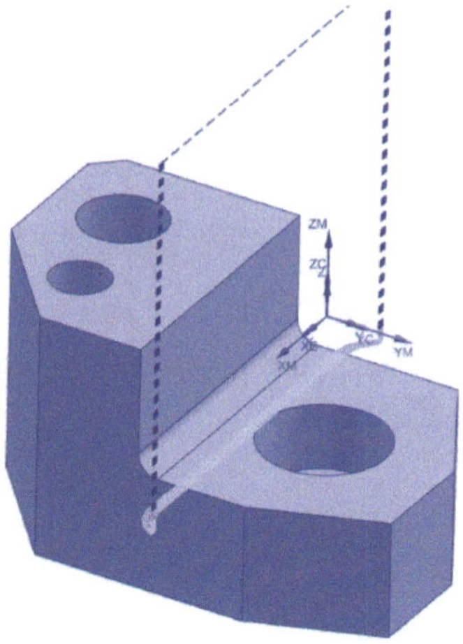

图 1-81　生成刀轨

（四）孔加工

微课　孔加工

知识点微课　孔加工

1. 在【插入】工具条中单击【创建工序】图标，弹出【创建工序】对话框，【类型】选择【drill】，【工序子类型】选择【定心钻】，【程序】选择【钻中心孔】，【刀具】选择【ZXZ10】，【几何体】选择【WORKPIECE】，【方法】选择【DRILL_METHOD】，【名称】栏输入【Drill-1】，如图 1-82 所示，单击【确定】按钮，弹出【定心钻】对话框。

图 1-82　创建程序

2. 在【定心钻】对话框中单击【指定孔】图标，弹出【点到点几何体】对话框，单击【选择】按钮，选择三个孔的边界，如图 1-83 所示，单击【确定】完成孔边界的指定，返回【定心钻】对话框。

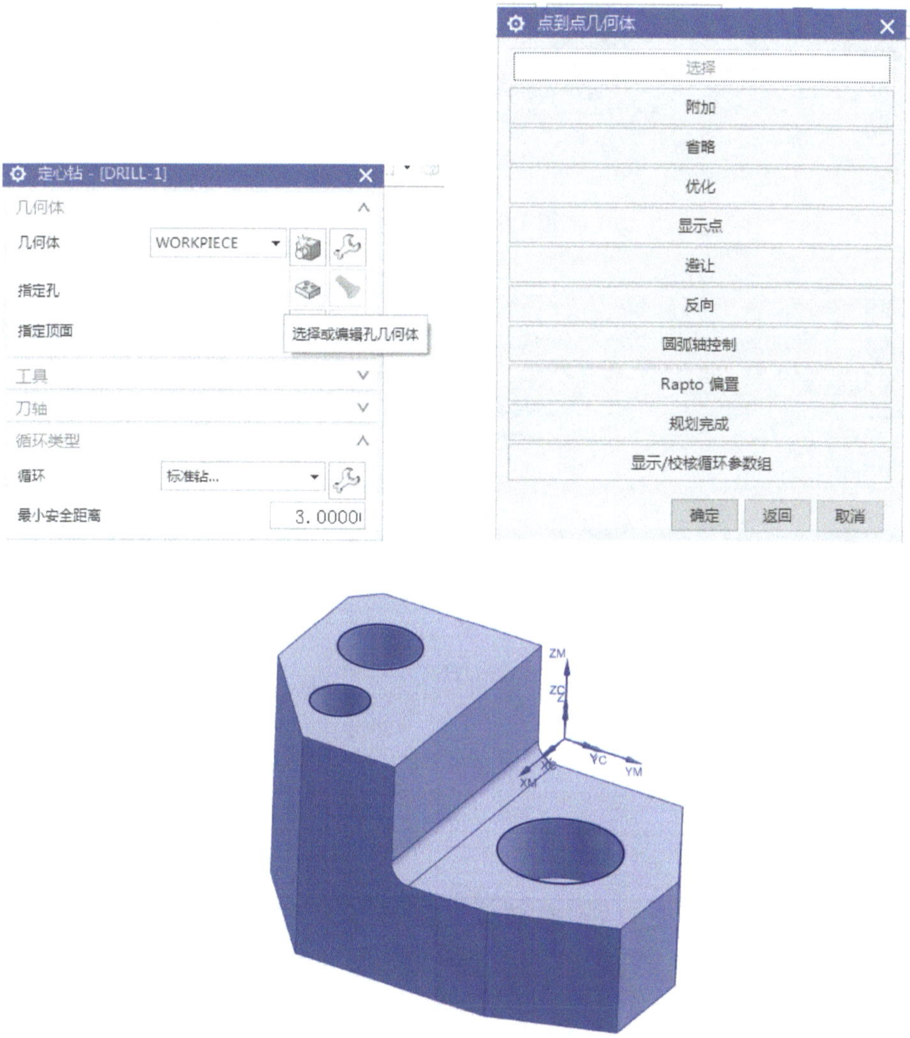

图 1-83　指定孔

3. 在【定心钻】对话框中单击【指定顶面】图标，弹出【顶面】对话框，在【顶面选项】中选择【无】选项，选择工件上表面，如图 1-84 所示，单击【确定】完成顶面的指定，返回【定心钻】对话框。

4. 在【定心钻】对话框中单击【循环】下拉列表【标准钻编辑参数】图标，弹出【指定参数组】对话框，单击【确定】按钮，弹出【Cycle 参数】单击【Depth（Tip）】按钮，弹出【Cycle 深度】对话框，单击【刀尖深度】按钮，在弹出的对话框中输入深度参数为【1.5】，如图 1-85 所示，单击【确定】按钮，返回【Cycle 深度】对话框，单击【确定】返回【定心钻】对话框，完成标准钻编辑参数的设置。

5. 在【定心钻】对话框中打开【刀轨设置】选项组，单击【进给率和速度】图标，弹出【进

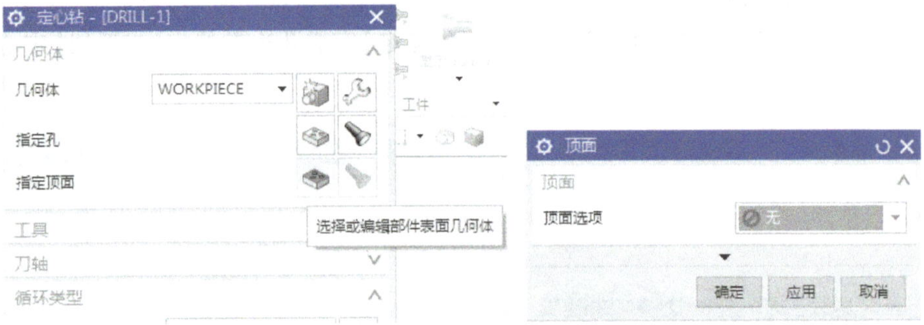

图 1-84　设置顶面

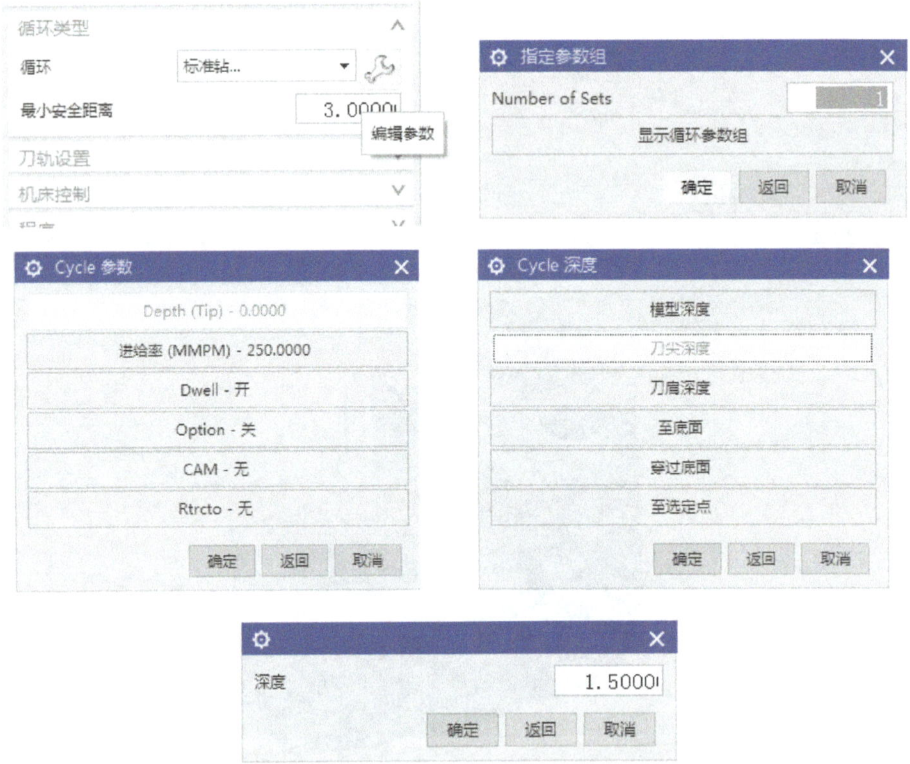

图 1-85　设置循环参数

给率和速度】对话框，将【主轴速度】设为【1500】rpm，【切削】设为【300】mmpm，如图 1-86 所示，单击【确定】按钮，完成【进给率和速度】的设置，返回【定心钻】对话框。

6. 在【定心钻】对话框中单击【生成】图标，生成刀轨，查看生成的刀轨，如图 1-87 所示，单击【确定】按钮。

7. 在【插入】工具条中单击【创建工序】图标，弹出【创建工序】对话框，【类型】选择【drill】，【工序子类型】选择【啄钻】，【程序】选择【钻 D17 通孔】，【刀具】选择【D17DRILL】，【几何体】选择【WORKPIECE】，【方法】选择【DRILL_METHOD】，【名称】文本框中输入【Drill-2】，如图 1-88 所示，单击【确定】按钮，弹出【啄钻】对话框。

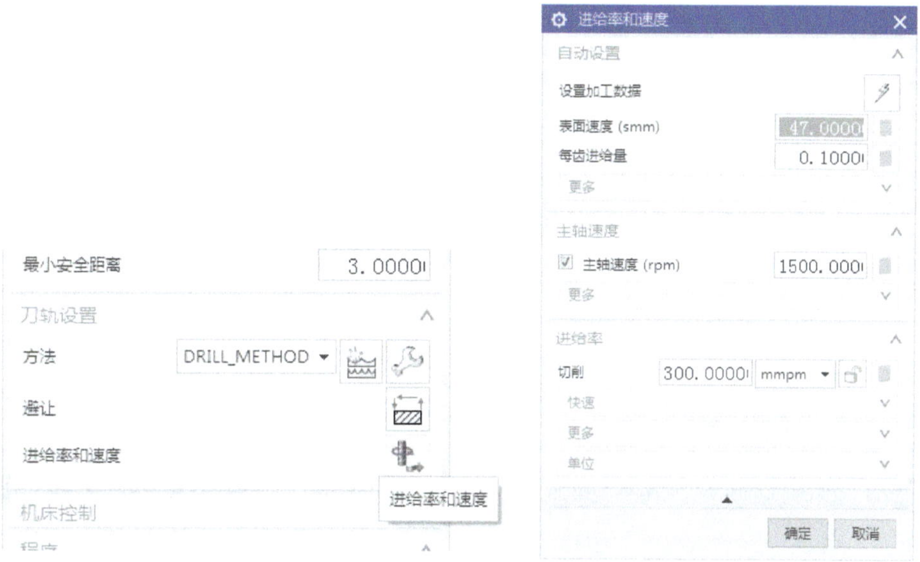

图 1-86 设置进给率和速度

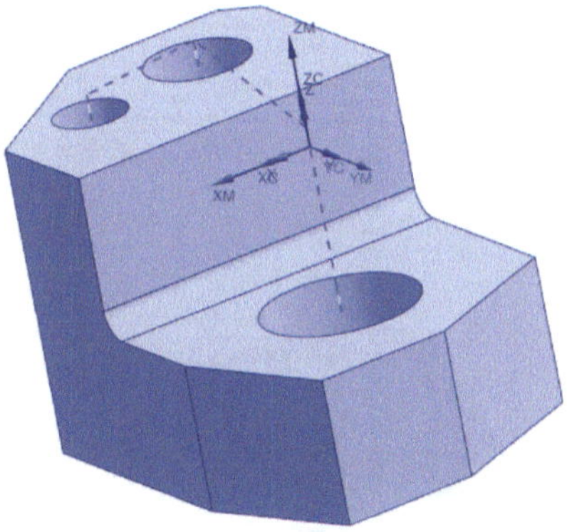

图 1-87 生成刀轨

图 1-88 创建工序

8. 在【啄钻】对话框中单击【指定孔】图标，弹出【点到点几何体】对话框，单击【选择】按钮，选择 D17 孔的边界，如图 1-89 所示，单击【确定】按钮，完成孔的指定，返回【啄钻】对话框。

9. 在【啄钻】对话框中单击【指定顶面】图标，弹出【顶面】对话框，在【顶面选项】中选择【面】，选择工件上顶面，如图 1-90 所示，单击【确定】完成顶面的指定，返回【啄钻】对话框。

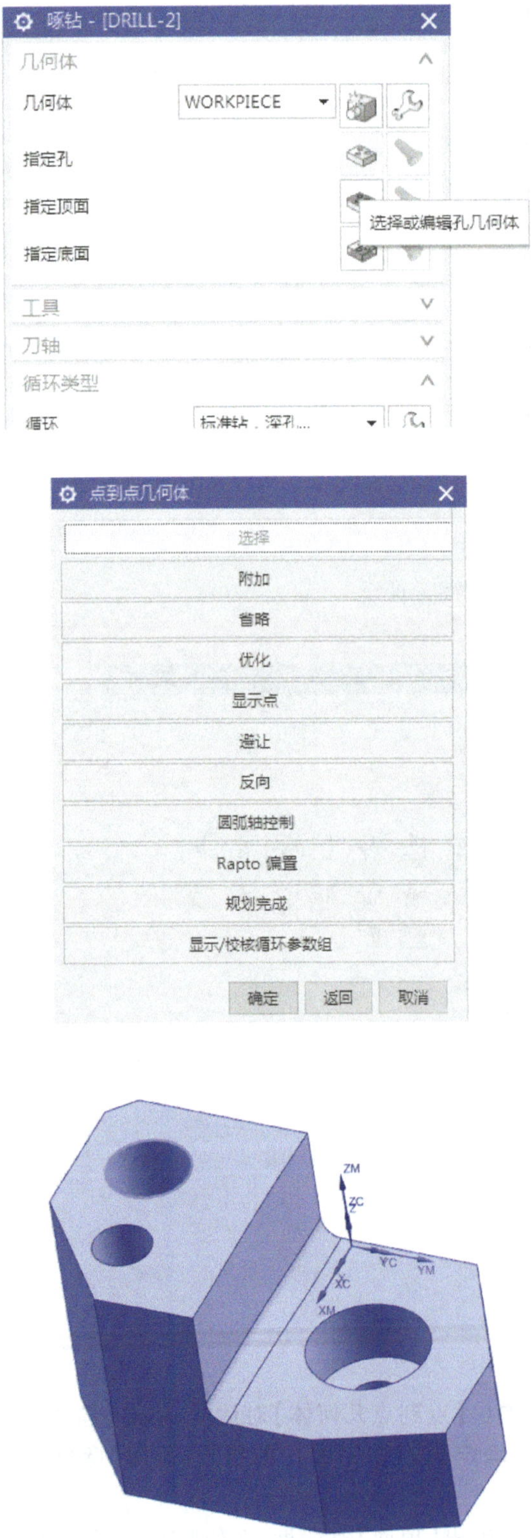

图 1-89　指定孔

图 1-90　设置顶面

10. 在【啄钻】对话框中单击【指定底面】图标，弹出【底面】对话框，【底面选项】选择【面】，选择工件底面，如图 1-91 所示，单击【确定】按钮完成底面的指定，返回【啄钻】对话框。

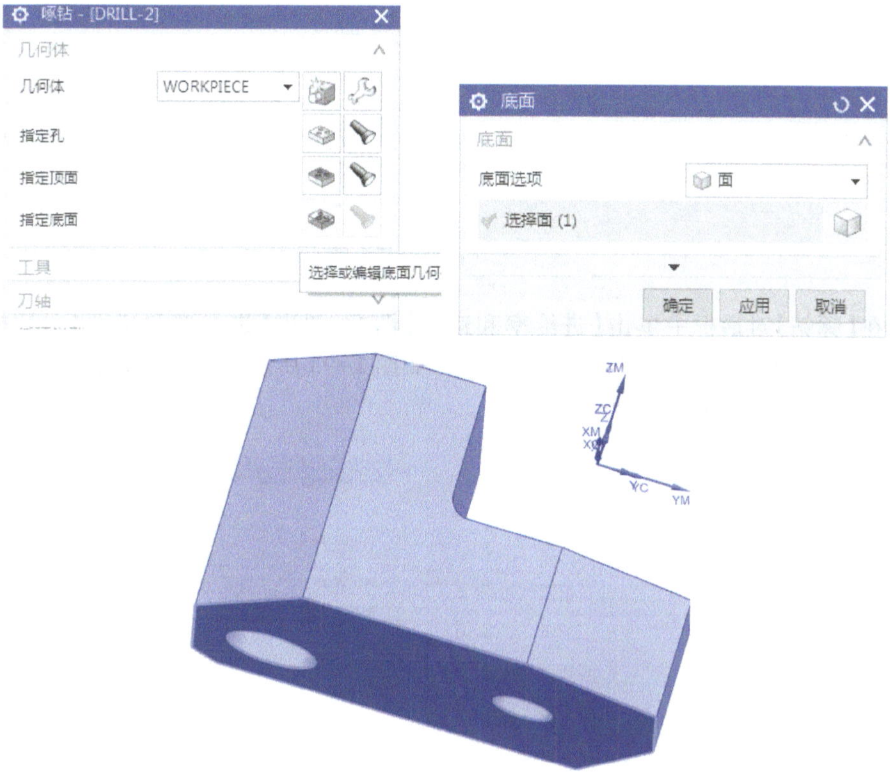

图 1-91　设置底面

11. 在【啄钻】对话框中单击【循环】区域的【标准钻编辑参数】图标，弹出【指定参数组】对话框，保持默认设置，单击【确定】按钮，弹出【Cycle 参数】对话框，单击【Depth(Tip)】按钮，弹出【Cycle 深度】对话框，选择【穿过底面】按钮，如图 1-92 所示，连续单击【确定】完成标准钻参数的编辑，返回【啄钻】对话框。

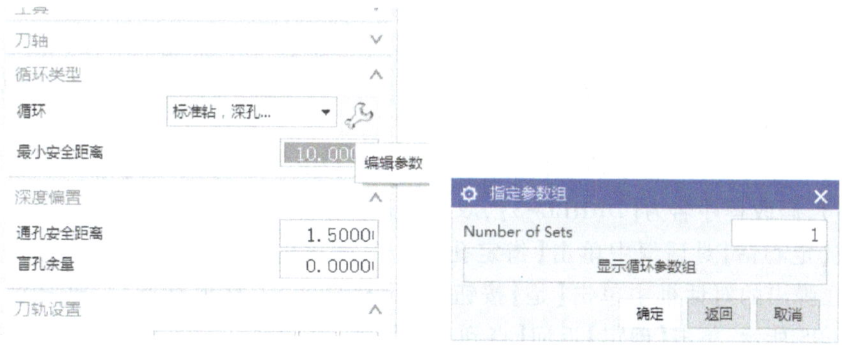

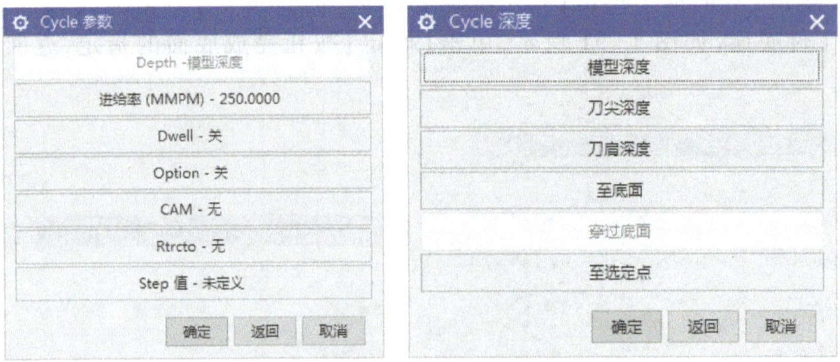

图 1-92　设置循环参数

12. 在【啄钻】对话框中单击【进给率和速度】图标，弹出【进给率和速度】对话框，设置【主轴速度】为【600】rpm，【切削】为【80】mmpm，如图 1-93 所示，单击【确定】按钮，完成进给率和速度的设定，返回【啄钻】对话框。

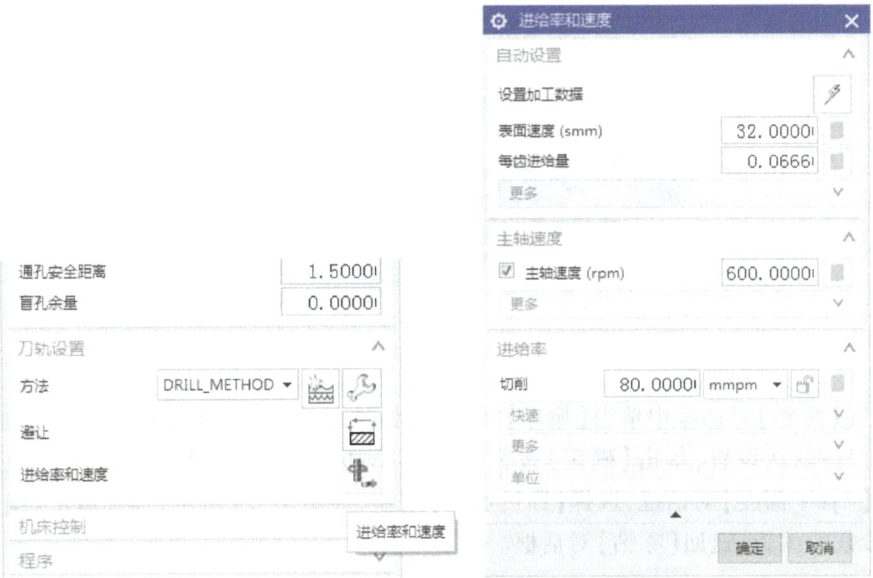

图 1-93　设置进给率和速度

13. 在【啄钻】对话框【操作】区域中单击【生成】图标，生成刀轨，查看生成的刀轨，如图 1-94 所示，单击【确定】按钮，接受生成的刀轨。

14. 在【工序导航器-程序顺序】视图中复制程序【DRILL-2】，右击【钻 D11 通孔】，选择【内部粘贴】，修改程序名为【DRIILL-3】，双击打开程序。

15. 在【定心钻】对话框中单击【指定孔】图标，弹出【点到点几何体】对话框，单击【选择】按钮，在弹出的对话框中单击【是】按钮（提示栏显示“省略现有点”），选择沉头孔的边界，如图 1-95 所示，单击【确定】返回【点到点几何体】对话框，单击【确定】完成指定孔操作，返回【定心钻】对话框。

16. 在【定心钻】对话框中单击【指定顶面】图标，弹出【顶面】对话框，在【顶面边项】下

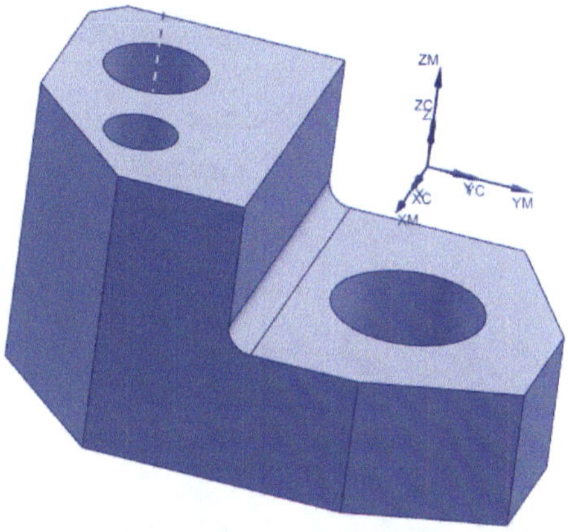

图 1-94　生成刀轨

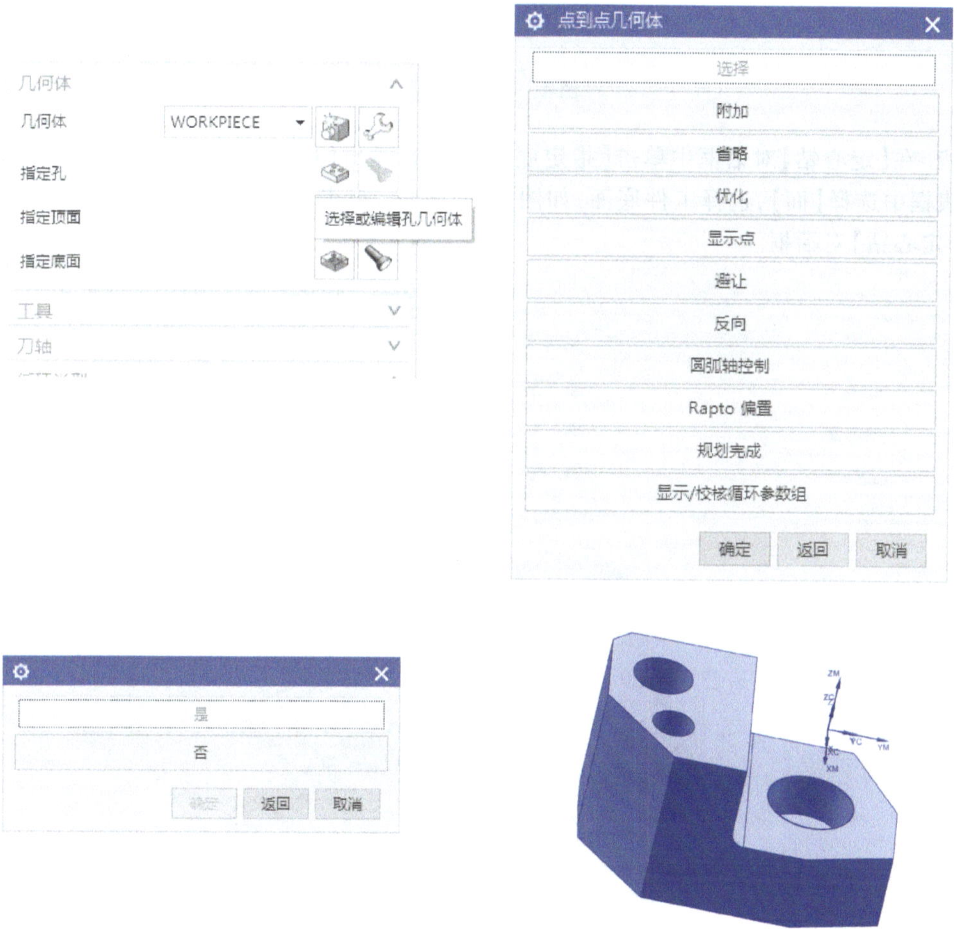

图 1-95　指定孔

拉列表中选择【面】，选择工件上的台阶面，如图 1-96 所示，单击【确定】完成顶面的指定，返回【定心钻】对话框。

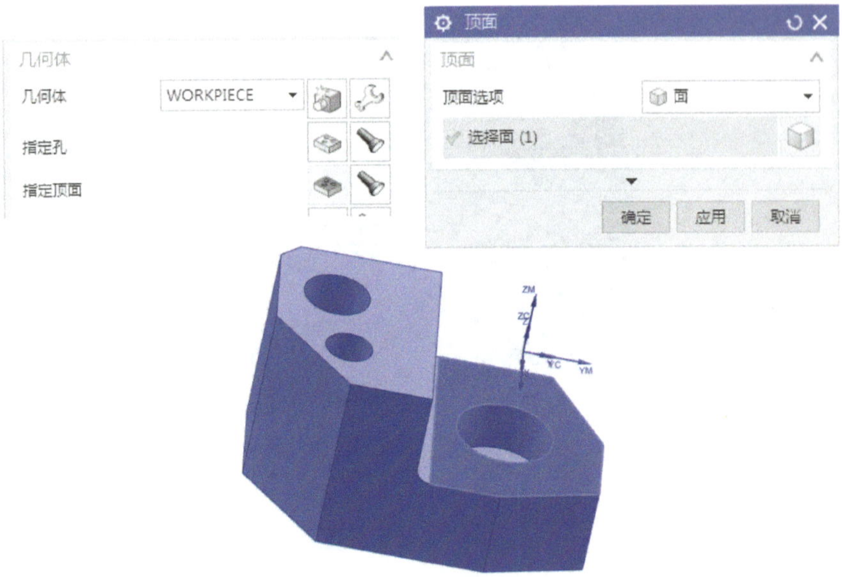

图 1-96　设置顶面

17. 在【定心钻】对话框中单击【指定底面】图标，弹出【底面】对话框，在【底面选项】下拉列表框中选择【面】，选择工件底面，如图 1-97 所示，单击【确定】按钮，完成底面的指定，返回【定心钻】对话框。

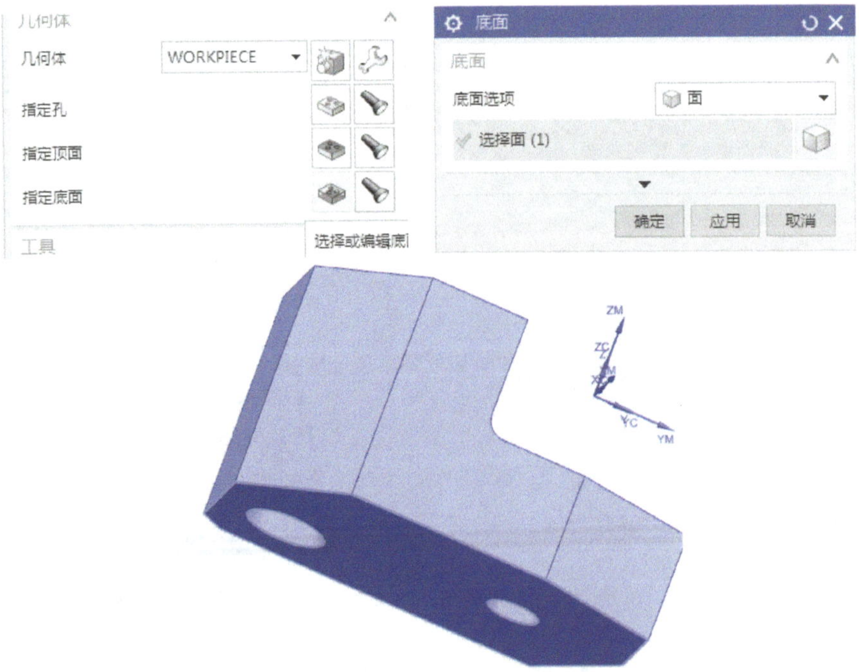

图 1-97　设置底面

18. 在【定心钻】对话框中修改【刀具】为【D11DRILL】，如图 1-98 所示。

19. 在【定心钻】对话框中单击【生成】按钮，生成刀轨，查看生成的刀轨，如图 1-99 所示，单击【确定】按钮，接受生成的刀轨。

图 1-98　选择刀具

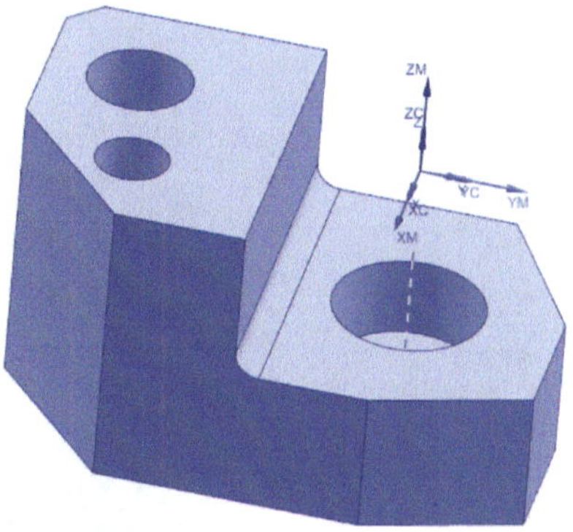

图 1-99　生成刀轨

20. 在【工序导航器-程序顺序】视图中复制程序【DRILL-3】，右击【钻 D11.8 盲孔】，选择【内部粘贴】，修改程序名为【DRIILL-4】，双击打开程序。

21. 在【定心钻】对话框中单击【指定孔】图标，弹出【点到点几何体】对话框单击【选择】按钮，在弹出的对话框中单击【是】按钮(提示栏显示“省略现有点”)，选择 D11.8 孔的边界，如图 1-100 所示，单击【确定】按钮，返回【点到点几何体】对话框，单击【确定】按钮，完成指定孔操作，返回【定心钻】对话框。

图 1-100　指定孔

22. 在【定心钻】对话框中单击【指定顶面】按钮，弹出【顶面】对话框，在【顶面选项】下拉列表框中选择【面】，选择工件上顶面，如图 1-101，单击【确定】按钮完成顶面的指定，返回【定心钻】对话框。

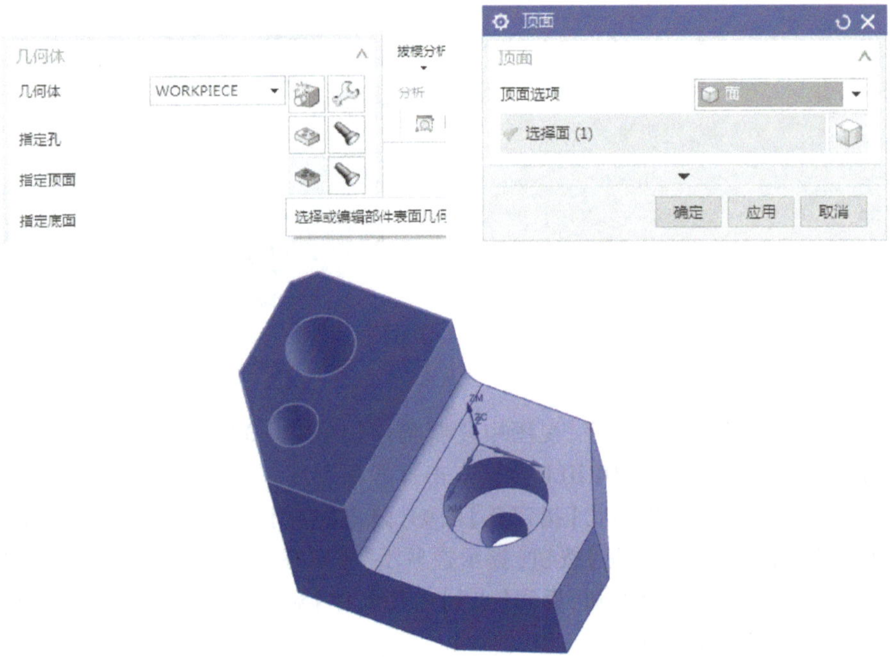

图 1-101　设置顶面

23. 在【定心钻】对话框中单击【指定底面】图标，弹出【底面】对话框，在【底面边项】下拉列表框中选择【面】，选择工件的孔底面，如图 1-102，单击【确定】按钮完成底面的指定，返回【定心钻】对话框。

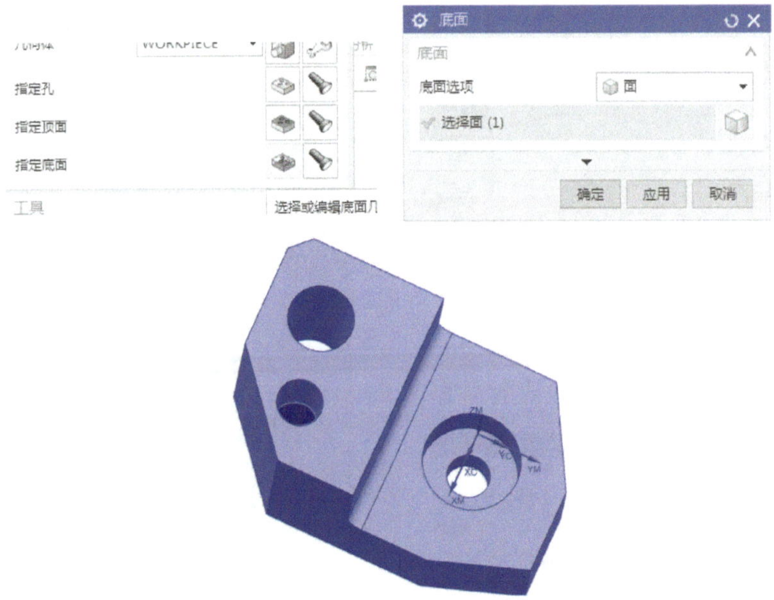

图 1-102　设置底面

24. 在【定心钻】对话框中修改刀具为【D11.8DRILL】,如图1-103所示。

图1-103 选择刀具

25. 在【定心钻】对话框中单击【循环】区域的【标准钻编辑参数】图标,弹出【指定参数组】对话框,单击【确定】按钮,弹出【Cycle参数】对话框,单击【Depth(Tip)】按钮,弹出【Cycle深度】对话框,选择【至底面】按钮,如图1-104所示,单击【确定】按钮,完成标准钻参数的编辑。

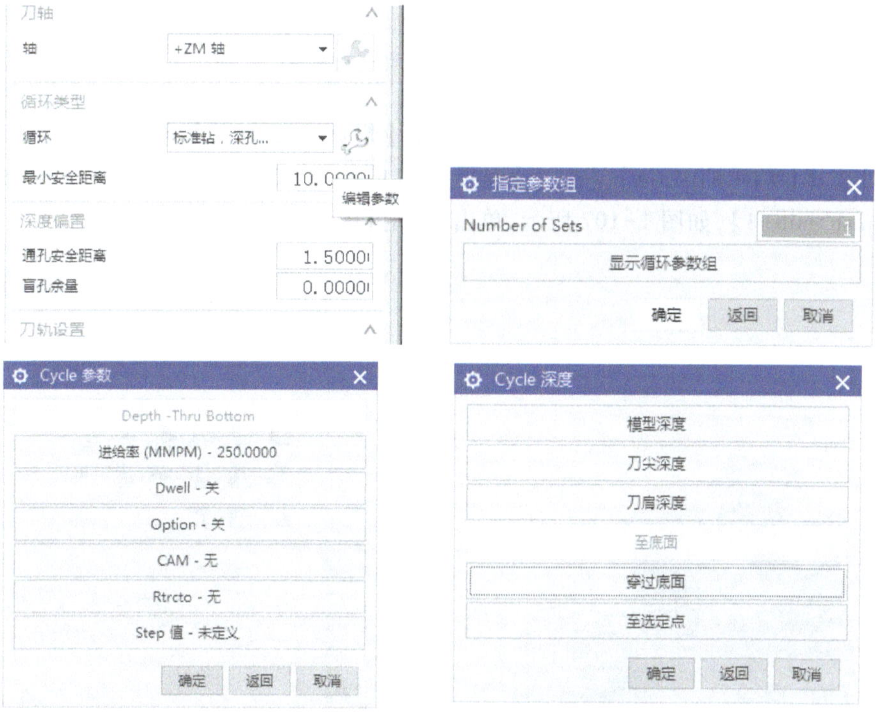

图1-104 设置循环参数

26. 在【定心钻】对话框中单击【进给率和速度】图标,弹出【进给率和速度】对话框在【主轴速度】文本框中输入【800】rpm,【切削】文本框中输入【100】mmpm,如图1-105所示,单击【确定】按钮,完成进给率和速度的设置,返回【定心钻】对话框。

27. 在【定心钻】对话框中【操作】区域中单击【生成】图标,生成刀轨,查看生成的刀轨,设置【最小安全距离】为【5】,如图1-106所示,单击【生成】图标再次生成刀轨,单击【确定】按钮,接受生成的刀轨。

28. 在【插入】工具条中单击【创建工序】图标,弹出【创建工序】对话框【类型】选择【mill_

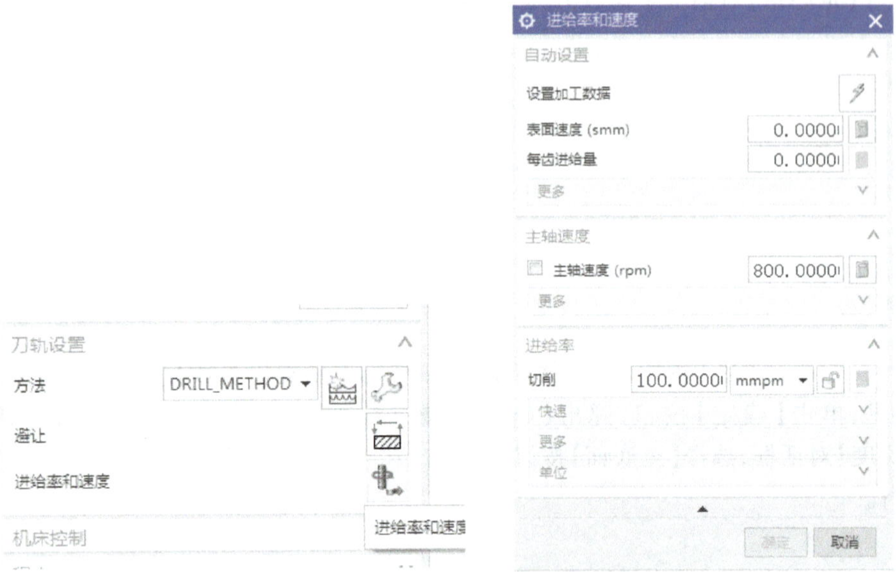

图 1-105　设置进给率和速度

planar】,【工序子类型】选择【孔铣】,【程序】选择【粗铣 D25 沉孔】,【刀具】选择【D12R0】,【几何体】选择【WORKPIECE】,【方法】选择【MILL_SEMI_FINISH】,【名称】文本框中输入【Semi_finish_mill-1】,如图 1-107 所示,单击【确定】按钮,弹出【孔铣】对话框。

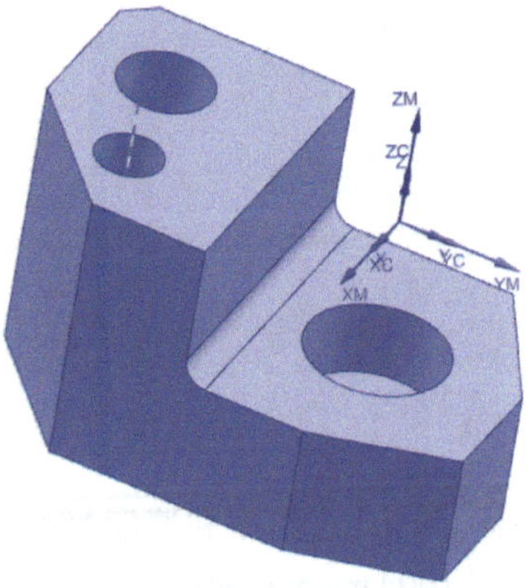

图 1-106　生成刀轨

图 1-107　创建工序

29. 在【孔铣】对话框中单击【指定特征几何体】图标,选择 D25 孔侧壁,如图 1-108 所示,单击【确定】按钮,完成特征几何体的指定返回【孔铣】对话框。

30. 在【孔铣】对话框中单击【进给率和速度】图标,弹出【进给率和速度】对话框,将【主

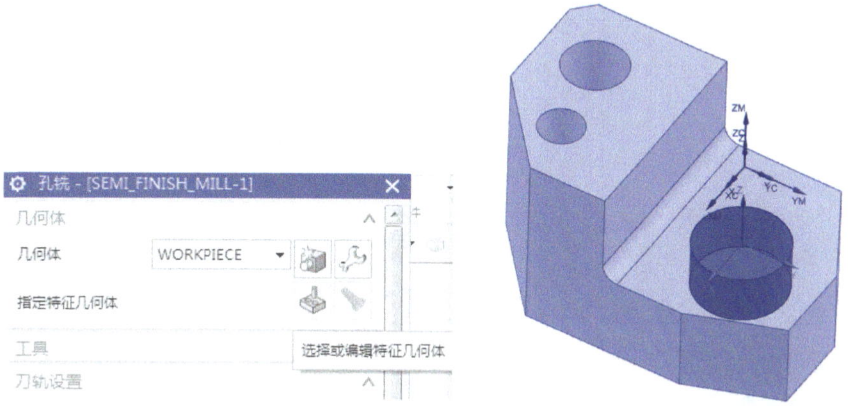

图 1-108　设置特征几何体

轴速度】设为【1800】rpm,【切削】设为【800】mmpm,如图 1-109 所示,单击【确定】按钮,完成进给率和速度的设置,返回【孔铣】对话框。

图 1-109　设置进给率和速度

31. 在【孔铣】对话框【操作】区域中单击【生成】图标,生成刀轨,查看生成的刀轨,如图 1-110 所示,单击【确定】按钮,接受生成的刀轨。

32. 在【插入】工具条中单击【创建工序】图标,弹出【创建工序】对话框【类型】选择【drill】,【工序子类型】选择【铰】,【程序】选择【精铰 D12 盲孔】,【刀具】选择【D12REAMER】,【几何体】选择【WORKPIECE】,【方法】选择【DRILL_METHOD】,【名称】栏中输入【REAMING-1】,如图 1-111 所示,单击【确定】按钮,弹出【铰】对话框。

33. 在【铰】对话框中单击【指定孔】图标,打开【点到点几何体】对话框,单击【选择】按钮,选择 D12 孔的边界,如图 1-112 所示,单击【确定】返回【点到点几何体】对话框,单击【确定】按钮,完成加工孔的指定。

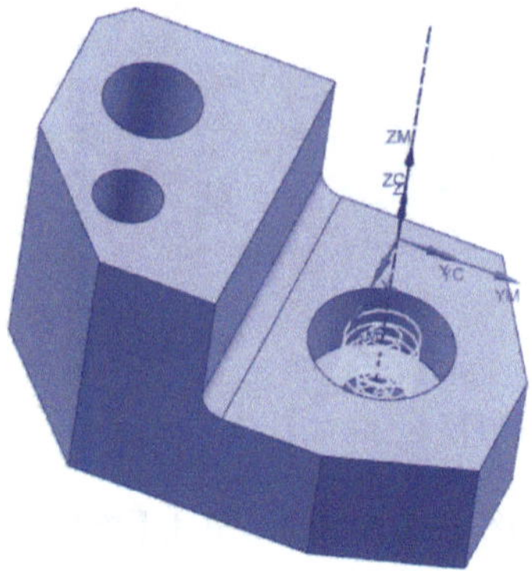

图 1-110　生成刀轨

图 1-111　创建工序

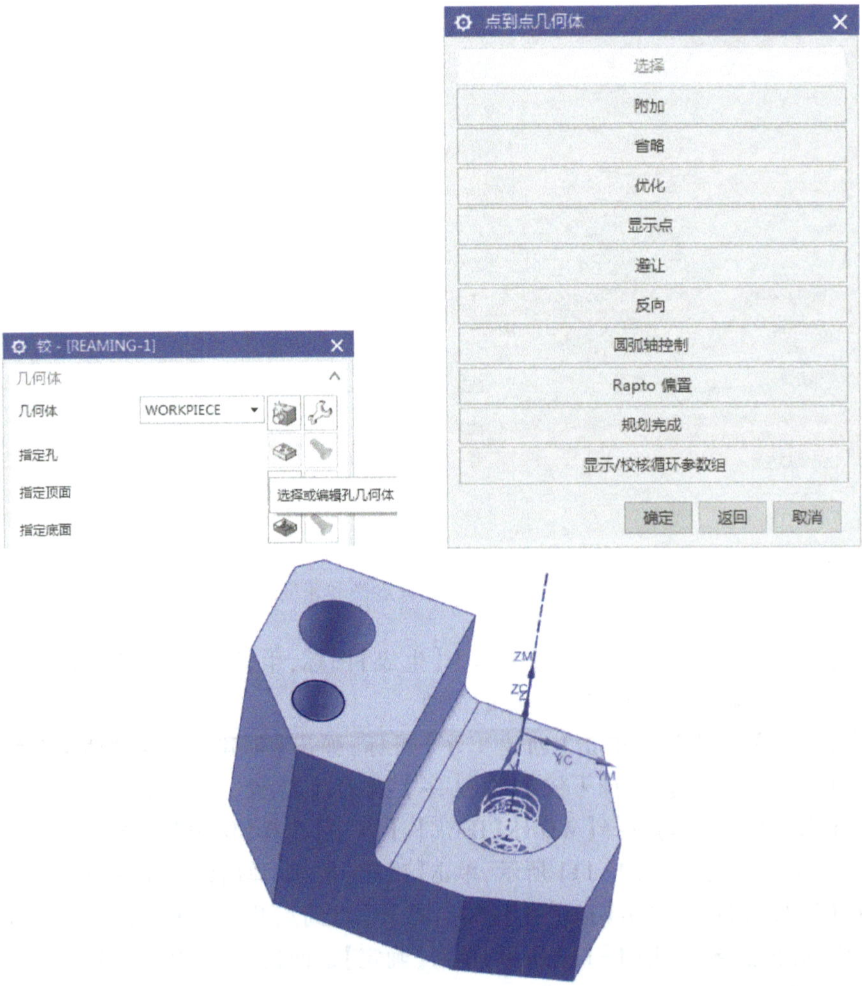

图 1-112　指定孔

34. 在【铰】对话框中单击【指定顶面】图标，弹出【顶面】对话框，在【顶面选项】框中选择【面】，选择工件顶面，如图 1-113 所示，单击【确定】按钮完成顶面的选择。

35. 在【铰】对话框中单击【指定底面】图标，弹出【底面】对话框，在【底面选项】栏中选择【面】，选择工件孔底面，如图 1-114 所示，单击【确定】按钮，完成底面的指定。

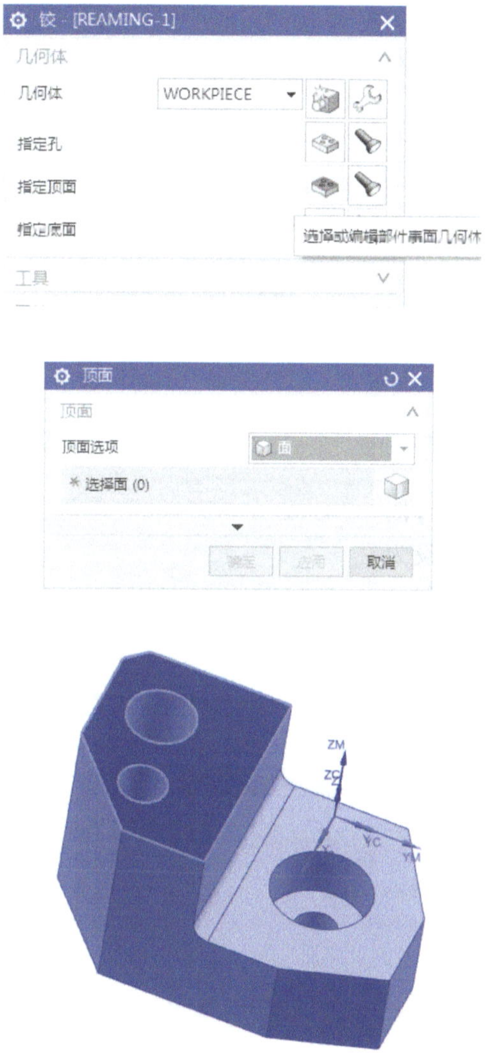

图 1-113　设置顶面

图 1-114　设置底面

36. 在【铰孔】对话框中单击【循环】栏【标准钻编辑参数】图标，弹出【指定参数组】对话框，单击【确定】按钮，弹出【Cycle 参数】对话框单击【Depth-模型深度】按钮，弹出【Cycle 深度】对话框，单击【至底面】按钮，如图 1-115 所示，单击【确定】按钮，完成标准钻参数的编辑。

37. 在【铰孔】对话框中修改【深度偏置】栏中【盲孔余量】为【4】，如图 1-116 所示。

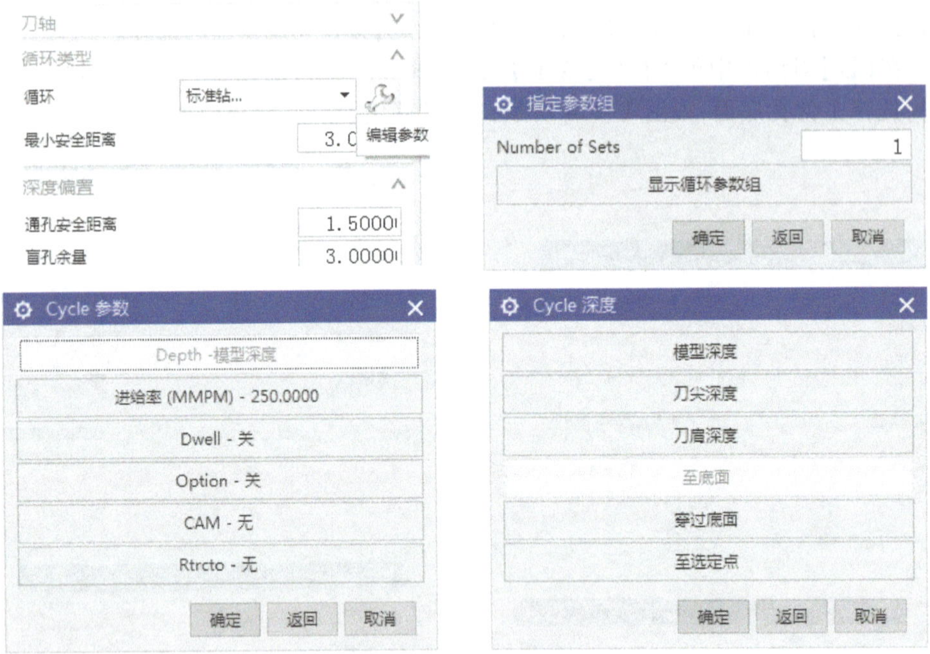

图 1-115　设置循环参数

38. 在【铰孔】对话框中单击【进给率和速度】图标，弹出【进给率和速度】对话框，将【主轴速度】设为【300】rpm，【切削】设为【30】mmpm，如图 1-117 所示，单击【确定】按钮，完成进给率和速度的设置。

39. 在【铰孔】对话框中单击【生成】图标，生成刀轨，查看生成的刀轨，将【最小安全距离】修改为【5】，

图 1-116　设置深度

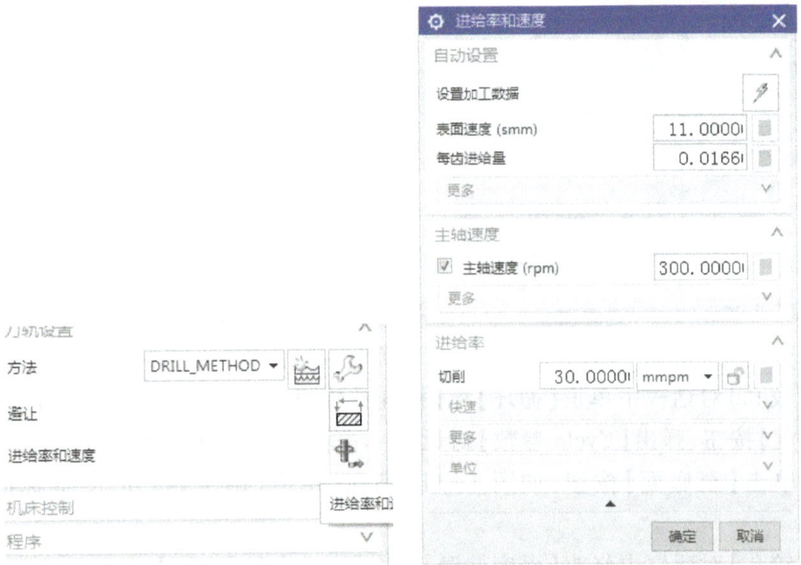

图 1-117　设置进给率和速度

如图 1-118 所示，再单击【生成】按钮，重新生成刀轨，单击【确定】按钮，接受生成的刀轨。

40. 在【插入】工具条中单击【创建工序】图标，弹出【创建工序】对话框，【类型】选择【drill】，【工序子类型】选择【镗孔】，【程序】选择【精镗 D25 沉孔】，【刀具】选择【D25BORING】，【几何体】选择【WORKPIECE】，【方法】选择【DRILL_METHOD】，【名称】栏中输入【BORING-1】，如图 1-119 所示，单击【确定】按钮，弹出【镗孔】对话框。

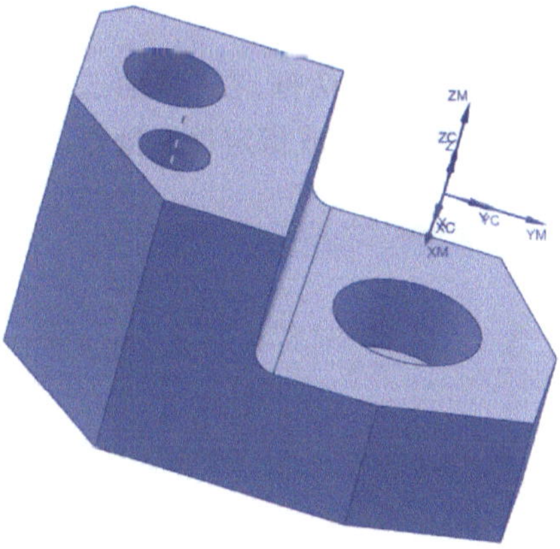

图 1-118　生成刀轨

图 1-119　创建工序

41. 在【镗孔】对话框中单击【指定孔】图标，弹出【点到点几何体】对话框，单击【选择】按钮，选择 D25 沉孔的边界，如图 1-120 所示，单击【确定】按钮，返回【点到点几何体】对话框，单击【确定】按钮，完成指定孔操作。

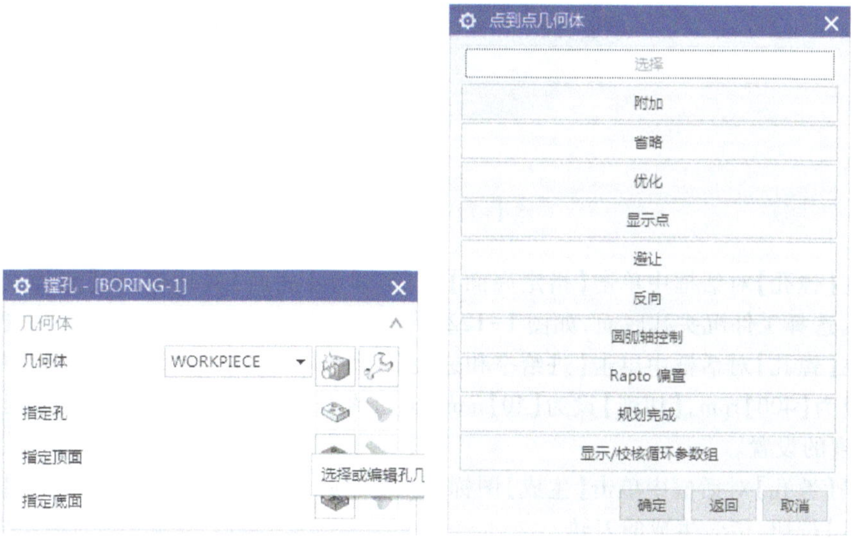

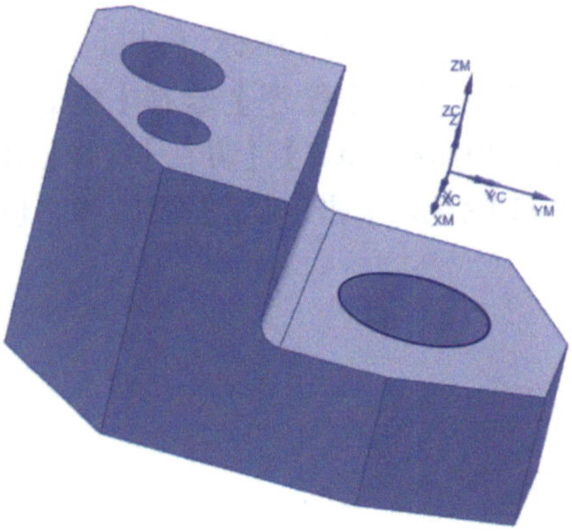

图 1-120　指定孔

42. 在【镗孔】对话框中单击【指定顶面】图标，弹出【顶面】对话框，在【顶面选项】栏中选择【面】，选择工件台阶面，如图 1-121 所示，单击【确定】按钮，完成指定顶面操作。

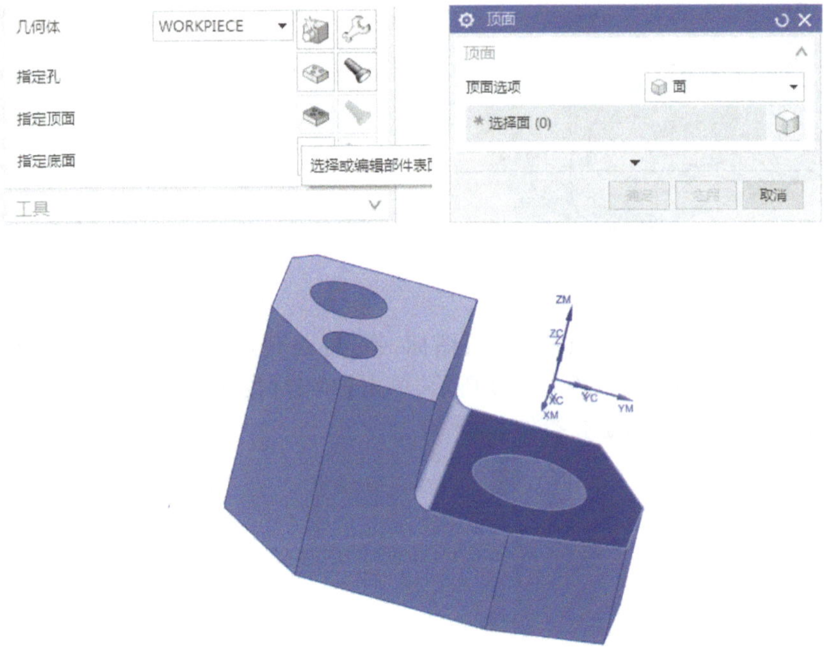

图 1-121　设置顶面

43. 在【镗孔】对话框中单击【指定底面】图标，弹出【底面】对话框，在【底面选项】栏中选择【面】，选择工件沉头孔底面，如图 1-122 所示，单击【确定】按钮，完成底面的指定。

44. 在【镗孔】对话框中单击【进给率和速度】图标，弹出【进给率和速度】对话框，将【主轴速度】设为【400】rpm，【切削】设为【40】mmpm，如图 1-123 所示，单击【确定】按钮，完成进给率和速度的设置。

45. 在【镗孔】对话框中单击【生成】图标，生成刀轨，查看生成的刀轨，如图 1-124 所示，单击【确定】按钮，接受生成的刀轨。

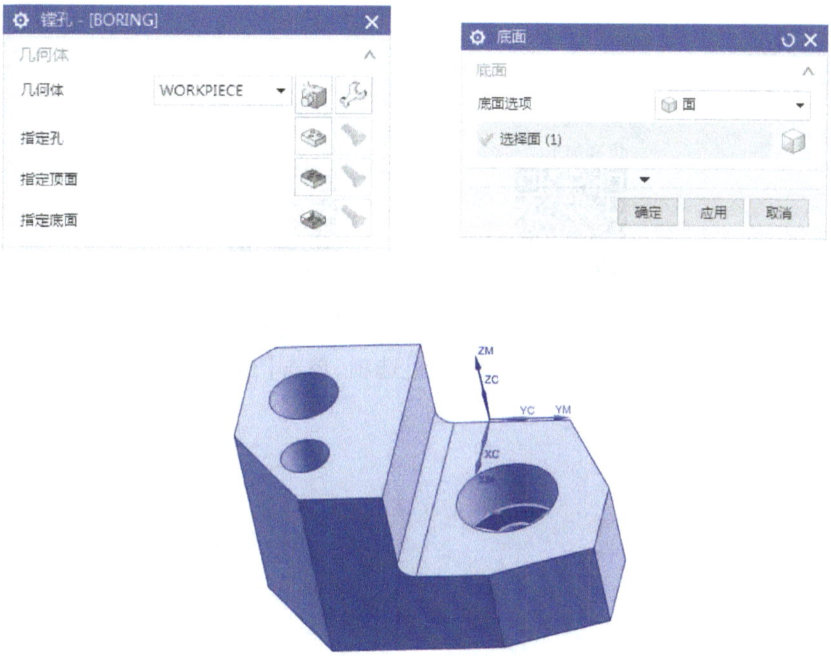

图 1-122　设置底面

图 1-123　设置进给率和速度

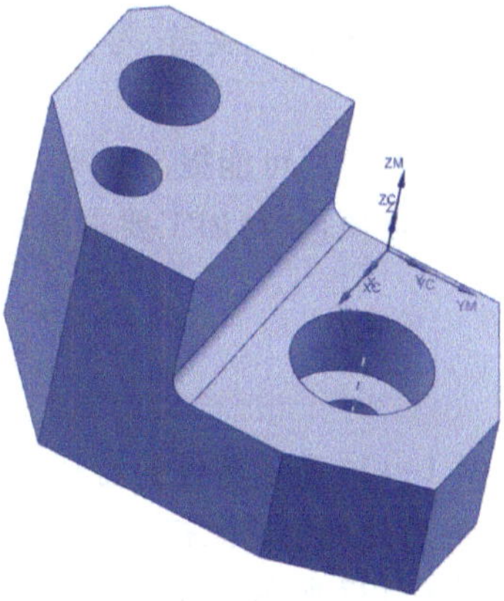

图 1-124　生成刀轨

四、仿真加工

微课
仿真加工

知识点微课
仿真加工

在【工序导航器】工具条中单击【NC_PROGRAM】,在【操作】工具条中单击【确认刀轨】图标,弹出【刀轨可视化】对话框选择【3D 动态】选项,单击【播放】按钮,开始播放加工过程,如图 1-125 所示。

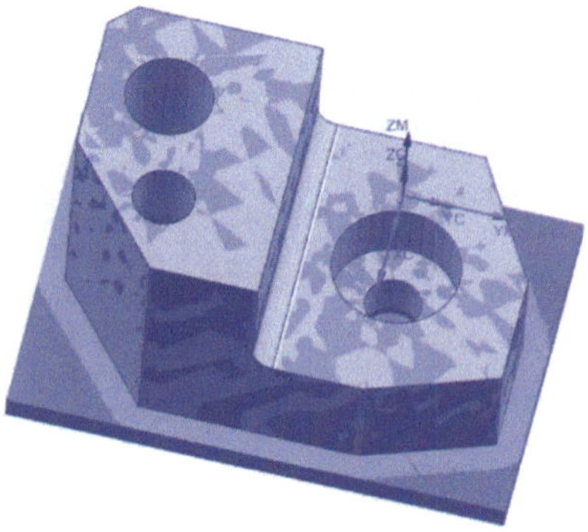

图 1-125　仿真结果

专家点拨

1. 在编制任何一个零件的加工程序前,必须要仔细分析零件图样和零件模型,并编制合理的加工工艺。

2. 在 NX CAM 中编制零件程序时,要考虑零件的装夹。一般对于块类零件的小批量生产,可以采用加厚毛坯以供夹持,等正面全部加工完后,反身装夹,铣去夹持部分,并保证总厚即可。

3. 在粗加工时应尽可能提高效率,精加工时要保证质量。

4. 为保证表面质量,精加工要求采用圆弧进刀的方式。

课后训练

1. 根据图 1-126 所示零件的特征,制定合理的工艺路线,设置必要的加工参数、生成刀轨、通过相应的后处理生成数控加工程序,并仿真加工零件。

2. 根据图 1-127 所示零件的特征,制定合理的工艺路线,设置必要的加工参数、生成刀轨、通过相应的后处理生成数控加工程序,并仿真加工零件。

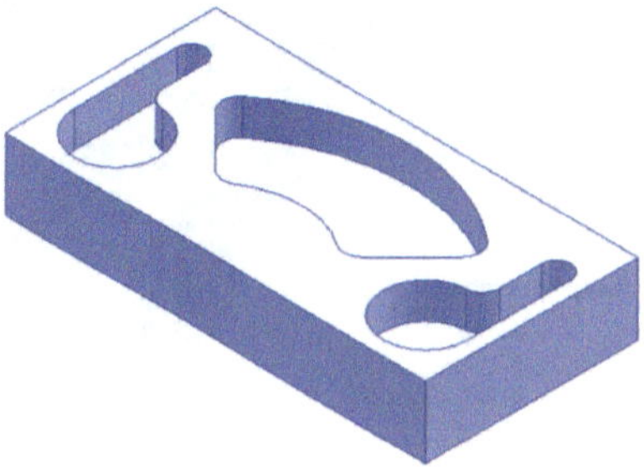

图 1-126　内凹零件

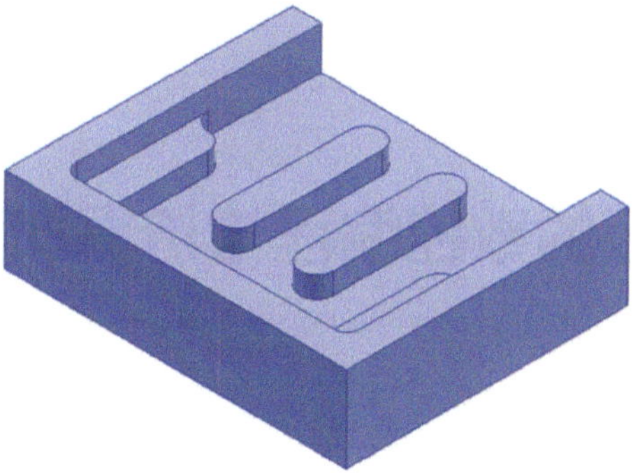

图 1-127　含岛零件

项目2

导板的数控编程与仿真加工

学习目标

能力目标：能运用 NX 软件完成导板的编程与仿真加工。
知识目标：掌握面铣、平面铣、精加工壁、底壁加工等几何体设置。
掌握加工边界创建方法。
掌握切削参数设置方法。
掌握非切削运动设置方法。
掌握啄钻、铣孔等点位加工的参数设置方法。
素质目标：激发学生的学习兴趣，培养团队合作和创新精神。

项目导读

导板是机械结构中出现频率较高的一类零件，这类零件的特点是结构比较简单，零件整体外形成块状，零件上一般会有导向槽、腔体、连接孔、减轻孔等特征。在编程与加工过程中要特别注意导向槽的加工精度和表面粗糙度。

任务描述

学生以企业制造部门 MC 数控程序员的身份进入 NX CAM 功能模块，根据导板的特征，制定合理的工艺路线，创建表面铣、平面铣、点位加工操作、设置必要的加工参数、生成刀轨、检验刀轨是否正确合理，并对操作过程中存在的问题进行研讨和交流，通过相应的后处理生成数控加工程序，并运用机床加工零件。

工作任务

按照零件加工要求，制定导板加工工艺；编制导板加工程序；完成导板的仿真加工，后处理得到数控加工程序，完成零件加工。

一、 制订加工工艺

1. 导板结构分析

该连接块结构比较简单，主要有导向槽、开口腔体、连接孔、减轻孔等特征组成，主要加工内容为外形、槽、腔体和孔。

2. 毛坯选用

零件由厚度为 26 mm 的 45 钢板切割而成，尺寸为 140 mm×120 mm×55 mm。零件四周单边最小余量为 4 mm，零件厚度方向为了保证零件的装夹，余量为 6 mm。

3. 制订加工工序卡

零件选用立式三轴联动机床加工，平口钳夹持，遵循先粗后精、先面后孔的加工原则。制定加工工序卡如表 2-1 所示。

表 2-1　加工工序卡

<table>
<tr><td colspan="3">零件号：</td><td colspan="2">工序名称：</td><td rowspan="2">工艺流程卡_工序单</td></tr>
<tr><td colspan="3">263863</td><td colspan="2">导板铣削加工</td></tr>
<tr><td colspan="2">材料:45</td><td colspan="3">页码:1</td><td>工序号:01　版本号:0</td></tr>
<tr><td colspan="2">夹具:平口钳</td><td colspan="3">工位:MC</td><td>数控程序号：</td></tr>
<tr><td colspan="5">刀具及参数设置</td><td rowspan="16"></td></tr>
<tr><td>加工内容</td><td>刀具号</td><td>刀具规格</td><td>主轴转速</td><td>进给速度</td></tr>
<tr><td>零件外轮廓的粗加工</td><td>T01</td><td>D20R2</td><td>S1800</td><td>F1200</td></tr>
<tr><td>零件开口腔粗加工</td><td>T01</td><td>D20R2</td><td>S1800</td><td>F1200</td></tr>
<tr><td>零件导轨槽粗加工</td><td>T02</td><td>D6R0-ROUGH</td><td>S2200</td><td>F1000</td></tr>
<tr><td>零件顶面和腔底面精加工</td><td>T03</td><td>D16R0</td><td>S2200</td><td>F1000</td></tr>
<tr><td>零件外轮廓精加工</td><td>T03</td><td>D16R0</td><td>S2200</td><td>F1000</td></tr>
<tr><td>零件导轨槽精加工</td><td>T04</td><td>D6R0-FINISH</td><td>S3600</td><td>F800</td></tr>
<tr><td>钻中心孔</td><td>T06</td><td>ZXZ10</td><td>S1200</td><td>F100</td></tr>
<tr><td>钻 D10 通孔</td><td>T05</td><td>D10DRILL</td><td>S800</td><td>F100</td></tr>
<tr><td>铣 D24 通孔</td><td>T07</td><td>D10R0</td><td>S1800</td><td>F800</td></tr>
<tr><td></td><td></td><td></td><td></td><td></td></tr>
<tr><td></td><td></td><td></td><td></td><td></td></tr>
<tr><td></td><td></td><td></td><td></td><td></td></tr>
<tr><td></td><td colspan="2"></td><td></td><td></td></tr>
<tr><td></td><td colspan="2"></td><td></td><td></td></tr>
<tr><td>更改号</td><td colspan="2">更改内容</td><td>批准</td><td>日期</td><td rowspan="3">（单位）</td></tr>
<tr><td>拟制：</td><td>日期：　审核：</td><td>日期：　批准：</td><td></td><td>日期：</td></tr>
<tr><td></td><td></td><td></td><td></td><td></td></tr>
</table>

二、加工准备

微课

加工准备

1. 启动 NX 10.0,单击【打开】图标,弹出【打开】对话框,选择导板.prt 文件,如图 2-1 所示,单击【OK】按钮,打开零件模型。

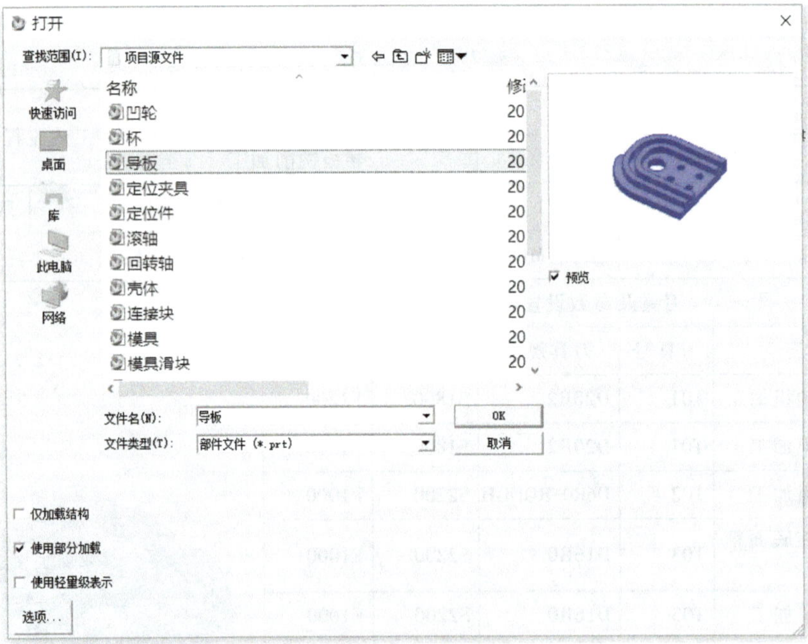

图 2-1　选择文件

2. 在工具栏中选择【应用模块】选项卡,单击【加工】图标,如图 2-2 所示,进入加工环境。

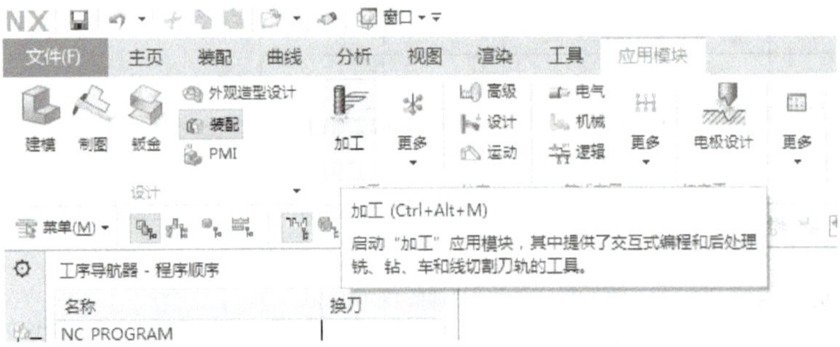

图 2-2　进入加工模块

3. 在弹出的【加工环境】对话框【CAM 会话配置】栏中选择【cam_general】选项，在【要创建的 CAM 设置】栏中选择【mill_planar】选项，如图 2-3 所示，单击【确定】按钮，进行加工初始化。

图 2-3　进入加工环境

4. 在【插入】工具条中单击【创建程序】图标，如图 2-4 所示，弹出【创建程序】对话框。

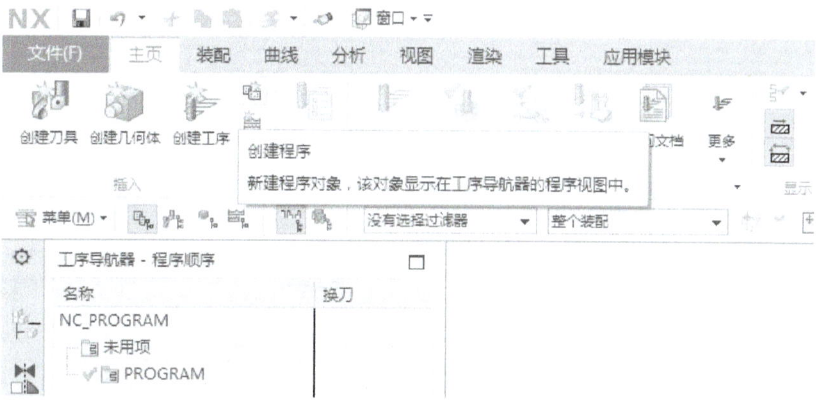

图 2-4　创建程序

5. 在【创建程序】对话框中修改名称为【零件外轮廓粗加工】，单击【应用】按钮，弹出【程序】对话框，如图 2-5 所示，单击【确定】按钮，完成零件外轮廓粗加工程序的创建。

6. 同样方法创建零件开口腔粗加工、零件导轨槽粗加工、零件顶面和腔底面精加工、零件外轮廓精加工、零件导轨槽精加工、钻中心孔、钻 D10 通孔、铣 D24 通孔程序，如图 2-6 所示。

7. 在【导航器】工具条中单击【机床视图】图标，再单击【创建刀具】图标，如图 2-7 所示，弹出【创建刀具】对话框。

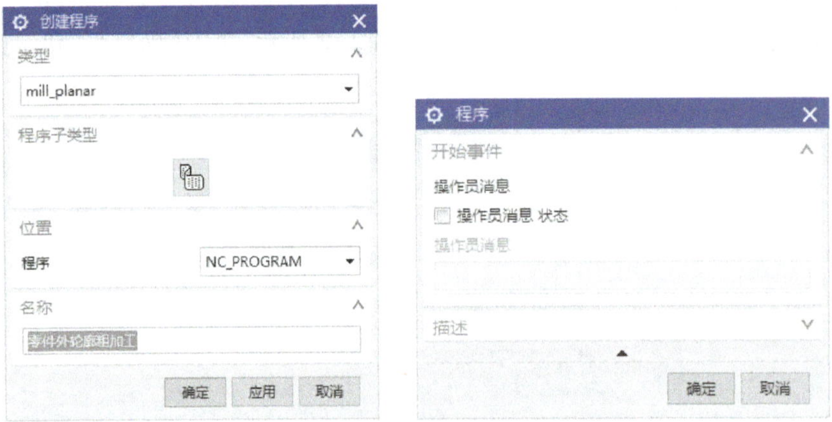

图 2-5　修改程序名称

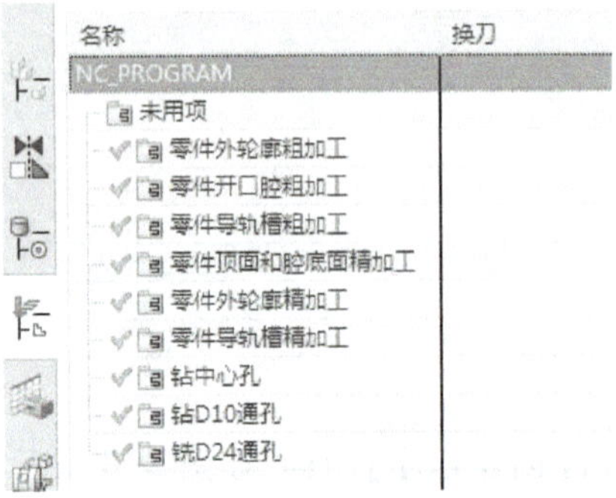

图 2-6　创建程序组

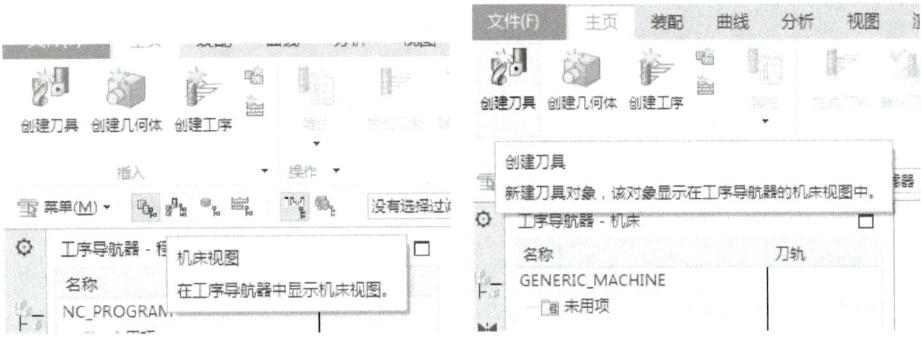

图 2-7　创建刀具

8. 在【创建刀具】对话框中，【刀具子类型】选项中选择【MILL】选项，修改刀具【名称】为【D20R2】，单击【应用】按钮。弹出【铣刀-5 参数】对话框，设置刀具参数，【直径】设置为【20】，【下半径】设置为【2】，【刀具号】【补偿寄存器】【刀具补偿寄存器】均设置为【1】，其他参数默认，如图 2-8 所示，单击【确定】按钮，完成 D20R2 端铣刀的创建。

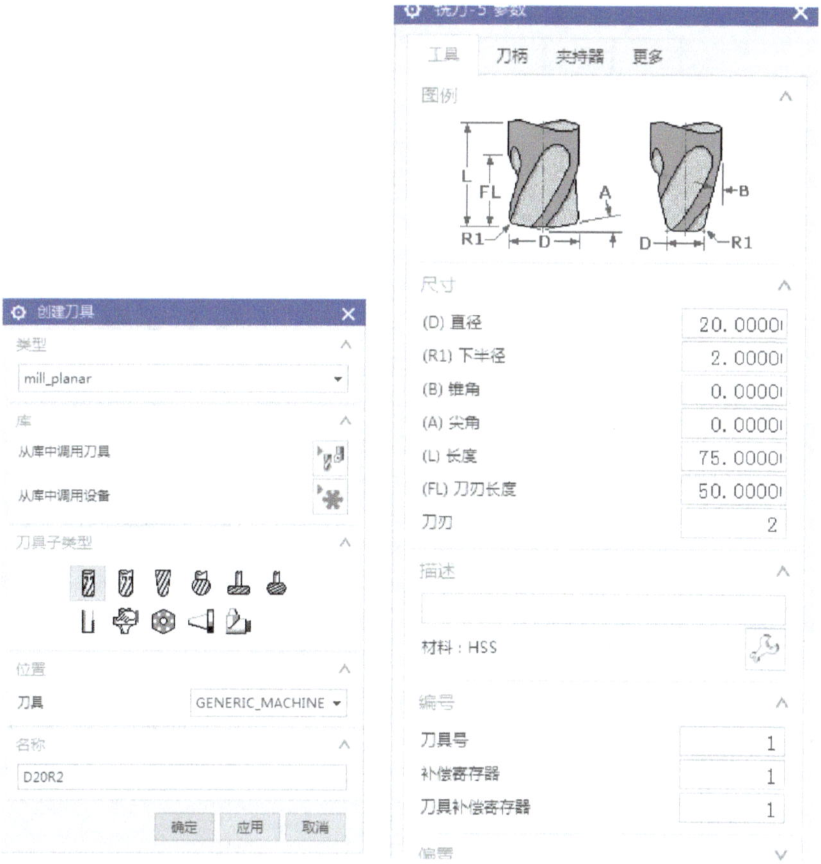

图 2-8　刀具参数

9. 同样方法创建 D6 的端铣刀用于粗加工，创建【D16】的端铣刀、【D6】的端铣刀用于精加工。创建【D10】的端铣刀用来精加工 D24 的孔，单机【确定】按钮。

10. 返回【创建刀具】对话框，刀具【类型】选择【drill】，【刀具子类型】选择【中心钻】，修改刀具【名称】为【ZXZ10】，单击【应用】按钮。弹出【钻刀】对话框，将【直径】设为【10】，【刀尖角度】设为【90】，【刀具号】【补偿寄存器】均设置为【6】，其他参数默认，如图 2-9 所示，单击【确定】按钮，完成 ZXZ10 钻头的创建。

11. 返回【创建刀具】对话框，【刀具类型】选择【drill】，【刀具子类型】选择【PECK_DRILLING】，修改刀具【名称】为【D10DRILL】，单击【应用】按钮。弹出【钻刀】对话框，将【直径】设为【10】，【刀具号】【补偿寄存器】均设置为【7】，其他参数默认，如图 2-10 所示，单击【确定】按钮，完成 D10DRILL 钻头的创建。

12. 在【导航器】工具条中单击【几何视图】图标，进入【工序导航器-几何】视图，双击【MCS_MILL】图标，弹出【MCS 铣削】对话框，单击【CSYS 会话】图标，选择工作坐标【WCS】，将【安全距离】设为【50】，如图 2-11 所示，单击【确定】按钮，完成加工坐标系的设置。

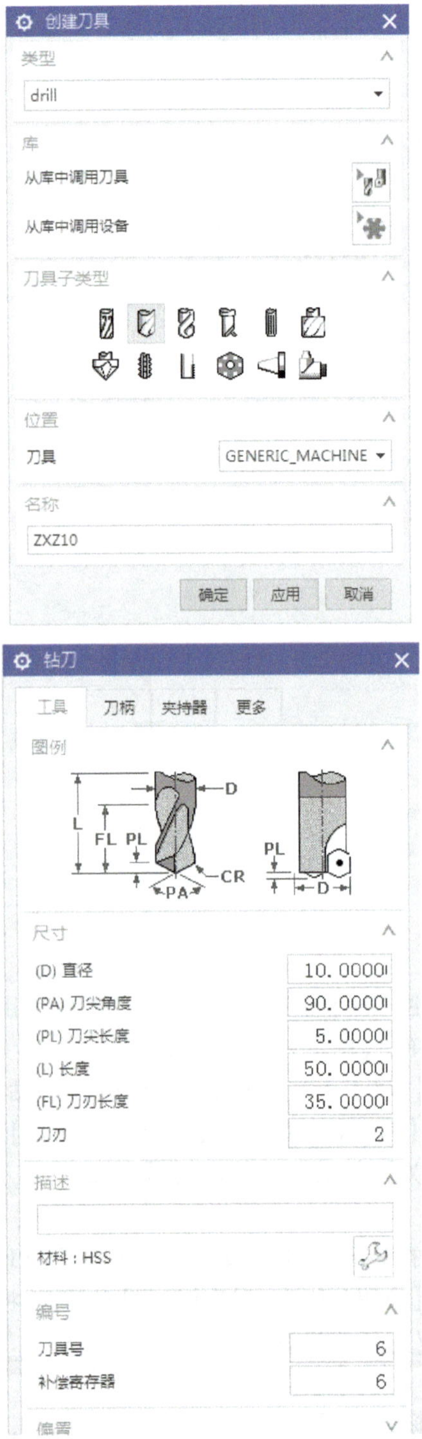

图 2-9　刀具参数

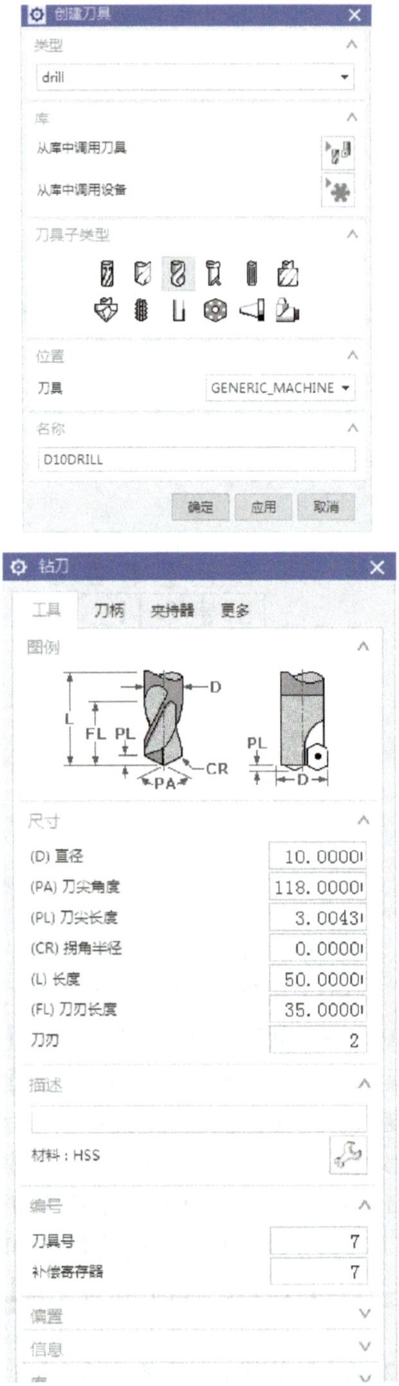

图 2-10　刀具参数

13. 在【工序导航器-几何】视图中双击【WORKPIECE】，弹出【工件】对话框，单击【指定部件】图标，弹出【部件几何体】对话框，选择零件实体，如图 2-12 所示，单击【确定】按钮，完成部件的指定。

图 2-11　设置坐标

14. 在【工件】对话框中单击【指定毛坯】图标，弹出【毛坯几何体】对话框，【类型】选择【包容块】，如图 2-13 所示，单击【确定】按钮，完成毛坯的指定，单击【确定】按钮退出【工件】对话框。

15. 在【导航器】工具条中单击【加工方法视图】图标，进入【加工方法视图】，如图 2-14 所示。

16. 在【工序导航器-加工方法】视图中双击【MILL_ROUGH】，弹出【铣削粗加工】对话框，修改【部件余量】为【0.5】，【内公差】为【0.03】，【外公差】为【0.03】，如图 2-15 所示，单击【确定】按钮，完成铣削粗加工参数的设置。

17. 在【工序导航器-加工方法】视图中双击【MILL_SEMI_FINISH】，弹出【铣削半精加工】对话框，修改【部件余量】为【0.1】，【内公差】为【0.01】，【外公差】为【0.01】，如图 2-16 所示，单击【确定】按钮，完成铣削半精加工参数的设置。

18. 在【工序导航器-加工方法】视图中双击【MILL _FINISH】，弹出【铣削精加工】对话框，修改【部件余量】为【0】，【内公差】为【0.003】，【外公差】为【0.003】，如图 2-17 所示，单击【确定】按钮，完成铣削精加工参数的设置。

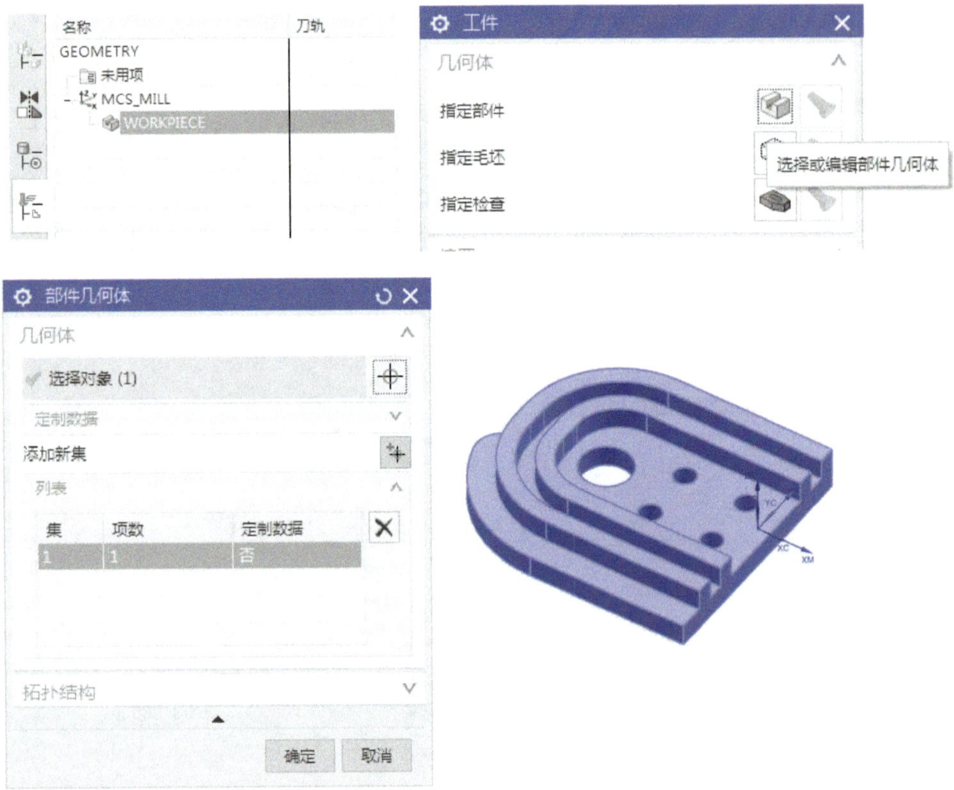

图 2-12　选择零件实体

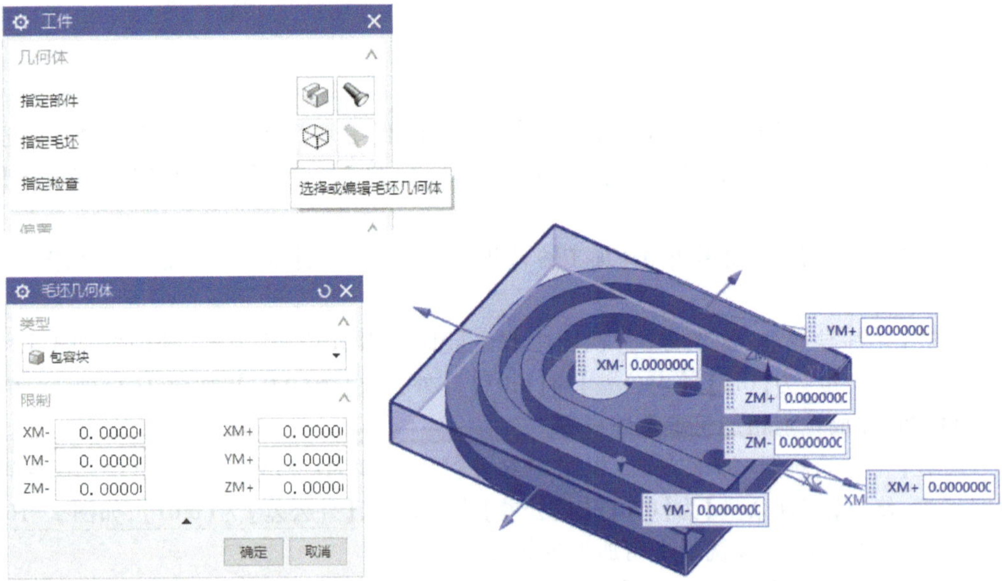

图 2-13　设置包容块

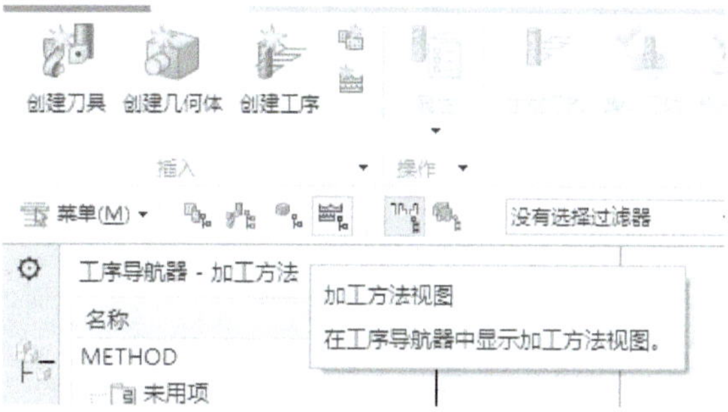

图 2-14　进入【加工方法视图】

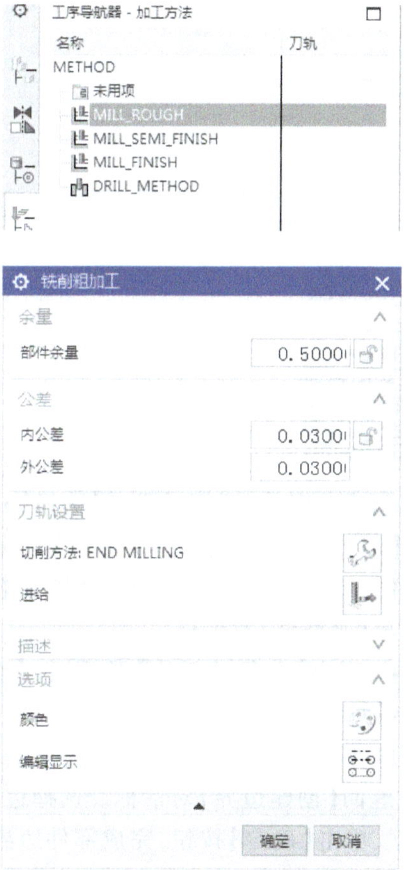

图 2-15　铣削粗加工

图 2-16　铣削半精加工

图 2-17　铣削精加工

三、 程序编制

(一) 零件外轮廓粗加工

微课　零件粗加工

知识点微课　零件粗加工

1. 在【插入】工具条中单击【创建工序】图标，弹出【创建工序】对话框，【类型】选择【mill_planar】，【工序子类型】选择【平面铣】，【程序】选择【零件外轮廓粗加工】，【刀具】选择【D20R2】，【几何体】选择【WORKPIECE】，【方法】选择【MILL_ROUGH】，【名称】栏中输入【Rough_mill-1】，如图 2-18 所示，单击【确定】按钮，弹出【平面铣】对话框。

2. 在【平面铣】对话框中单击【指定部件边界】图标，弹出【边界几何体】对话框，在【模式】栏选择【曲线/边】，如图 2-19 所示，弹出【创建边界】对话框。

3. 在【创建边界】对话框中的【刨】选项中选择【用户定义】，弹出【刨】对话框，【类型】选择【XC-YC 平面】，【距离】设为【1】，单击【确定】按钮，返回【创建边界】对话框。选择边界，如图 2-20 所示，单击【确定】返回【边界几何体】对话框，单击【确定】按钮，完成部件边界的指定，返回【平面铣】对话框。

4. 在【平面铣】对话框中单击【指定部件边界】图标，弹出【编辑边界】对话框，单击【附加】按钮，选择台阶面，如图 2-21 所示。单击【确定】按钮，完成边界的编辑，返回【平面铣】对话框。

图 2-18　创建工序

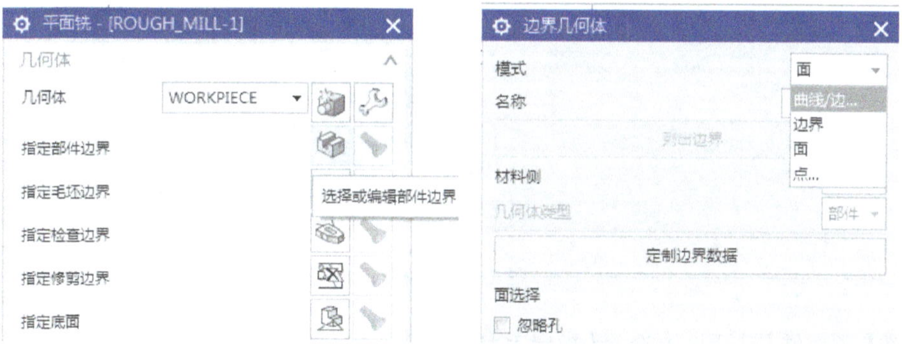

图 2-19　指定部件边界

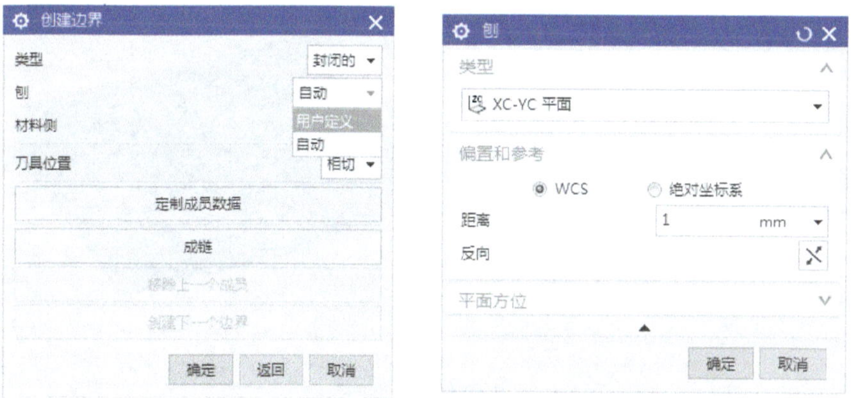

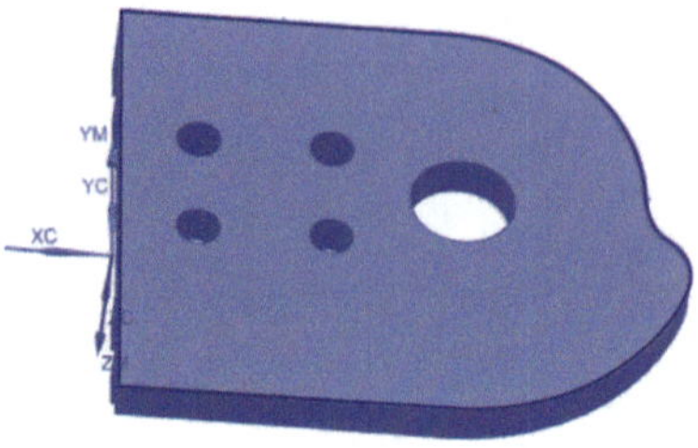

图 2-20　创建边界

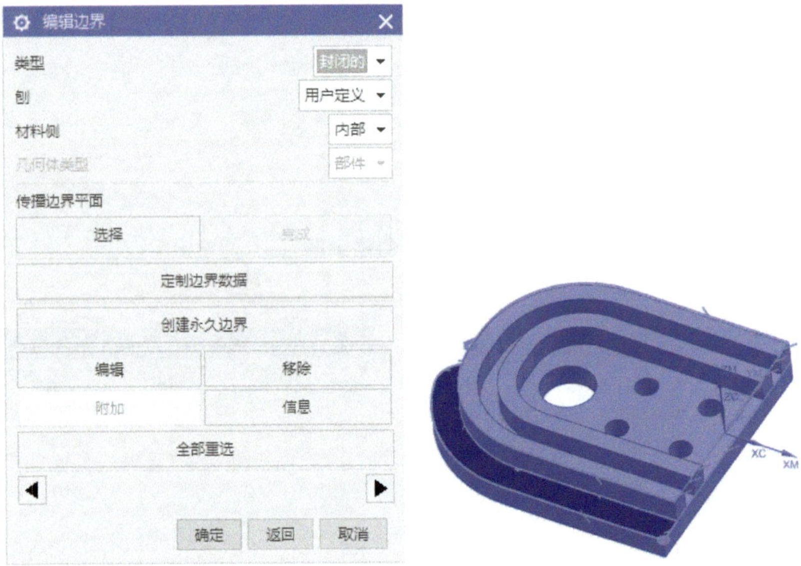

图 2-21　编辑

5. 在【平面铣】对话框中选择【指定毛坯边界】图标，选择图中毛坯上表面（毛坯可在建模环境下创建），如图 2-22 所示，单击【确定】按钮，完成毛坯边界的指定，返回【平面铣】对话框。

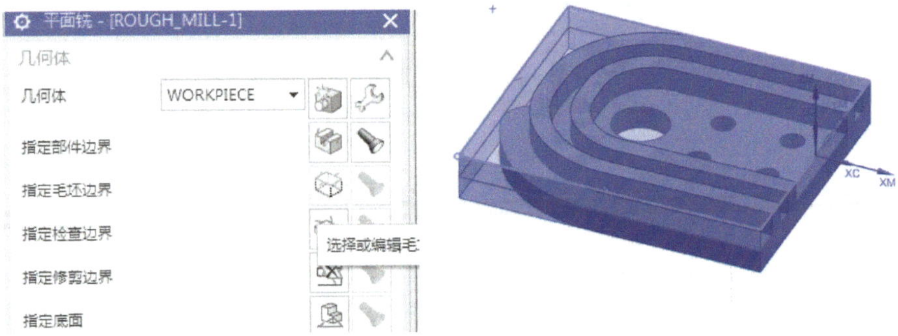

图 2-22　平面铣

6. 在【平面铣】对话框中单击【指定底面】图标，选择底面，如图 2-23 所示，单击【确定】按钮，完成底面的指定，返回【平面铣】对话框。

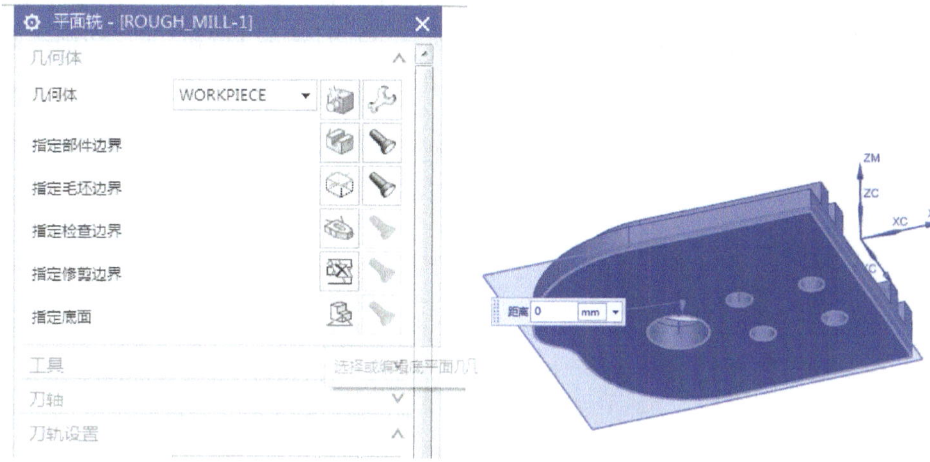

图 2-23　指定底面

7. 在【平面铣】对话框中,【切削模式】栏选择【跟随部件】,如图 2-24 所示。

图 2-24　修改切削模式

8. 在【平面铣】对话框中单击【切削层】图标,弹出【切削层】对话框,在【类型】栏中选择【恒定】,将每刀切削深度栏中【公共】设为【1.5】,如图 2-25 所示,单击【确定】按钮,完成切削层参数的设置,返回【平面铣】对话框。

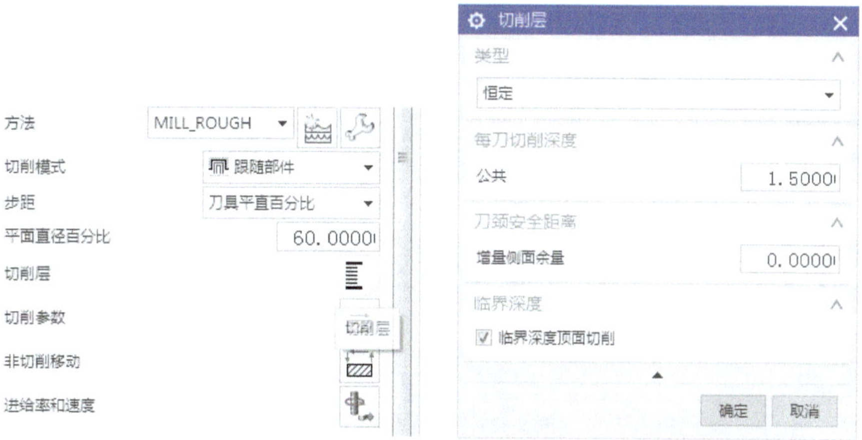

图 2-25　设置切削层

9. 在【平面铣】对话框中单击【切削参数】图标，弹出【切削参数】对话框，单击【余量】选项卡，将【最终底面余量】设为【0.2】，如图 2-26 所示，单击【确定】按钮，完成切削参数的设定，返回【平面铣】对话框。

图 2-26　设置底面余量

10. 在【平面铣】对话框中单击【进给率和速度】图标，弹出【进给率和速度】对话框，将【主轴速度】设为【1800】rpm，【切削】设为【1200】mmpm，如图 2-27 所示，单击【确定】按钮，完成进给率和速度的设定，返回【平面铣】对话框。

图 2-27　进给率和速度

11. 在【平面铣】对话框中单击【生成】图标，生成刀轨，查看生成的刀轨，如图 2-28 所示，单击【确定】按钮，接受刀轨。

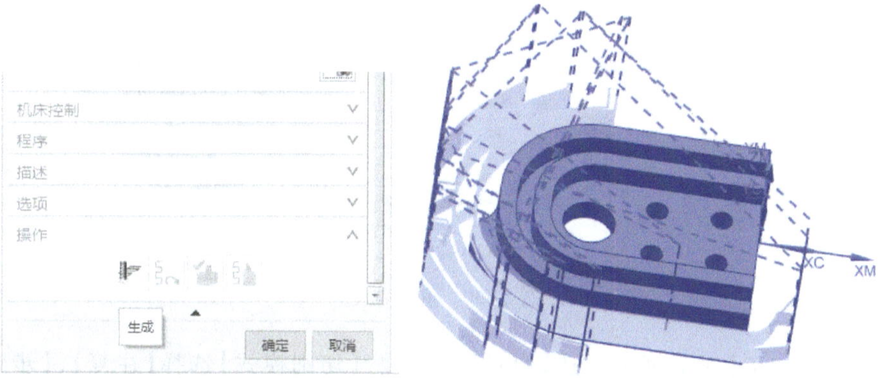

图 2-28　刀具路径

(二) 零件开口腔粗加工

1. 在【插入】工具条中单击【创建工序】图标，弹出【创建工序】对话框，【类型】选择【mill_planar】，【工序子类型】选择【底壁加工】，修改【名称】为【Rough_mill-2】，如图 2-29 所示，单击【确定】按钮，弹出【底壁加工】对话框。

图 2-29　创建工序

2. 在【底壁加工】对话框中单击【指定切削区底面】图标，选择工件台阶面，如图 2-30 所示，单击【确定】按钮，完成切削区底面的指定。

图 2-30　底壁加工

3. 在【底壁加工】对话框中勾选【自动壁】选项,【切削模式】选择【往复】,【步距】设为【刀具直径百分比】,【平面直径百分比】设为【60】,【底面毛坯厚度】设为【11】,【每刀切削深度】设为【1.5】,如图 2-31 所示。

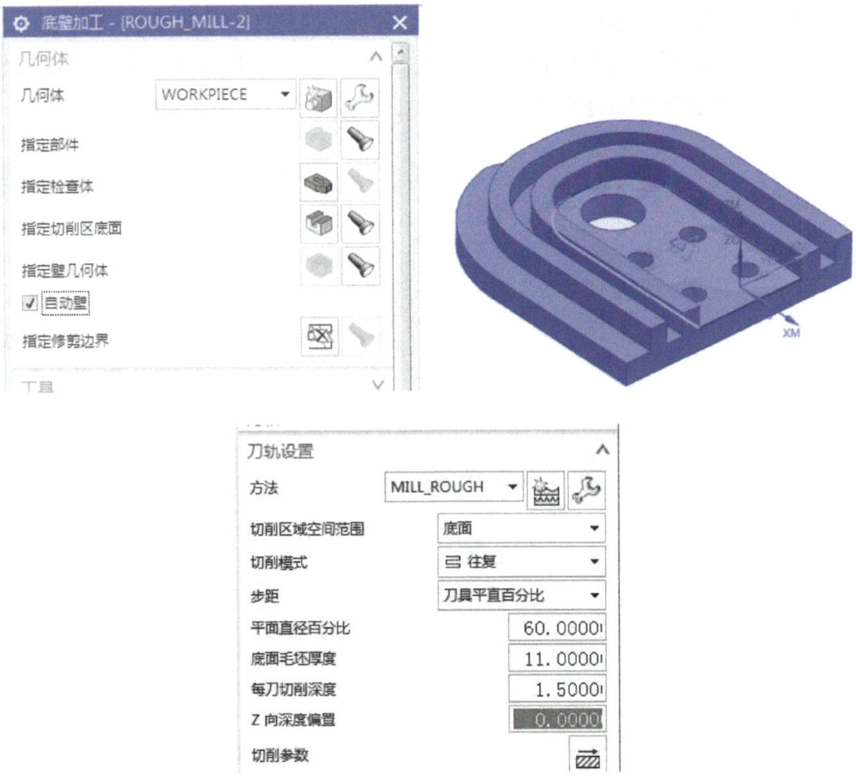

图 2-31　选择切削模式

4. 在【底壁加工】对话框中单击【切削参数】图标,弹出【切削参数】对话框。单击【余量】选项卡,将【壁余量】设为【0.5】,【最终底面余量】设为【0.2】;单击【策略】选项卡,将【刀路方向】设为【向内】,如图 2-32 所示,单击【确定】按钮,返回【底壁加工】对话框。【非切削移动】选择默认参数。

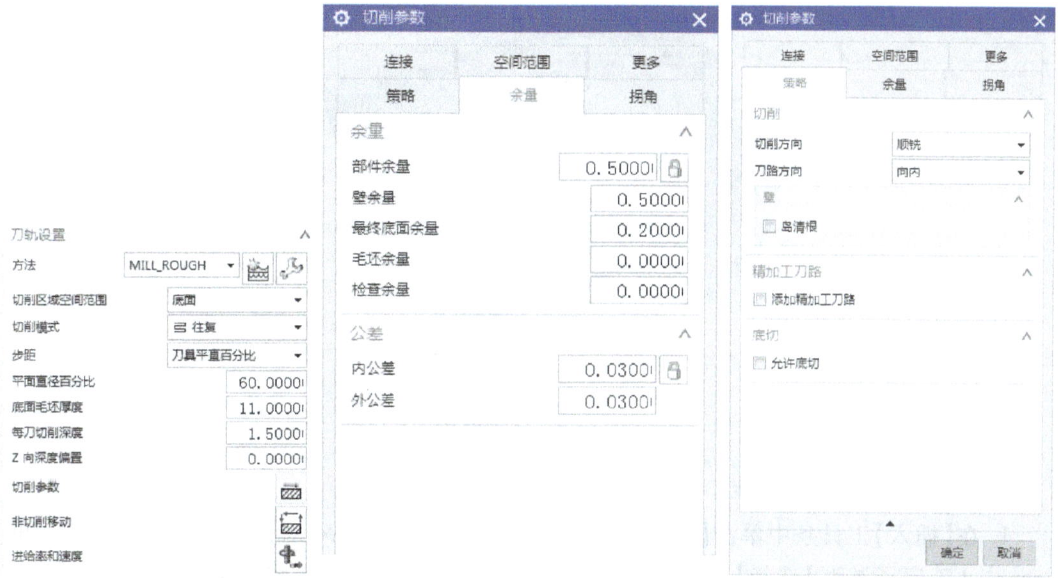

图 2-32　切削层参数

5. 在【底壁加工】对话框中单击【进给率和速度】图标，弹出【进给率和速度】对话框，将【主轴速度】设为【1800】rpm，【切削】设为【1200】mmpm，如图 2-33 所示，单击【确定】按钮，完成进给率和速度的设置，返回【底壁加工】对话框。

图 2-33　进给率和速度

6. 在【底壁加工】对话框【操作】区域中单击【生成】图标，生成刀轨，查看生成的刀轨，单击【确定】按钮，接受生成的刀轨，如图 2-34 所示，完成零件的粗加工。

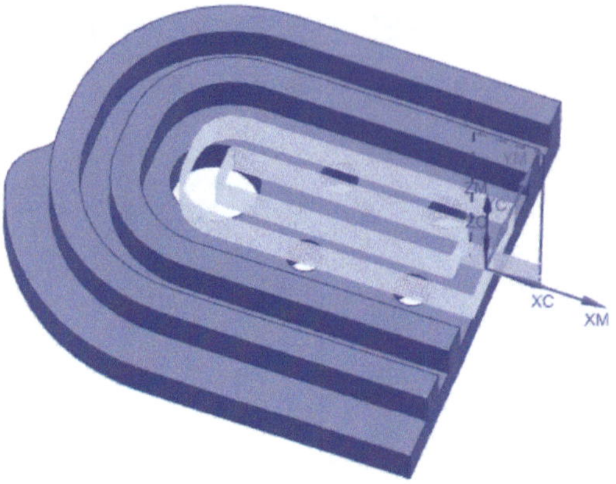

图 2-34　刀具路径

（三）零件导轨腔粗加工

1. 在【插入】工具条中单击【创建工序】图标，弹出【创建工序】对话框，【类型】选择【mill_planar】，【工序子类型】选择【底壁加工】，【程序】选择【零件导轨腔粗加工】，【刀具】选择【D6】，【几何体】选择【WORKPIECE】，【方法】选择【MILL_ROUGH】，【名称】栏输入【Rough-mili-3】，如图 2-35 所示，单击【确定】按钮，弹出【底壁加工】对话框。

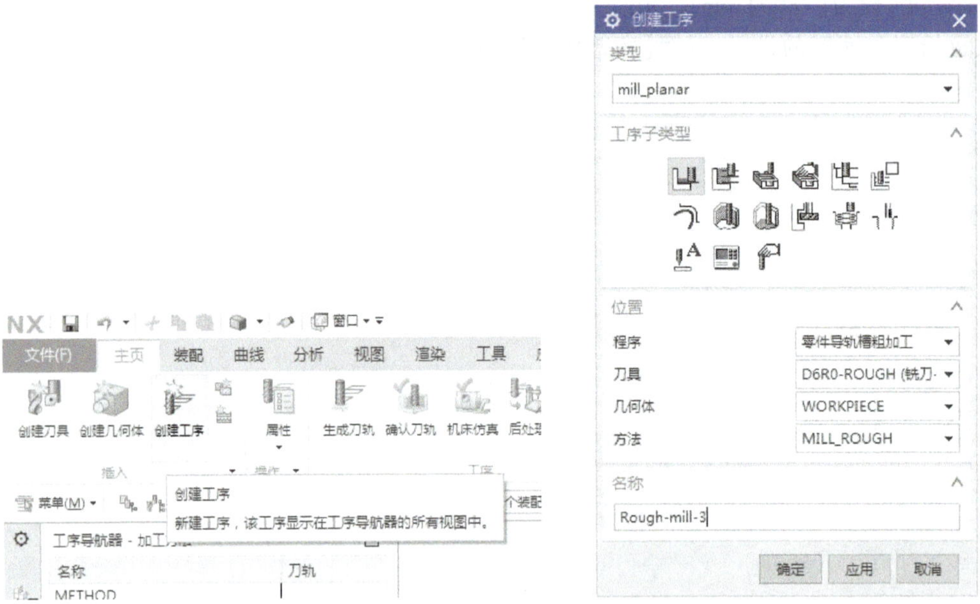

图 2-35　创建工序

2. 在【底壁加工】对话框中单击【指定切削区底面】图标，选择槽底面，如图 2-36 所示，单击【确定】按钮，完成切削区底面的指定，返回【底壁加工】对话框。

3. 在【底壁加工】对话框【指定壁几何体】栏中选择【自动壁】复选框，选择零件侧壁如图 2-37 所示。

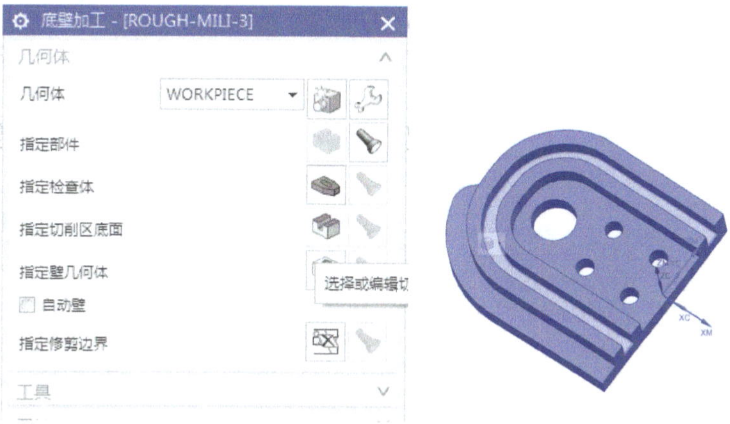

图 2-36　指定切削区底面

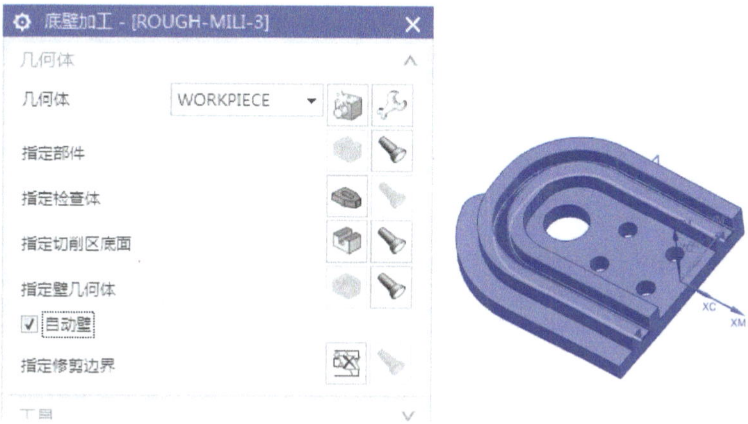

图 2-37　指定壁几何体

4. 在【刀轨设置】栏设置【切削模式】为【轮廓】,【步距】为【刀具平直百分比】,【平面直径百分比】设为【60】,【底面毛坯厚度】设为【11】,【每刀切削深度】设为【1】,如图 2-38 所示。

5. 单击【切削参数】图标,弹出【切削参数】对话框,在【余量】选项卡中,【壁余量】设为【0.3】,【最终底面余量】设为【0.1】,单击【确定】按钮,完成切削参数的设置,返回【底壁加工】对话框,如图 2-39 所示。

6. 在【底壁加工】对话框中单击【进给率和速度】图标,弹出【进给率和速度】对话框,在【主轴速度】栏输入【2800】rpm,【切削】栏输入【1000】mmpm,单击【确定】按钮,完成进给率和速度的设置,返回【底壁加工】对话框,如图 2-40 所示。

图 2-38　刀轨设置

图 2-39　切削参数

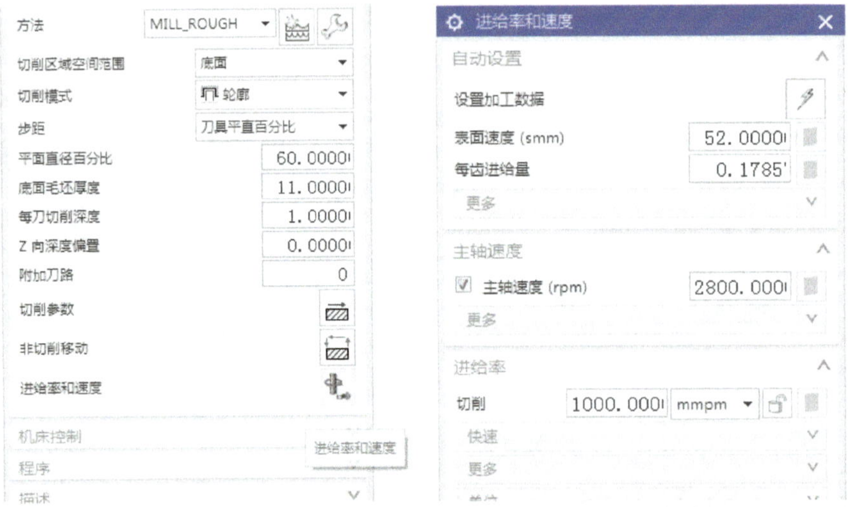

图 2-40　进给率和速度

7. 在【底壁加工】对话框中单击【生成】图标，系统生成刀轨，查看生成的刀轨，如图 2-41 所示，单击【确定】按钮，接受生成的刀轨。

图 2-41　刀具路径

（四）零件顶面和腔底面精加工

微课 零件精加工　　　　知识点微课 零件精加工

1. 在【插入】工具条中单击【创建工序】图标，弹出【创建工序】对话框，【类型】选择【mill_planar】，【工序子类型】选择【边界面铣削】，【程序】选择【零件顶面和腔底面精加工】，【刀具】选择【D16】，【几何体】选择【WORKPIECE】，【方法】选择【MILL_FINISH】，【名称】栏输入【Finish-mill-1】，如图 2-42 所示，单击【确定】按钮，弹出【面铣】对话框。

2. 在【面铣】对话框中单击【指定边界面】图标，弹出【切削区域】对话框，如图 2-43 所

图 2-42　创建工序

图 2-43　指定边界面

示，选择面 1，单击【添加新集】，选择面 2，单击【确定】按钮，完成切削区域的指定，返回【面铣】对话框。

3. 在【面铣】对话框【刀轨设置】区域内设置【切削模式】为【跟随周边】，【步距】为【刀具平直百分比】，【平面直径百分比】为【60】，【毛坯距离】为【1】，【每刀切削深度】为【0】，【最终底部余量】为【0.1】，如图 2-44 所示。

4. 单击【切削参数】图标，弹出【切削参数】对话框，在【策略】选项卡中，设置【刀路方向】为【向内】，单击【确定】按钮，完成切削参数的设置，返回【面铣】对话框，如图 2-45 所示。

图 2-44　刀轨设置

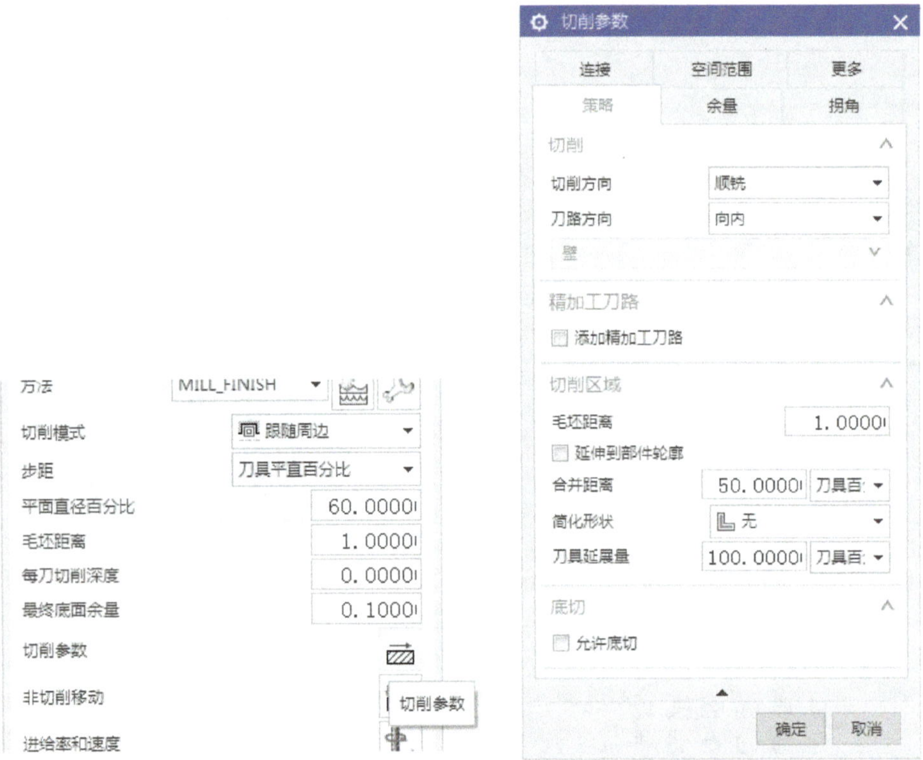

图 2-45　切削参数

5. 在【面铣】对话框中单击【进给率和速度】图标，弹出【进给率和速度】对话框，将【主轴速度】设为【2200】rpm，【切削】设为【1000】mmpm，如图 2-46 所示，单击【确定】按钮，完成进给率和速度的设置，返回【面铣】对话框。

6. 在【面铣】对话框中单击【生成】图标，生成刀轨，查看生成的刀轨，如图 2-47 所示，单击【确定】按钮，接受生成的刀轨。

7. 在工序导航器的零件顶面和台阶面精加工节点的操作【FINISH_MILL_1】处单击鼠标右键，在弹出的快捷菜单中单击【复制】命令，复制【FINISH_MILL_1】，并粘贴在原节点下，重

图 2-46　进给率和速度

新命名为【FINISH_MILL_2】。

8. 双击【FINISH_MILL_2】，打开【面铣】对话框，将【毛坯距离】设为【0.1】，【每刀切削深度】设为【0.1】，【底面余量】设为 0，如图 2-48 所示。

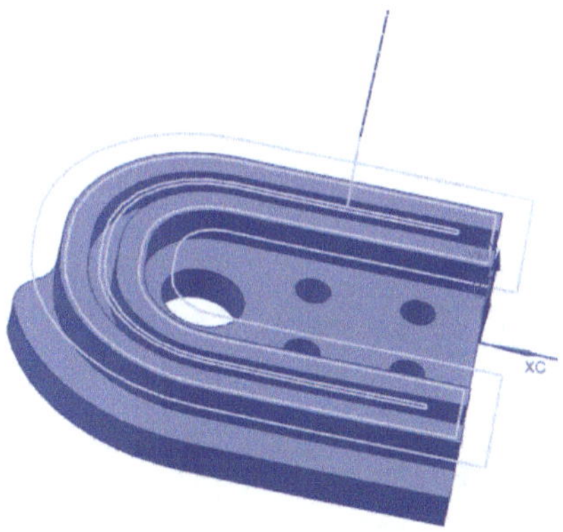

图 2-47　刀具路径

图 2-48　刀轨设置

9. 在【面铣】对话框中单击【生成】图标，生成刀轨，查看生成的刀轨，如图 2-49 所示，单击【确定】按钮，接受生成的刀轨。

10. 在【插入】工具条中单击【创建工序】图标，弹出【创建工序】对话框【类型】选择【mill_planar】，【工序子类型】选择【底壁加工】，【刀具】选择【D16R0】，【几何体】选择【WORKPIECE】，【方法】选择【MILL_FINISH】，【名称】栏输入【Finish-mill-3】，如图 2-50 所示，单击【确定】按钮，弹出【底壁加工】对话框。

11. 在【底壁加工】对话框中单击【指定切削区底面】图标，选择底面，如图 2-51 所示，单击【确定】按钮，完成切削区底面的指定。

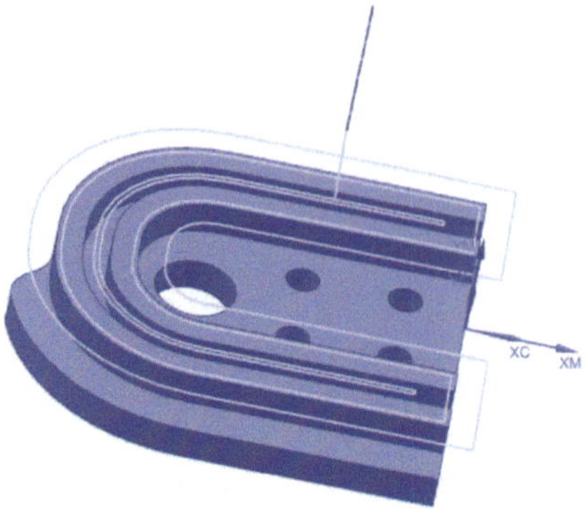

图 2-49　刀具路径

图 2-50　创建工序

图 2-51　指定切削区底面

12. 选择【自动壁】复选框，如图 2-52 所示。

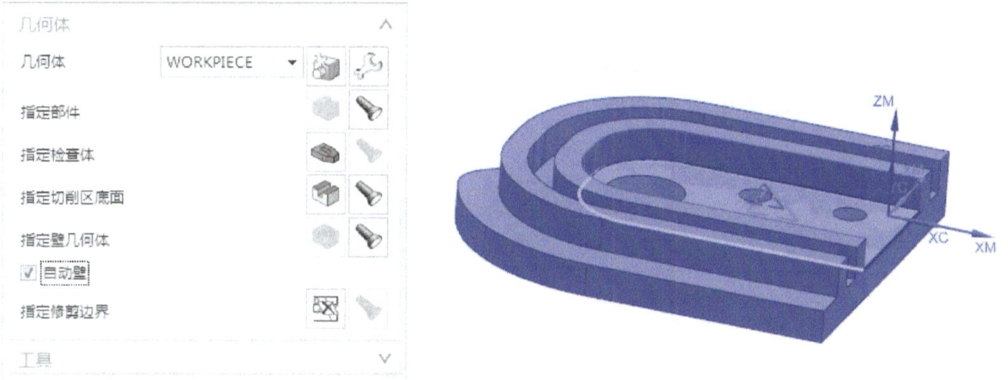

图 2-52　底壁加工

13. 在【刀轨设置】区域设置【切削模式】为【跟随周边】，【步距】为【刀具平直百分比】，将【平面直径百分比】设为【60】，【底面毛坯厚度】设为【0.2】，【每刀切削深度】设为【0.1】，如图 2-53 所示，单击【确定】按钮，完成刀轨的设置。

图 2-53　刀轨设置

14. 单击【切削参数】图标，弹出【切削参数】对话框，在【策略】选项卡中，设置【刀路方向】为【向内】，在【余量】选项卡中，设置【壁余量】为【1】如图 2-54 所示，单击【确定】按钮，完成切削参数的设置返回【底壁加工】对话框。

图 2-54　切削参数

15. 在【底壁加工】对话框中选择【进给率和速度】图标，弹出【进给率和速度】对话框，将【主轴转动】设为【2200】rpm，【切削】设为【1000】mmpm，单击【确定】按钮，完成进给率和速度的设置，返回【底壁加工】对话框。

16. 在【底壁加工】对话框中【操作】区域中，单击【生成】图标，生成刀轨，如图 2-55 所示，单击【确定】按钮，接受生成的刀轨。

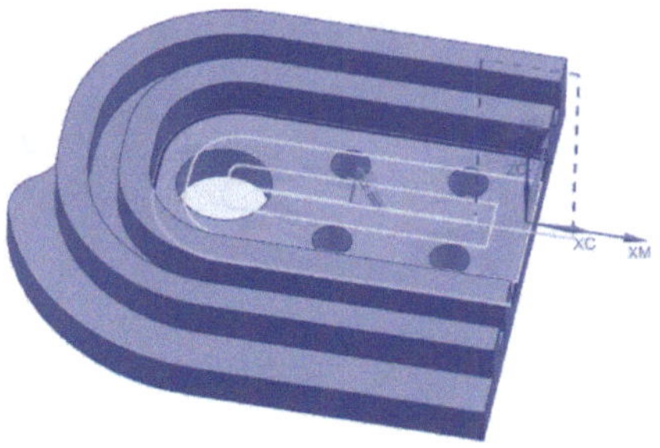

图 2-55　刀具路径

（五）零件外轮廓精加工

1. 在【插入】工具条中单击【创建工序】图标，弹出【创建工序】对话框，【类型】选择【mill_planar】，【工序子类型】选择【精加工壁】，【程序】选择【零件外轮廓精加工】，【刀具】选择【D16】，【几何体】选择【WORKPIECE】，【方法】选择【MILL_FINISH】，【名称】栏输入【Finish-mill-5】，如图 2-56 所示，单击【确定】按钮，弹出【精加工壁】对话框。

图 2-56　创建工序

2. 在【精加工壁】对话框中单击【指定部件边界】图标，弹出【边界几何体】对话框，【模式】选择【曲线/边】，弹出【创建边界】对话框，【类型】选择【开放的】，【材料侧】选择【右侧】，在绘图区选择边，如图 2-57 所示，单击【确定】按钮，完成部件边界的指定，返回【精加工壁】对话框。

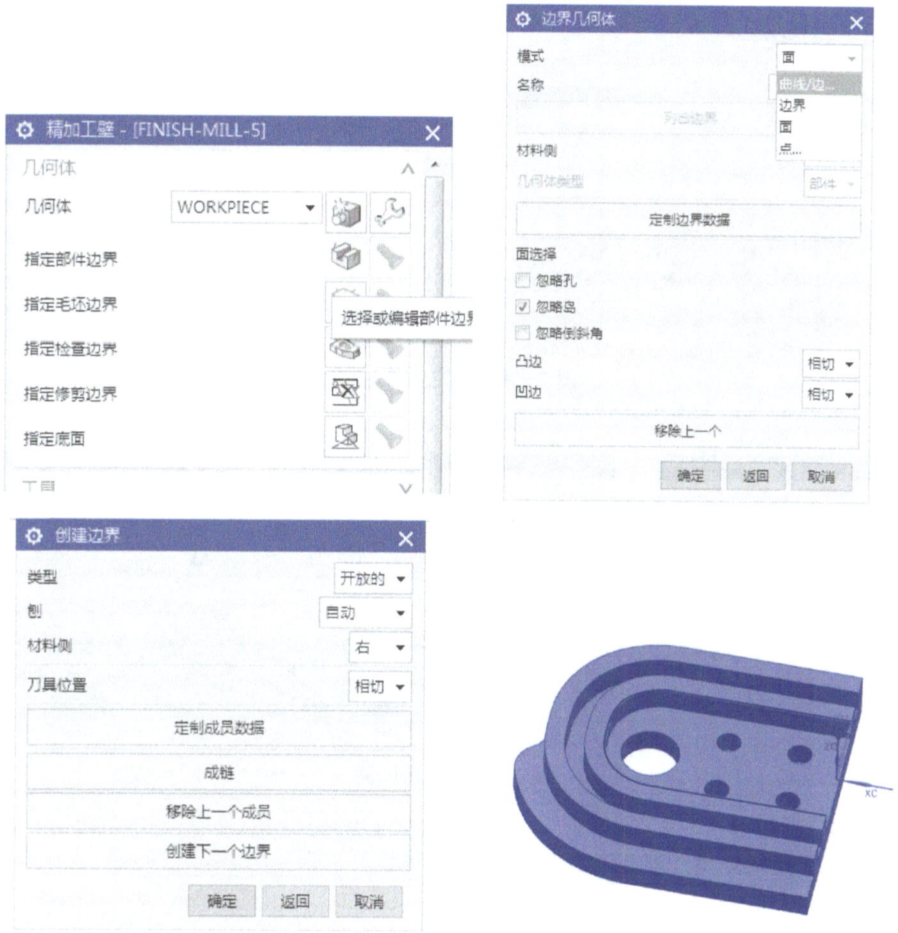

图 2-57　指定部件边界

3. 在【精加工壁】对话框中单击【指定部件边界】图标，弹出【编辑边界】对话框，单击【编辑】按钮，编辑第一个刀轨，单击【起点】按钮，弹出【修改边界起点】对话框，选择【延伸】单选按钮，设置【距离】为【5】，如图 2-58 所示，单击【确定】按钮，完成刀轨起点的设置，返回【编辑成员】对话框。

4. 在【编辑成员】对话框中单击【下一步】按钮，选择最后一条刀轨，单击【终点】按钮，弹出【修改边界终点】对话框，选择【延伸】单选按钮，设置【距离】为【10】，如图 2-59 所示，单击【确定】按钮，完成刀轨终点的设置，返回【精加工壁】对话框。

5. 在【精加工壁】对话框中单击【指定底面】图标，选择底面，如图 2-60 所示，单击【确定】按钮，完成底面的指定，返回【精加工壁】对话框。

图 2-58　指定部件边界

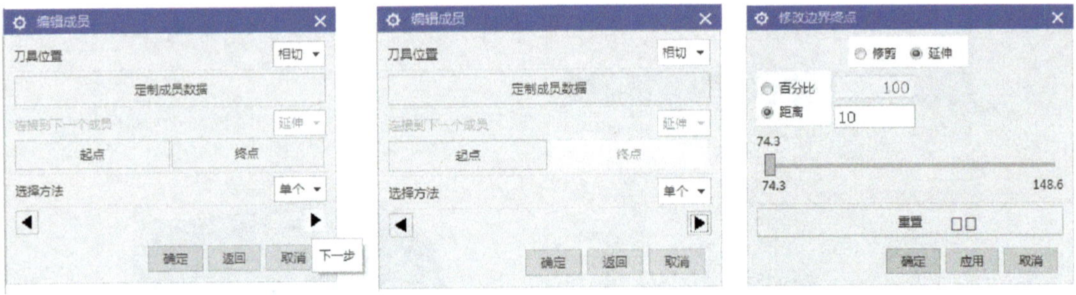

图 2-59　刀具位置

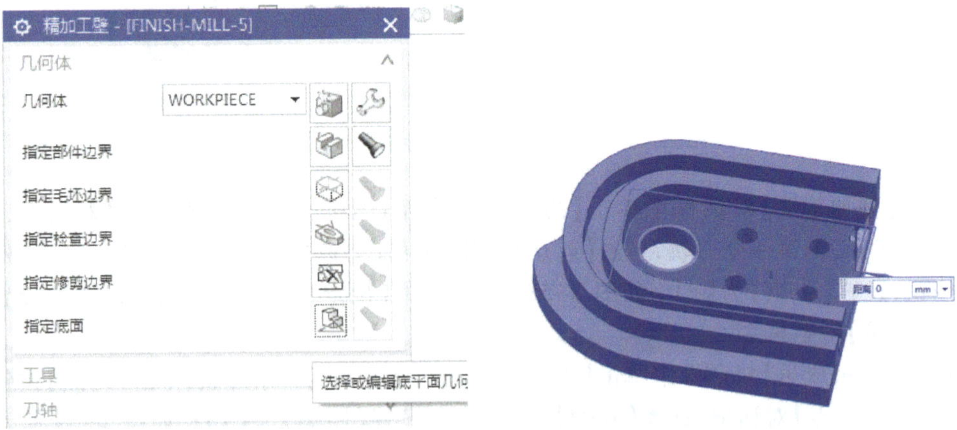

图 2-60　指定底面

6. 在【精加工壁】对话框的【刀轨设置】区域中设置【切削模式】为【轮廓】,【步距】为【恒定】,【最大距离】为【0.1】,【附加刀路】为【1】,如图 2-61 所示。

图 2-61　刀轨设置

7. 单击【切削参数】图标，弹出【切削参数】对话框在【余量】选项卡中，将【最终底面余量】设为【0】，如图 2-62 所示，单击【确定】按钮，完成切削参数的设置，返回【精加工壁】对话框。

图 2-62　切削参数

8. 在【精加工壁】对话框中单击【进给率和速度】图标，弹出【进给率和速度】对话框，将【主轴速度】设为【2200】rpm，【切削】设为【1000】mmpm，单击【确定】按钮，完成进给率和速度的设置，返回【精加工壁】对话框，如图 2-63 所示。

9. 在【精加工壁】对话框中【操作】区域中单击【生成】图标，生成刀轨，查看生成的刀轨，如图 2-64 所示，单击【确定】按钮，接受生成的刀轨。

10. 在工序导航器的零件外轮廓精加工节点的操作【FINISH_MILL_5】处单击鼠标右键，在弹出的快捷菜单中单击【复制】命令，复制【FINISH_MILL_5】，并粘贴在原节点下，重新命名为【FINISH_MILL_6】。

11. 双击【FINISH_MILL_6】操作，弹出【精加工壁】对话框，单击【指定部件边界】图标，弹出【编辑边界】对话框，单击【全部重选】按钮，选择曲线，单击【确定】按钮，返回【编辑边界】对话框，单击【确定】按钮，完成边界的编辑，返回【精加工壁】对话框，如图 2-65 所示。

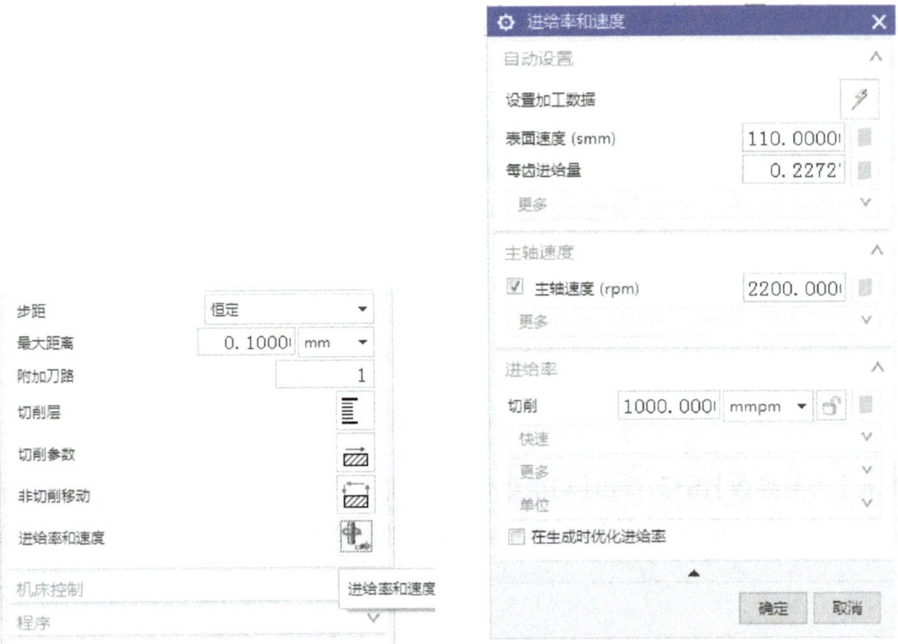

图 2-63　进给率和速度

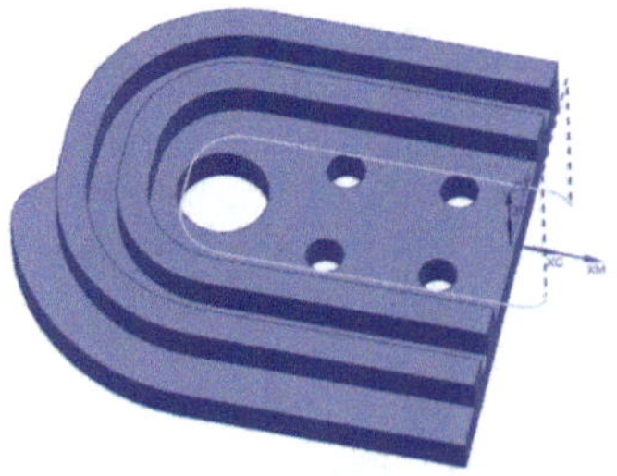

图 2-64　刀具路径

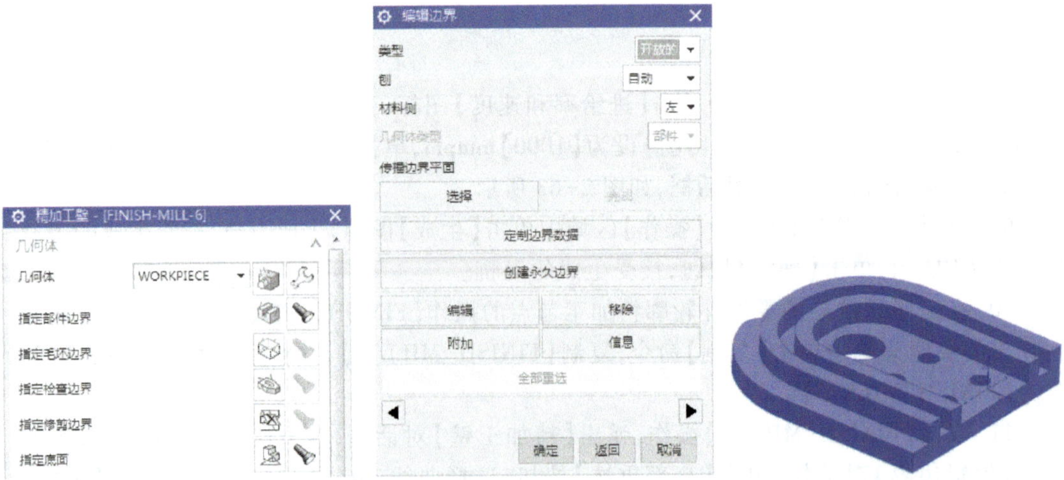

图 2-65　指定部件边界

12. 在【精加工壁】对话框中单击【指定底面】图标，选择台阶面，如图 2-66 所示，单击【确定】按钮，完成底面的指定返回【精加工壁】对话框。

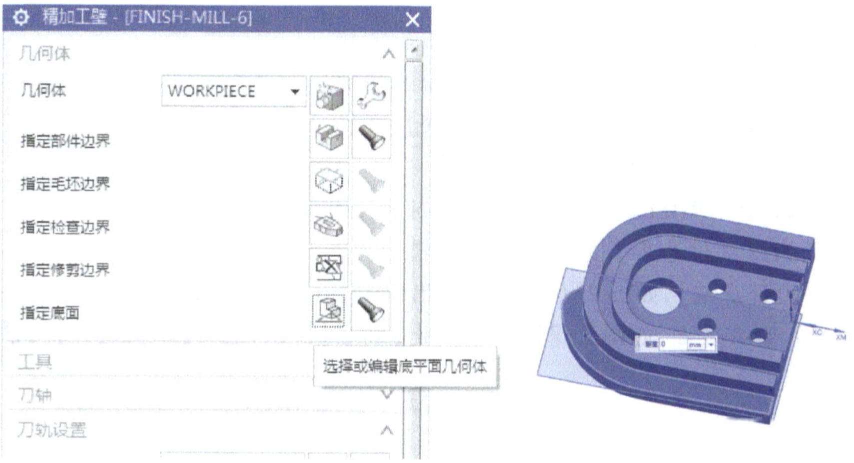

图 2-66　指定底面

13. 在【精加工壁】对话框中单击【非切削移动】图标，弹出【非切削移动】对话框，在【进刀】选项卡中，关掉【修剪至最小安全距离】，刀路会有更多的延伸，如图 2-67 所示，单击【确定】按钮，完成非切削移动参数的设置，返回【精加工壁】对话框。

图 2-67　非切削移动

14. 在【精加工壁】对话框中【操作】区域内单击【生成】图标，生成刀轨，查看生成的刀轨，如图 2-68 所示，单击【确定】按钮，接受生成的刀轨。

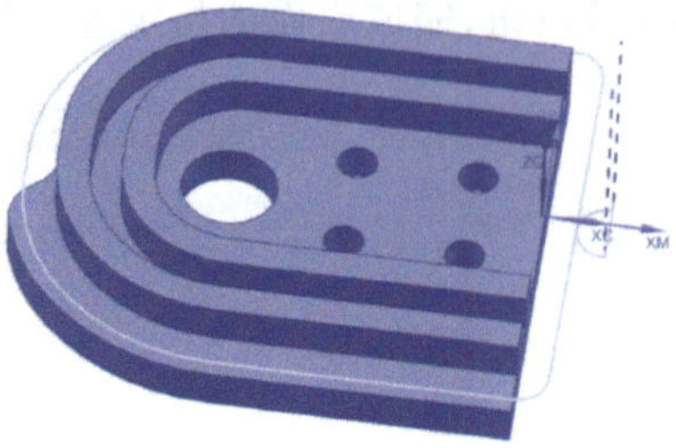

图 2-68　刀具路径

15. 在工序导航器的零件外轮廓精加工节点的操作【FINISH_MILL_6】处单击鼠标右键，在弹出的快捷菜单中单击【复制】命令，复制【FINISH_MILL_6】，并粘贴在原节点下，重新命名为【FINISH_MILL_7】。

16. 双击【FINISH_MILL_7】操作，弹出【精加工壁】对话框，单击【指定部件边界】按钮，弹出【编辑边界】对话框，单击【全部重选】，如图 2-69 所示，弹出【编辑几何体】对话框，勾选【忽略孔】，设置【模式】为【面】，选择底面，如图 2-70 所示，单击【确定】按钮，返回【编辑边界】对话框。

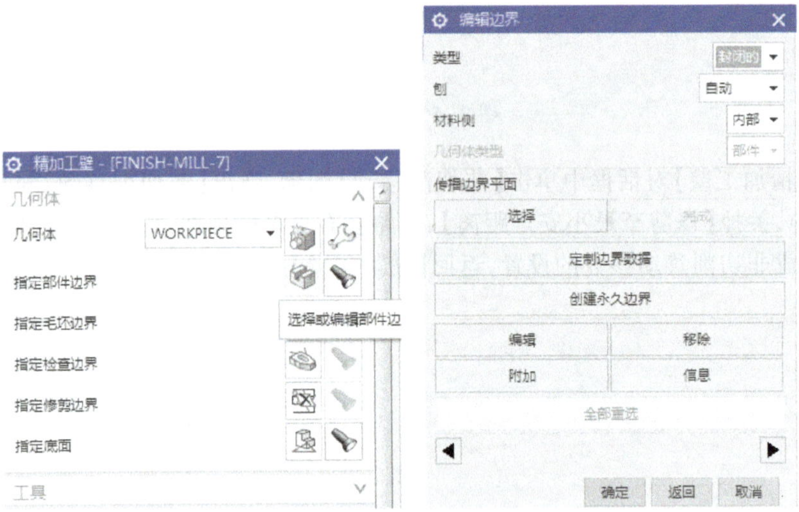

图 2-69　指定部件边界

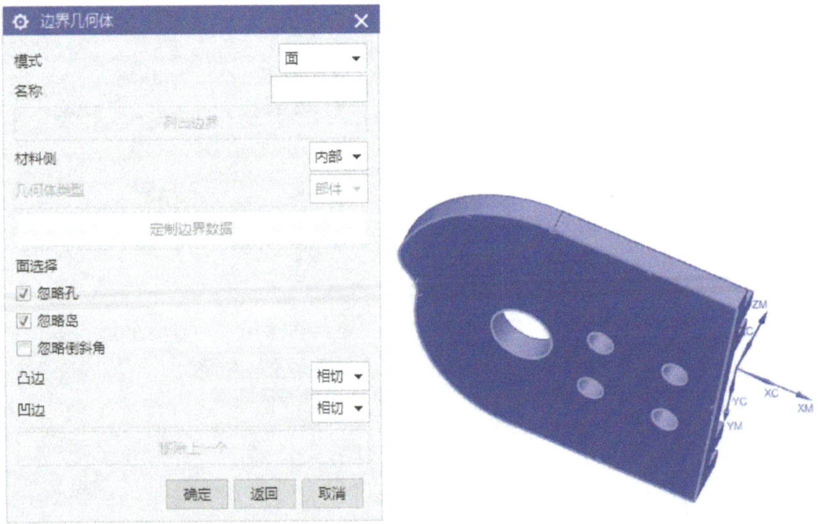

图 2-70　指定部件边界

17. 在【编辑边界】对话框的【刨】栏选择【用户定义】,选择台阶面,如图 2-71 所示,单击【确定】按钮,完成部件边界的指定,返回【精加工壁】对话框。

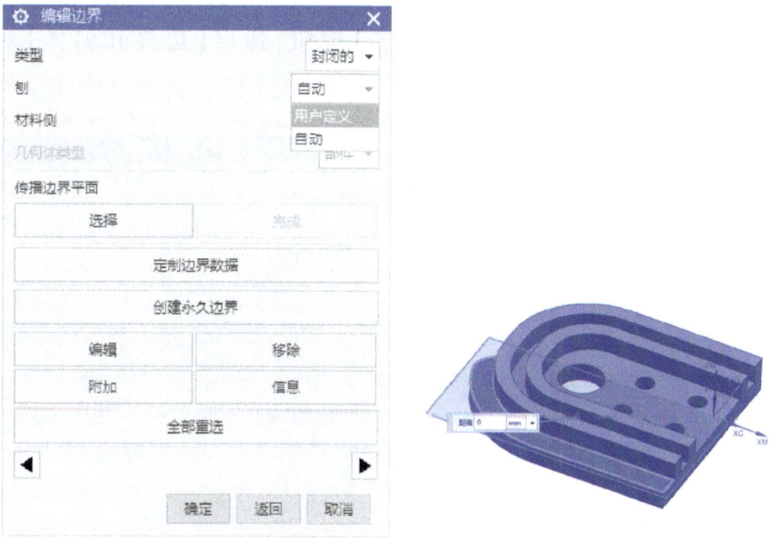

图 2-71　编辑边界

18. 在【精加工壁】对话框中单击【指定底面】图标,选择零件底面,如图 2-72 所示,单击【确定】按钮,完成底面的指定,返回【精加工壁】对话框。

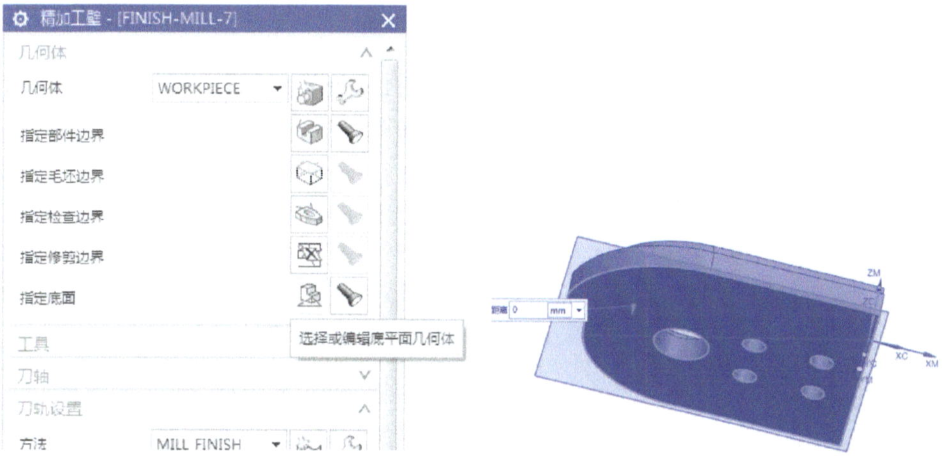

图 2-72　指定底面

19. 在【精加工壁】对话框中【操作】区域内单击【生成】图标,生成刀轨,查看生成的刀轨,如图 2-73 所示,单击【确定】按钮,接受生成的刀轨。

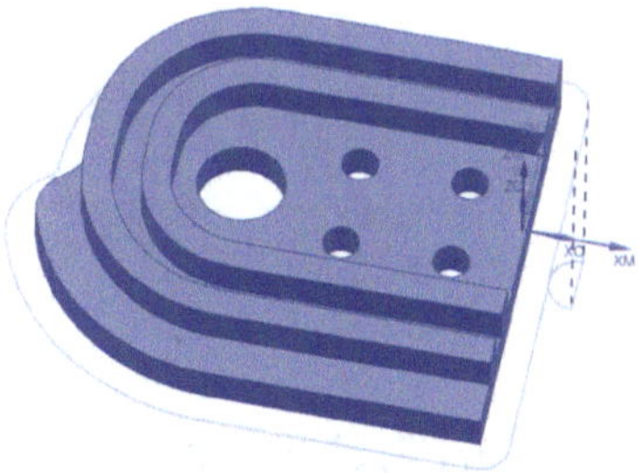

图 2-73　刀轨

（六）零件导轨槽精加工

1. 复制工序【Finish-mill-5】，内部粘贴，更改工序名称为【Finish-mill-8】。

2. 双击【FINISH_MILL_8】操作，弹出【精加工壁】对话框，单击【指定部件边界】图标，弹出【编辑边界】对话框，单击【全部重选】按钮，弹出【边界几何体】对话框，如图2-74所示。

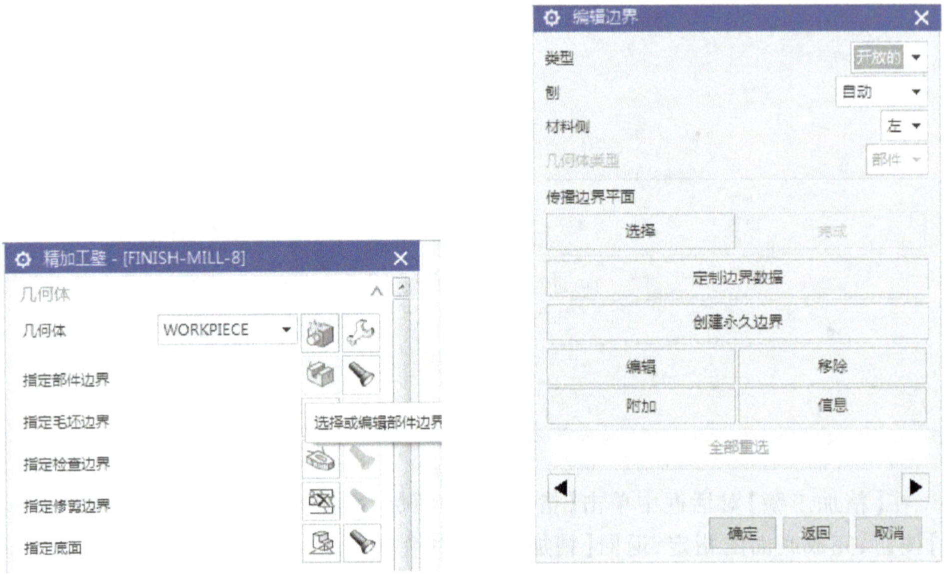

图 2-74　指定部件边界

3. 在【边界几何体】对话框的【模式】栏选择【曲线/边】，弹出【创建边界】对话框，【类型】选择【开放的】，【材料侧】选择【右】，选择边界，如图 2-75 所示。

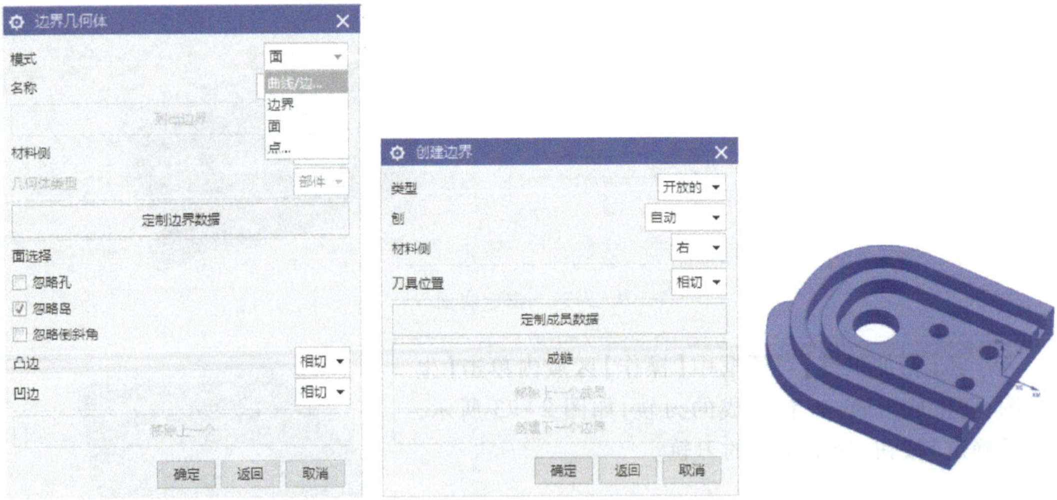

图 2-75　创建边界

4. 单击【创建下一个边界】按钮，选择边界，如图 2-76 所示，单击【确定】按钮，返回【边界几何体】对话框，单击【确定】按钮，完成部件边界的指定，返回【编辑边界】对话框。

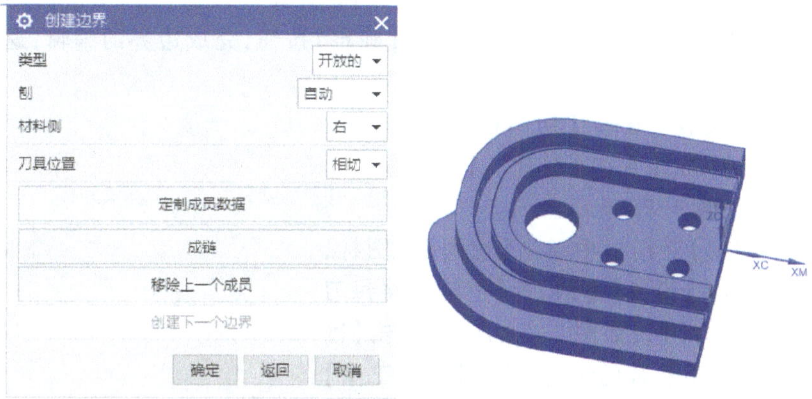

图 2-76　创建下一个边界

5. 在【编辑边界】对话框中单击【编辑】按钮，弹出【编辑成员】对话框，单击【起点】按钮，弹出【修改边界起点】对话框，将延伸【距离】设为【5】。单击【下一步】选择最后一条刀轨，单击【终点】按钮，弹出【修改边界终点】对话框，设置延伸【距离】为【80】，如图 2-77 所

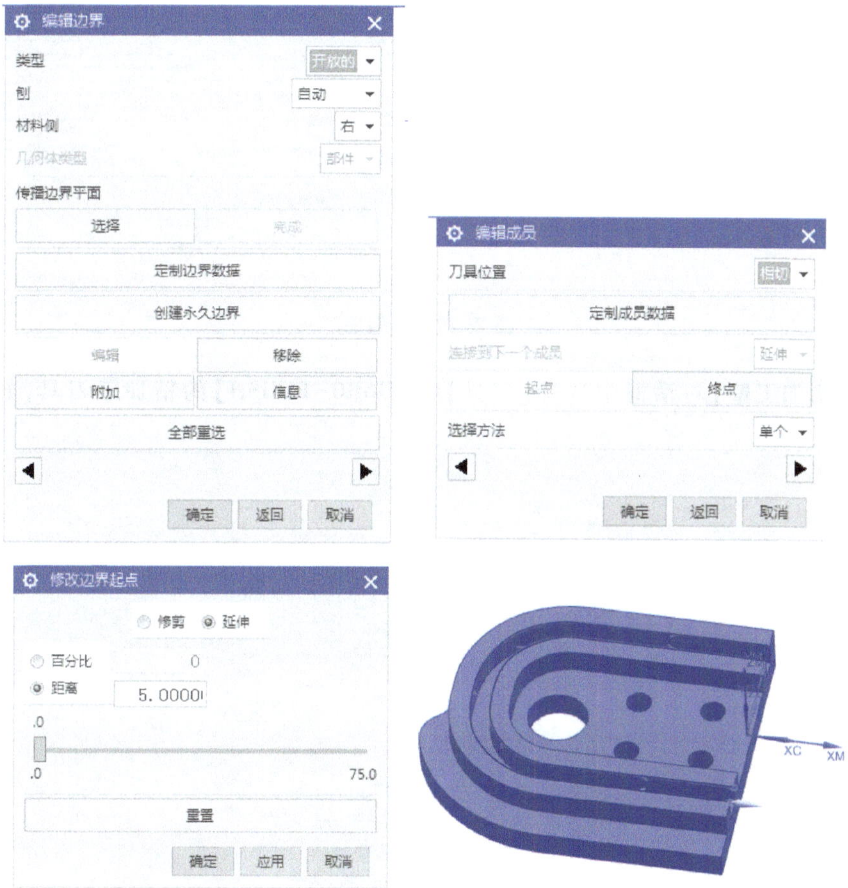

图 2-77　编辑边界

示，单击【确定】按钮，完成边界的编辑，返回【编辑边界】对话框。

6. 同样方法选择另外一条边界编辑，将【起点】延伸距离设为【5】，单击【确定】按钮，选择最后一条线，【终点】延伸距离设为【5】，单击【确定】按钮，完成边界的编辑，返回【精加工壁】对话框。

7. 单击【刀轨设置】图标，【切削模式】设为【轮廓】，将【步距】设为【刀具平直百分比】，【平面直径百分比】设为【50】，如图 2-78 所示。

8. 在【精加工壁】对话框中单击【切削层】图标，弹出【切削层】对话框，设置【类型】为【恒定】，将每刀切削深度【公共】设为【1】，如图 2-79 所示，单击【确定】，按钮，完成切削层参数的设置，返回【精加工壁】对话框。

图 2-78　刀轨设置

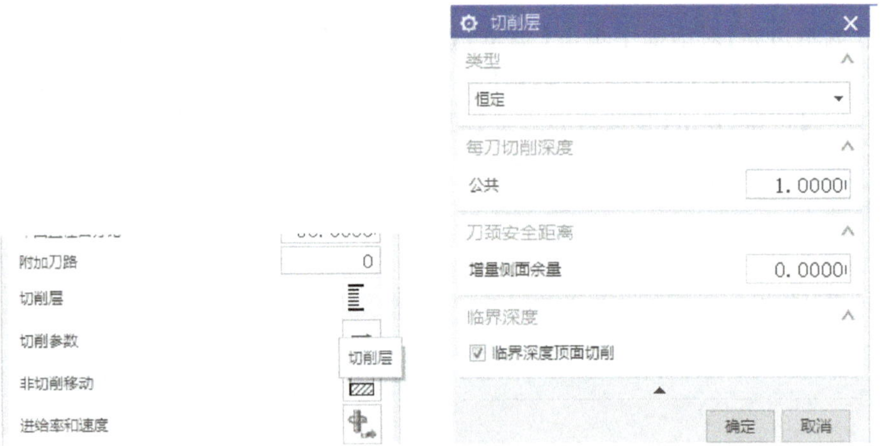

图 2-79　切削层

9. 在【精加工壁】对话框中选择【刀具】为【D6R0-FINISH】的精加工刀具，如图 2-80 所示。

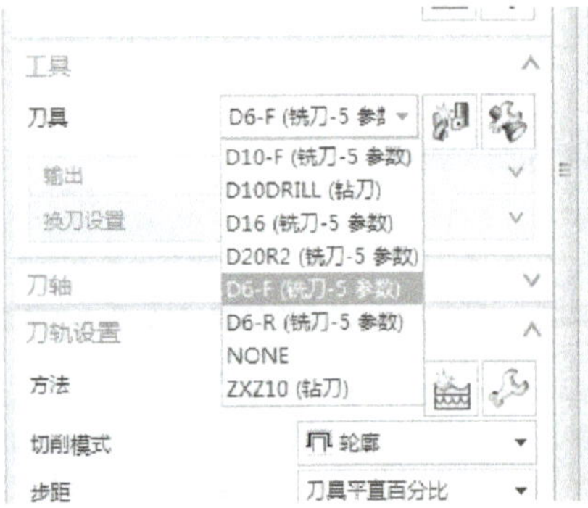

图 2-80　刀具选择

10. 单击【进给率和速度】按钮，弹出【进给率和速度】对话框，将【主轴速度】设为

【3600】rpm，【切削】设为【800】mmpm，如图 2-81 所示，单击【确定】按钮，完成【进给率和速度】的设置，返回【精加工壁】对话框。

11. 在【精加工壁】对话框中单击【生成】图标，生成刀轨，查看生成的刀轨，如图 2-82 所示，单击【确定】按钮，接受生成的刀轨。

图 2-81　进给率和速度

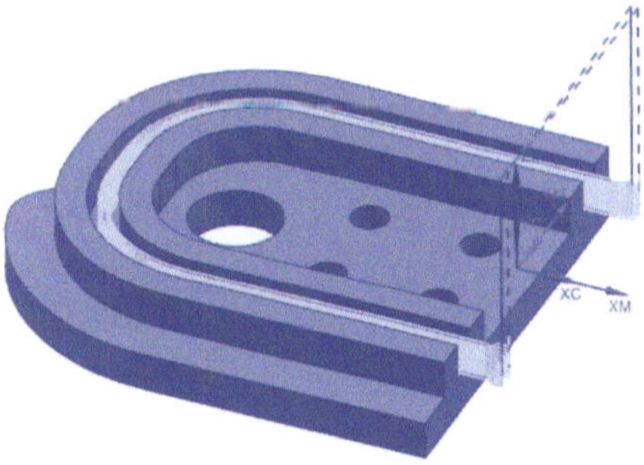

图 2-82　刀具路径

（七）钻中心孔

微课
孔加工

知识点微课
孔加工

1. 在【插入】工具条中单击【创建工序】图标，弹出【创建工序】对话框，【类型】选择【drill】，【工序子类型】选择【定心钻】，【程序】选择【钻中心孔】，【刀具】选择【ZXZ10】，【几何体】选择【WORKPIECE】，【方法】选择【DRILL_METHOD】，【名称】栏输入【Drill-1】，如图 2-83 所示，单击【确定】按钮，弹出【定心钻】对话框。

2. 在【定心钻】对话框中单击【指定孔】图标，弹出【点到点几何体】对话框，单击【选择】按钮，弹出【选择点/圆弧/孔】对话框，选择 5 个孔，如图 2-84 所示，单击【确定】按钮，返回【点到点几何体】对话框，单击【确定】按钮，完成加工孔的指定，返回【定心钻】对话框。

3. 在【定心钻】对话框中单击【指定顶面】图标，弹出【顶面】对话框，【顶面选项】选择【面】，选择面，如图 2-85 所示，单击【确定】按钮，完成顶面的指定，返回【定心钻】对话框。

4. 在【定心钻】对话框中单击【循环】栏中的【编辑】图标，弹出【指定参数组】对话框，单击【确定】按钮，弹出【Cycle 参数】对话框，单击【Depth（Tip）】按钮，弹出【Cycle 深度】对话框，单击【刀尖深度】按钮，在弹出的对话框的【深度】栏中输入【1.5】，如图 2-86 所示，单击【确定】按钮，完成循环参数的编辑，返回【定心钻】对话框。

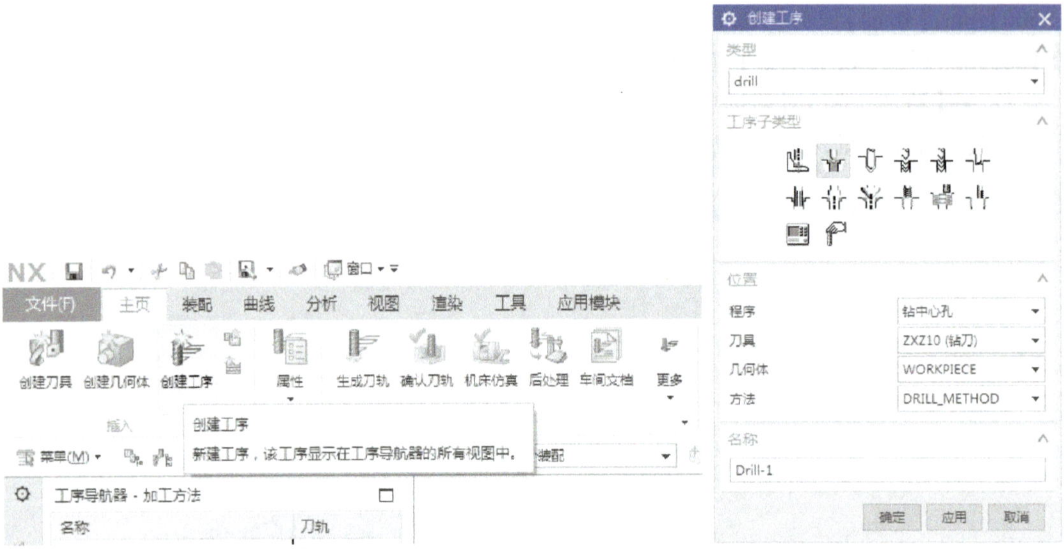

图 2-83　创建工序

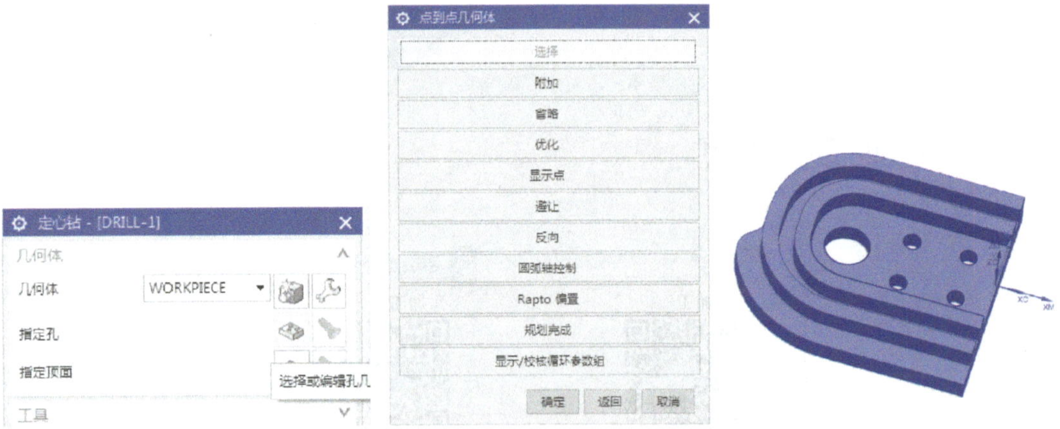

图 2-84　指定孔

图 2-85　指定顶面

5. 在【定心钻】对话框【最小安全距离】栏输入【15】，如图 2-87 所示。

6. 单击【进给率和速度】图标，弹出【进给率和速度】对话框，将【主轴速度】设为【1200】rpm，【切削】设为【100】mmpm，如图 2-88 所示，单击【确定】按钮，完成进给率和速度的设置，返回【定心钻】对话框。

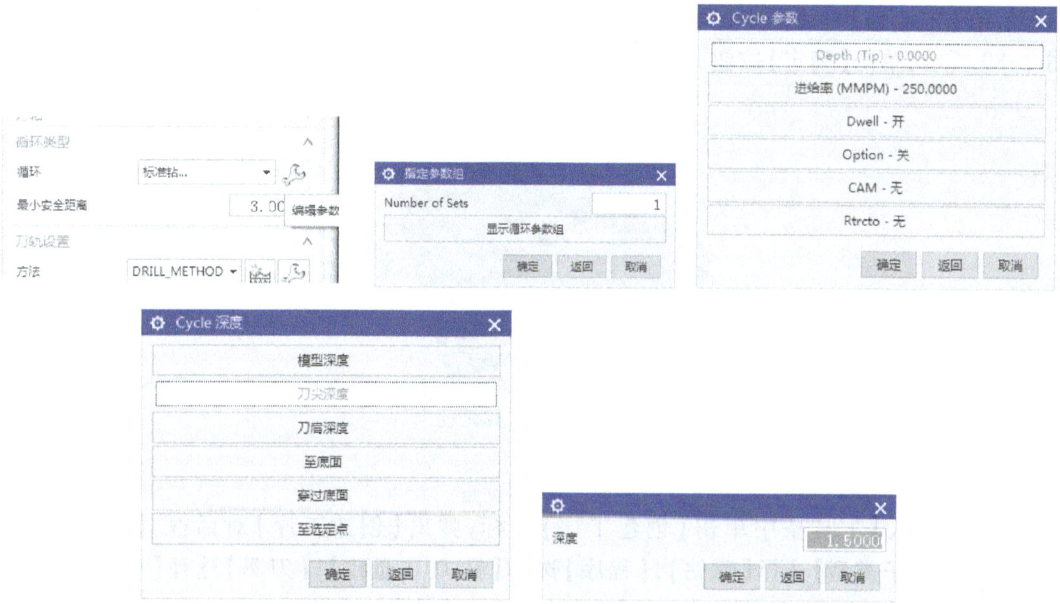

图 2-86　刀尖深度设置

图 2-87　循环类型

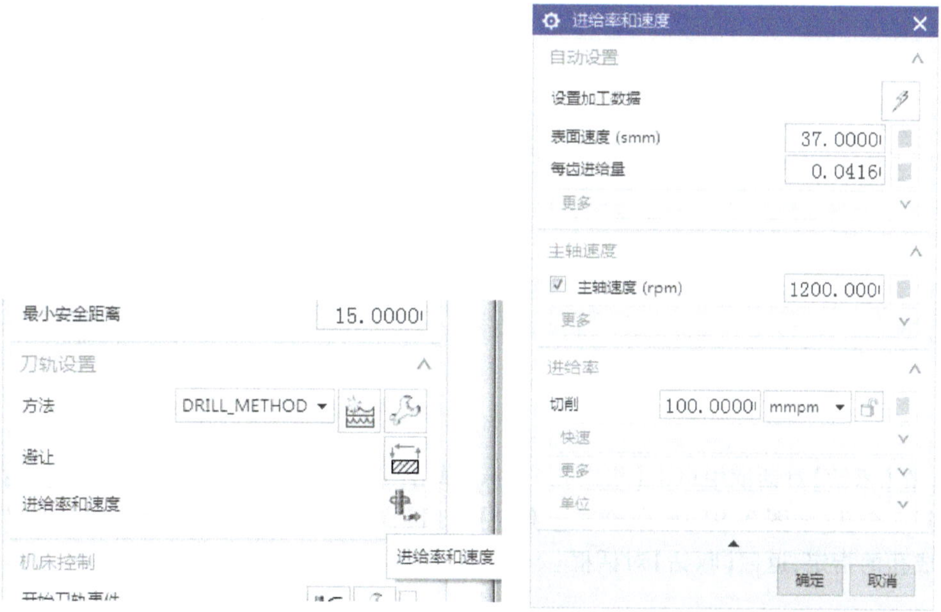

图 2-88　进给率和速度

7. 在【定心钻】对话框中【操作】区域内单击【生成】图标，生成刀轨，查看生成的刀轨，如图 2-89 所示，单击【确定】按钮，接受生成的刀轨。

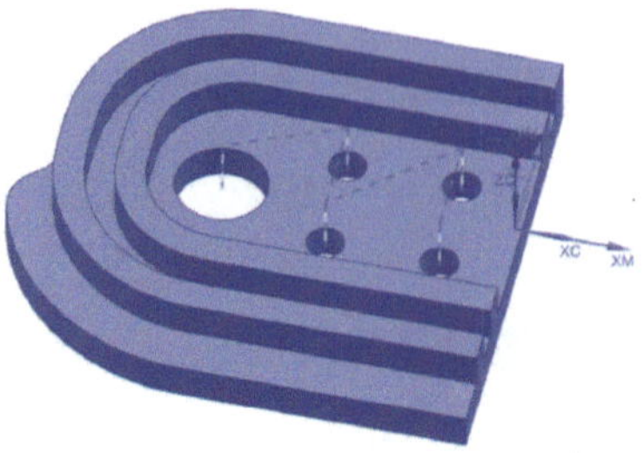

图 2-89　刀具路径

（八）钻 D10 通孔

1. 在【插入】工具条中单击【创建工序】图标，弹出【创建工序】对话框，【类型】选择【drill】，【工序子类型】选择【啄钻】，【程序】选择【钻 D10 通孔】，【刀具】选择【D10DRILL】，【几何体】选择【WORKPIECE】，【方法】选择【Drill-2】，【名称】栏输入【Drill-1】，如图 2-90 所示，单击【确定】按钮，弹出【啄钻】对话框。

图 2-90　创建工序

2. 在【啄钻】对话框中单击【指定孔】图标，弹出【点到点几何体】对话框，单击【选择】按钮，选择 5 个孔，如图 2-91 所示，单击【确定】返回【点到点几何体】对话框，单击【确定】按钮，完成孔的指定，返回【啄钻】对话框。

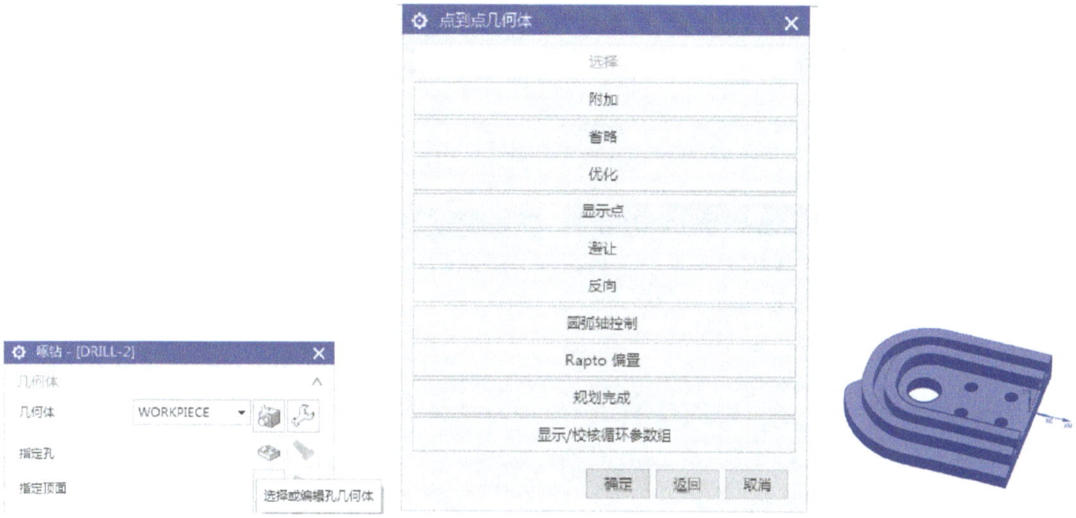

图 2-91　指定孔

3. 在【啄钻】对话框中单击【指定顶面】图标，弹出【顶面】对话框，在【顶面选项】栏选择【面】，选择面，如图 2-92 所示，单击【确定】按钮，完成顶面的指定，返回【啄钻】对话框。

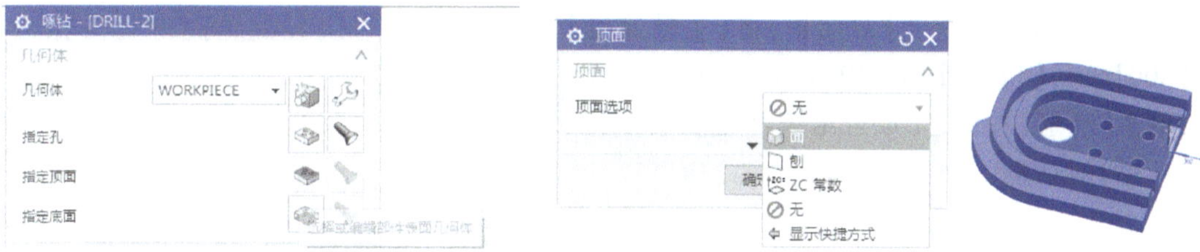

图 2-92　指定顶面

4. 在【啄钻】对话框中单击【指定底面】图标，选择零件底面，如图 2-93 所示，单击【确定】按钮，完成底面的指定。

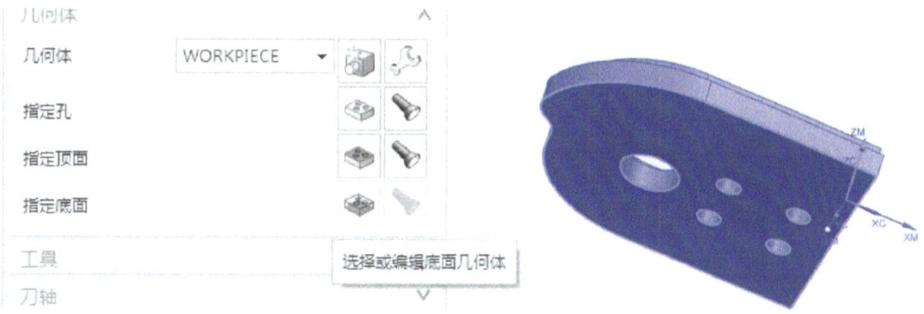

图 2-93　指定底面

5. 在【啄钻】对话框中单击【循环】栏中的【编辑】图标，弹出【指定参数组】对话框，单击【确定】按钮，弹出【Cycle 参数】对话框，单击【Depth(Tip)】按钮，弹出【Cycle 深度】对话框，单击【穿过底面】按钮，如图 2-94 所示，连续单击【确定】按钮，返回【啄钻】对话框。

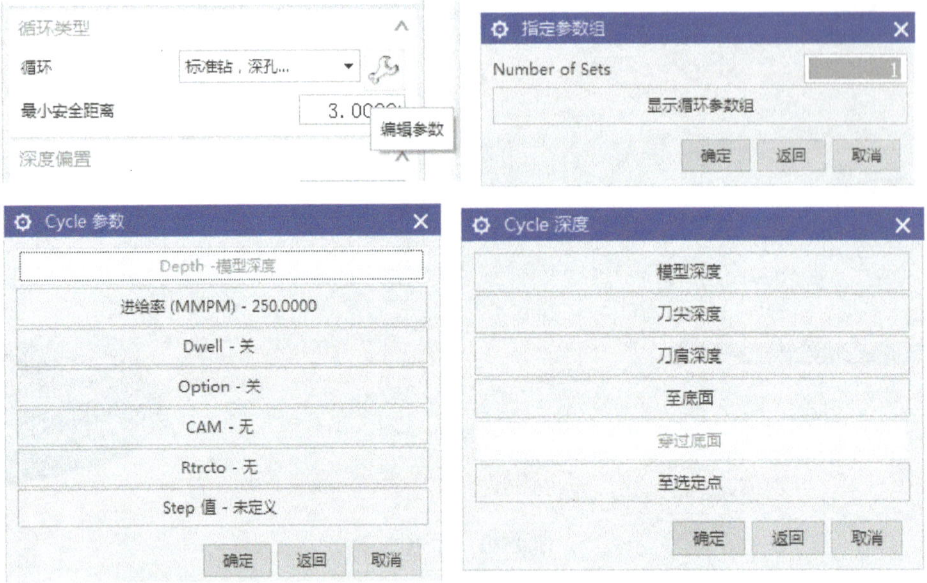

图 2-94　循环

6. 在【啄钻】对话框中设置【最小安全距离】为【15】，如图 2-95 所示。

7. 在【啄钻】对话框中单击【进给率和速度】图标，弹出【进给率和速度】对话框，将【主轴速度】设为【800】rpm，【切削】设为【100】mmpm，如图 2-96 所示，单击【确定】按钮，完成进给率和速度的设置，返回【啄钻】对话框。

图 2-95　修改最小安全距离

图 2-96　进给率和速度

8. 在【啄钻】对话框中【操作】区域内单击【生成】图标，生成刀轨，查看生成的刀轨，如图 2-97 所示，单击【确定】按钮，接受生成的刀轨。

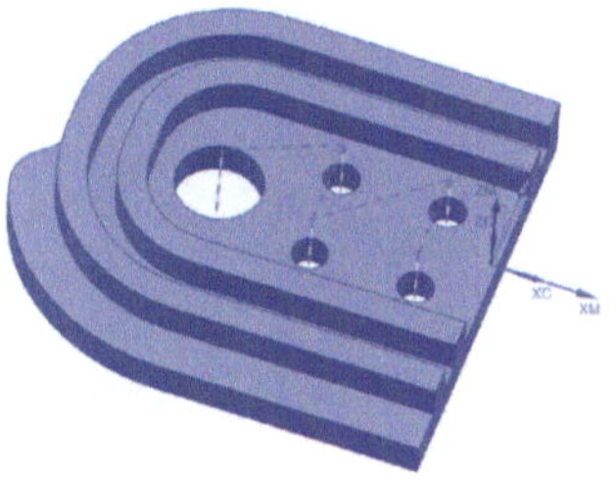

图 2-97　刀具路径

(九) 铣 D24 通孔

1. 在【插入】工具条中单击【创建工序】图标，弹出【创建工序】对话框，【类型】选择【mill-planar】，【工序子类型】选择【孔铣】，【程序】选择【铣 D24 通孔】，【刀具】选择【D10R0】，【几何体】选择【WORKPIECE】，【方法】选择【MILL-finish】，【名称】栏输入【Finish-mill-9】，如图 2-98 所示，单击【确定】按钮，弹出【孔铣】对话框。

图 2-98　创建工序

2. 在【孔铣】对话框中单击【指定特征几何体】图标，选择特征面，修改【深度】为【10.5】，如图 2-99 所示，单击【确定】完成特征几何体的指定，返回【孔铣】对话框。

3. 在【孔铣】对话框中单击【进给率和速度】图标，弹出【进给率和速度】对话框，修改【主轴速度】为【1800】rpm，【切削】为【800】mmpm，如图 2-100 所示，单击【确定】按钮，完成进给率和速度的设置，返回【孔铣】对话框。

4. 在【孔铣】对话框中【操作】区域内单击【生成】按钮，生成刀轨，查看生成的刀轨，如图 2-101 所示，单击【确定】按钮，接受生成的刀轨。

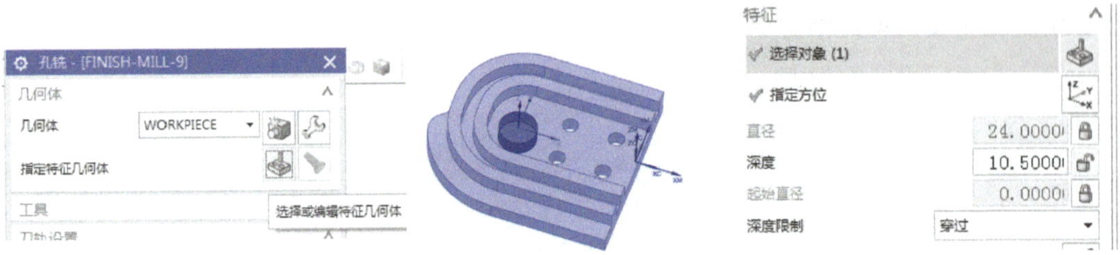

图 2-99　指定特征几何体

图 2-100　进给率和速度

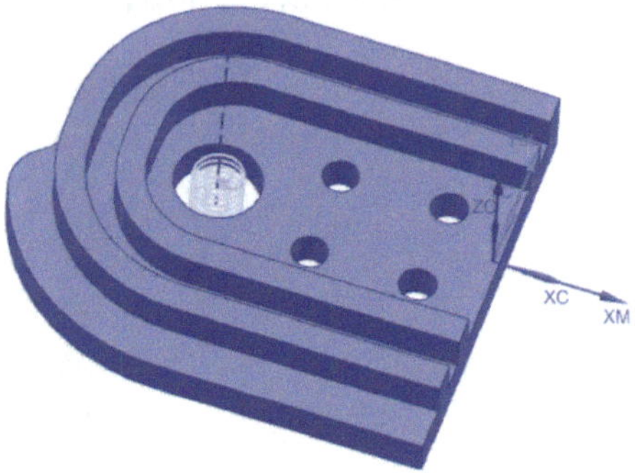

图 2-101　刀具路径

四、 仿真加工

在工序导航器中单击【NC_PROGRAM】按钮，在【操作】工具条中单击【确认刀轨】图标，弹出【刀轨可视化】对话框，选择【2D 动态】选项卡，单击【播放】按钮，进行仿真加工，如图 2-102所示。

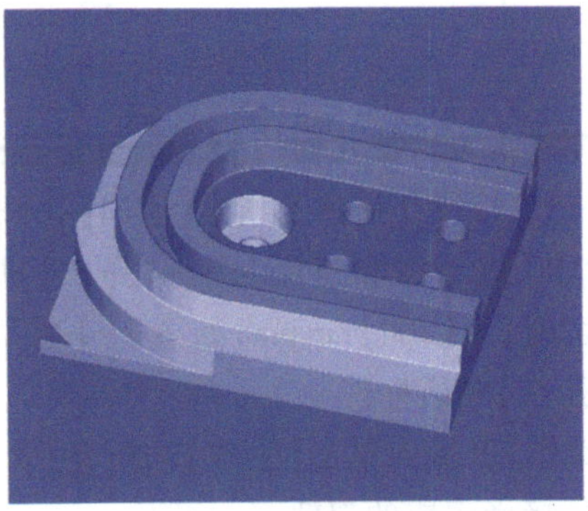
图 2-102　2D 动态

专家点拨

1. 使用自动编程加工零件时，一般可以遵循“轻拉快跑”的原则，也就是采用小切削量，大进给速度的方式。

2. NX CAM 中材料侧的意思是加工过后需要留下来的材料，所以加工孔和腔体内部轮廓时，材料侧应该设为外，而加工岛，凸台等外部轮廓时，材料侧应该设为内。

3. NX CAM 平面铣中，边界的平面是用来定义边界的开始加工高度，而底面是用来设置边界加工的最终深度。

4. NX CAM 平面铣的 WORKPIECE 中毛坯，只在仿真时起作用，如果操作中使用跟随部件加工方式加工凸台时必须重新选择毛坯边界。

课后训练

1. 根据图 2-103 所示盖板零件的特征，制定合理的工艺路线，设置必要的加工参数、生成刀轨、通过相应的后处理生成数控加工程序，并运用机床加工零件。

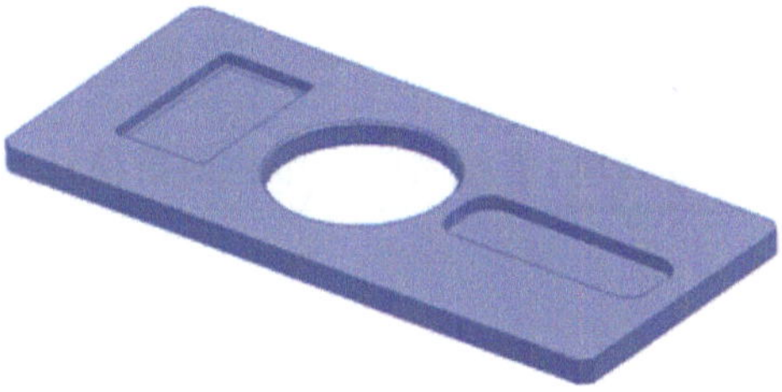

图 2-103　盖板零件

2. 根据图 2-104 所示齿形压板零件的特征，制定合理的工艺路线，设置必要的加工参数、生成刀轨、通过相应的后处理生成数控加工程序，并运用机床加工零件。

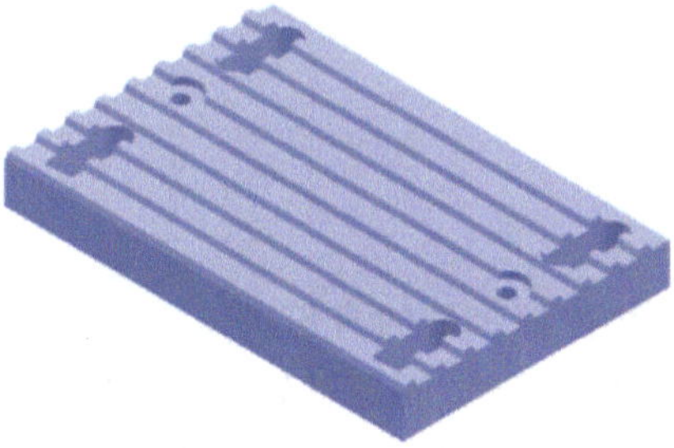

图 2-104　齿形压板零件

项目3

水壶凹模的数控编程与仿真加工

学习目标

能力目标：能运用 NX 软件完成水壶凹模的编程与仿真加工。
知识目标：掌握型腔铣几何体设置。
掌握固定轴区域轮廓铣几何体设置。
掌握清根加工几何体设置。
掌握切削策略设置方法。
掌握非切削运动设置方法。
素质目标：激发学生的学习兴趣，培养团队合作和创新精神。

项目导读

注塑模具中的成型件——凹模，是整个模具中的核心零件之一，也是数控加工中出现频率较高的一类零件，凹模的加工精度和质量将直接影响塑料件的精度和质量，因此凹模加工是整个模具制造的核心。这类零件的特点是形状比较复杂，零件整体外形成块状，零件上一般会有曲面、台阶、圆弧面等特征。在编程与加工过程中要特别注意曲面和过渡小圆弧面的加工质量和表面粗糙度。

任务描述

学生以企业制造部门 MC 数控程序员的身份进入 NX CAM 功能模块，根据水壶凹模的特征，制订合理的工艺路线，创建型腔铣、固定轴轮廓铣、清根铣等加工操作、设置必要的加工参数，生成刀轨，检验刀轨是否正确合理，并对操作过程中存在的问题进行研讨和交流，通过相应的后处理生成数控加工程序，并运用机床加工零件。

工作任务

按照零件加工要求，制订水壶凹模加工工艺；编制水壶凹模加工程序；完成水壶凹模的仿真加工，后处理得到数控加工程序，完成零件加工。

一、制订加工工艺

1. 水壶凹模零件分析

水壶凹模零件形状比较复杂，主要由曲面、台阶、圆弧面等特征组成，主要加工内容为内腔、曲面、过渡面。经过对零件的分析，已知零件上最小的内凹圆弧半径为 2 mm，所以清根加工时刀具半径不能大于 2 mm。

2. 毛坯选用

零件材料为模具钢，尺寸为 215 mm×135 mm×40 mm。零件外形尺寸已经精加工到位，无须再次加工。

3. 制订加工工序卡

零件选用立式三轴联动机床加工，平口钳夹持，遵循先粗加工后精加工原则。制订加工工序如表 3-1 所示。

表 3-1　加工工序卡

<table>
<tr><td colspan="3">零件号：</td><td colspan="2">工序名称：</td><td colspan="2" rowspan="2">工艺流程卡_工序单</td></tr>
<tr><td colspan="3">265789</td><td colspan="2">水壶凹模铣削加工</td></tr>
<tr><td colspan="2">材料：模具钢</td><td colspan="3">页码：1</td><td>工序号：01</td><td>版本号：0</td></tr>
<tr><td colspan="2">夹具：平口钳</td><td colspan="3">工位：MC</td><td colspan="2">数控程序号：</td></tr>
<tr><td colspan="5">刀具及参数设置</td><td colspan="2" rowspan="13">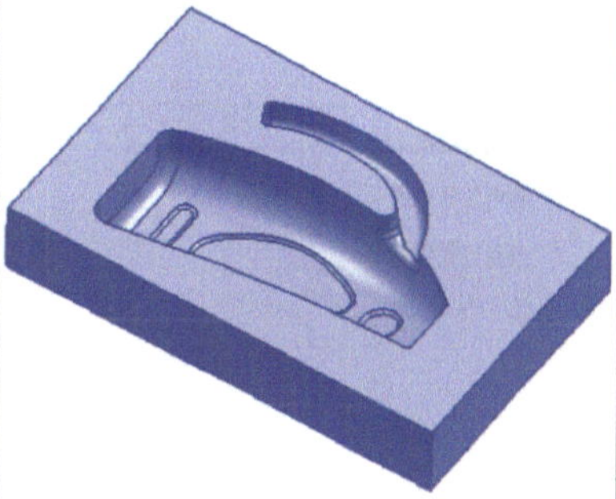</td></tr>
<tr><td>加工内容</td><td>刀具号</td><td>刀具规格</td><td>主轴转速</td><td>进给速度</td></tr>
<tr><td>型面粗加工-1</td><td>T01</td><td>D16R2</td><td>S2600</td><td>F800</td></tr>
<tr><td>型面粗加工-2</td><td>T02</td><td>D8R1</td><td>S3200</td><td>F1200</td></tr>
<tr><td>型面半精加工</td><td>T03</td><td>D6R3-ROUGH</td><td>S4000</td><td>F1800</td></tr>
<tr><td>型面精加工</td><td>T04</td><td>D6R3-FINISH</td><td>S4000</td><td>F1800</td></tr>
<tr><td>清根</td><td>T05</td><td>D3R1.5</td><td>S6000</td><td>F1200</td></tr>
<tr><td></td><td></td><td></td><td></td><td></td></tr>
<tr><td></td><td></td><td></td><td></td><td></td></tr>
<tr><td></td><td></td><td></td><td></td><td></td></tr>
<tr><td></td><td></td><td></td><td></td><td></td></tr>
<tr><td></td><td></td><td></td><td></td><td></td></tr>
<tr><td></td><td></td><td></td><td></td><td></td></tr>
<tr><td></td><td></td><td></td><td></td><td></td><td colspan="2" rowspan="6">（单位）</td></tr>
<tr><td></td><td></td><td></td><td></td><td></td></tr>
<tr><td>更改号</td><td>更改内容</td><td>批准</td><td>日期</td><td></td></tr>
<tr><td>拟制：</td><td>日期：　审核：　日期：</td><td>批准：</td><td>日期：</td><td></td></tr>
<tr><td></td><td></td><td></td><td></td><td></td></tr>
</table>

二、 加工准备

微课 加工准备　　知识点微课 加工准备

1. 启动 NX 10.0，单击【打开】图标，弹出【打开】对话框，选择水壶凹模.prt 文件，如图 3-1 所示，单击【OK】按钮，打开零件模型。

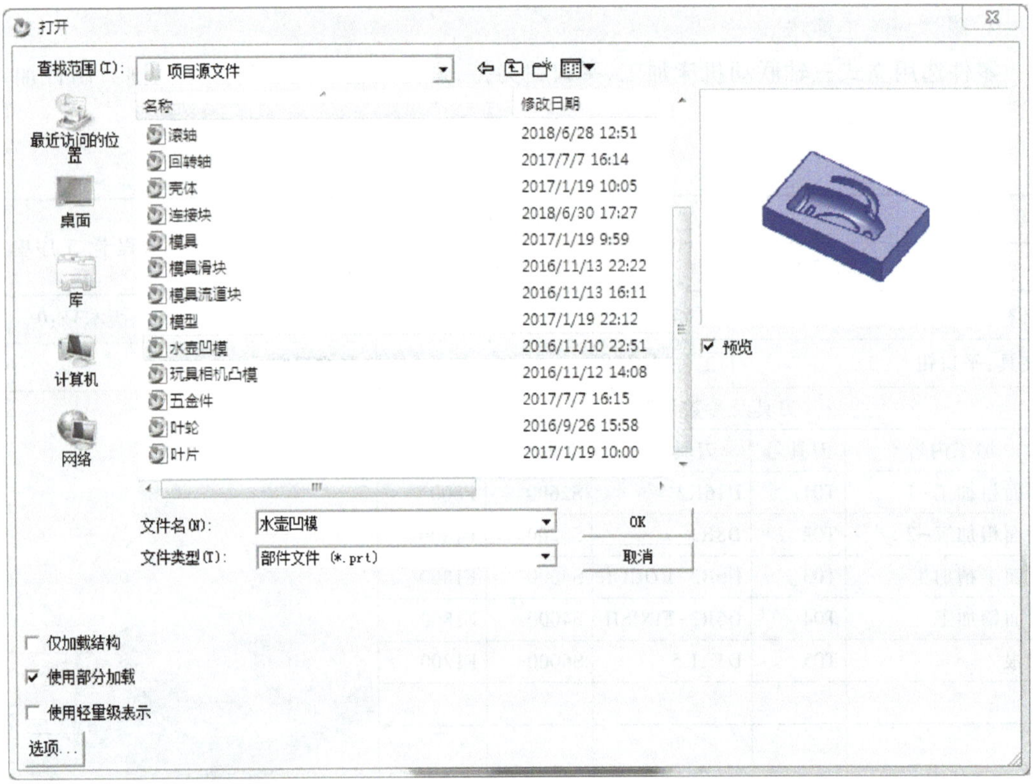

图 3-1 打开文件

2. 在工具栏中选择【应用模块】选项卡，单击【加工】图标，进入【加工】模块，如图 3-2 所示。

3. 在弹出的【加工环境】对话框中【CAM 会话配置】栏中选择【cam_general】选项，在【要创建的 CAM 设置】栏中选择【mill_planar】，如图 3-3 所示，单击【确定】按钮，完成加工环境的设置。

4. 在【插入】工具条中单击【创建程序】图标，如图 3-4 所示，弹出【创建程序】对话框。

5. 在弹出的【创建程序】对话框中的【名称】栏中输入【型面粗加工-1】，单击【应用】按钮，弹出【程序】对话框，如图 3-5 所示，单击【确定】按钮，完成型面粗加工-1 程序的创建。

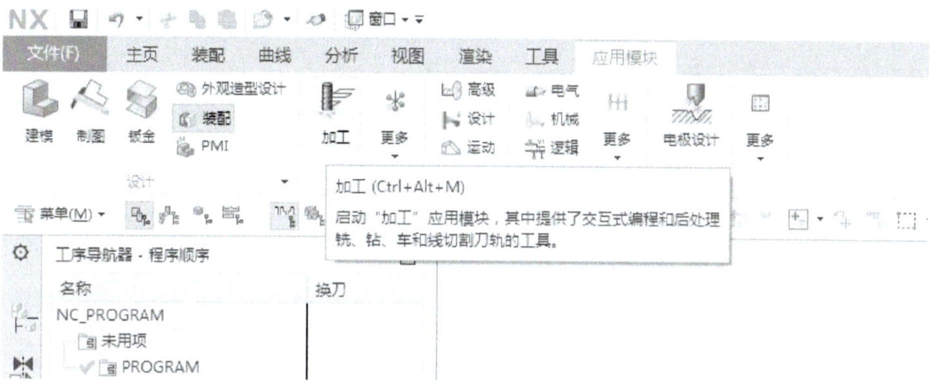

图 3-2　进入加工模块

图 3-3　设置加工环境

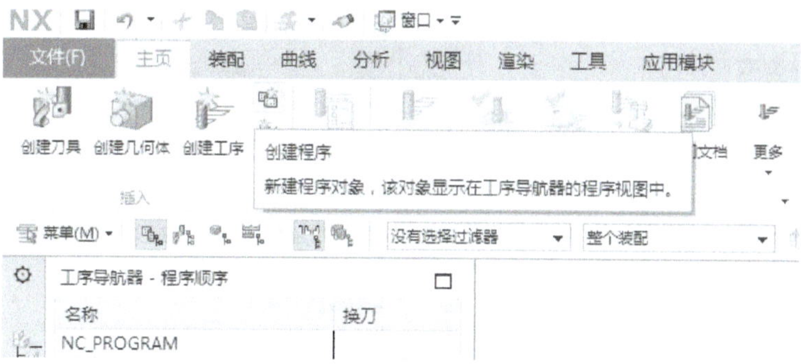

图 3-4　创建程序

图 3-5　程序命名

6. 使用同样的方法创建型面粗加工-2、型面半精加工、型面精加工、清根程序。然后删除不需要的程序，如图 3-6 所示。

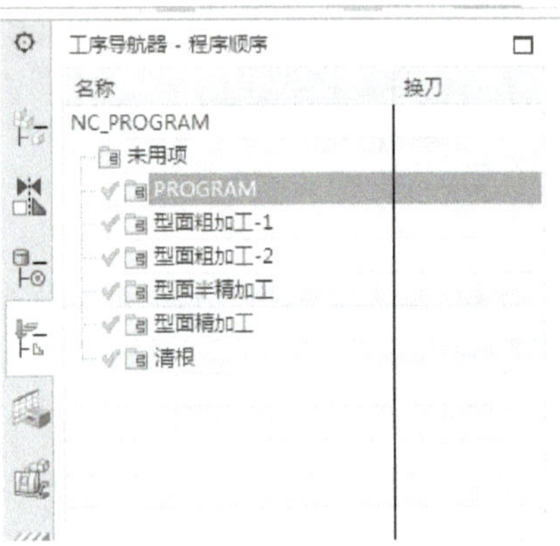

图 3-6　创建多个程序

7. 在【导航器】工具条中单击【机床视图】图标，在【插入】工具条中单击【创建刀具】图标，如图 3-7 所示。

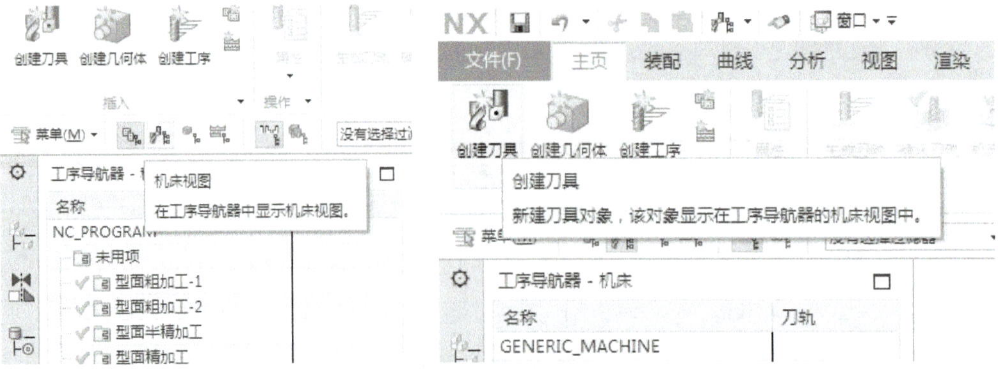

图 3-7　创建刀具

8. 在弹出的【创建刀具】对话框中【类型】下拉列表框中选择【mill-contour】选项，设置【刀具子类型】下拉列表框中选择【MILL】，【刀具名称】栏输入【D16R2】，如图 3-8 所示，单击【确定】按钮。弹出【铣刀-5 参数】对话框，设置刀具参数，将【直径】设为【16】，【下半径】设为【2】，【刀具号】【补偿寄存器】【刀具补偿寄存器】均设置为【1】，其他参数默认，如图 3-9所示，单击【确定】按钮，完成 D16R2 刀具参数设置，返回【创建刀具】对话框。

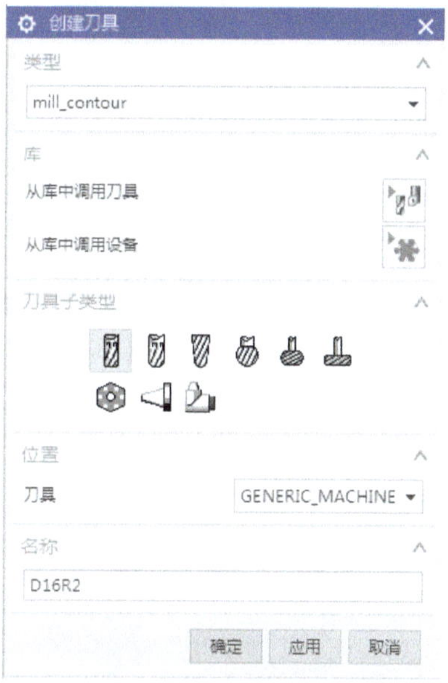

图 3-8　创建刀具

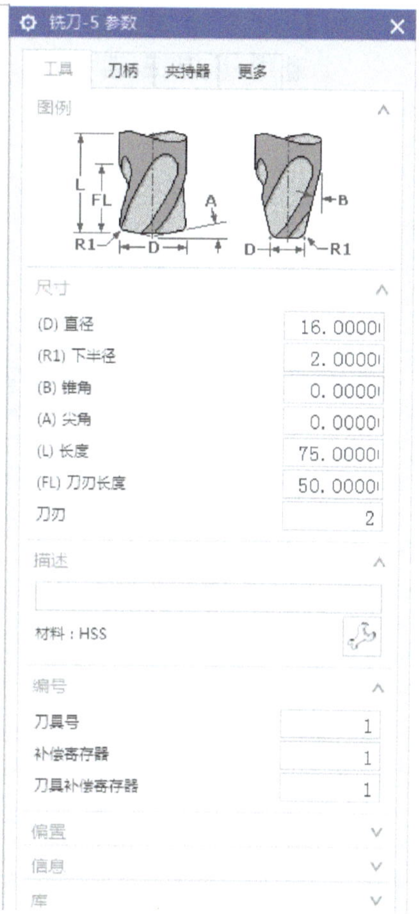

图 3-9　刀具设置

9. 使用同样方法创建名为【D8R1】的牛鼻刀，用于粗加工，单击【确定】按钮。

10. 返回【创建刀具】对话框，设置刀具【类型】为【MILL】，【刀具子类型】为【BALL_MILL】，刀具【名称】栏输入【D6R3-rough】，用于半精加工。

11. 复制创建的 D6R3 球头刀，粘贴，更改名称为【D6R3-finish】，如图 3-10 所示，单击【确定】按钮。

12. 使用同样方法创建清根刀具【D3R1.5】。

13. 在【导航器】工具条中单击【几何视图】图标，进入【几何视图】导航器，双击【MCS_MILL】图标，弹出【MCS 铣削】对话框，在【指定 MCS】栏单击【CSYS】图标，选择工作坐标【WCS】，将【安全距离】设为【50】，如图 3-11 所示，单击【确定】按钮，完成 MCS 的指定。

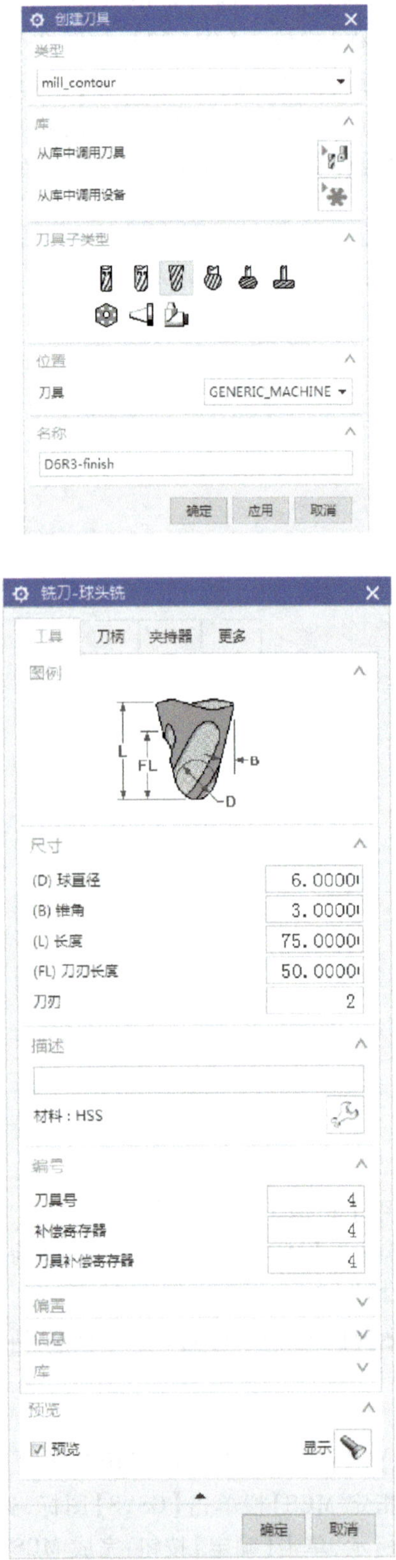

图 3-10　特殊刀具参数设定

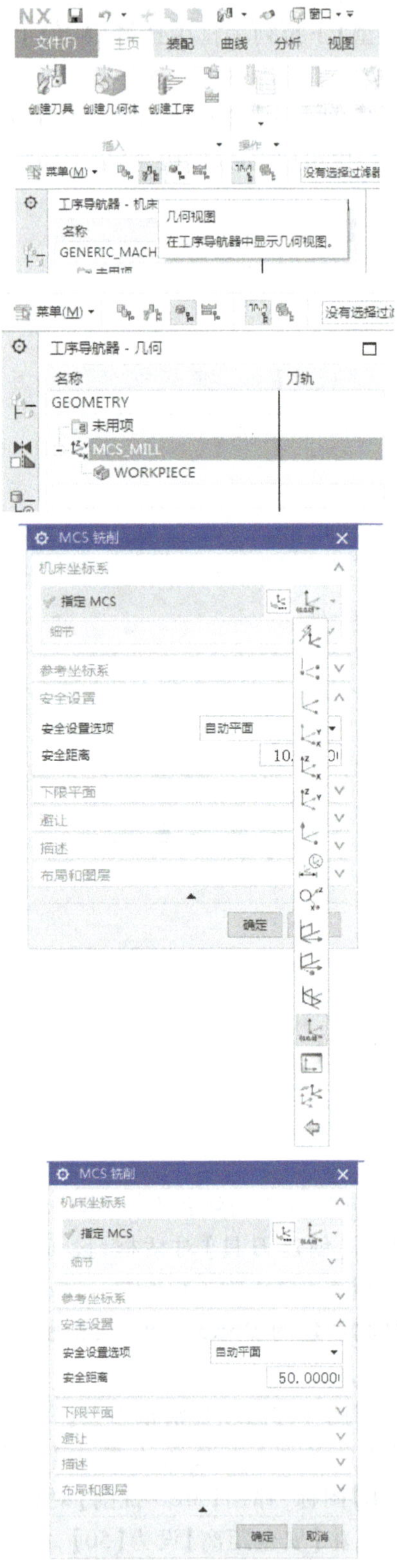

图 3-11　设定坐标系

14. 在【工序导航器-几何】视图中双击【WORKPLECE】图标，弹出【工件】对话框单击【指定部件】图标，选择工件模型，如图 3-12 所示，单击【确定】按钮，完成工件的指定。

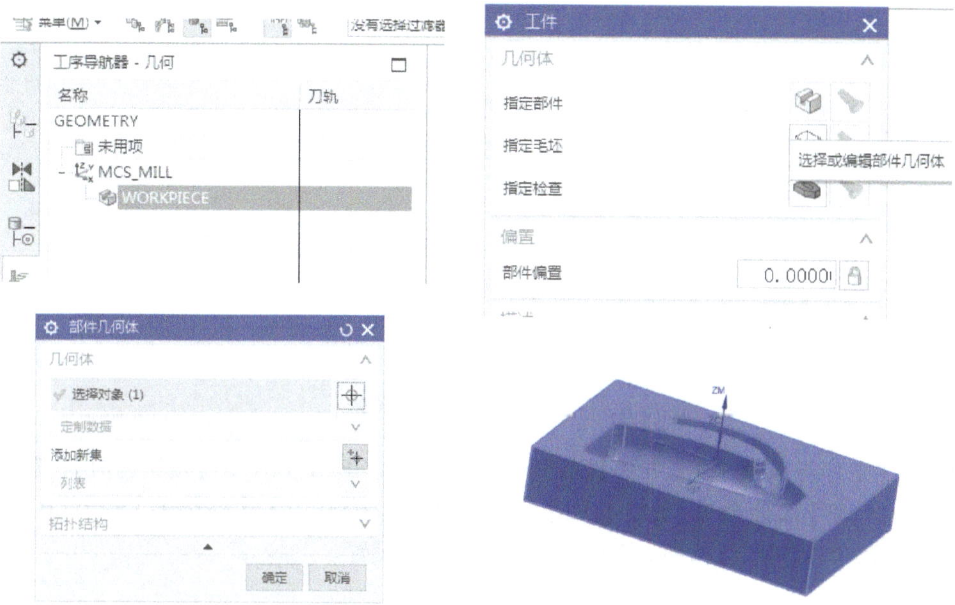

图 3-12　指定部件几何体

15. 在【工件】对话框中单击【指定毛坯】图标，弹出【毛坯几何体】对话框，选择【包容块】选项，选择实体，如图 3-13 所示，单击【确定】按钮，完成毛坯的指定，返回【工件】对话框。

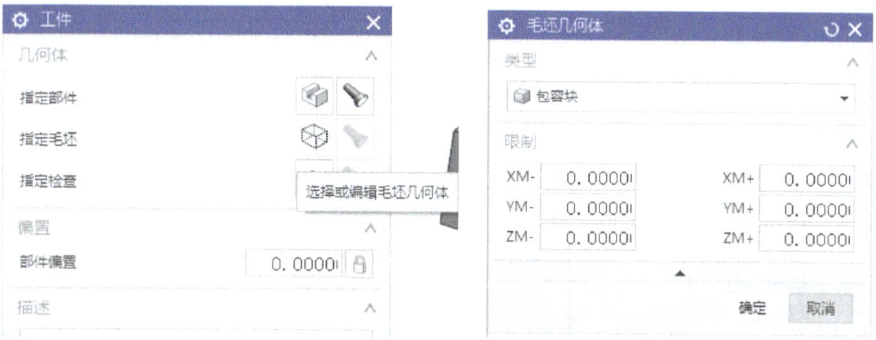

图 3-13　指定毛坯

16. 在【导航器】工具条中单击【加工方法视图】按钮进入【加工方法】视图导航器，修改粗加工、半精加工、精加工的参数。双击【MILL_ROUGH】按钮，弹出【铣削粗加工】对话框，将【部件余量】设为【0.5】,【内公差】设为【0.03】,【外公差】设为【0.03】，如图 3-14 所示，单击【确定】按钮，完成粗加工参数的设置。

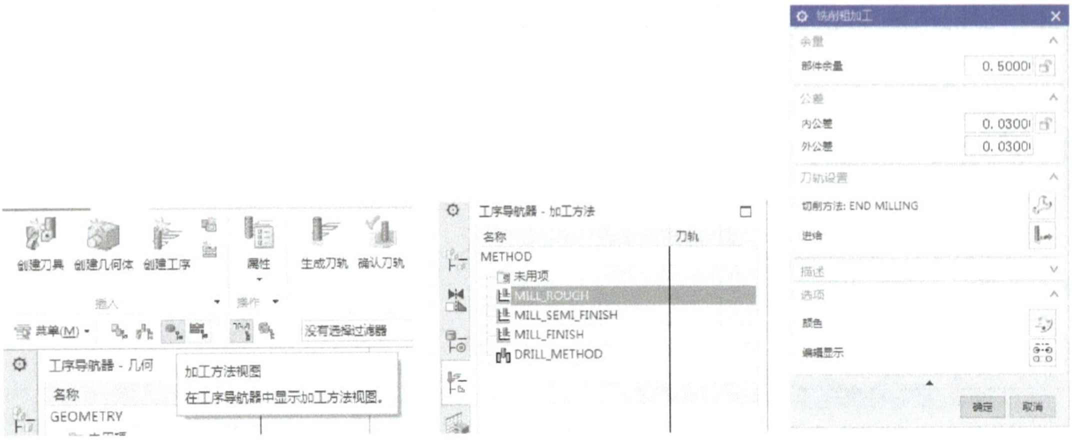

图 3-14　设置粗加工余量

17. 在【工序导航器-加工方法】视图中双击【MILL_SEMI_FINISH】按钮，弹出【铣削半精加工】对话框，将【部件余量】设为【0.1】,【内公差】设为【0.01】,【外公差】设为【0.01】，如图 3-15所示，单击【确定】按钮，完成半精加工参数的设置。

图 3-15　设置半精加工余量

18. 在【工序导航器-加工方法】视图中双击【MILL FINISH】按钮，弹出【铣削精加工】对话框，将【部件余量】设为【0】,【内公差】设为【0.003】,【外公差】设为【0.003】，如图 3-16 所示，单击【确定】按钮，完成精加工参数的设置。

图 3-16　设置精加工余量

三、 程序编制

（一）型面粗加工-1

微课　零件粗加工

知识点微课　零件粗加工

1. 在【插入】工具条中单击【创建工序】图标，弹出【创建工序】对话框，在【类型】下拉列表框中选择【mill-contour】选项，【工序子类型】选项中选择【型腔铣】选项，【程序】下拉列表框中选择【型面粗加工-1】选项，【刀具】下拉列表框中选择【D16R2】选项，【几何体】下拉列表框中选择【WORKPIECE】选项，【方法】下拉列表框中选择【MILL_ROUGH】选项，【名称】栏输入【Rough-mill-1】，如图 3-17 所示，单击【确定】按钮，弹出【型腔铣】对话框。

2. 在【型腔铣】对话框中单击【指定切削区域】图标，选择型面，如图 3-18 所示，单击【确定】按钮，完成切削区域的指定。

3. 在【型腔铣】对话框的刀轨设置栏将【切削模式】下拉列表框中选择【跟随周边】选项，【步距】下拉列表框中选择【刀具平直百分比】选项，将【平面直径百分比】设为【60】，在【公共每刀切削深度】下拉列表框中选择【恒定】，将【最大距离】设为【1】，如图 3-19 所示。

4. 在【刀轨设置】栏中单击【切削层】图标，生成切削层分布图，查看切削层分布，如图 3-20所示，单击【确定】按钮，接受生成的切削层分布。

5. 在【刀轨设置】栏中单击【切削参数】图标，弹出【切削参数】对话框，在【策略】选项卡中，设置【刀路方向】为【向外】，如图 3-21 所示，单击【确定】按钮，返回【型腔铣】对话框。

图 3-17　创建工序

图 3-18　指定切削区域

图 3-19　设置切削模式

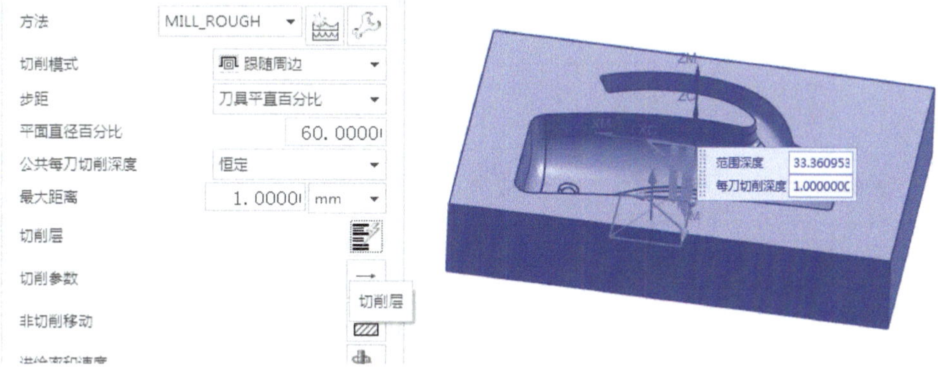

图 3-20　设置切削层参数

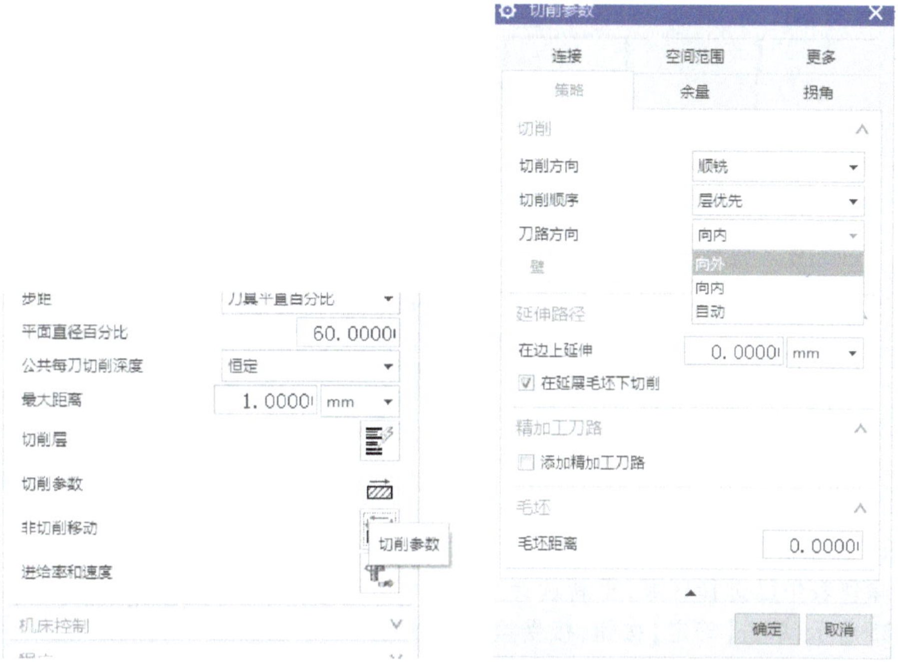

图 3-21　设置切削参数

6. 在【型腔铣】对话框单击【进给率和速度】图标，弹出【进给率和速度】对话框，将【主轴速度】设为【2600】rpm，【切削】设为【800】mmpm，如图 3-22 所示，单击【确定】按钮，返回【型腔铣】对话框。

7. 在【型腔铣】对话框中【操作】区域内单击【生成】图标，生成刀轨，查看生成的刀具路径，如图 3-23 所示，单击【确定】按钮，接受生成的刀轨。

（二）型面粗加工-2

1. 在工序导航器的【型面粗加工-1】节点下复制程序【ROUGH_MILL_1】，在【型面粗加工-2】下内部粘贴，更改文件名为【ROUGH_MILL-2】。双击【ROUGH_MILL-2】操作，弹出【型腔铣】对话框，将刀具更改为【D8R1】牛鼻刀，如图 3-24 所示。

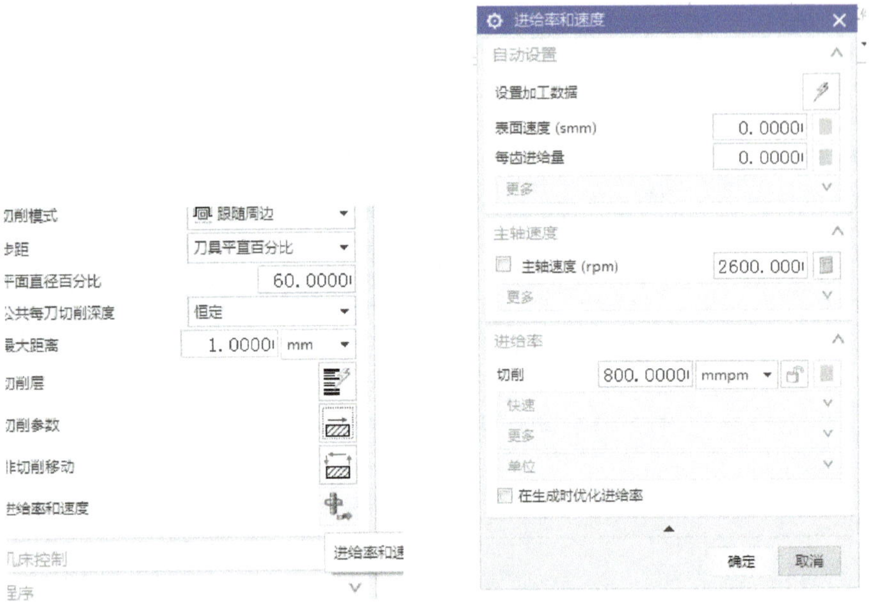

图 3-22　设置进给率和速度

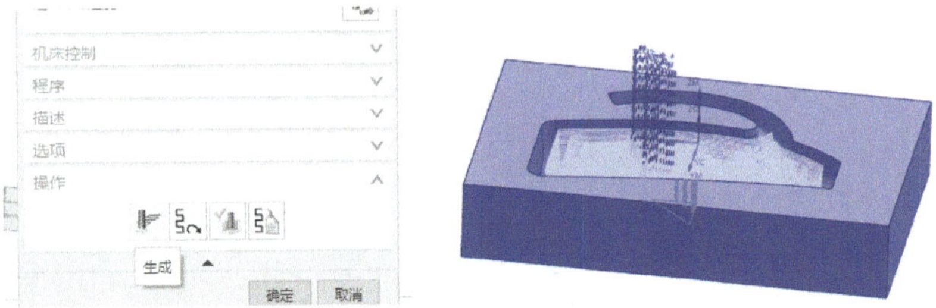

图 3-23　生成刀轨

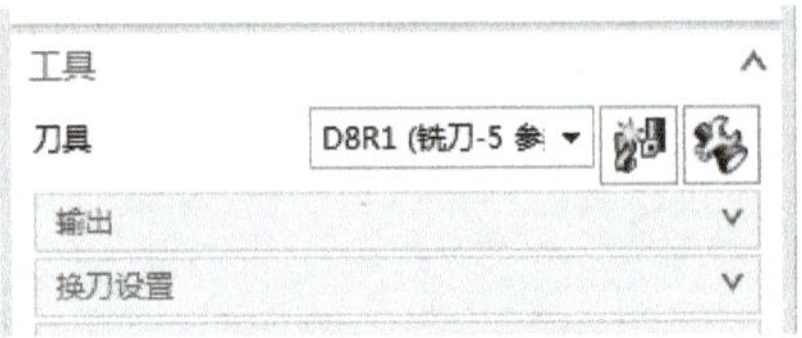

图 3-24　更改刀具

2. 在【型腔铣】对话框中单击【指定切削区域】图标，删除列表中已选择区域，重新选择手柄区域，如图 3-25 所示，单击【确定】按钮，接受重新选择的手柄区域。

3. 将【最大距离】设为【0.5】，如图 3-26 所示。

4. 在【刀轨设置】栏中单击【切削层】图标，生成切削层分布图，查看切削层分布，如图 3-27所示，单击【确定】按钮，接受生成的切削层分布。

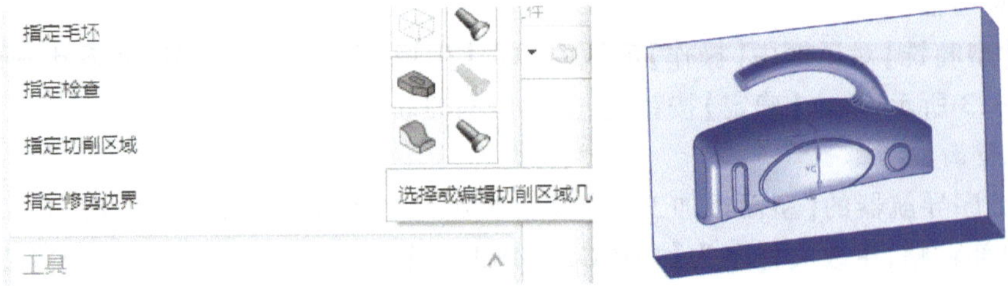

图 3-25　指定切削区域

图 3-26　修改最大距离

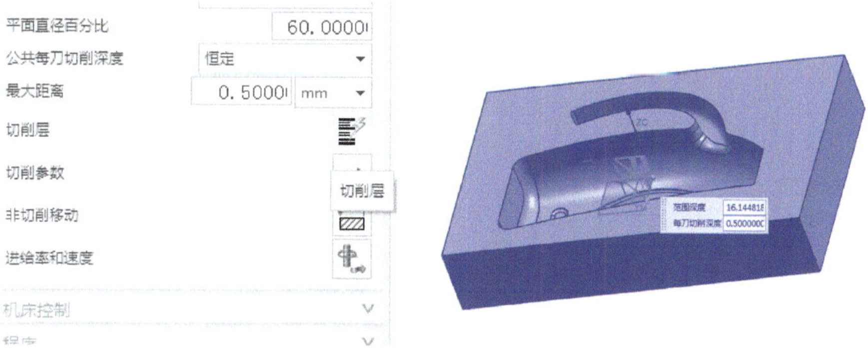

图 3-27　设置切削层参数

5. 单击【进给率和速度】图标，弹出【进给率和速度】对话框，将【主轴速度】设为【3200】rpm，【切削】设为【1200】mmpm，如图 3-28 所示，单击【确定】按钮，完成进给率和速度参数的设置，返回【型腔铣】对话框。

6. 在【型腔铣】对话框中单击【生成】图标，生成刀轨，查看生成的刀轨，如图 3-29 所示，单击【确定】按钮，接受生成的刀轨。

（三）型面半精加工

微课
零件半精加工

知识点微课
零件半精加工

1. 首先在【插入】工具条中单击【创建工序】图标，弹出【创建工序】对话框，在【类型】下拉列表框中选择【mill-contour】，【工序子类型】选项中选择【区域轮廓铣】选项，【程序】下拉列表框中选择【型面半精加工】选项，【刀具】下拉列表框中选择【D6R3】选项，【几何体】下拉列表框中选择【WORKPIECE】选项，【方法】下拉列表框中选择【MILL_SEMI_FINISH】选项，【名称】栏输入【Semi_finish_mill-1】，如图 3-30 所示，单击【确定】按钮，弹出【区域轮廓铣】对话框。

图 3-28　设定进给率和速度

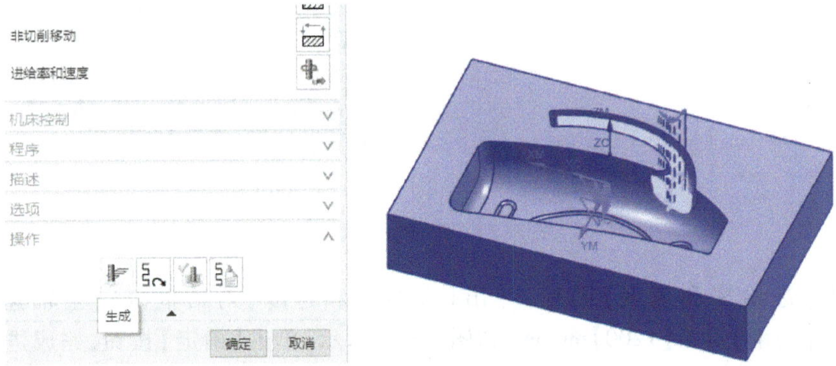

图 3-29　生成刀轨

图 3-30　创建工序

2. 在【区域轮廓铣】对话框中单击【指定切削区域】图标，选择型面，如图 3-31 所示，单击【确定】按钮，完成切削区域的指定。

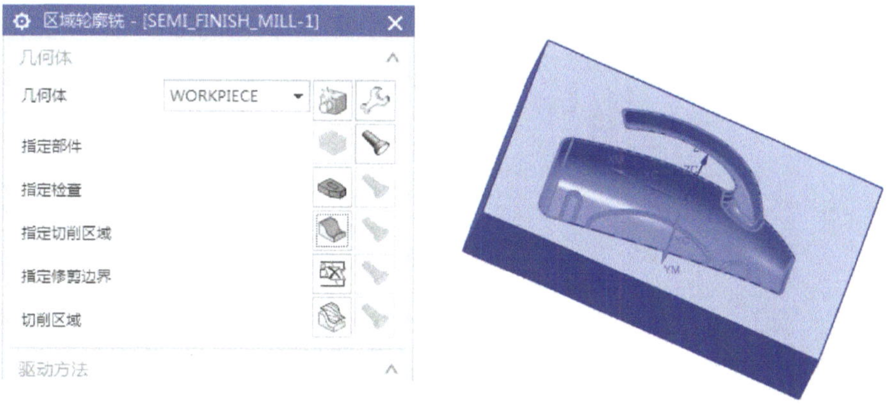

图 3-31　指定切削区域

3. 在【驱动方法】栏选择【区域铣削】方法，弹出【区域铣削驱动方法】对话框设置【非陡峭切削模式】下拉列表框中选择【跟随周边】选项，【刀路方向】下拉列表框中选择【向内】选项，【切削方向】下拉列表框中选择【顺铣】选项，【步距】下拉列表框中选择【恒定】选项，将【最大距离】设为【1】，【步距已应用】下拉列表框中选择【在部件上】选项，【陡峭切削模式】下拉列表框中选择【深度加工往复】选项，【深度切削层】下拉列表框中选择【恒定】选项，【深度加工每刀切削深度】设为【1】，如图 3-32 所示，单击【确定】按钮，完成驱动方法的设置，返回【区域轮廓铣】对话框。

图 3-32　编辑驱动方法

4. 在【区域轮廓铣】对话框中单击【切削参数】图标，弹出【切削参数】对话框，在【策略】选项卡中，勾选【在边上延伸】，将【距离】设为【1】，如图 3-33 所示，单击【确定】按钮，完成切削参数的设置，返回【区域轮廓铣】对话框。

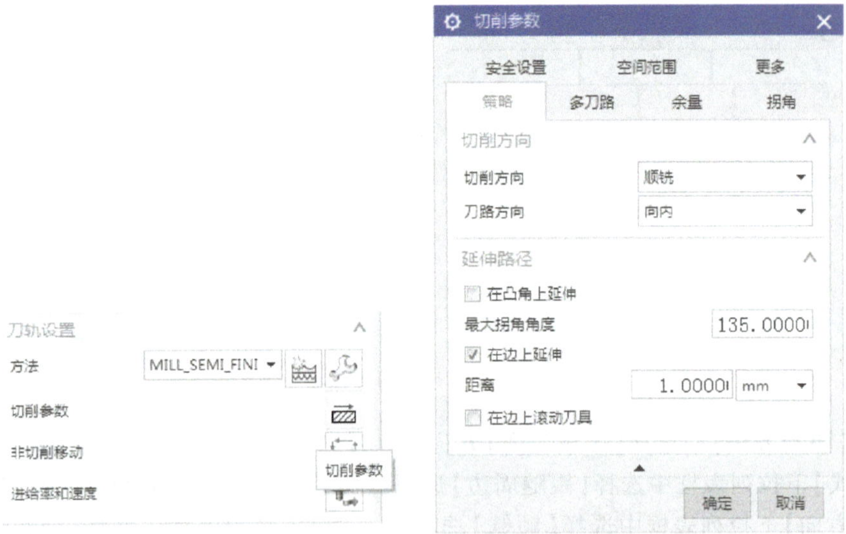

图 3-33　设定进给率和速度

5. 在【区域轮廓铣】对话框中单击【进给率和速度】图标，弹出【进给率和速度】对话框，设置【主轴速度】为【4000】rpm，【切削】为【1800】mmpm，如图 3-34 所示，单击【确定】按钮，完成进给率和速度参数的设置，返回【区域轮廓铣】对话框。

图 3-34　切削参数设置

6. 在【区域轮廓铣】对话框中【操作】区域内单击【生成】图标，生成刀轨，查看生成的刀具路径，如图 3-35 所示，单击【确定】按钮，接受生成的刀轨。

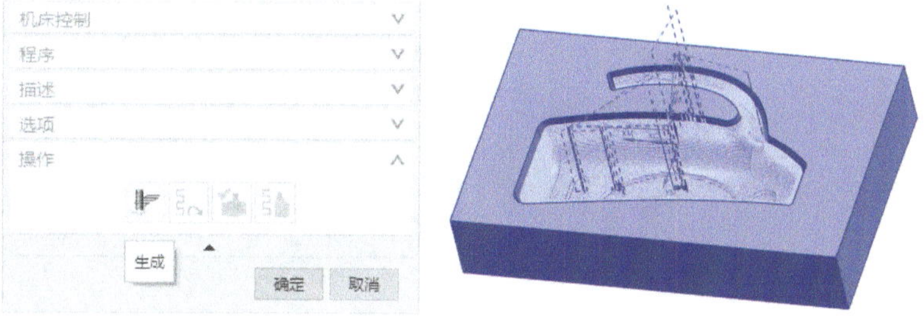

图 3-35　生成刀轨

（四）型面精加工

微课
零件精加工

知识点微课
零件精加工

1. 在【插入】工具条中单击【创建工序】图标，弹出【创建工序】对话框，【类型】下拉列表框中选择【mill_contour】选项，【工序子类型】选择【区域轮廓铣削】，【程序】下拉列表框中选择【型面精加工】选项，【刀具】下拉列表框中选择【D6R3-FINISH】选项，【几何体】下拉列表框中选择【WORKPIECE】选项，【方法】选择【MILL_FINISH】，【名称】栏输入【Finish_mill-1】，如图 3-36 所示，单击【确定】按钮，弹出【区域轮廓铣】对话框。

图 3-36　创建工序

2. 在【区域轮廓铣】对话框中单击【指定切削区域】图标，选择切削部分，如图 3-37 所示，单击【确定】按钮，完成切削区域的指定。

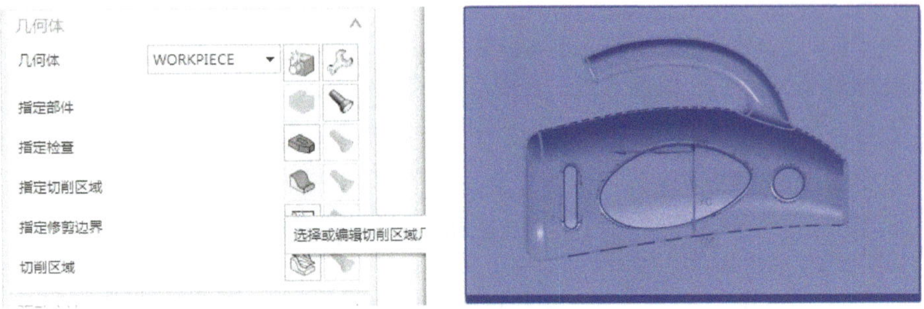

图 3-37　指定切削区域

3. 在【驱动方法】栏选择【区域铣削】方法，弹出【区域铣削驱动方法】对话框设置参数，勾选【为平的区域创建单独的区域】，【非陡峭切削模式】下拉列表框中选择【跟随周边】选项，【刀路方向】下拉列表框中选择【向内】选项，【切削方向】下拉列表框中选择【顺铣】选项，【步距】下拉列表框中选择【恒定】选项，将【最大距离】设为【0.2】，【步距已应用】下拉列表框中选择【在部件上】选项，【陡峭切削模式】下拉列表框中选择【深度加工往复】，【深度切削层】下拉列表框中选择【恒定】选项，将【深度加工每刀切削深度】设为【0.2】，如图 3-38 所示，单击【确定】按钮，完成【区域铣削】方法的设置，返回【区域轮廓铣】对话框。

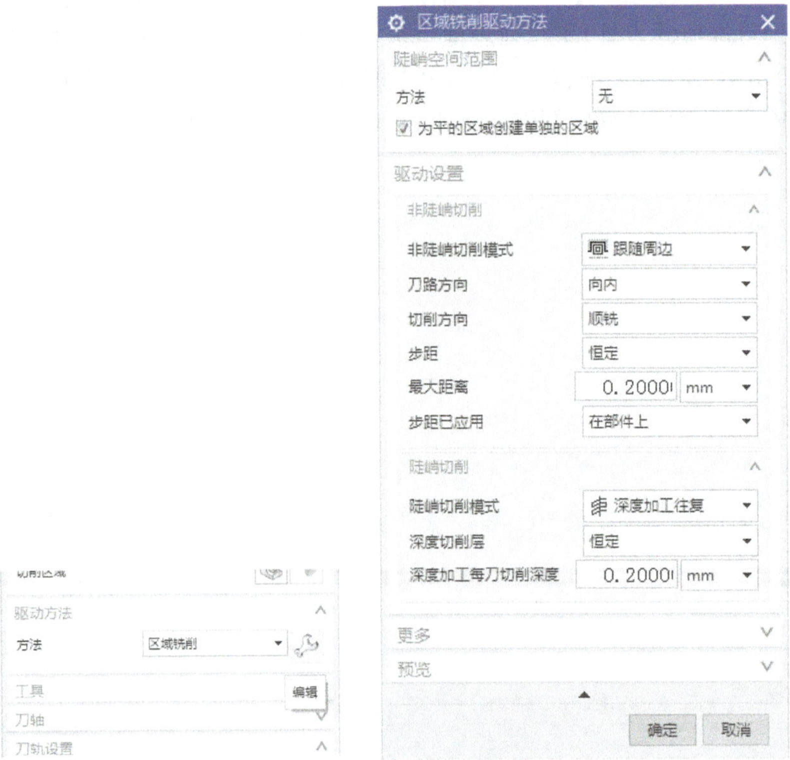

图 3-38　驱动方式设置

4. 单击【切削参数】图标，弹出【切削参数】对话框，在【策略】选项卡中，勾选【在边上延伸】，【距离】为【0.5】，如图 3-39 所示，单击【确定】按钮，完成切削参数的设置。

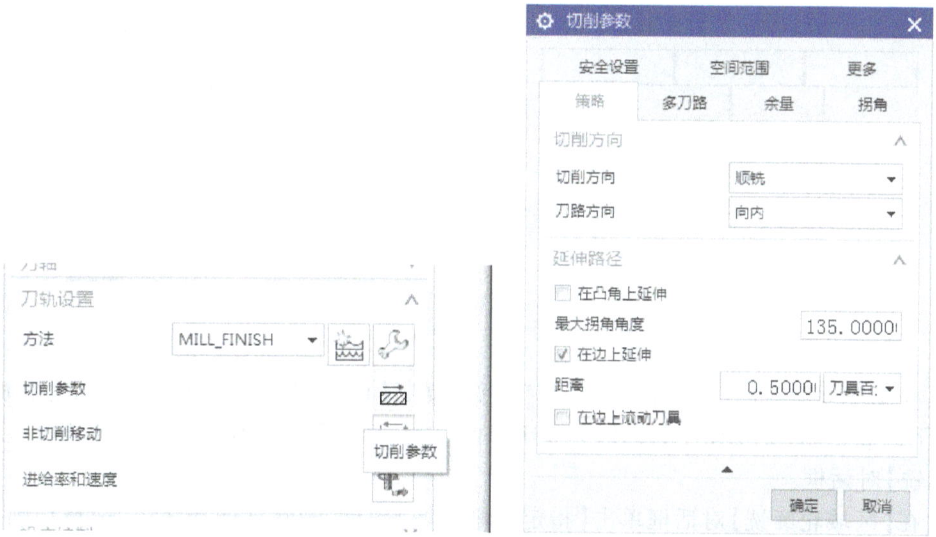

图 3-39 切削参数设置

5. 单击【进给率和速度】图标，弹出【进给率和速度】对话框，将【主轴速度】设为【4000】rpm，【切削】设为【1800】mmpm，单击【确定】按钮，完成进给率和速度参数的设置，如图 3-40 所示。

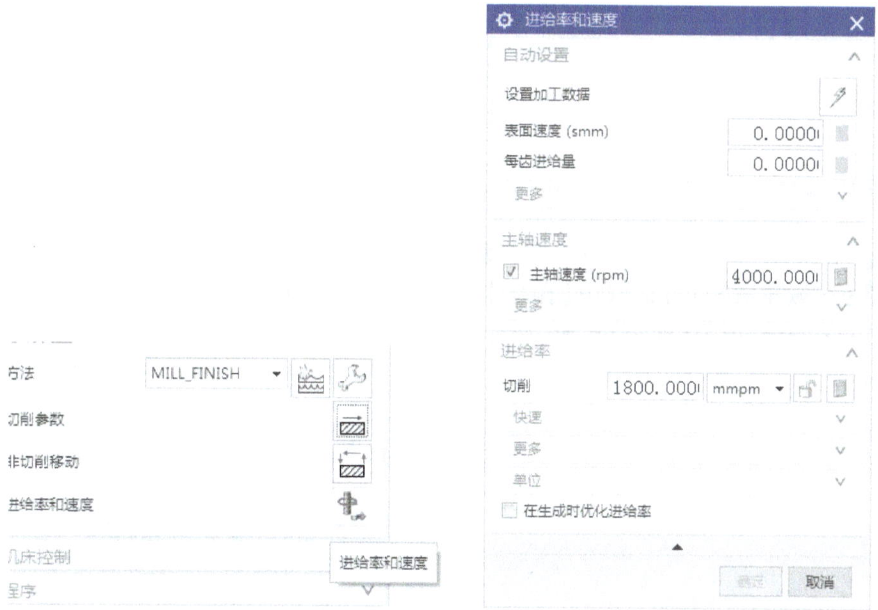

图 3-40 切削进给率和速度

6. 在【操作】区域单击【生成】图标，生成刀轨，查看生成的刀轨，如图 3-41 所示，单击【确定】按钮，接受生成的刀轨。

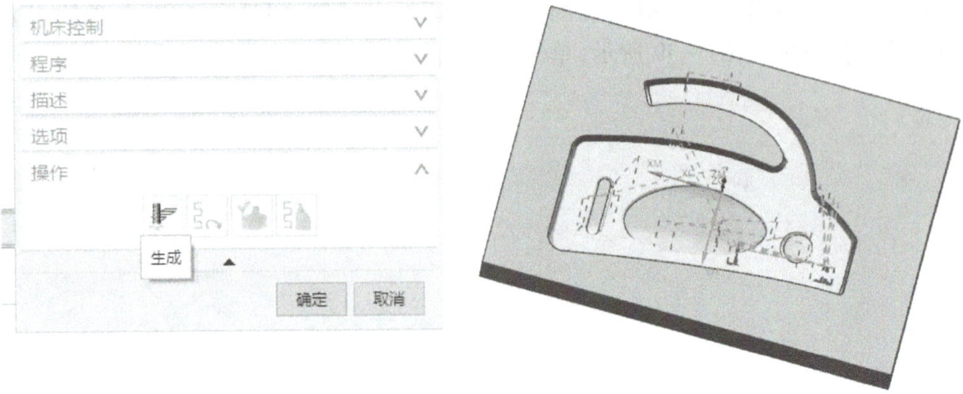

图 3-41　生成刀轨

7. 在工序导航器的【型面精加工-1】节点下复制【FINISH_MILL-1】程序，在【型面精加工-2】下内部粘贴，更改程序名称【FINISH_MILL-2】，双击【FINISH_MILL-2】程序，弹出【区域轮廓铣】对话框。

8. 在【区域轮廓铣】对话框单击【指定切削区域】图标，删除已选择区域，选择切削部分，如图 3-42 所示，单击【确定】按钮，完成切削区域的指定。

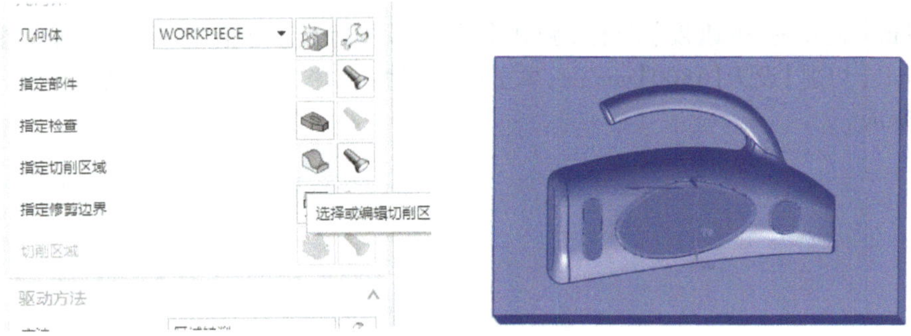

图 3-42　指定切削区域

9. 编辑【驱动方法】栏的【区域铣削】方法，保持参数不变。

10. 在【区域轮廓铣】对话框中【操作】区域单击【生成】图标，生成刀轨，查看生成的刀轨，如图 3-43 所示，单击【确定】按钮，接受生成的刀轨。

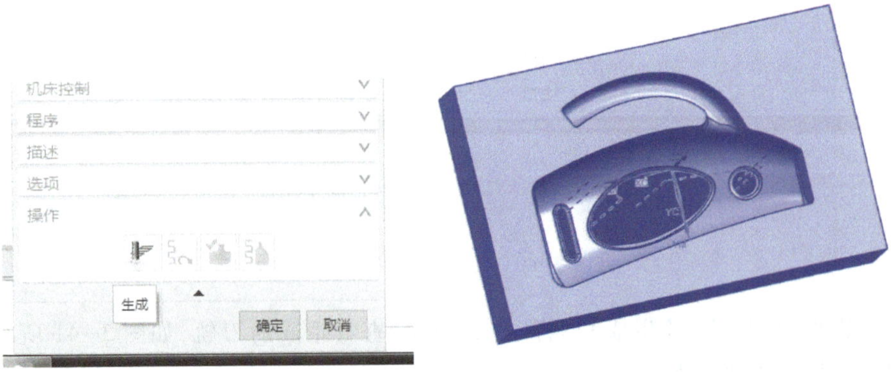

图 3-43　生成刀轨

（五）清根

1. 在【插入】工具条中单击【创建工序】图标，弹出【创建工序】对话框，在【类型】下拉列表框中选择【mill-contour】选项，在【工序子类型】中选择【清根参考刀具】选项，【程序】下拉列表框中选择【清根】选项，【刀具】下拉列表框中选择【D3R1.5】选项，【几何体】下拉列表框选择【WORKPIECE】选项，【方法】下拉列表框中选择【MILL_FINISH】选项，【名称】栏输入【FLOWCUT-1】，如图 3-44 所示，单击【确定】按钮，弹出【清根参考刀具】对话框。

图 3-44　创建工序

2. 在【清根参考刀具】对话框单击【指定切削区域】对话框，选择型面，如图 3-45 所示，单击【确定】按钮，完成切削区域的指定。

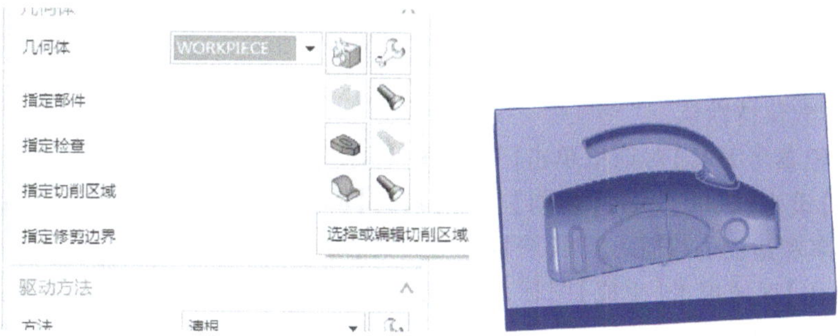

图 3-45　指定切削区域

3. 在【清根参考刀具】对话框【驱动方法】栏选择【清根】方法，弹出【清根驱动方法】对话框设置参数，【清根类型】下拉列表框中选择【参考刀具偏置】选项，【非陡峭切削模式】下拉列表框中选择【往复】选项，【切削方向】下拉列表框中选择【混合】选项，将【步距】设为

【0.1】,【顺序】下拉列表框中选择【先陡】选项,【陡峭切削模式】下拉列表框中选择【往复】选项,【步距】设为【0.1】,【顺序】下拉列表框中选择【先陡】选项,【参考刀具】下拉列表框中选择【D6R3-FINISH】选项,如图 3-46 所示,单击【确定】按钮,完成清根驱动方法的设置,返回【清根参考刀具】对话框。

图 3-46　驱动方式编辑

4. 切削参数保持默认。

5. 在【清根参考刀具】对话框单击【进给率和速度】图标,弹出【进给率和速度】对话框,将【主轴速度】设为【6000】rpm,【切削】设为【1200】mmpm,如图 3-47 所示,单击【确定】按钮,完成进给率和速度的设置,返回【清根参考刀具】对话框。

6. 在【操作】区域单击【生成】图标,生成刀轨,查看刀轨如图 3-48 所示,单击【确定】按钮,接受生成的刀轨。

四、 仿真加工

在工序导航器中选择【NC_PROGRAM】父节组,在【操作】工具条中单击【确认刀轨】图标,弹出【刀轨可视化】对话框,选择【2D 动态】选项卡,如图 3-48 所示,单击【播放】按钮,进行工件的加工仿真,仿真结果如图 3-49 所示。

图 3-47　切削进给率和速度

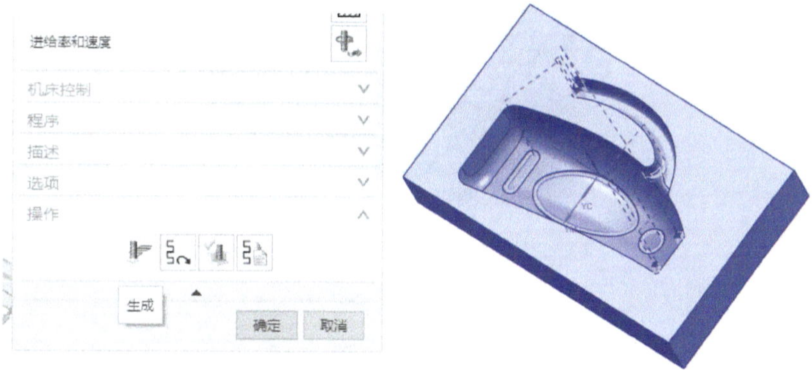

图 3-48　生成刀轨

图 3-49　仿真结果

专家点拨

1. 在型腔铣中，切削区域如果做了选择，则只加工所选的切削区域，切削区域如果没选，则加工整个零件。

2. 模具类零件一般材料硬度比较高，在刀具选择时可以优先考虑采用牛鼻刀粗加工，球头刀精加工。

3. 等高轮廓适用于陡峭壁曲面的精加工，固定轴轮廓中的区域铣削适用于加工非陡峭壁曲面的精加工。

课后训练

根据图 3-50 壳体凹模零件的特征，制订合理的工艺路线，设置必要的加工参数，生成刀轨，通过相应的后处理生成数控加工程序，并运用机床加工零件。

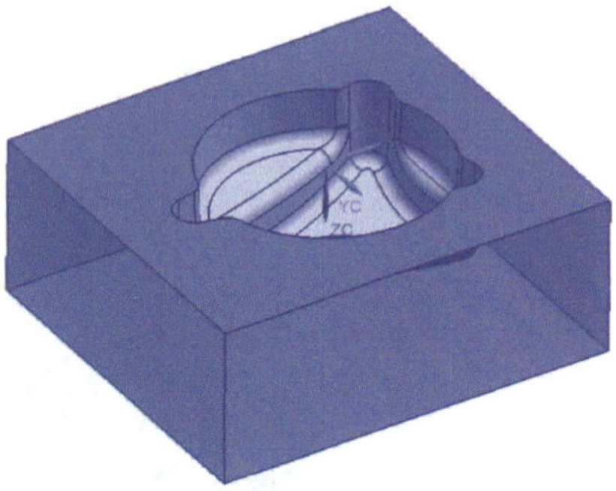

图 3-50　壳体凹模零件

模块二

四轴铣削加工

四轴铣削加工通常是指四轴联动加工，就是在3个线性轴（X、Y、Z）的基础上增加了一个旋转轴或者摆动轴。相对于传统的三轴铣削加工，四轴加工改变了加工模式，增强了加工能力，提高了零件的复杂度和精度，解决了很多复杂零件的加工难题。

NX CAM 的可变轴轮廓铣是用于精加工由轮廓曲面形成的区域的加工方法。它可以通过精确控制刀轴和投影矢量，使刀轨沿着非常复杂的曲面的复杂轮廓移动。常用于四、五轴铣削编程。

项目4

滚轴的铣削编程与仿真加工

学习目标

能力目标：能运用 NX 软件完成滚轴的编程与仿真加工。
知识目标：掌握可变轴铣削几何体设置。
　　　　　掌握曲线/边驱动方法设置。
　　　　　掌握投影矢量方法设置。
　　　　　掌握刀轴的设置。
素质目标：激发学生的学习兴趣，培养团队合作和创新精神。

项目导读

滚轴是印染机上用的一种零件，是四轴铣削加工中常见的一类零件，这类零件在圆柱面上开出一些具有一定规律的图案，由于其零件形状的特殊性，采用车削或者三轴铣削都没法完成零件加工。零件上一般会有内凹曲面、圆弧面等特征。

任务描述

学生以企业制造部门 MC 数控程序员的身份进入 NX CAM 功能模块，根据滚轴零件的特征，制订合理的工艺路线，创建型腔铣、可变轴轮廓铣等加工操作，创建必要的参考几何体，设置必要的加工参数，生成刀轨，检验刀轨是否正确合理，并对操作过程中存在的问题进行研讨和交流，通过相应的后处理生成数控加工程序，并运用机床加工零件。

工作任务

按照零件加工要求，制订滚轴的加工工艺；编制滚轴加工程序；完成滚轴的仿真加工，后处理得到数控加工程序，完成零件加工。

一、制订加工工艺

1. 滚轴零件分析

滚轴零件形状比较简单，主要由曲面、圆弧面、端面、圆柱面等特征组成，主要加工内容为星形曲面、过渡面，经过对零件的分析，可知零件上最小的内凹圆弧半径为 2 mm，所以精加工时刀具半径不能大于 2 mm。

2. 毛坯选用

零件材料为 45 钢圆棒，尺寸为 ϕ100 mm×2 500 mm。零件长度、直径尺寸已经精加工到位，无须再次加工。

3. 制订加工工序卡

零件选用立式四轴联动机床加工（立式加工中心，带有绕 *X* 轴旋转的回转台），三爪自定心卡盘夹持，遵循先粗加工后精加工原则，粗加工采用 3+1 轴型腔铣方式，精加工采用四轴联动加工。制订加工工序如表 4-1 所示。

表 4-1　加工工序卡

零件号：			工序名称：		工艺流程卡_工序单
27024003			滚轴铣削加工		
材料:45	页码:1			工序号:01	版本号:0
夹具:三爪自定心卡盘	工位:MC			数控程序号：	
刀具及参数设置					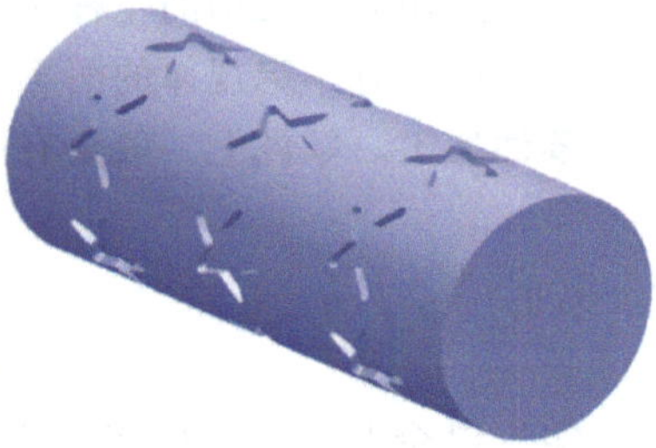
加工内容	刀具号	刀具规格	主轴转速	进给速度	
型面粗加工	T01	D6R0	S1800	F1200	
型面侧壁精加工	T02	D3R0	S2600	F1400	
型面底面精加工	T03	B4	S3200	F1000	
更改号	更改内容	批准	日期		（单位）
拟制：	日期：审核：日期：	批准：	日期：		

二、 加工准备

微课

加工准备、零件粗加工

1. 启动 NX 10.0，单击【打开】图标，弹出【打开】对话框，选择滚轴.prt 文件，如图 4-1 所示，单击【OK】按钮，打开零件模型。

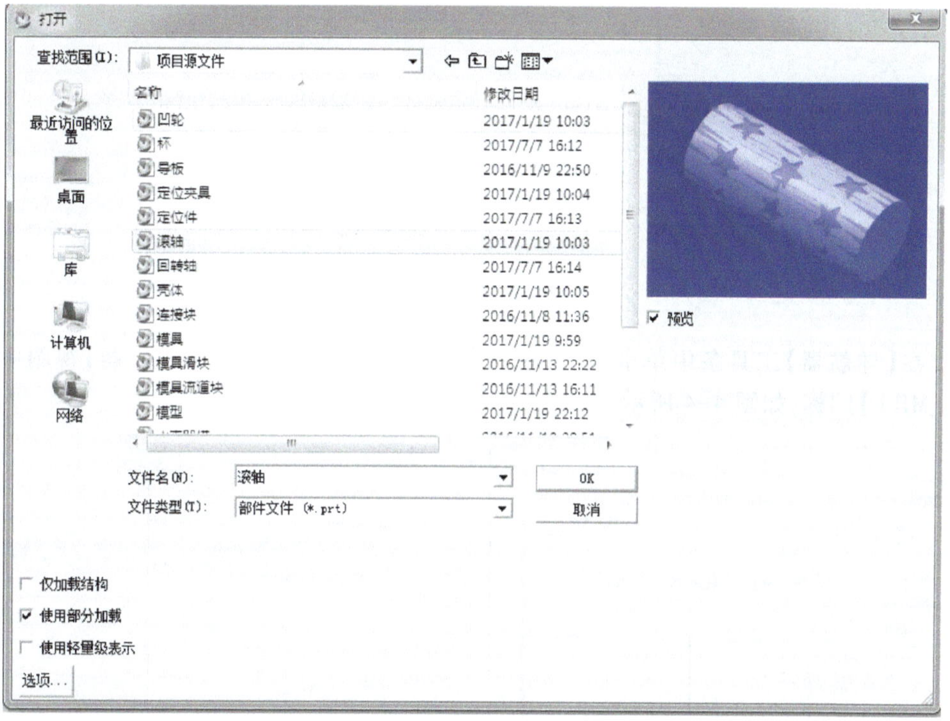

图 4-1　打开文件

2. 在工具栏中选择【应用模块】选项卡，单击【加工】图标，如图 4-2 所示，进入【加工】模块。

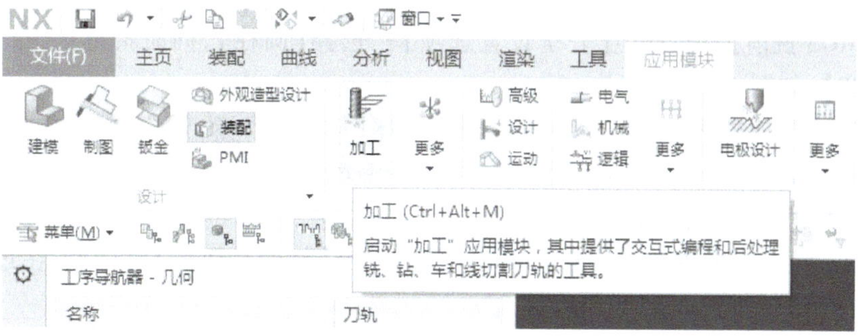

图 4-2　选择【应用模块】

3. 在弹出的【加工环境】对话框【CAM 会话配置】栏中选择【cam_general】,【要创建的 CAM 设置】栏中选择【mill_planar】,如图 4-3 所示,单击【确定】按钮,完成加工环境的设置。

图 4-3　加工环境

4. 在【导航器】工具条中单击【几何视图】图标,在更新后的【工序导航器】视图中双击【MCS_MILL】图标,如图 4-4 所示,弹出【MCS 铣削】对话框。

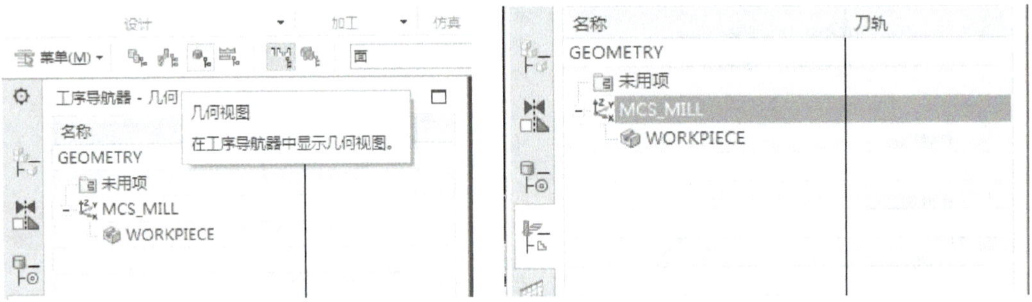

图 4-4　几何视图

5. 将加工坐标系移动到【圆柱面】的端部,同时把【旋转轴】设置成 X 方向旋转,如图 4-5所示。

6. 在【MCS 铣削】对话框中【安全设置选项】栏选择【圆柱】,同时指定点,指定矢量,将半径设为【80】,如图 4-6 所示。

7. 在【工序导航器-几何】视图中双击【WORKPIECE】图标,弹出【工件】对话框,单击【指定毛坯】图标,弹出【毛坯几何体】对话框,选择毛坯,如图 4-7 所示,单击【确定】按钮,完成毛坯的指定,返回【工件】对话框。

8. 在【工件】对话框中单击【指定部件】图标,弹出【部件几何体】对话框,在过滤器中选择【面】,选择【凹腔面】,如图 4-8 所示。

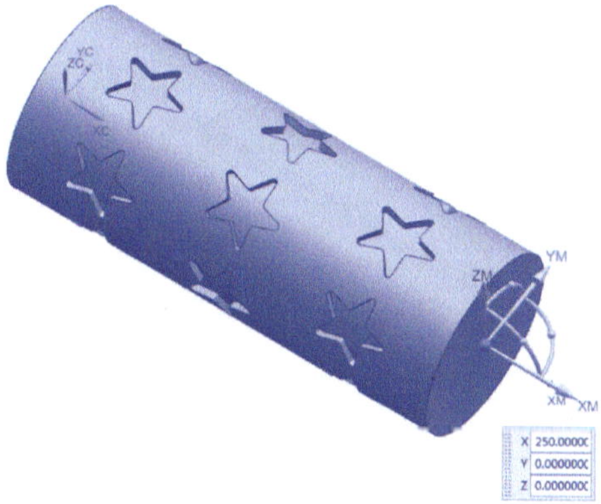

图 4-5　加工坐标系

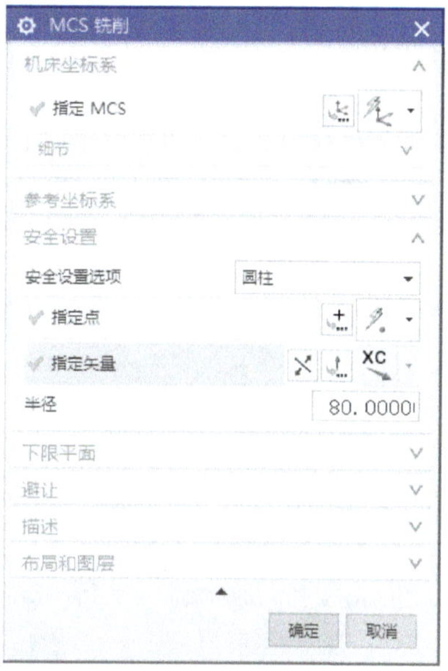

图 4-6　机床坐标系

图 4-7　指定几何体

图 4-8　指定部件

9. 在【导航器】工具条中单击【机床视图】图标，在【插入】工具条中单击【创建刀具】图标，如图 4-9 所示，弹出【创建刀具】对话框。

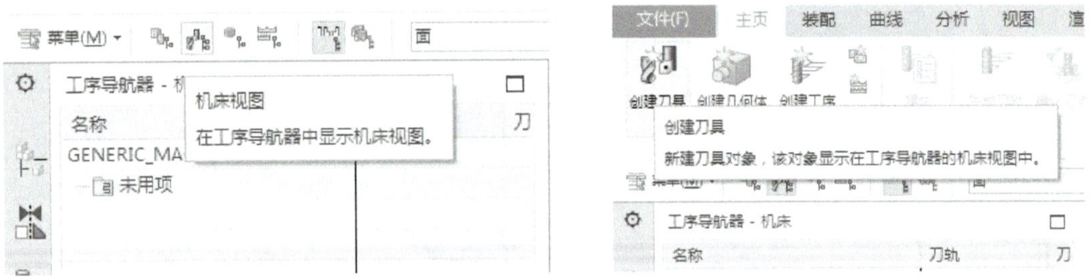

图 4-9　创建刀具

10. 在【创建刀具】对话框，【类型】栏选择【mill_contour】，【刀具子类型】选项中选择【MILL】选项，修改刀具【名称】为【D6R0】，单击【应用】按钮。弹出【铣刀-5 参数】对话框，设置刀具参数，将【直径】设为【6】，【下半径】设为【0】，其他参数默认，如图 4-10 所示，单击【确定】按钮，返回【创建刀具】对话框。

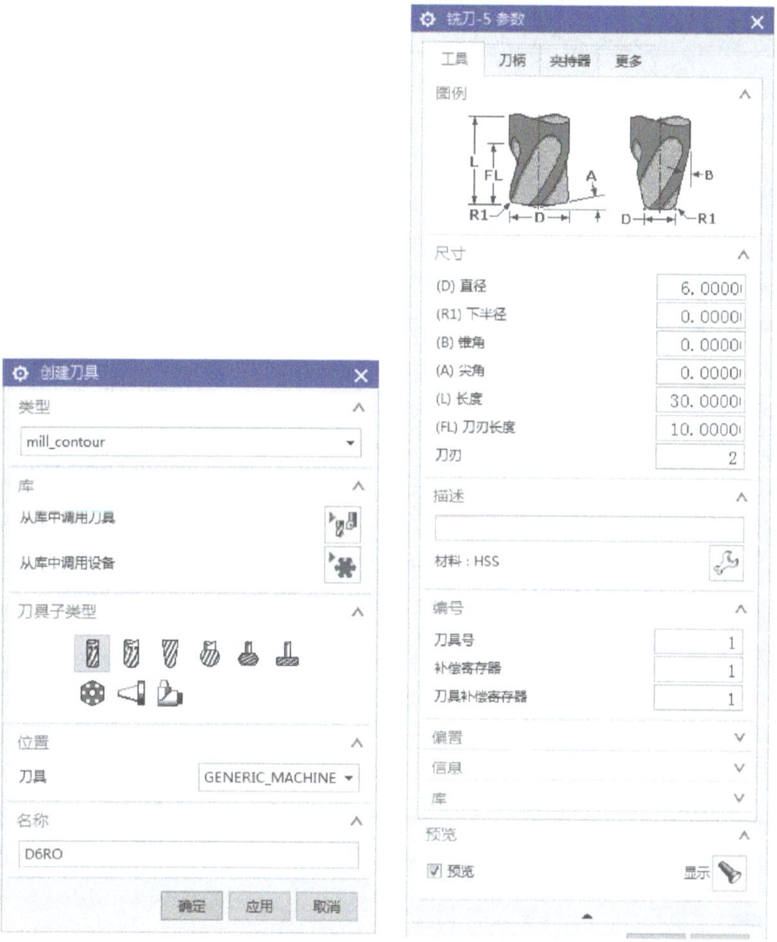

图 4-10　刀具参数

11. 在【创建刀具】对话框，【类型】栏选择【mill_planar】，【刀具子类型】选项中选择【MILL】选项，修改刀具【名称】为【D3R0】，单击【应用】按钮。弹出【铣刀-5 参数】对话框，设置刀具参数，将【直径】设为【3】，其他参数默认，如图 4-11 所示，单击【确定】按钮，返回【创建刀具】对话框。

12. 在【创建刀具】对话框，【类型】栏选择【mill_planar】，【刀具子类型】选项中选择【BALL-MILL】，修改刀具【名称】为【BALL4】，单击【应用】按钮。弹出【铣刀-球头铣】对话框，设置刀具参数，将【直径】设为【4】，如图 4-12 所示。单击【确定】按钮，返回【创建刀具】对话框，再次单击【确定】按钮完成刀具的创建。

13. 在【工序导航器-几何】视图中单击【加工方法】图标，如图 4-13 所示。

14. 在更新后的【工序导航器-加工方法】视图中双击【MILL_SEMI_FINISH】图标，弹出【铣削半精加工】对话框，修改【部件余量】为【0.15】，单击【确定】按钮，完成铣削半精加工参数的设置，如图 4-14 所示。

15. 在【工序导航器】中双击【MILL _FINISH】图标，弹出【铣削精加工】对话框，将【内公差】设为【0.01】，【外公差】设为【0.01】，如图 4-15 所示，单击【确定】按钮，完成铣削精加工参数的设置。

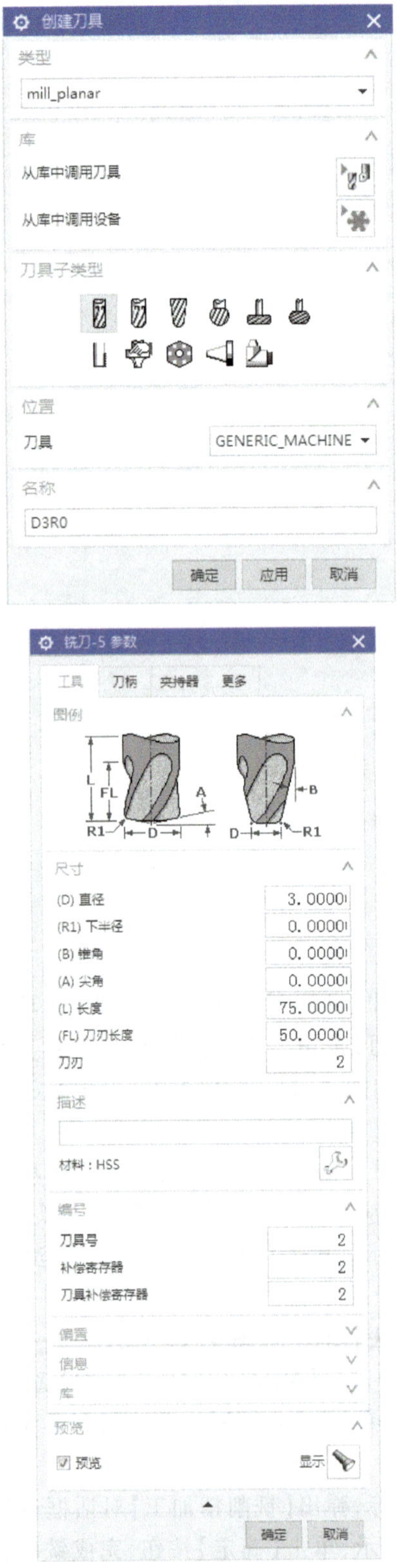

图 4-11　设置刀具参数

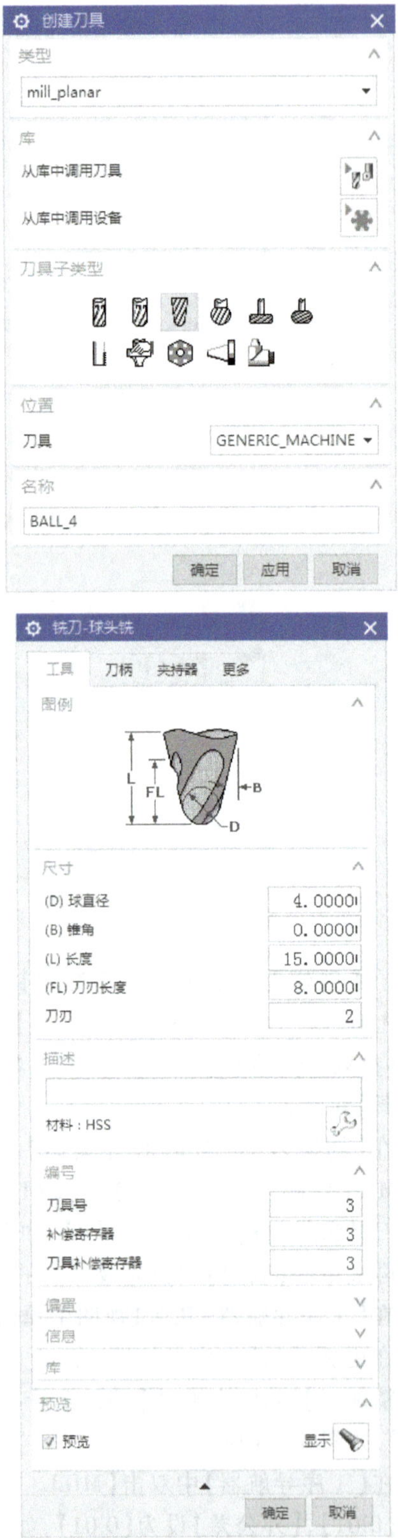

图 4-12　设置刀具参数

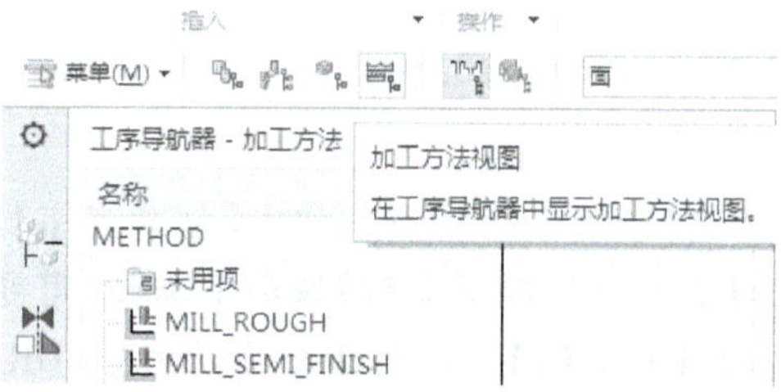

图 4-13　加工方法

图 4-14　铣削半精加工

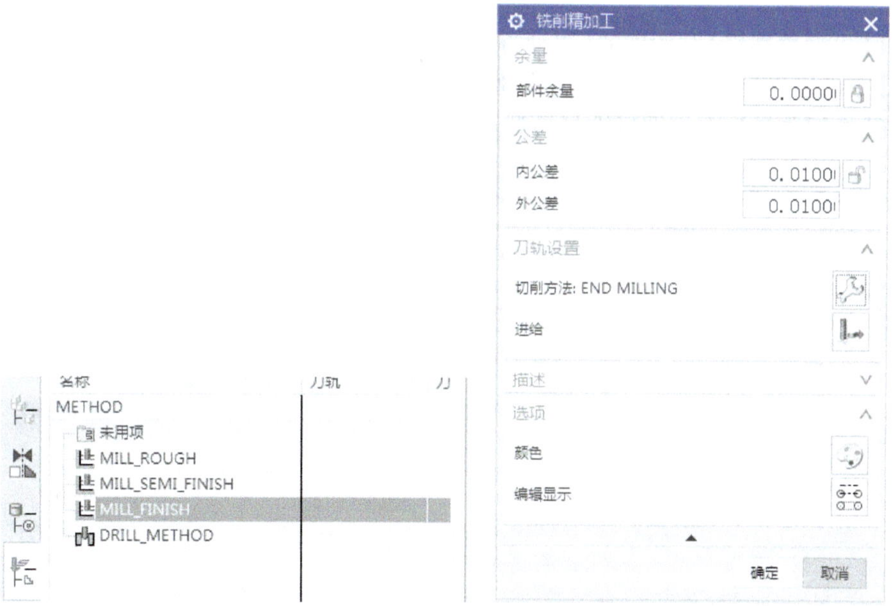

图 4-15　铣削精加工

三、程序编制

（一）零件粗加工

1. 在【插入】工具条中单击【创建工序】图标，弹出【创建工序】对话框，在【类型】下拉列表框中选择【mill_multi-axis】选项，【工序子类型】选项中选择【可变轮廓铣】选项，【刀具】下拉列表框中选择【D6R0】选项，【几何体】下拉列表框中选择【WORKPIECE】选项，【方法】下拉列表框中选择【MILL_SEMI_FINISH】选项，如图 4-16 所示，单击【确定】按钮，弹出【可变轮廓铣】对话框。

图 4-16　创建工序

2. 在【可变轮廓铣】对话框的【驱动方法】栏选择【边界】图标，弹出【边界几何体】对话框，单击【定义边界】图标，在【模式】下拉列表框中选择【曲线/边】，在【曲线规则】下拉列表框中选择【相切曲线】，在绘图区选择星型环边，如图 4-17 所示。

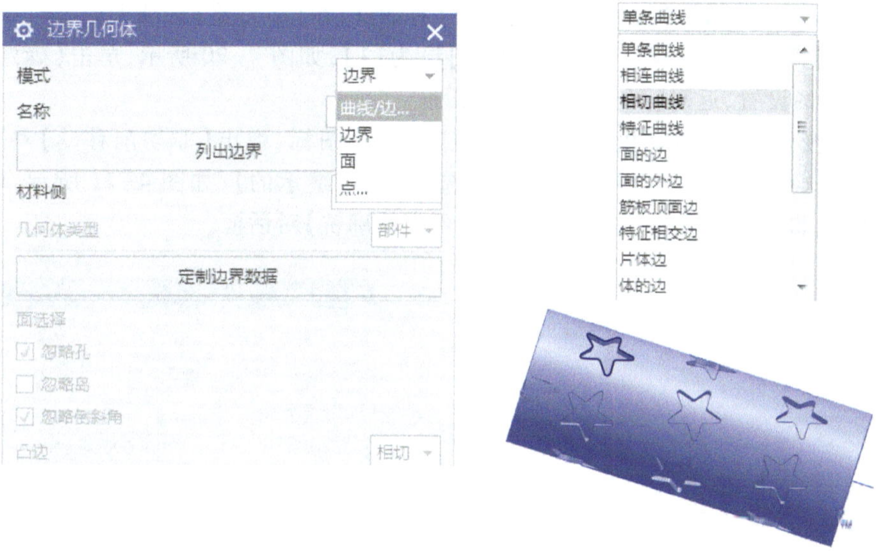

图 4-17　选择【边界】

3. 单击【偏置】按钮，弹出【边界驱动方法】对话框，将【边界偏置】设为【0.5】。在【驱动设置】栏中将【切削模式】改为【跟随周边】，【刀路方向】改为【向外】，如图 4-18 所示，单击【确定】按钮，返回【边界几何体】对话框，再单击【确定】按钮，完成几何体边界的设置，返回【可变轮廓铣】对话框。

4. 在【可变轮廓铣】对话框中将【投影矢量】设为【指定矢量】，在【指定矢量】栏选择【-ZC 轴】，将【刀轴】设为【垂直于部件】，如图 4-19 所示。

图 4-18　边界驱动方法

图 4-19　指定矢量

5. 单击【切削参数】图标，弹出【切削参数】对话框，在【多刀路】选项卡中，将【部件余量偏置】设为【4】，勾选【多重深度切削】，【增量】设为【1】，如图 4-20 所示，单击【确定】按钮，完成切削参数的设置，返回【可变轮廓铣】对话框。

6. 在【可变轮廓铣】对话框中单击【非切削移动】图标，弹出【非切削移动】对话框，在【转移/快速】选项卡中，【安全设置选项】栏选择【使用继承的】，如图 4-21 所示，单击【确定】按钮，完成非切削移动参数的设置，返回【可变轮廓铣】对话框。

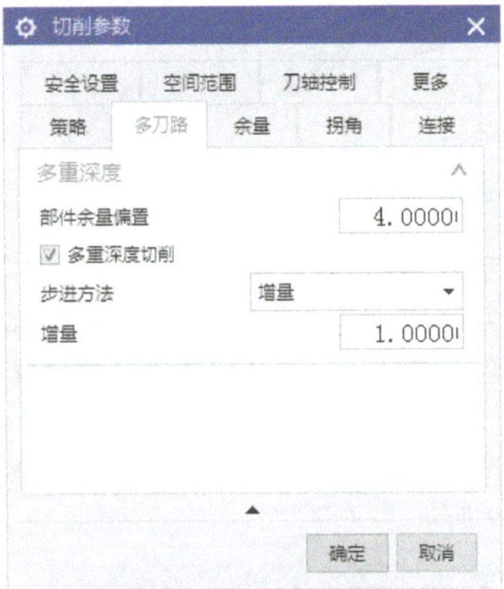

图 4-20　切削参数

图 4-21　非切削移动

7. 在【可变轮廓铣】对话框中单击【进给率和速度】图标，弹出【进给率和速度】对话框将【主轴速度】设为【1800】rpm，【切削】设为【1200】mmpm，单击【确定】按钮，完成进给率和速度的设置，返回【可变轮廓铣】对话框。

8. 在【可变轮廓铣】对话框中单击【生成】图标，生成刀轨，查看生成的刀轨，如图 4-22 所示，单击【确定】按钮，接受生成的刀轨。

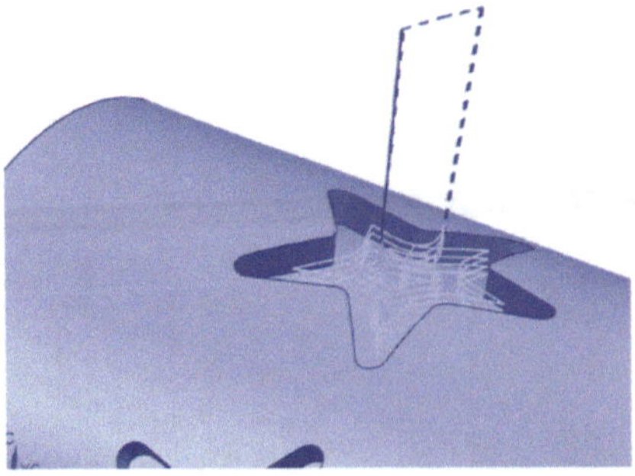

图 4-22　刀轨

(二) 侧面精加工

微课

零件精加工、仿真加工

1. 在【插入】工具条中单击【创建工序】图标，弹出【创建工序】对话框，在【类型】下拉列表框选择【mill_multi-axis】选项，【工序子类型】选项中选择【可变轮廓铣】选项，【刀具】下拉列表框中选择【D3R0】选项，【几何体】下拉列表框中选择【WORKPIECE】选项，【方法】下拉列表框中选择【MILL_FINISH】选项，如图 4-23 所示，单击【确定】按钮，弹出【可变轮廓铣】对话框。

图 4-23　创建工序

2. 在【可变轮廓铣】对话框的【驱动方式】栏选择【曲线/点】图标，弹出【曲线/点驱动方法】对话框，在绘图区选择星型曲线，单击【驱动设置】图标，将其展开，将【左偏置】设为【1.5】，在【切削步长】下拉列表框中选择【公差】选项，值为【0.01】，如图 4-24 所示，单击【确定】按钮，完成驱动方式的设置，返回【可变轮廓铣】对话框。

3. 在【可变轮廓铣】对话框中单击【投影矢量】图标，将【矢量】设为【刀轴】，单击【刀轴】图标，将【轴】设为【垂直于部件】，如图 4-25 所示。

4. 在【刀轨设置】对话框中单击【切削参数】图标，弹出【切削参数】对话框，在【多刀路】选项卡中，将【部件余量偏置】设为【4】，勾选【多重深度切削】，【增量】设为【0.5】，如图 4-26 所示，单击【确定】按钮，完成切削参数的设置，返回【可变轮廓铣】对话框。

5. 在【可变轮廓铣】对话框中单击【非切削移动】图标，弹出【非切削移动】对话框在【转移/快速】选项卡中，【安全设置选项】栏选择【使用继承的】，如图 4-27 所示，单击【确定】按钮，完成非切削移动参数的设置，返回【可变轮廓铣】对话框。

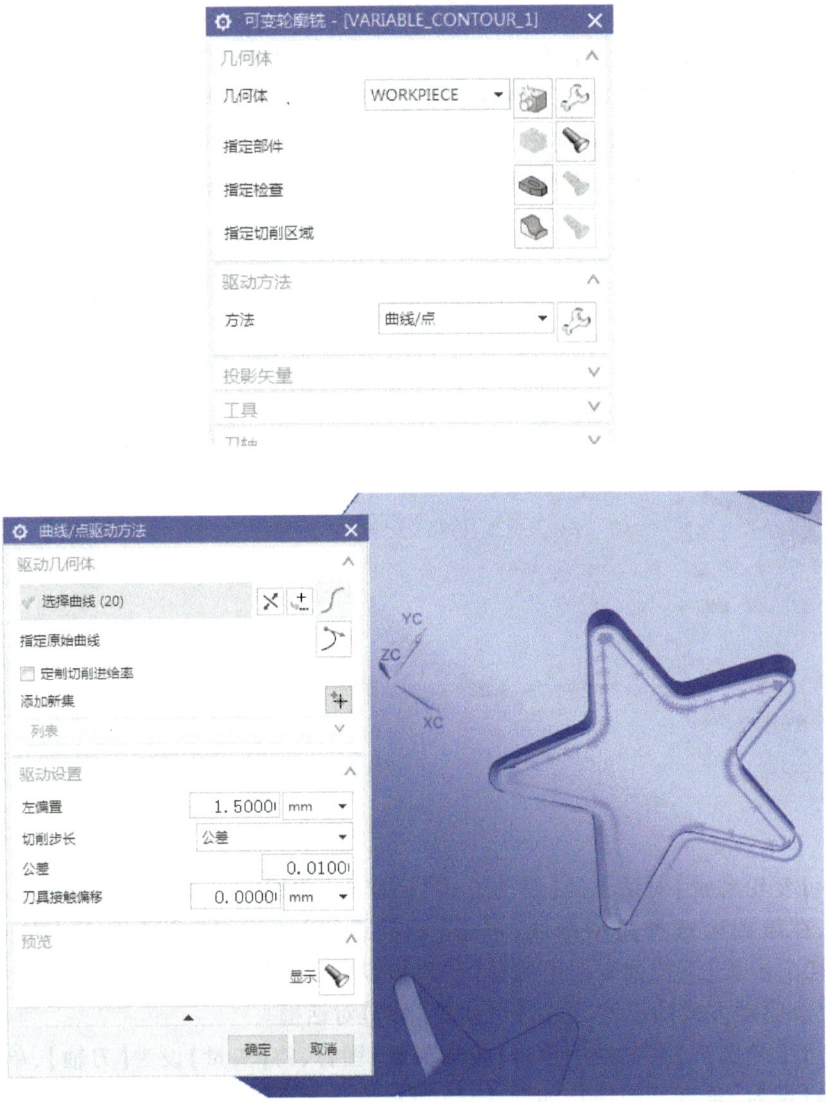

可变轮廓铣 - [VARIABLE_CONTOUR_1]
几何体
几何体
WORKPIECE
指定部件
指定检查
指定切削区域
驱动方法
方法
曲线/点
投影矢量
工具
曲线/点驱动方法
驱动几何体
选择曲线 (20)
指定原始曲线
定制切削进给率
添加新集
列表
驱动设置
左偏置
1.5000
mm
切削步长
公差
公差
0.0100
刀具接触偏移
0.0000
mm
预览
显示
确定
取消
YC
ZC
XC

图 4-24　驱动方式

图 4-25　参数设置

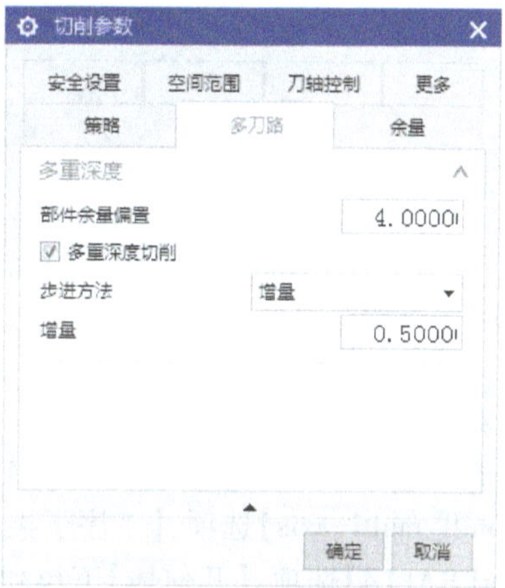

图 4-26　切削参数

图 4-27　非切削移动

6. 在【可变轮廓铣】对话框中单击【进给率和速度】图标，弹出【进给率和速度】对话框将【主轴速度】设为【2600】rpm，【切削】设为【1400】mmpm，单击【确定】按钮，进给率和速度参数的设置，返回【可变轮廓铣】对话框。

7. 在【可变轮廓铣】对话框中单击【生成】图标，生成刀轨查看生成的刀轨，如图 4-28 所示，单击【确定】按钮，接受生成的刀轨。

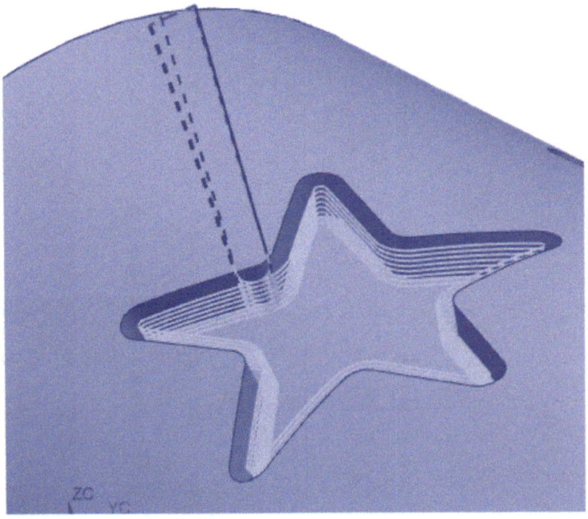

图 4-28　刀具路径

（三）底面精加工

1. 在【插入】工具条中单击【创建工序】图标，弹出【创建工序】对话框，在【类型】下拉列表框中选择【mill_multi-axis】选项，【工序子类型】选项中选择【可变轮廓铣】选项，【刀具】下拉列表框中选择【BALL4】选项，【几何体】下拉列表框中选择【WORKPIECE】选项，【方法】下拉列表框中选择【MILL_FINISH】选项，如图 4-29 所示，单击【确定】按钮，弹出【可变轮廓铣】对话框。

图 4-29　创建工序

2. 在【可变轮廓铣】对话框的【驱动方式】栏选择【边界】方法，弹出【边界几何体】对话框，单击定义【边界】图标，在【模式】栏选择【曲线/边】，在【曲线规则】下拉列表框中选择【相切曲线】，在绘图区选择星型环边，如图 4-30 所示。

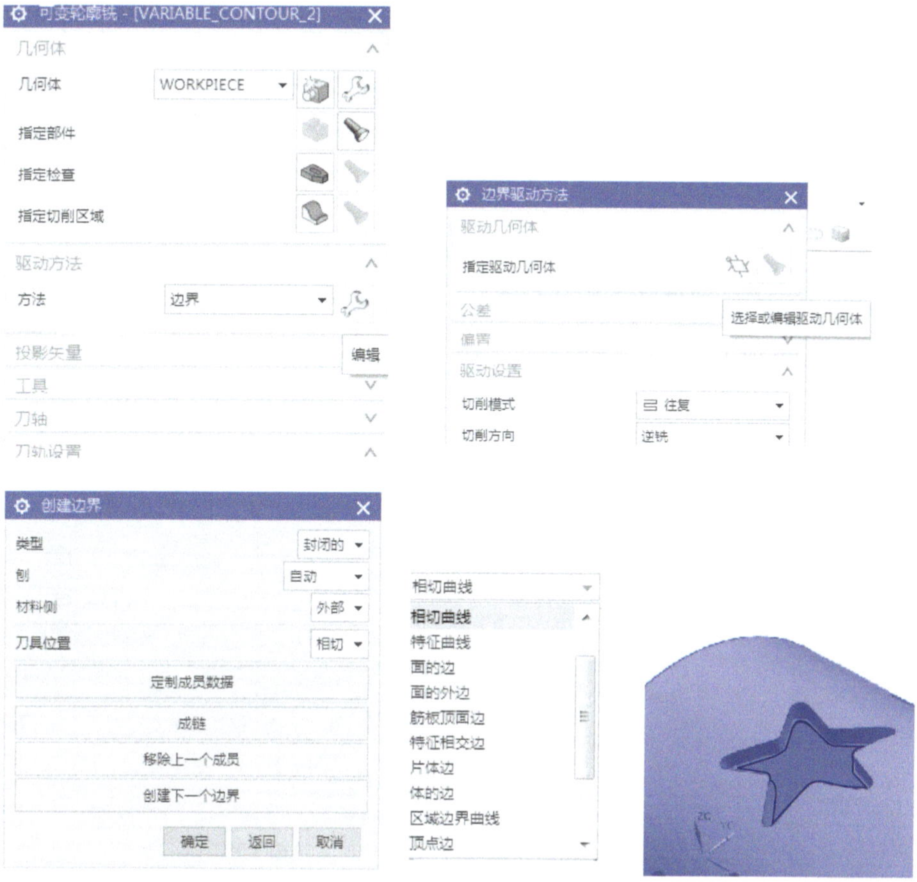

图 4-30　驱动方式

3. 单击【偏置】按钮，弹出【边界驱动方法】对话框，将【边界偏置】设为【0.3】。在【驱动设置】栏中将【切削模式】改为【跟随周边】，【刀路方向】改为【向外】，【步距】改为【残余高度】，设为【0.005】，如图 4-31 所示，单击【确定】按钮，返回【边界几何体】对话框，再单击【确定】按钮，完成几何体边界的设置，返回【可变轮廓铣】对话框。

4. 在【可变轮廓铣】对话框中将【投影矢量】设为【指定矢量】，在【指定矢量】栏选择【-ZC 轴】，将【刀轴】设为【垂直于部件】，如图 4-32 所示。

5. 在【可变轮廓铣】对话框中单击【非切削移动】图标，弹出【非切削移动】对话框，在【转移/快速】选项卡中，【安全设置选项】栏选择【使用继承的】，如图 4-33 所示，单击【确定】按钮，完成【非切削移动】参数的设置，返回【可变轮廓铣】对话框。

图 4-31　参数设置

图 4-32　参数设置

6. 在【可变轮廓铣】对话框中单击【进给率和速度】图标，弹出【进给率和速度】对话框，将【主轴速度】设为【3200】rpm，【切削】设为【1000】mmpm，单击【确定】按钮，完成进给率和速度参数的设置，返回【可变轮廓铣】对话框。

7. 在【可变轮廓铣】对话框中单击【生成】图标，生成刀轨查看生成的刀轨，如图 4-34 所示，单击【确定】按钮，接受生成的刀轨。

图 4-33　非切削移动

图 4-34　刀轨

四、 仿真加工

在【工序导航器】中单击【NC_PROGRAM】父节组，在【操作】工具条中单击【确认刀轨】图标，弹出【刀轨可视化】对话框选择【2D 动态】选项卡，单击【播放】按钮，进行工件的加工仿真，仿真结果如图 4-35 所示。

图 4-35　2D 动态

专家点拨

使用曲线/点驱动方法通过指定点和选择曲线或面边缘定义驱动几何体。指定点后，驱动轨迹创建为指定点之间的线段；指定曲线或边时，沿选定曲线和边生成驱动点。驱动几何体投影到部件几何体上，然后在此生成刀轨。曲线可以是开放的或封闭的、连续的或非连续的以及平面的或非平面的。

当由曲线或边定义驱动几何体时，刀具沿着刀轨按选择的顺序从一条曲线或边运动至下一条。所选的曲线可以是连续的，也可以是非连续的，如图 4-36 所示。

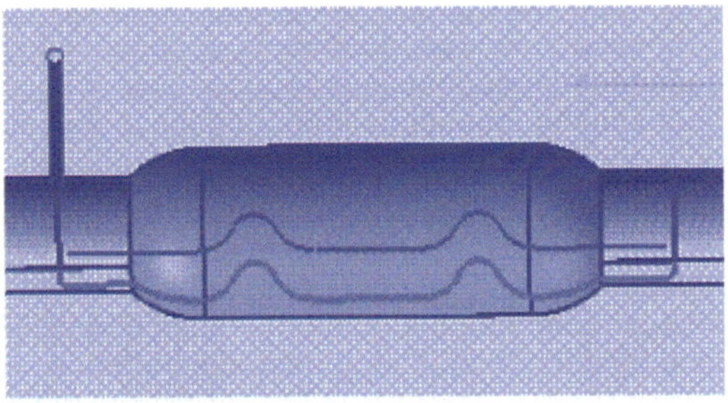

图 4-36　由曲线定义的驱动几何体

对于开放曲线和边，选定的端点决定起点。对于封闭曲线或边，起点和切削方向由选择线段的顺序决定。原点和切削方向由选择顺序决定。可以用指定原点曲线命令修改原点。同时，可以使用负余量值，使该驱动方法允许刀具只在低于选定部件表面切削，从而创建如图 4-37 所示的槽。

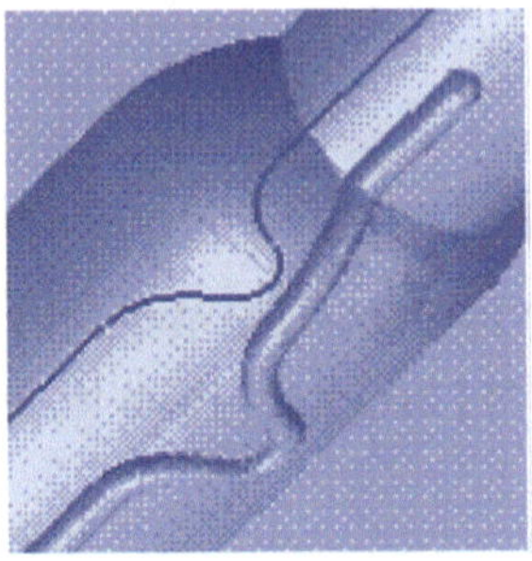

图 4-37　负余量槽

课后训练

根据图 4-38 异形零件的特征，制订合理的工艺路线，设置必要的加工参数，生成刀轨，通过相应的后处理生成数控加工程序，并运用机床加工零件。

图 4-38　异形零件

项目5

凹轮的数控编程与仿真加工

学习目标

能力目标：能运用 NX 软件完成凹轮的编程与仿真加工。

知识目标：掌握四轴加工铣削几何体设置。

掌握刀轴设置方法。

掌握远离直线驱动方法。

掌握四轴加工策略。

掌握四轴驱动方式。

素质目标：激发学生的学习兴趣，培养团队合作和创新精神。

项目导读

凹轮类零件是四轴铣削加工中常见的一类零件，这类零件一般形状比较规则，在圆柱面上有一条螺旋槽或者非规则的槽，采用车削或者三轴铣削都没法完成零件加工，只能采用四轴联动加工。

任务描述

学生以企业制造部门 MC 数控程序员的身份进入 NX CAM 功能模块，根据凹轮零件的特征，制订合理的工艺路线，创建四轴粗加工操作和四轴精加工操作，设置必要的加工参数，生成刀轨，检验刀轨是否正确合理，并对操作过程中存在的问题进行研讨和交流，通过相应的后处理生成数控加工程序，并运用机床加工零件。

工作任务

按照零件加工要求，制订凹轮的加工工艺、编制凹轮加工程序、完成凹轮的仿真加工，后处理得到数控加工程序，完成零件加工。

一、制订加工工艺

1. 凹轮零件分析

凹轮零件形状比较简单，就是圆柱面上的一条螺旋槽，主要加工内容为螺旋槽的侧面、底面、过渡圆角。经过对零件的分析，可知零件上最小的内凹圆弧半径为 2 mm，所以清根加工时刀具半径不能大于 2 mm。

2. 毛坯选用

零件材料为 45 钢圆棒，尺寸为 ϕ180 mm×160 mm。零件长度、直径尺寸已经精加工到位，无须再次加工。

3. 制订加工工序卡

零件选用立式四轴联动机床加工（立式加工中心，带有绕 X 轴旋转的回转台），三爪自定心卡盘夹持，遵循先粗加工后精加工原则，粗精加工均采用四轴联动加工。制订加工工序如表 5-1 所示。

表 5-1　加工工序卡

零件号：			工序名称：		工艺流程卡_工序单
2674568			凹轮铣削加工		
材料:45		页码:1		工序号:01	版本号:0
夹具:三爪自定心卡盘		工位:MC		数控程序号：	
刀具及参数设置					
加工内容	刀具号	刀具规格	主轴转速	进给速度	
型面粗加工	T01	D20R0	S1800	F1200	
型面侧壁精加工	T02	D16R0	S2600	F1400	
					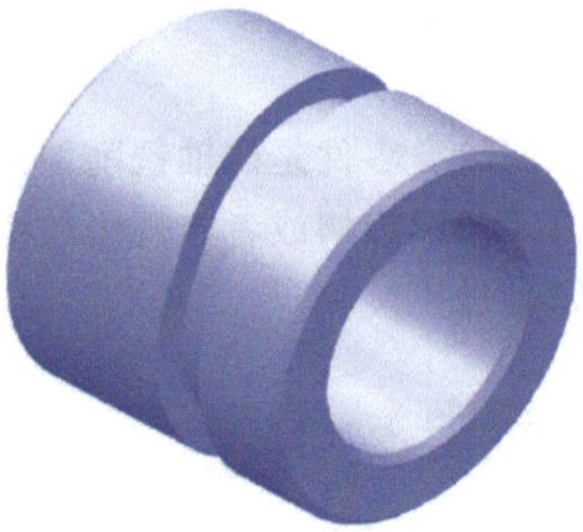
更改号	更改内容	批准	日期		（单位）
拟制：	日期：审核：日期：	批准：	日期：		

二、加工准备

微课

加工准备、零件粗加工

1. 启动 NX 10.0，单击【打开】图标，弹出【打开】对话框，选择凹轮.prt 文件，如图 5-1 所示，单击【OK】按钮，打开零件模型。

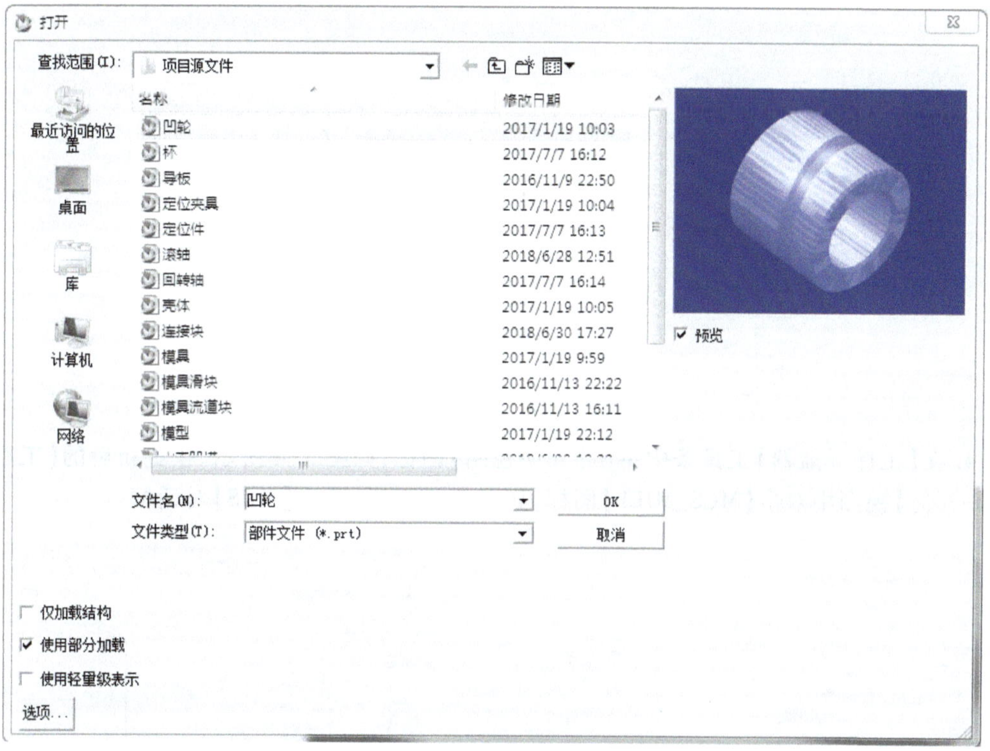

图 5-1　打开零件模型

2. 在菜单栏中选择【应用模块】选项卡，单击【加工】图标，进入【加工】模块，如图 5-2 所示。

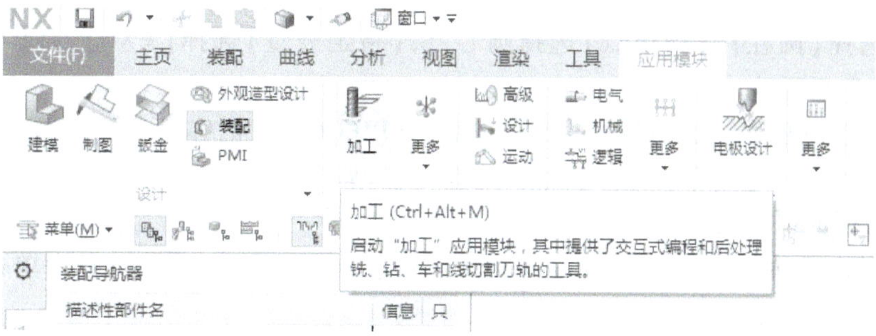

图 5-2　进入加工环境

3. 在弹出的【加工环境】对话框【CAM 会话配置】列表框中选择【cam_general】,【要创建的 CAM 设置】列表框中选择【mill_muliti_axis】,如图 5-3 所示,单击【确定】按钮,完成加工环境的设置。

图 5-3　设置加工环境

4. 在【工序导航器】工具条中单击【几何视图】图标,如图 5-4 所示,在更新后的【工序导航器-几何】视图中双击【MCS_MILL】图标,如图 5-5 所示,弹出【MCS】对话框。

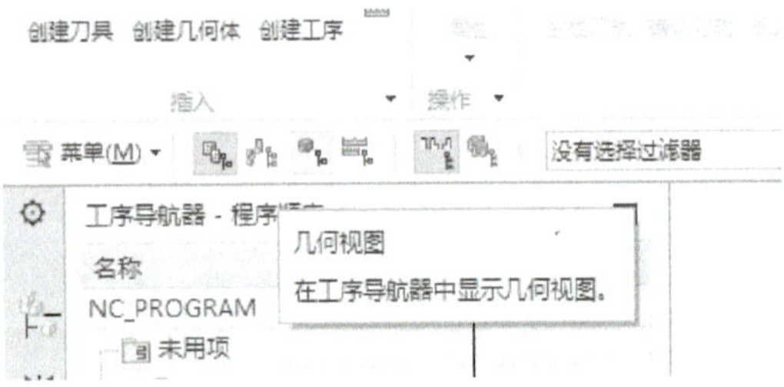

图 5-4　进入几何视图

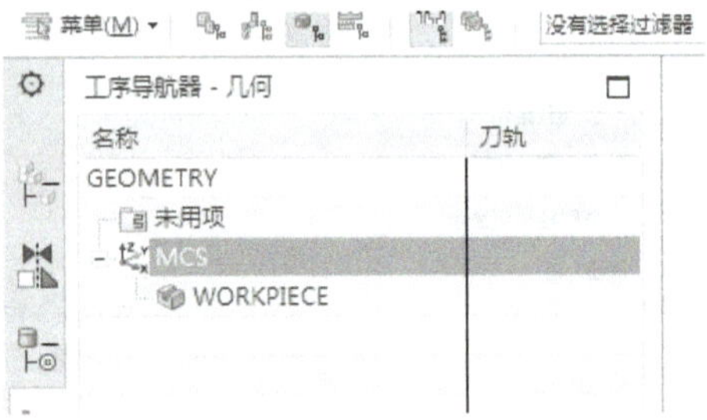

图 5-5　弹出设置坐标系对画框

5. 将加工坐标系移动到【圆柱面】的端部,同时把【旋转轴】设置成 X 方向旋转。【安全设置选项】选择【圆柱】,【指定点】选择圆心点,【指定矢量】选择【+XC】,将【半径】设为【110】,如图 5-6 所示。

6. 在【工序导航器-几何】视图中双击【WORKPIECE】图标,弹出【工件】窗口,单击【指定毛坯】图标,弹出【毛坯几何体】对话框,选择毛坯,如图 5-7 所示,单击【确定】按钮,完成毛坯的指定,返回【工件】对话框。

7. 在【工序导航器】工具条中单击【机床视图】图标,在【插入】工具条中单击【创建刀具】图标,弹出【创建刀具】对话框,如图 5-8 所示。

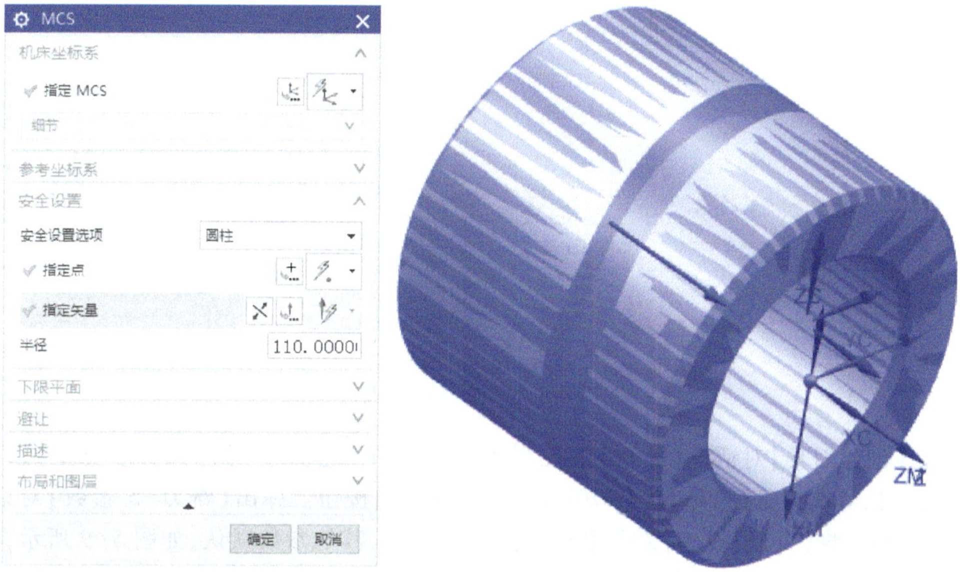

图 5-6　坐标系设定

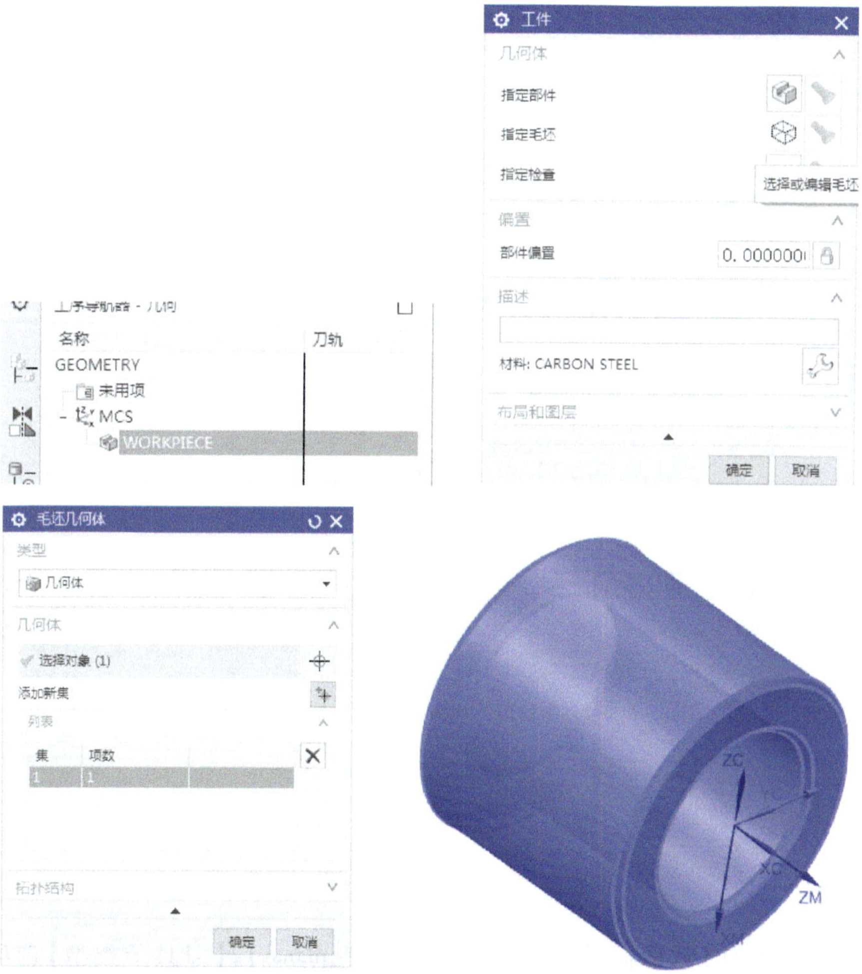

图 5-7　指定毛坯和几何体

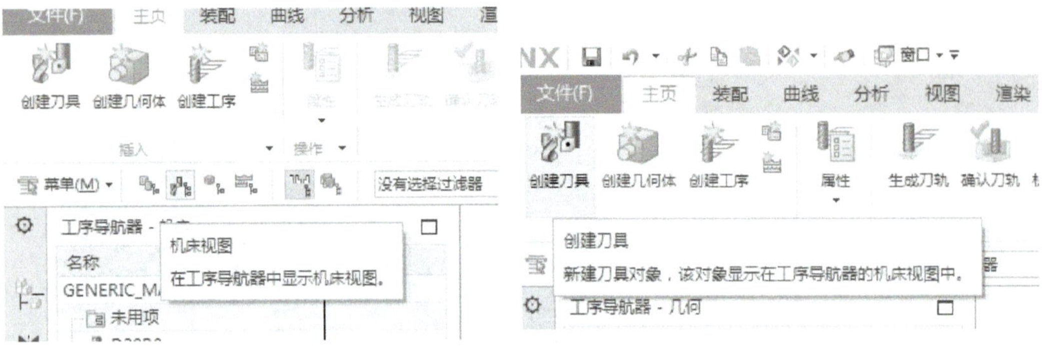

图 5-8　创建刀具窗口

8. 在【创建刀具】对话框【类型】下拉列表框选择【mill_contour】,【刀具子类型】选项中选择【MILL】,修改刀具【名称】为【D20R0】,单击【应用】按钮。弹出【铣刀-5 参数】对话框,设置刀具参数,将【直径】设为【20】,【下半径】设为【0】,其他参数默认,如图 5-9 所示,单击【确定】按钮,返回【创建刀具】对话框。

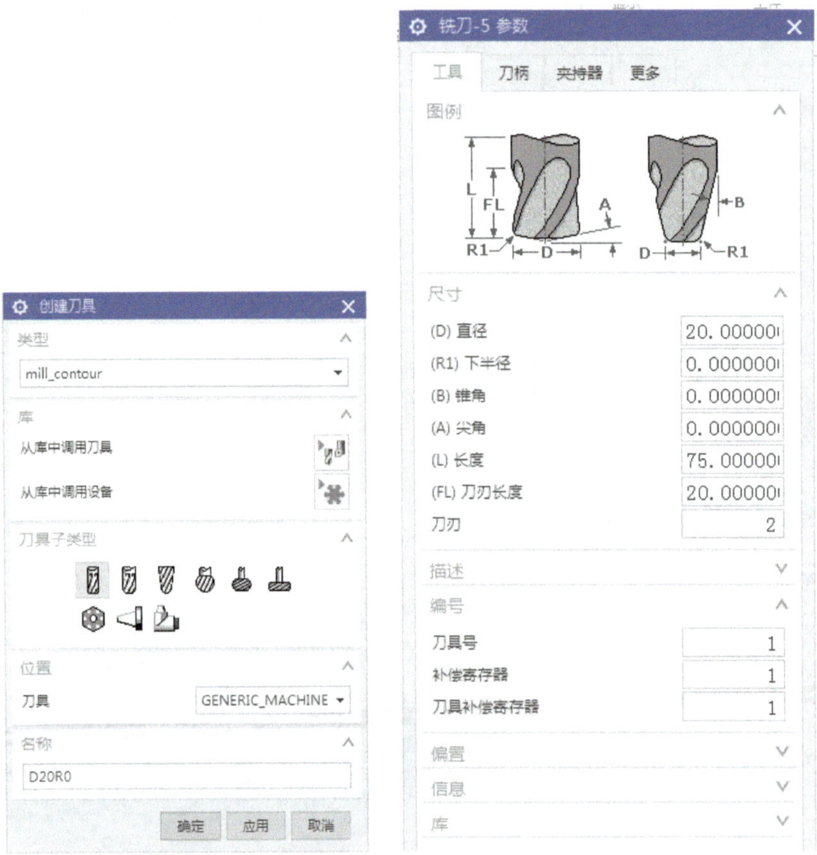

图 5-9　创建刀具

9. 在【创建刀具】对话框,【类型】栏选择【mill_planar】,【刀具子类型】选项中选择

【MILL】选项,修改刀具【名称】为【D16R0】,单击【应用】按钮。弹出【铣刀-5 参数】对话框,设置刀具参数,将【直径】设为【16】,其他参数默认,如图 5-10 所示,单击【确定】按钮,返回【创建刀具】对话框。

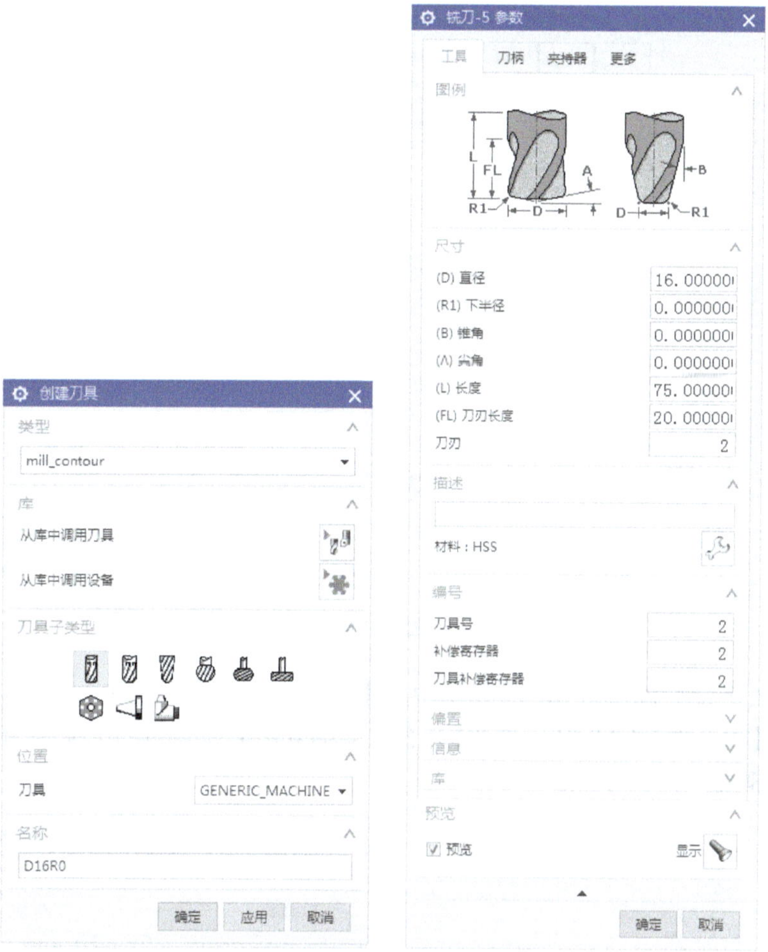

图 5-10　创建刀具

10. 在【工序导航器】工具条中单击【加工方法】图标,如图 5-11 所示。

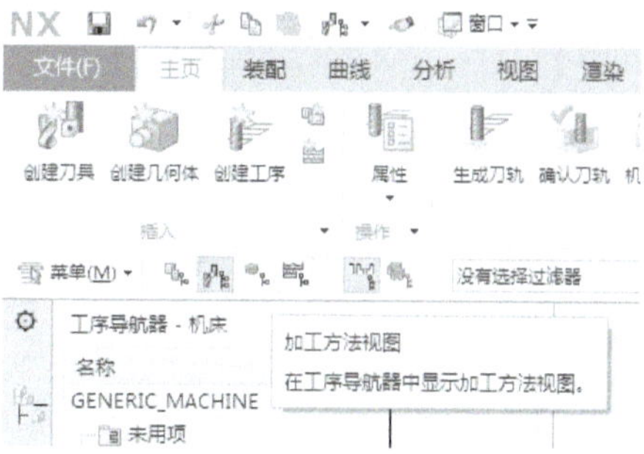

图 5-11　调出加工方法视图

11. 在更新后的【工序导航器-加工方法】视图中双击【MILL_SEMI_FINISH】图标，弹出【铣削半精加工】对话框，修改【部件余量】为【0.15】，如图 5-12 所示，单击【确定】按钮，完成铣削半精加工参数的设置。

图 5-12　设置半精加工参数

12. 在【工序导航器-加工方法】视图中双击【MILL _FINISH】图标，弹出【铣削精加工】对话框，修改【内公差】为【0.01】，修改【外公差】为【0.01】，如图 5-13 所示，单击【确定】按钮，完成铣削精加工参数的设置。

图 5-13　设置精加工参数

三、程序编制

（一）零件粗加工

1. 在【插入】工具条中单击【创建工序】图标，弹出【创建工序】对话框，在【类型】下拉列表框中选择【mill_multi-axis】选项，【工序子类型】选项中选择【可变轮廓铣】选项，【刀具】下拉列表框中选择【D20R0】选项，【几何体】下拉列表框中选择【WORKPIECE】选项，【方法】下拉列表框中选择【MILL_SEMI_FINISH】选项，如图 5-14 所示，单击【确定】按钮，弹出【可变轮廓铣】对话框。

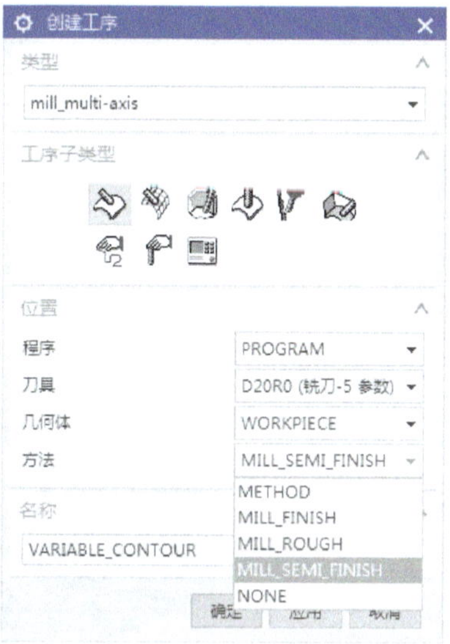

图 5-14　创建工序

2. 在【可变轮廓铣】对话框的【驱动方式】栏选择【边界】图标，弹出【边界几何体】对话框，单击【定义边界】图标，在【模式】选择【曲线/边】，在【曲线规则】下拉列表框中选择【相切曲线】，如图 5-15 所示，单击【确定】按钮。

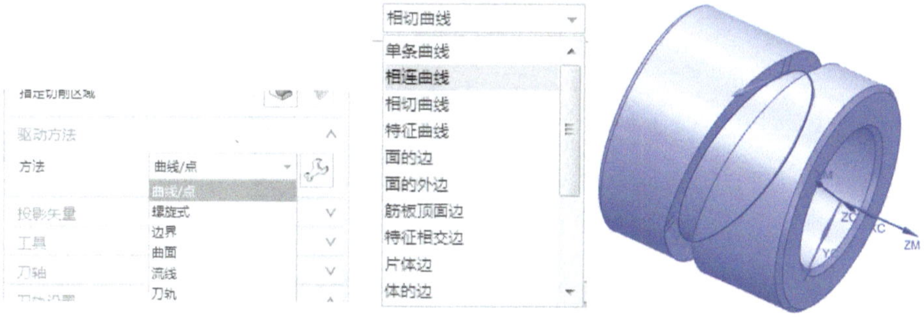

图 5-15　设置驱动方式

3. 驱动设置中偏移螺旋槽宽度的一半，设置为【-12】，如图 5-16 所示。

4. 最后形成如图 5-17 所示的驱动线。

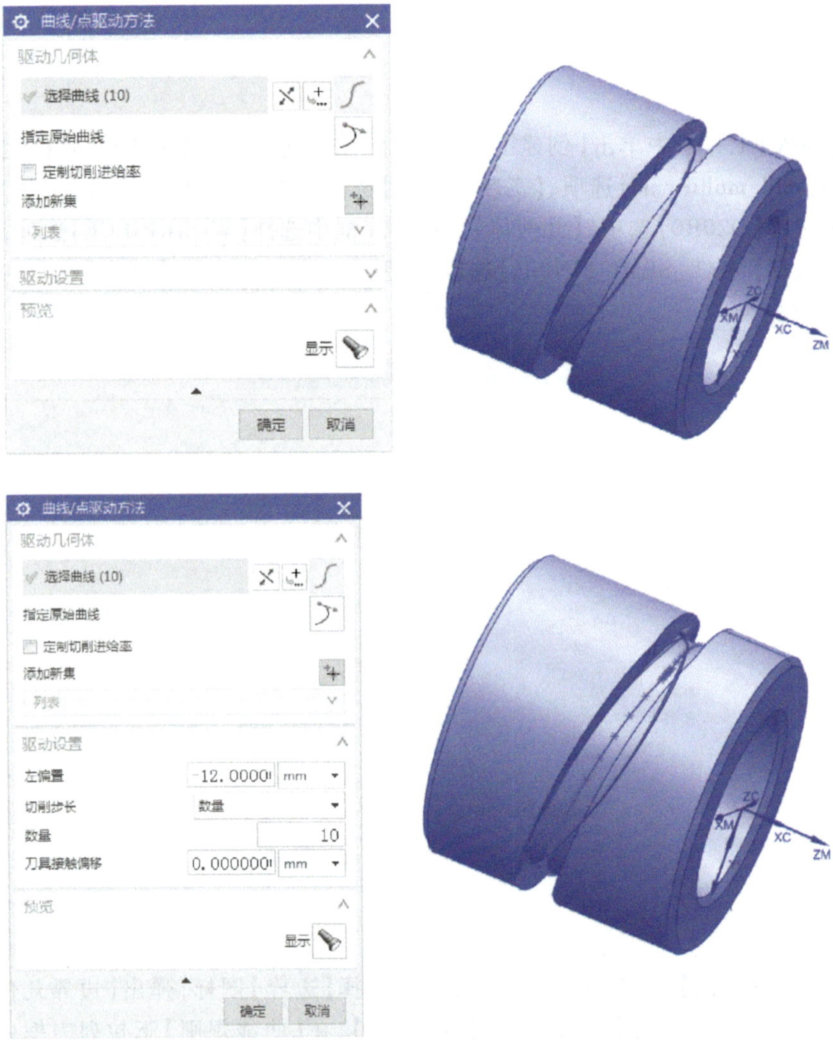

图 5-16　设置驱动曲线

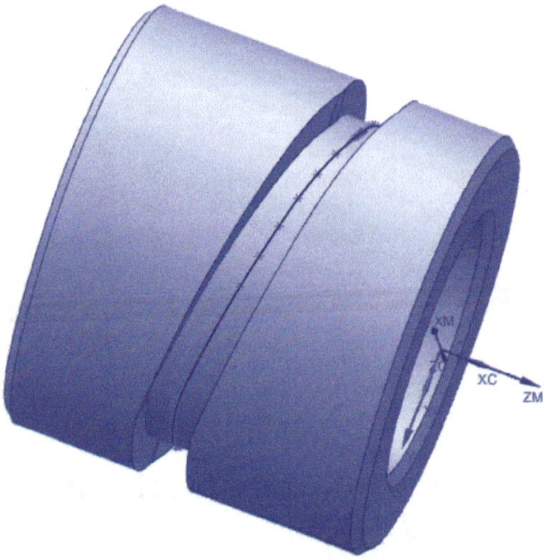

图 5-17　设置驱动线

5. 在【可变轮廓铣】对话框中单击【切削参数】图标，弹出【切削参数】对话框，在【多刀路】选项卡中，将【部件余量偏置】设为【15】，勾选【多重深度切削】，【增量】设为【2】，如图 5-18所示，单击【确定】按钮，完成切削参数的设置，返回【可变轮廓铣】对话框。

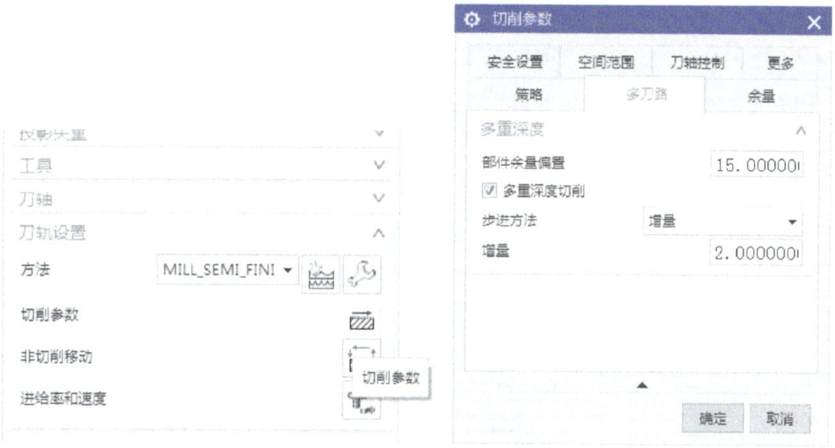

图 5-18 设置切削参数

6. 在【可变轮廓铣】对话框中单击【非切削移动】图标，弹出【非切削移动】对话框，在【转移/快速】选项卡中，【安全设置选项】栏选择【使用继承的】，如图 5-19 所示，单击【确定】按钮，完成非切削移动参数的设置，返回【可变轮廓铣】对话框。

图 5-19 设置非切削移动

7. 在【可变轮廓铣】对话框中单击【进给率和速度】图标，弹出【进给率和速度】对话框将【主轴速度】设为【1800】rpm，【切削】为【1200】mmpm，单击【确定】按钮，完成进给率和速度的设置，返回【可变轮廓铣】对话框。

8. 在【可变轮廓铣】对话框中【操作】区域内单击【生成】图标，生成刀轨查看生成的刀轨，如图 5-20 所示，单击【确定】按钮，接受生成的刀轨。

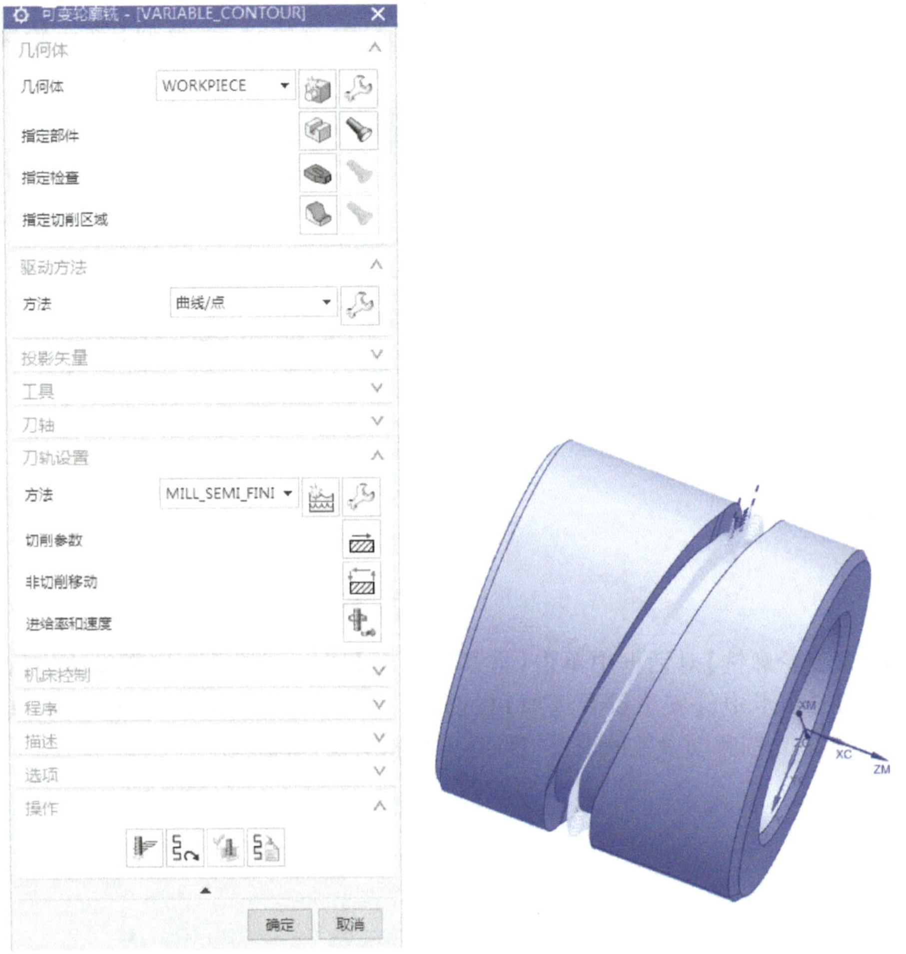

图 5-20　生成刀轨

（二）侧面精加工

微课

零件精加工、仿真加工

1. 在【插入】工具条中单击【创建工序】图标，弹出【创建工序】对话框，在【类型】下拉列表框中选择【mill_multi-axis】选项，【工序子类型】选项中选择【可变轮廓铣】选项，【刀具】下拉列表框中选择【D16R0】选项，【几何体】下拉列表框中选择【WORKPIECE】选项，【方法】下拉列表框中选择【MILL_FINISH】选项，如图 5-21 所示，单击【确定】按钮，弹出【可变轮廓铣】对话框。

图 5-21　创建工序

2. 在【可变轮廓铣】对话框的【驱动方式】栏选择【曲面】图标，弹出【曲面区域驱动方法】对话框，在绘图区选择凹轮的侧壁，如图 5-22 所示。

3. 单击【切削方向】图标，选择如图 5-23 所示的箭头作为切削方向。

4. 在【切削模式】下拉列表框中选择【螺旋】选项，将【步距数】设为【10】，如图 5-24 所示，单击【确定】按钮，完成驱动方法的设置，返回【可变轮廓铣】对话框。

5. 在【可变轮廓铣】对话框刀轴栏【轴】下拉列表中选择【远离直线】选项，选择直线，如图 5-25 所示。

6. 在【可变轮廓铣】对话框中单击【进给率和速度】图标，弹出【进给率和速度】对话框将【主轴速度】设为【2600】rpm，【切削】设为【1400】mmpm，单击【确定】按钮，完成进给率和速度参数的设置，返回【可变轮廓铣】对话框。

7. 在【可变轮廓铣】对话框中单击【生成】图标，生成如图 5-26 所示的刀轨，查看生成的刀具路径，单击【确定】按钮，接受生成的刀轨。

（三）侧面精加工

1. 复制 VARIABLE_CONTOUR_1 程序并粘贴在同一父节点下，并重命名为 VARIABLE_CONTOUR_2。

2. 双击【VARIABLE_CONTOUR_2】程序，弹出【可变轮廓铣】对话框单击【驱动方法】图标，重新选择【面】弹出【曲面区域驱动方法】对话框，选择凹轮的另一边侧壁，如图 5-27 所示。

3. 单击【切削方向】图标，选择如图 5-28 所示的箭头作为切削方向。

4. 【驱动设置】栏采用默认值，如图 5-29 所示。

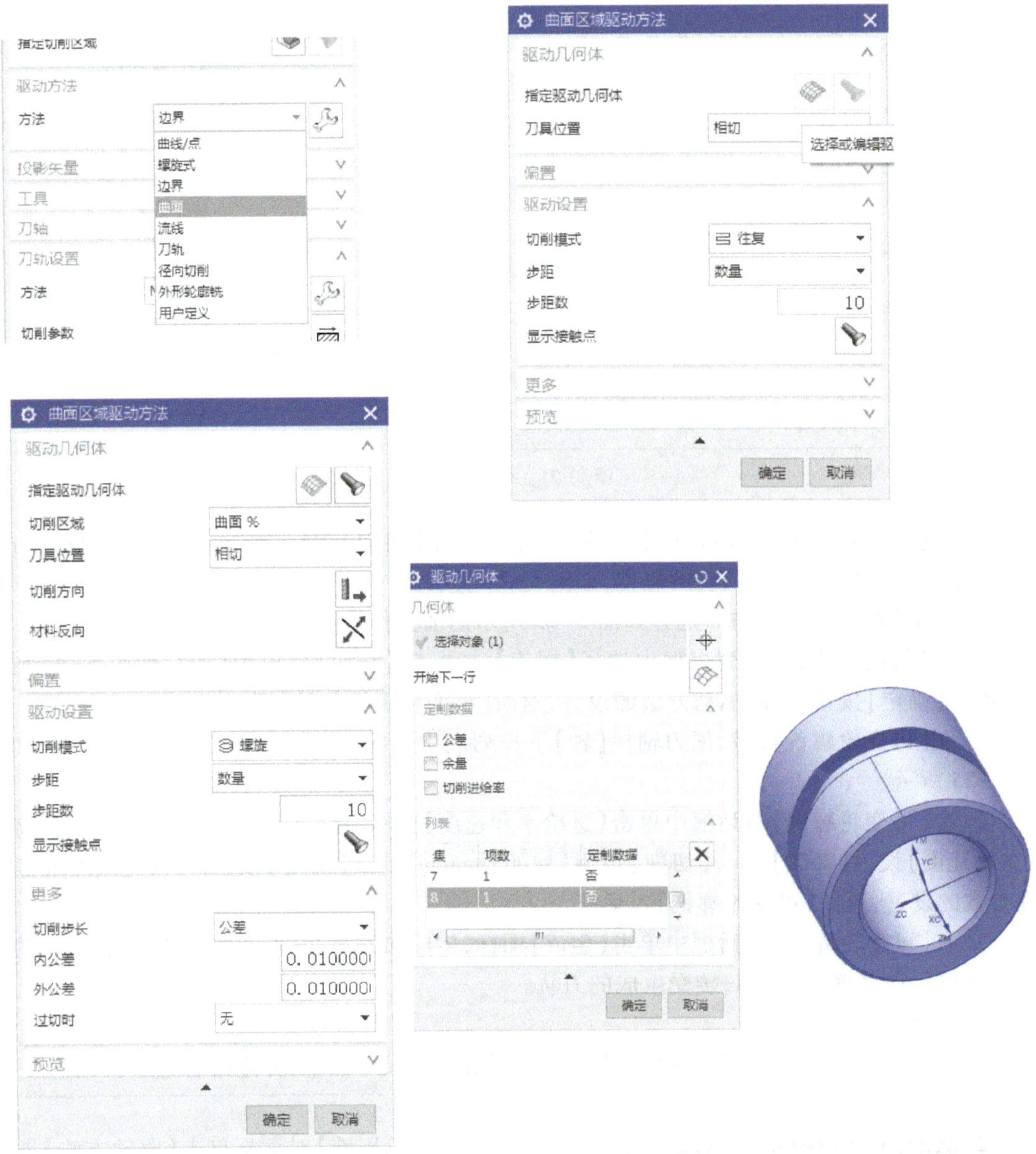
驱动方法
方法
边界
曲线/点
螺旋式
边界
曲面
流线
刀轨
径向切削
外形轮廓铣
用户定义
投影矢量
工具
刀轴
刀轨设置
方法
切削参数
曲面区域驱动方法
驱动几何体
指定驱动几何体
刀具位置
相切
选择或编辑驱
偏置
驱动设置
切削模式
往复
步距
数量
步距数
10
显示接触点
更多
预览
确定
取消
曲面区域驱动方法
驱动几何体
指定驱动几何体
切削区域
曲面 %
刀具位置
相切
切削方向
材料反向
偏置
驱动设置
切削模式
螺旋
步距
数量
步距数
10
显示接触点
更多
切削步长
公差
内公差
0. 010000
外公差
0. 010000
过切时
无
预览
确定
取消
驱动几何体
几何体
选择对象 (1)
开始下一行
定制数据
公差
余量
切削进给率
列表
集
项数
定制数据
7
1
否
8
1
否
确定
取消

图 5-22　设置驱动方式

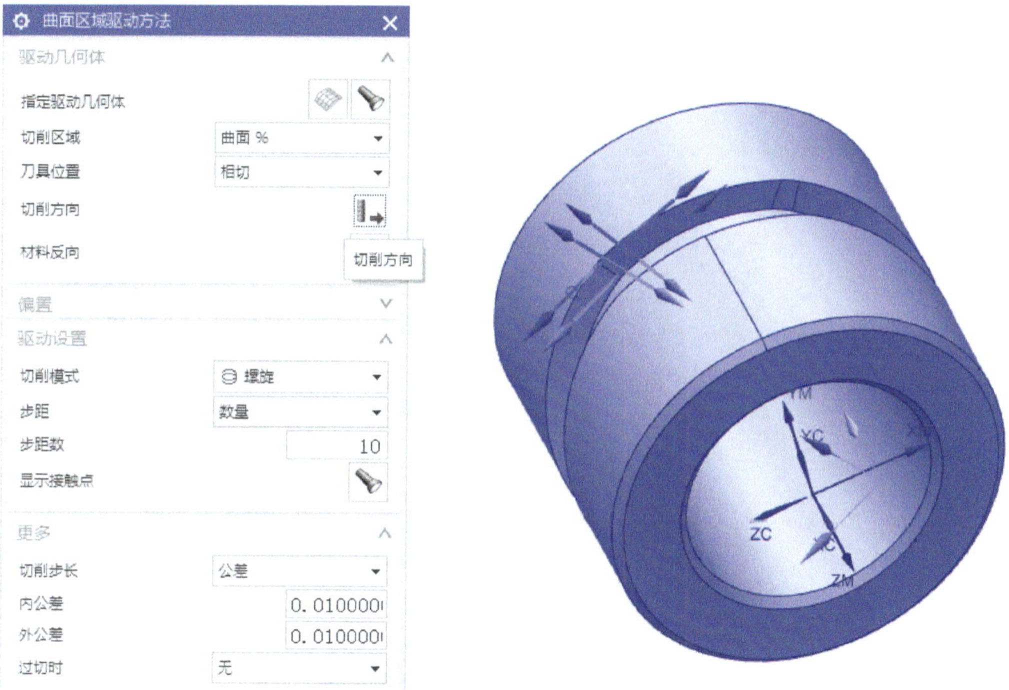

图 5-23　设置切削方向

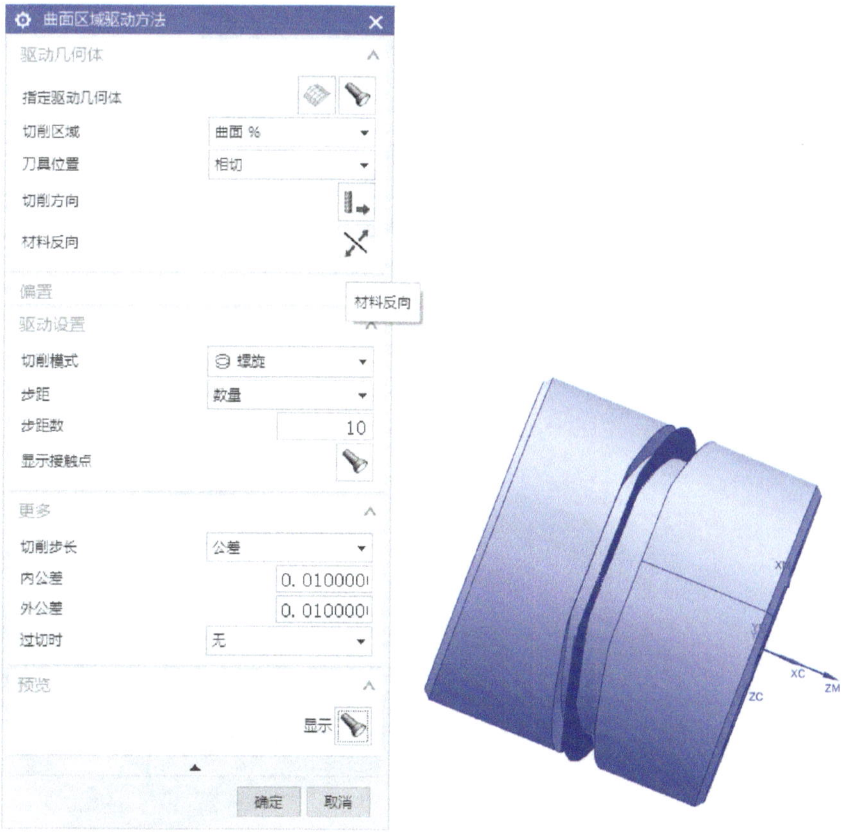

图 5-24　设置驱动参数

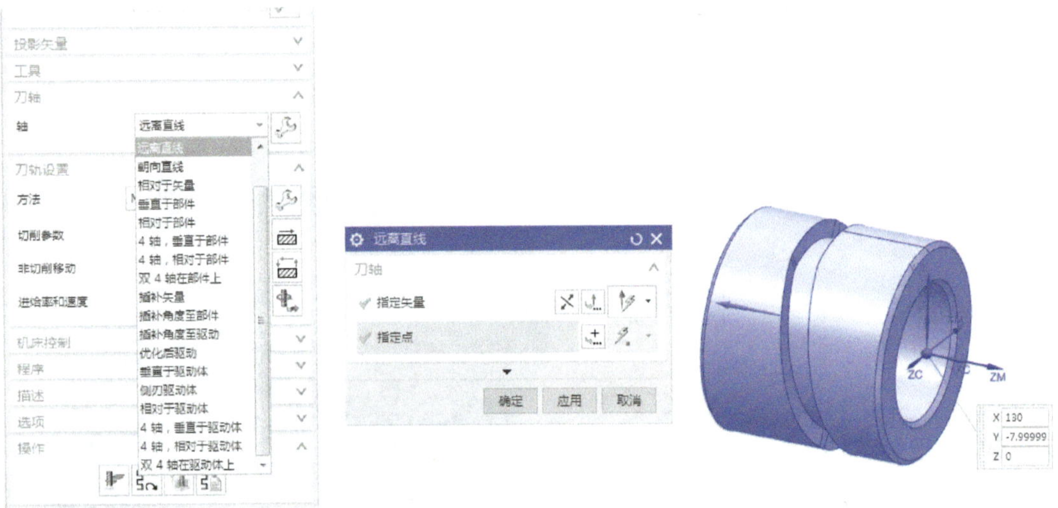

图 5-25　设置刀轴

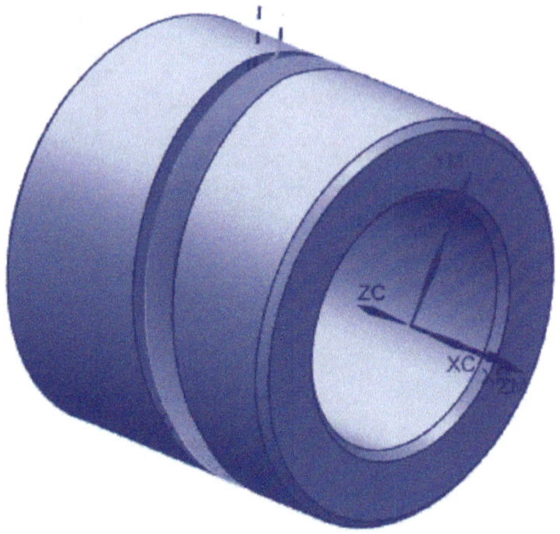

图 5-26　生成刀轨

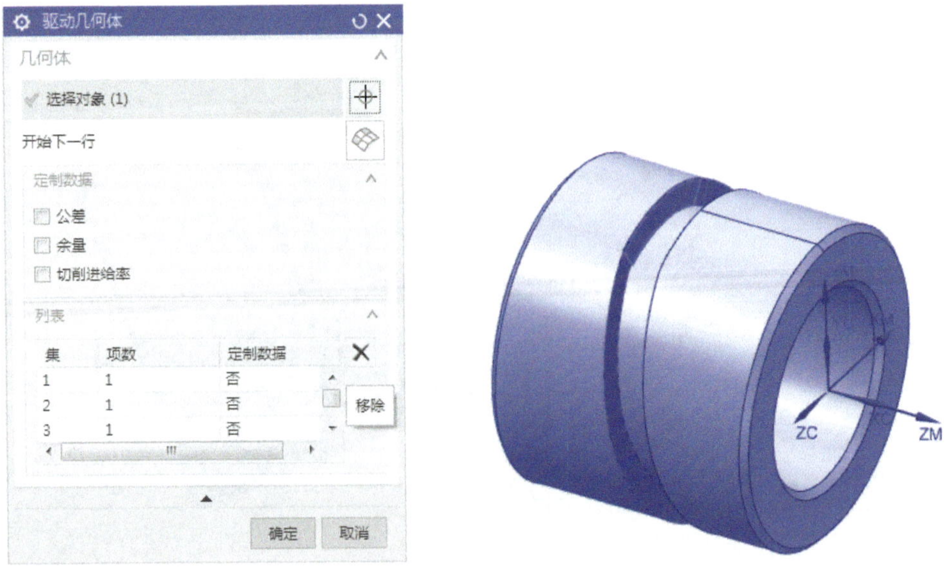

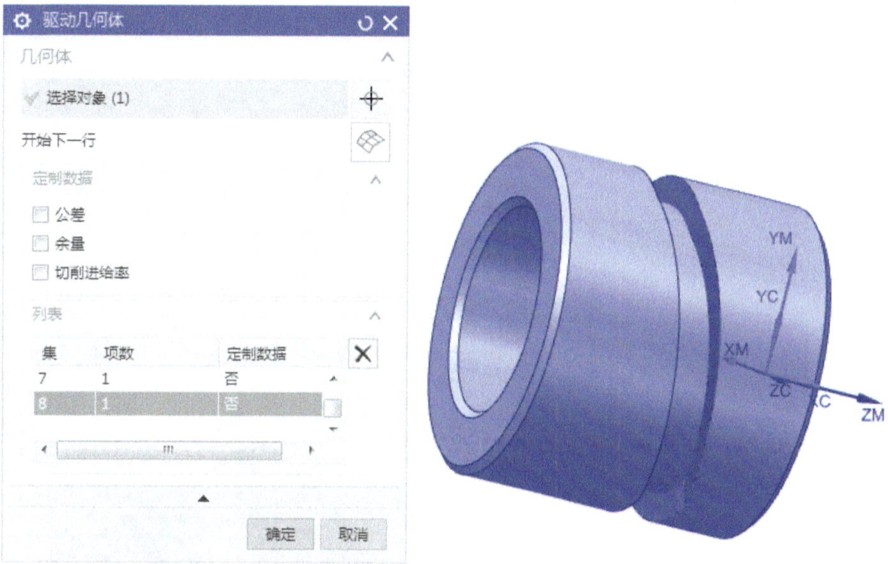

图 5-27　设置驱动方式

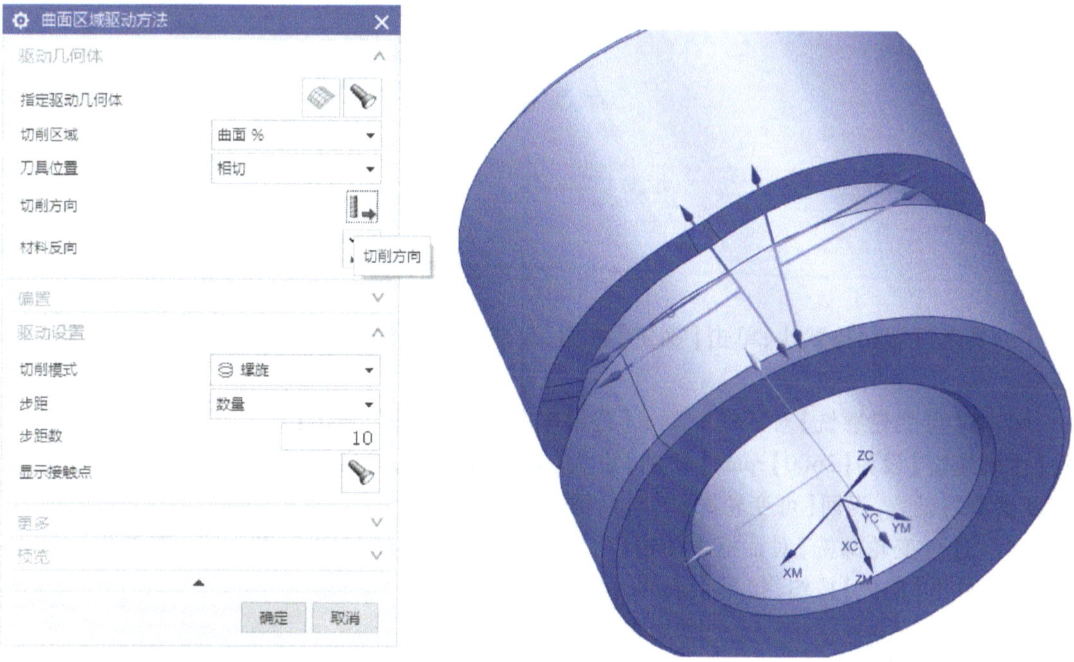

图 5-28　设置切削方向

图 5-29　设置驱动参数

5. 其余设置保持默认，单击【确定】按钮，完成驱动方法的设置，返回【可变轮廓铣】对话框。

6. 在【可变轮廓铣】对话框中单击【进给率和速度】图标，弹出【进给率和速度】对话框，将【主轴速度】设为【2600】rpm，【切削】设为【1400】mmpm，单击【确定】按钮，完成进给率和速度参数的设置，返回【可变轮廓铣】对话框。

7. 在【可变轮廓铣】对话框中单击【生成】图标，生成刀轨如图 5-30 所示，查看生成的刀具路径，单击【确定】按钮，接受生成的刀轨。

四、仿真加工

在【工序导航器】中单击【NC_PROGRAM】父节组，在【操作】工具条中单击【确认刀轨】图标，弹出【刀轨可视化】对话框选择【2D 动态】选项卡，单击【播放】按钮，进行工件的加工仿真，仿真结果如图 5-31 所示。

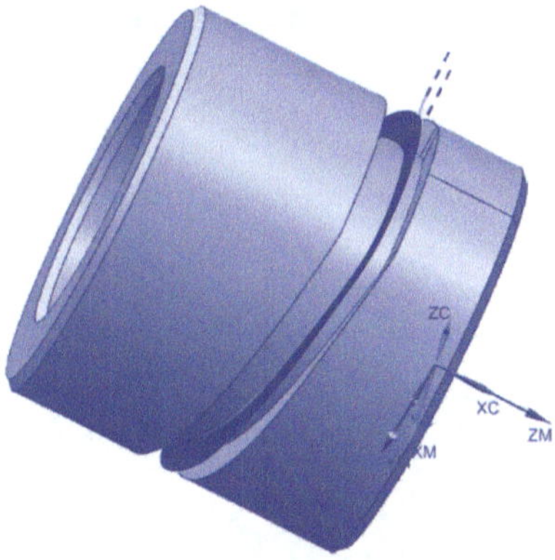

图 5-30　生成刀轨

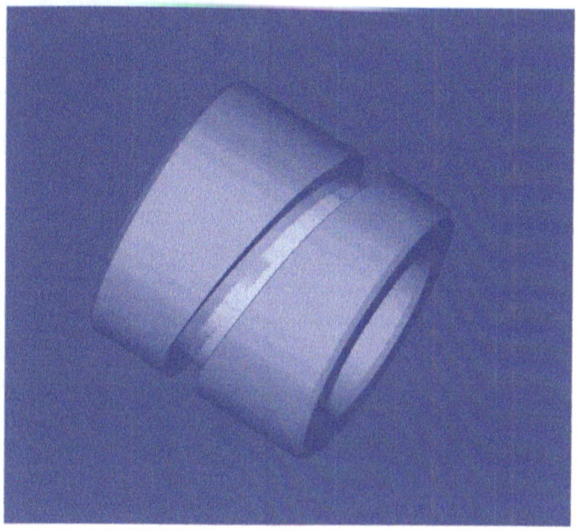

图 5-31　仿真结果

专家点拨

1. 辅助曲线和辅助曲面在可变轴轮廓铣中是相当重要的，例如，辅助曲面可作为驱动面或者加工曲面。

2. 刀轨的优化是通过重新计算进给率和主轴转速而生成一个优化的刀轨文件。优化过程中并不改变原有的快速运动和刀轨路线，但是，优化能够保证刀轨具有最佳的进给率或主轴转速，并在最短的时间内生产出高质量的零件。

课后训练

根据图 5-32 所示槽类零件的特征，制定合理的工艺路线，设置必要的加工参数、生成刀轨、通过相应的后处理生成数控加工程序，并运用机床加工零件。

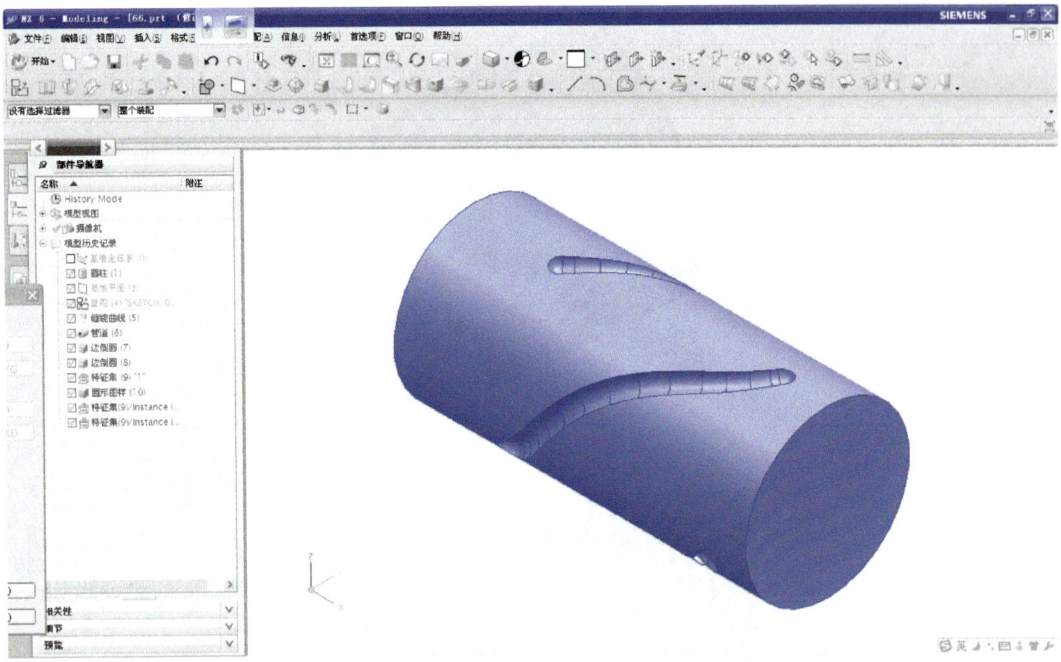

图 5-32　槽类零件

项 目 6

定位夹具的数控编程与仿真加工

学习目标

能力目标：能运用 NX 软件完成定位夹具的编程与仿真加工。

知识目标：掌握可变轴铣削几何体设置。

掌握旋转底面精加工设置方法。

掌握刀具轴设置方法。

素质目标：激发学生的学习兴趣，培养团队合作和创新精神。

项目导读

定位夹具是机械结构中常见的一类零件，这类零件的特点是结构比较简单，零件整体外形成块状，零件上一般会有台阶、圆弧角、配合孔等特征。在编程与加工过程中要特别注意台阶面的精度和配合孔的精度。

任务描述

学生以企业制造部门 MC 数控程序员的身份进入 NX CAM 功能模块，根据定位夹具零件的特征，制定合理的工艺路线，创建型腔铣、可变轴轮廓铣等加工操作、设置必要的加工参数、生成刀具路径、检验刀轨是否正确合理，并对操作过程中存在的问题进行研讨和交流，通过相应的后处理生成数控加工程序，并运用机床加工零件。

工作任务

按照零件加工要求，制定定位夹具加工工艺；编制定位夹具加工程序；完成定位夹具的仿真加工，后处理得到数控加工程序，完成零件加工。

一、制订加工工艺

1. 定位夹具件结构分析

该定位夹具结构比较简单，主要由台阶、圆弧过渡面、孔等特征组成，主要加工内容为外形、台阶、孔。

2. 毛坯选用

零件材料是厚度为 90 mm 的 45 钢板切割而成，尺寸为 255 mm×228 mm×90 mm。零件四周单边最小余量为 3 mm，零件厚度方向为了保证零件的装夹，加工余量为 7 mm。

3. 制订加工工序卡

该工件选用立式四轴联动机床加工，平口钳夹持，遵循先粗后精、先面后孔的加工原则。制订加工工序如表 6-1 所示。

表 6-1　加工工序卡

<table>
<tr><td colspan="3">零件号：</td><td colspan="3">工序名称：</td><td rowspan="2" colspan="2">工艺流程卡_工序单</td></tr>
<tr><td colspan="3">357902-1</td><td colspan="3">定位夹具铣削加工</td></tr>
<tr><td colspan="2">材料：45</td><td colspan="3">页码：1</td><td colspan="2">工序号：01</td><td>版本号：0</td></tr>
<tr><td colspan="2">夹具：平口钳</td><td colspan="3">工位：MC</td><td colspan="3">数控程序号：</td></tr>
<tr><td colspan="5">刀具及参数设置</td><td colspan="3" rowspan="15">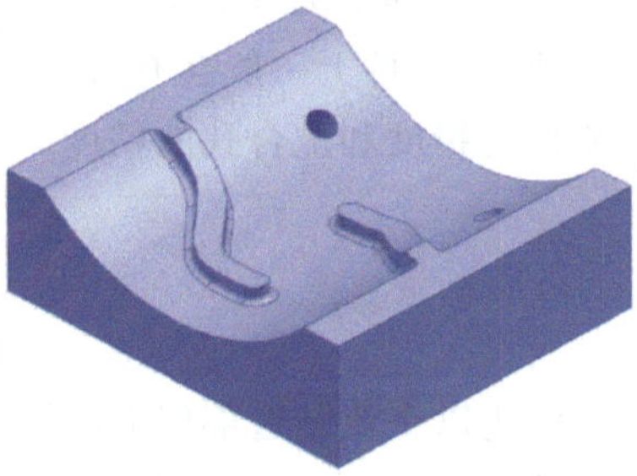</td></tr>
<tr><td>加工内容</td><td>刀具号</td><td>刀具规格</td><td>主轴转速</td><td>进给速度</td></tr>
<tr><td>型面粗加工</td><td>T01</td><td>D20R0.4</td><td>S1800</td><td>F1200</td></tr>
<tr><td>型面精加工-1</td><td>T02</td><td>B16</td><td>S2600</td><td>F1400</td></tr>
<tr><td>型面精加工-2</td><td>T03</td><td>B8</td><td>S2600</td><td>F1400</td></tr>
<tr><td>型面精加工-3</td><td>T03</td><td>B8</td><td>S2600</td><td>F1400</td></tr>
<tr><td>清根</td><td>T03</td><td>B8</td><td>S2600</td><td>F1400</td></tr>
<tr><td>中心钻</td><td>T04</td><td>D12</td><td>S800</td><td>F100</td></tr>
<tr><td>钻孔</td><td>T05</td><td>D17.8</td><td>S800</td><td>F100</td></tr>
<tr><td>铰孔</td><td>T06</td><td>D18</td><td>S800</td><td>F100</td></tr>
<tr><td></td><td></td><td></td><td></td><td></td></tr>
<tr><td></td><td></td><td></td><td></td><td></td></tr>
<tr><td></td><td></td><td></td><td></td><td></td></tr>
<tr><td></td><td></td><td></td><td></td><td></td></tr>
<tr><td>02</td><td colspan="2"></td><td></td><td></td></tr>
<tr><td>01</td><td colspan="2"></td><td></td><td></td><td rowspan="4" colspan="3">（单位）</td></tr>
<tr><td>更改号</td><td colspan="2">更改内容</td><td>批准</td><td>日期</td></tr>
<tr><td>拟制：</td><td>日期：审核：日期：</td><td>批准：</td><td>日期：</td><td></td></tr>
<tr><td></td><td></td><td></td><td></td><td></td></tr>
</table>

二、加工准备

微课

加工准备、零件粗加工

1. 启动 NX 10.0，单击【打开】，选择定位夹具.prt 文件，如图 6-1 所示，单击【OK】按钮，打开零件模型。

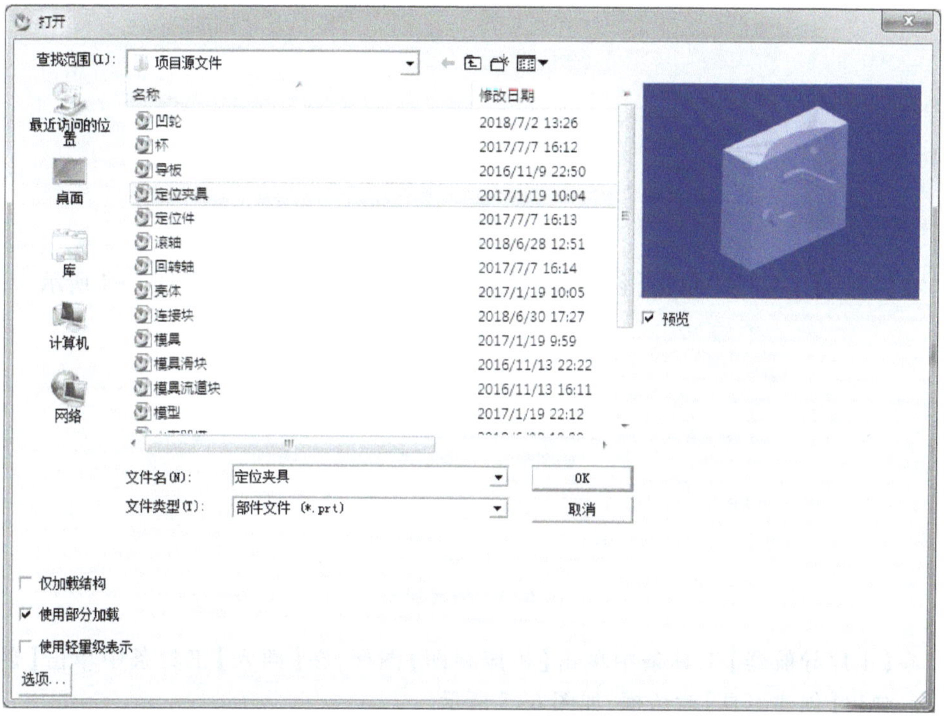

图 6-1　打开文件

2. 在菜单栏中选择【应用模块】选项卡，单击【加工】图标，进入加工模块，如图 6-2 所示。

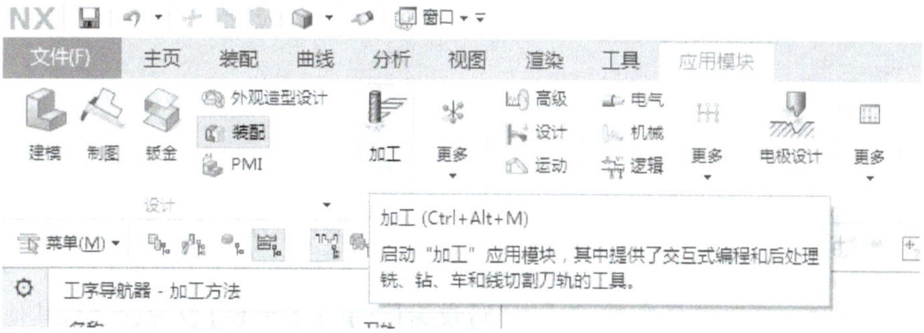

图 6-2　进入加工环境

3. 在弹出的【加工环境】对话框【CAM 会话配置】栏中选择【cam_general】,【要创建的 CAM 设置】栏中选择【mill_contour】,如图 6-3 所示,单击【确定】按钮,完成加工环境的设置。

图 6-3　加工环境配置

4. 在【插入】工具条中单击【创建程序】图标,创建所需要的程序,如图 6-4 所示。

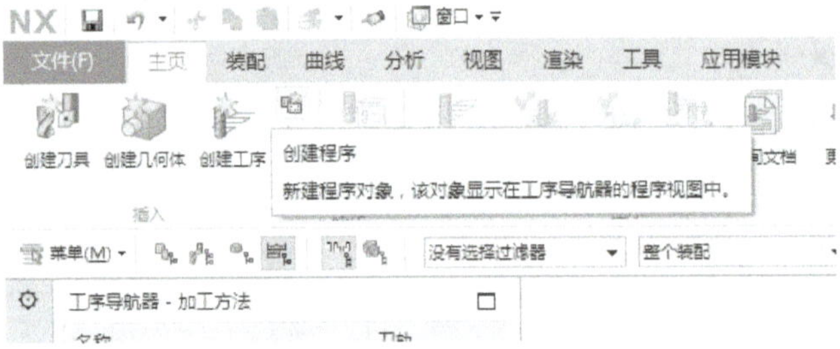

图 6-4　创建程序

5. 在【工序导航器】工具条中单击【机床视图】图标,在【插入】工具条中单击【创建刀具】图标,弹出【创建刀具】对话框,如图 6-5 所示。

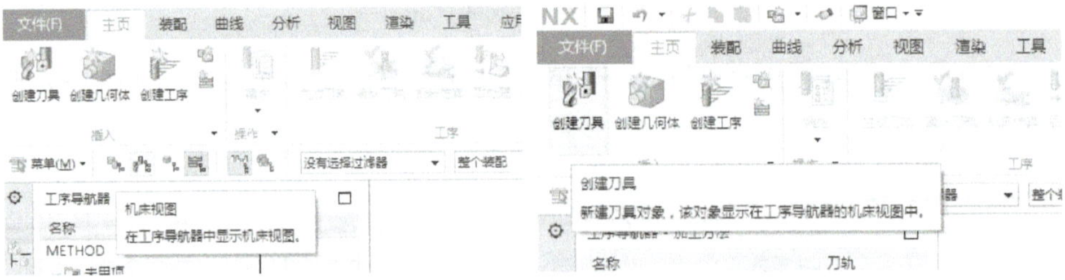

图 6-5　创建刀具

6. 在【创建刀具】对话框【类型】栏选择【mill_multiaxis】,【刀具子类型】下拉列表框中选择【MILL】选项,修改刀具【名称】为【d20r0.4】,如图 6-6 所示,单击【应用】按钮。弹出【铣刀-5 参数】对话框,设置刀具参数,将【直径】设为【20】,【下半径】设为【0.4】,其他参数默认,如图 6-7 所示,单击【确定】按钮,返回【创建刀具】对话框。

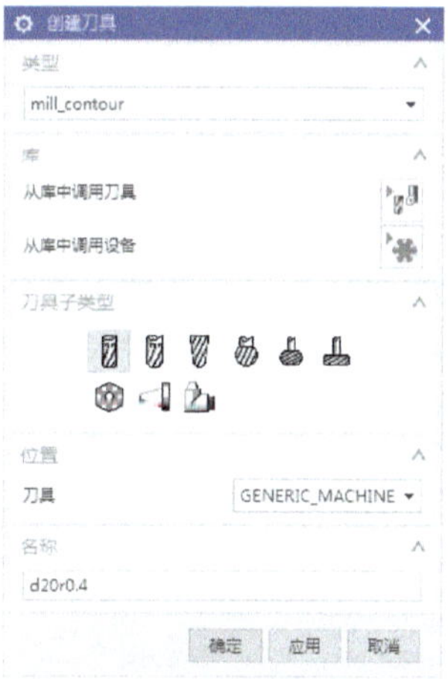

图 6-6　创建刀具

图 6-7　刀具参数

7. 在【创建刀具】对话框的【类型】栏选择【mill_contour】,【刀具子类型】下拉列表框中选择【球头刀】选项,修改刀具【名称】为【BALL16】,单击【应用】按钮。弹出【铣刀球头铣】对话框,设置刀具参数,将【直径】设为【16】,其他参数默认,如图 6-8 所示,单击【确定】按钮,返回【创建刀具】对话框。

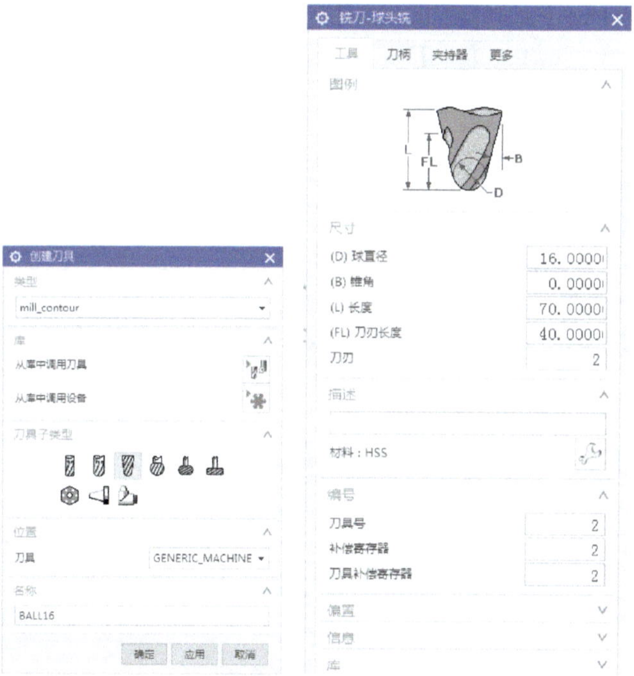

图 6-8　刀具参数

8. 在【创建刀具】对话框的【类型】下拉列表框中选择【hole-making】选项,【刀具子类型】选项中选择【STD-DRILL】选项,修改刀具【名称】为【STD-D8】,单击【应用】按钮。弹出【钻刀】对话框,设置刀具参数,将【直径】设为【8】,其他参数默认,如图 6-9 所示,单击【确定】按钮,返回【创建刀具】对话框。

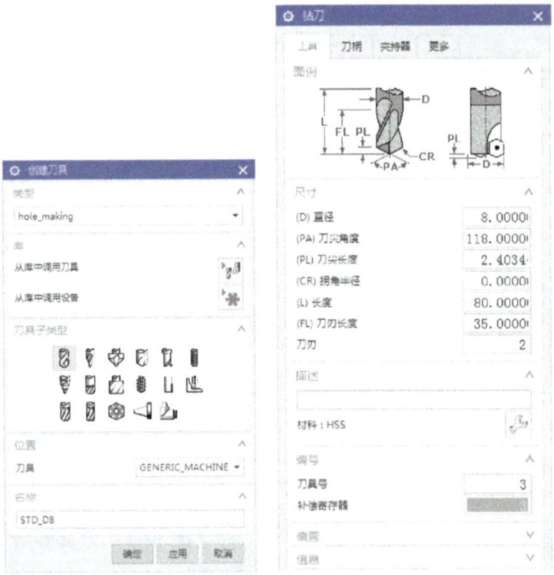

图 6-9　刀具参数

9. 在【创建刀具】对话框的【类型】栏选择【mill_contour】,【刀具子类型】选项中选择【球头刀】选项,修改刀具【名称】为【BALL8】,单击【应用】按钮。弹出【铣刀球头铣】对话框,设置刀具参数,将【直径】设为【8】,其他参数默认,如图 6-10 所示,单击【确定】按钮,返回【创建刀具】对话框,再次单击【确定】按钮,关闭【创建刀具】对话框,完成刀具的创建。

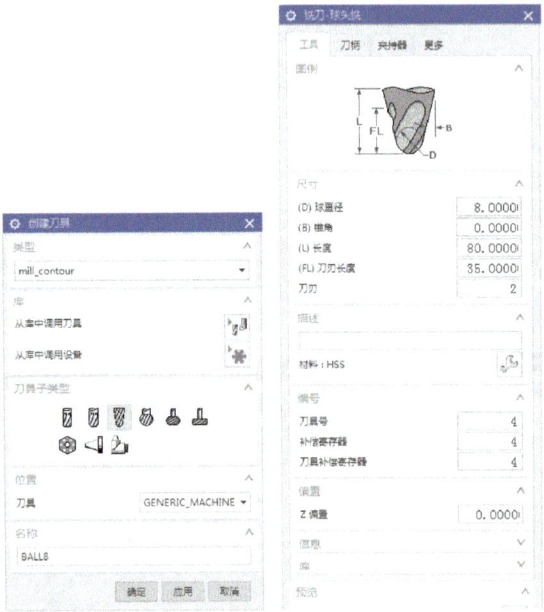

图 6-10　刀具参数

10. 在【工序导航器】工具条中单击【几何视图】图标，在【工序导航器-几何】视图中单击【MCS_MILL】前面的⊞图标，如图 6-11 所示。

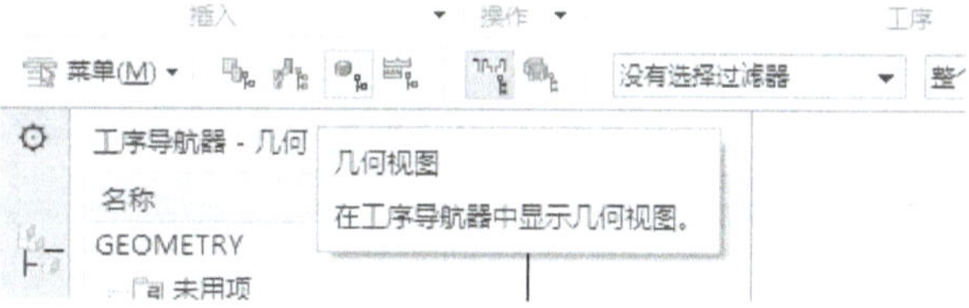

图 6-11　几何视图

11. 双击【工序导航器-几何】视图中的【WORKPLECE】程序，弹出【工件】对话框，在【工件】对话框中，单击【指定部件】图标，如图 6-12 所示。

图 6-12　指定部件

12. 弹出【部件几何体】对话框，选择部件作为几何体，如图 6-13 所示，单击【确定】按钮，返回【工件】对话框。

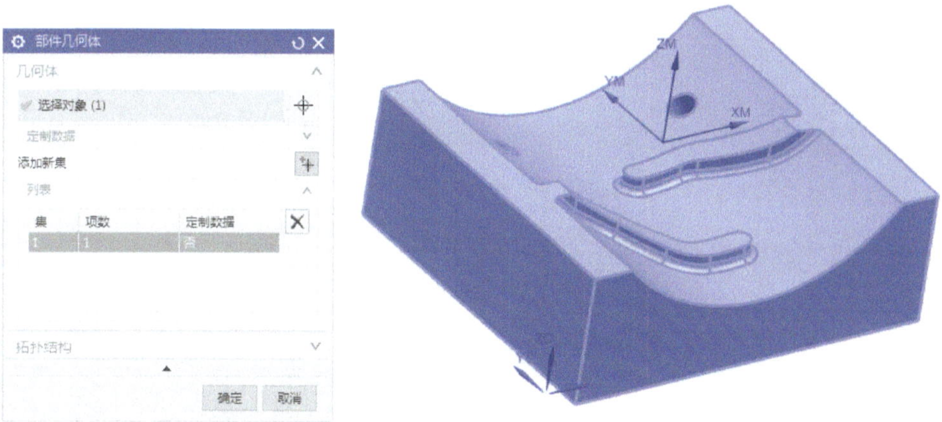

图 6-13　选择部件几何体

13. 在【工件】对话框中单击【指定毛坯】图标，弹出【毛坯几何体】对话框，在【类型】栏选择【包容块】作为毛坯。

14. 在【工序】导航器中双击【MCS_MILL】图标，弹出【MCS MILL】对话框，选择【指定MCS】，如图 6-14 所示。

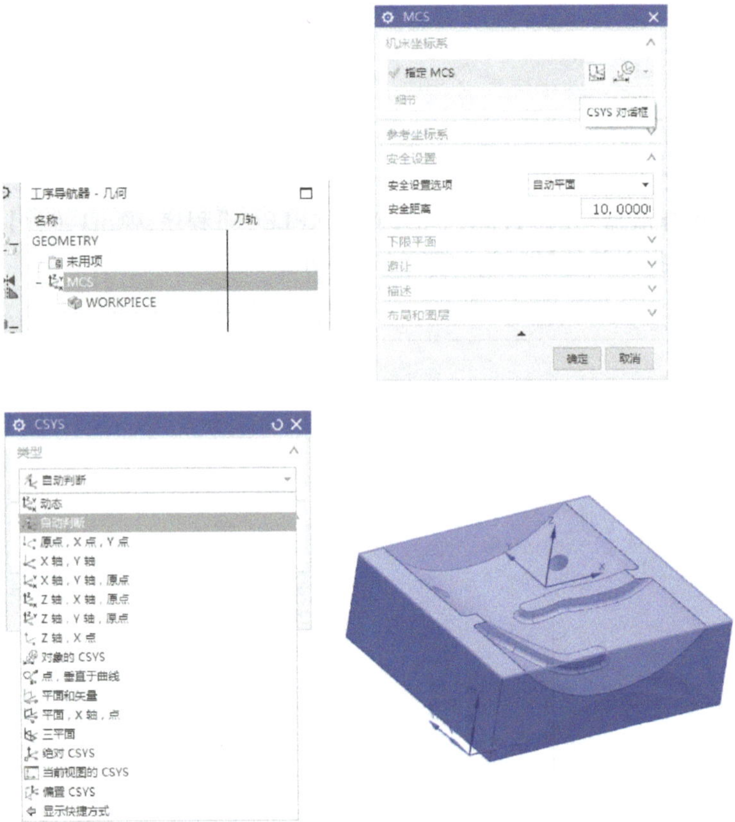

图 6-14　设定 MCS 坐标系

15. 更改【安全距离】为【30】，如图 6-15 所示，单击【确定】按钮，完成安全平面的设置。

图 6-15　更改安全距离

16. 在【工序导航器】工具条中单击【加工方法】图标，如图 6-16 所示。

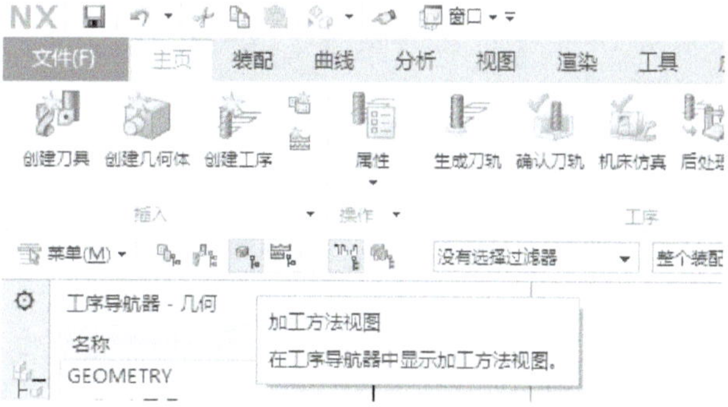

图 6-16　加工方法

17. 在【工序导航器-加工方法】视图中双击【MILL_ROUGH】图标，弹出【铣削粗加工】对话框，修改【部件余量】为【0.5】，修改【内公差】为【0.03】，修改【外公差】为【0.03】，如图 6-17 所示，单击【确定】按钮，完成铣削粗加工参数的设置。

图 6-17　铣削粗加工参数设定

18. 在【工序导航器-加工方法】视图中双击【MILL_SEMI_FINISH】图标，弹出【铣削半精加工】对话框，将【部件余量】设为【0.1】，【内公差】设为【0.01】，【外公差】设为【0.01】，如图 6-18 所示，单击【确定】按钮，完成铣削半精加工参数的设置。

19. 在【工序导航器-加工方法】视图中双击【MILL _FINISH】图标，弹出【铣削精加工】对话框，将【内公差】设为【0.003】，【外公差】设为【0.003】，如图 6-19 所示，单击【确定】按钮，完成铣削精加工参数的设置。

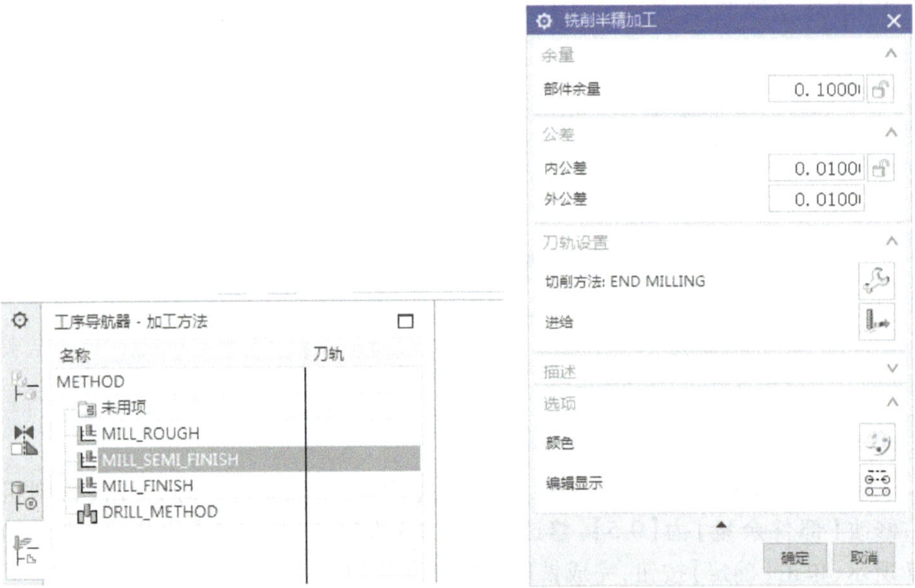

图 6-18　铣削半精加工参数设定

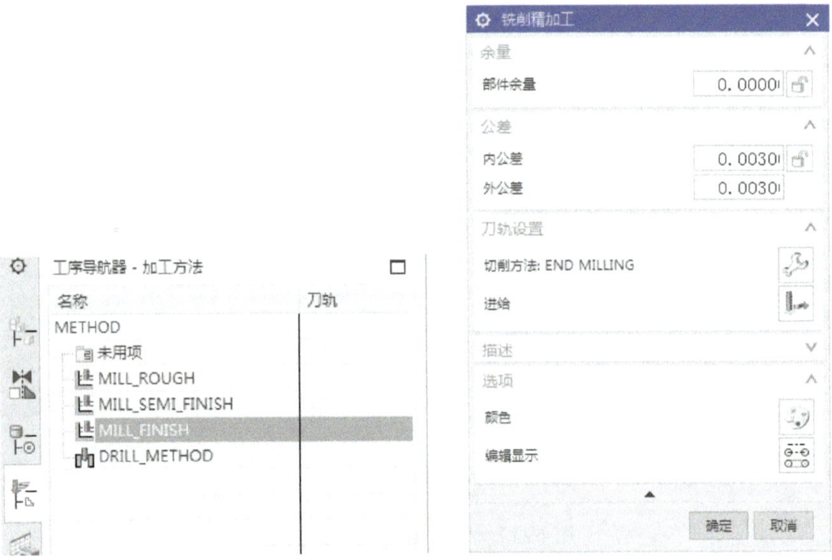

图 6-19　铣削精加工参数设定

三、程序编制

（一）零件粗加工

1. 在【插入】工具条中单击【创建工序】图标，弹出【创建工序】对话框，在【类型】下拉列表框中选择【mill_counter】选项，【工序子类型】选项中选择【型腔铣】选项中，【刀具】下拉列表框中选择【D20R0.4】，【几何体】下拉列表框选择【WORKPIECE】选项，【方法】下拉列表框中选择【MILL-SEMI-FINISH】选项，【名称】栏输入【MILL-SEMI-FINISH】，如图 6-20 所示，单击【确定】按钮，弹出【型腔铣】对话框。

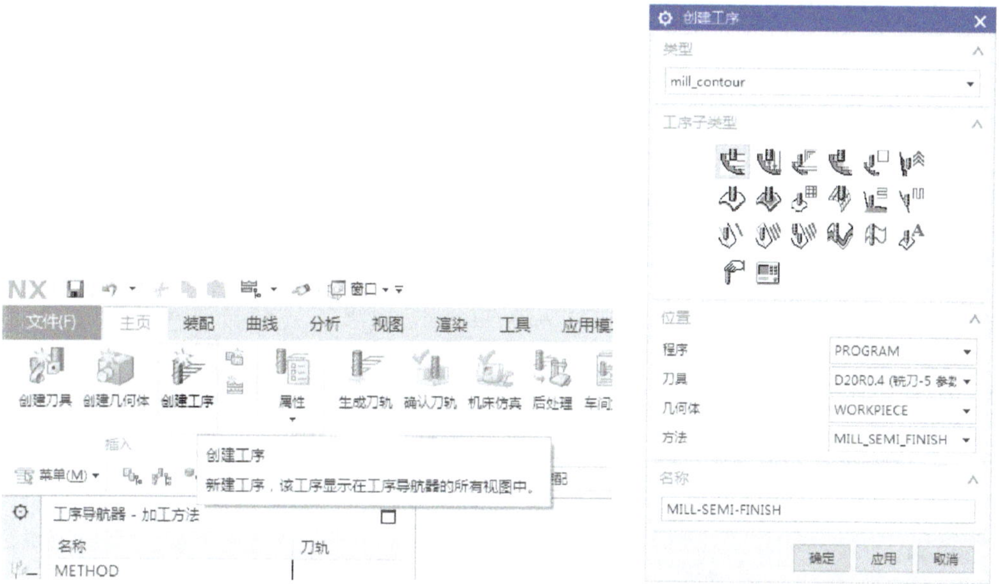

图 6-20　创建工序

2. 在【型腔铣】对话框中将【刀轨设置】栏展开，设置【最大距离】为【2】，如图 6-21 所示。

3. 单击【进给率和速度】图标，弹出【进给率和速度】对话框，将【主轴速度】设为【1800】rpm，【切削】设为【1200】mmpm，单击【确定】按钮，完成进给率和速度参数的设置，返回【型腔铣】对话框。

4. 在【型腔铣】对话框中单击【生成】图标，生成刀轨，查看生成的刀轨，单击【确定】按钮，接受生成的刀轨。

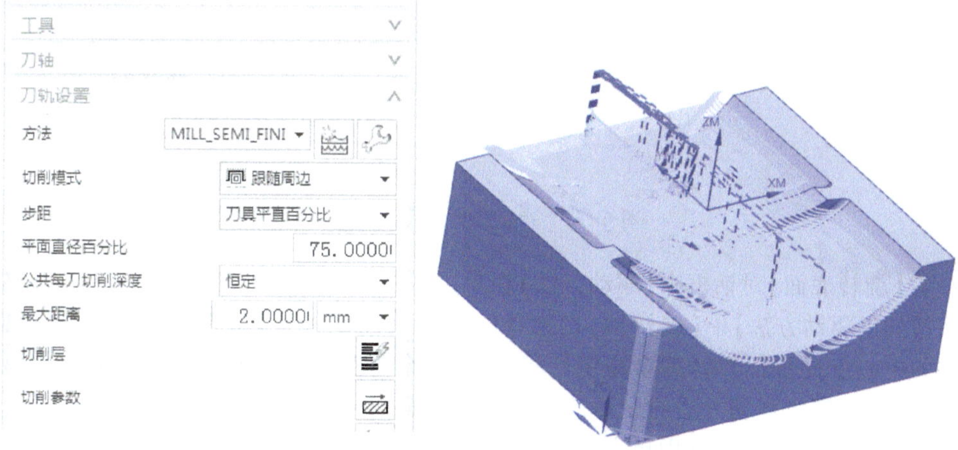

图 6-21　刀轨设置

5. 在【插入】工具条中单击【创建工序】图标，弹出【创建工序】对话框，在【类型】下拉列表框中选择【mill－rotary】选项，【工序子类型】选项中选择【旋转底面】，修改【名称】为【Rough_mill－2】，如图 6－22 所示，单击【确定】按钮，弹出【旋转底面】对话框。

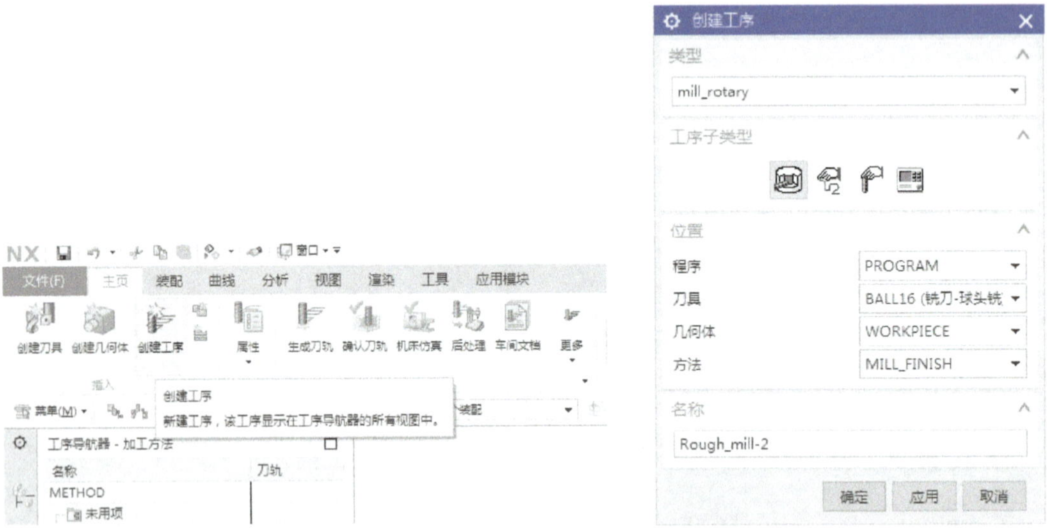

图 6－22　创建工序

6. 在【旋转底面】对话框中单击【指定底面】图标，弹出【指定底面】对话框，选择图 6－23 左图中的面作为底面，单击【确定】按钮，完成底面的指定，返回【旋转底面】对话框，单击【指定壁】图标，弹出【壁几何体】对话框，选择图 6－23 右图中的壁作为壁，单击【确定】按钮，完成壁几何体的指定，返回【旋转底面】对话框。

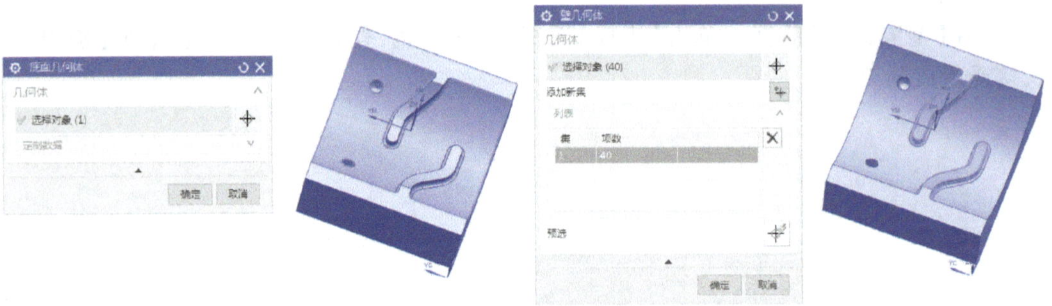

图 6－23　指定底面和壁几何体

7. 在【旋转底面】对话框中【驱动方法】栏单击【旋转底面精加工】对话框，在弹出的【旋转底面精加工驱动方法】中【旋转轴】栏选择【指定】，【指定矢量】选择【+YC】，【指定点】选择工件的中心点，【步距】为【残余高度】，将【最大残余高度】设为【0.01】，如图 6－24 所示，单击【确定】按钮，完成驱动方法的设置，返回【旋转底面】对话框。

8. 在【旋转底面】对话框中单击【进给率和速度】图标，弹出【进给率和速度】对话框，将【主轴速度】设为【1800】rpm，【切削】设为【1200】mmpm，单击【确定】按钮，完成进给率和速度参数的设置，返回【旋转底面】对话框。

9. 在【旋转底面】对话框中单击【生成】图标，生成刀轨，查看生成的刀轨，单击【确定】按

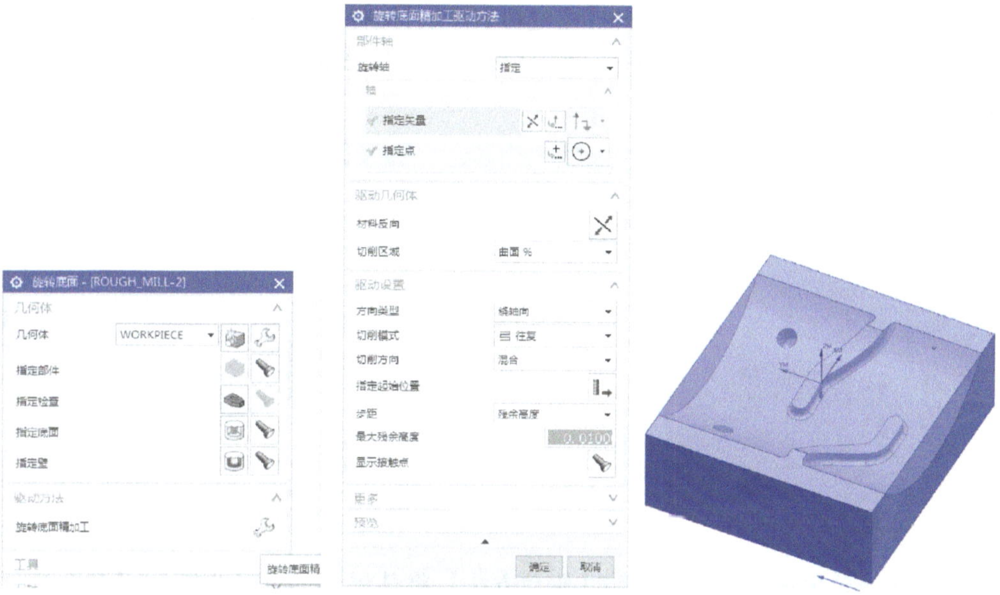

图 6-24　驱动方法设定

钮,接受生成的刀轨。

(二) 零件顶面和台阶面精加工

微课

零件精加工、仿真加工

1. 在【插入】工具条中单击【创建工序】图标,弹出【创建工序】对话框,在【类型】下拉列表框中选择【mill_counter】选项,【工序子类型】选项中选择【区域铣】选项,【刀具】下拉列表框中选择【BALL8】选项,【几何体】下拉列表框中选择【WORKPIECE】选项,【方法】下拉列表框中选择【MILL_FINISH】选项,【名称】栏输入【Finish_mill-1】,如图 6-25 所示,单击【确定】按钮,弹出【区域轮廓铣】对话框。

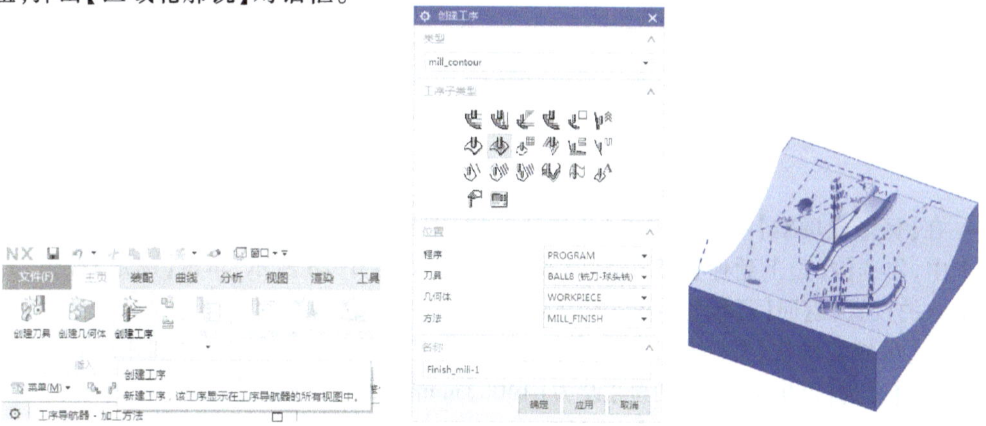

图 6-25　创建工序

2. 在【区域轮廓铣】对话框中单击【指定切削区域】图标，弹出【切削区域】对话框然后在工件上指定切削区域，如图 6-26 所示，单击【确定】按钮，完成切削区域的指定，返回【区域轮廓铣】对话框。

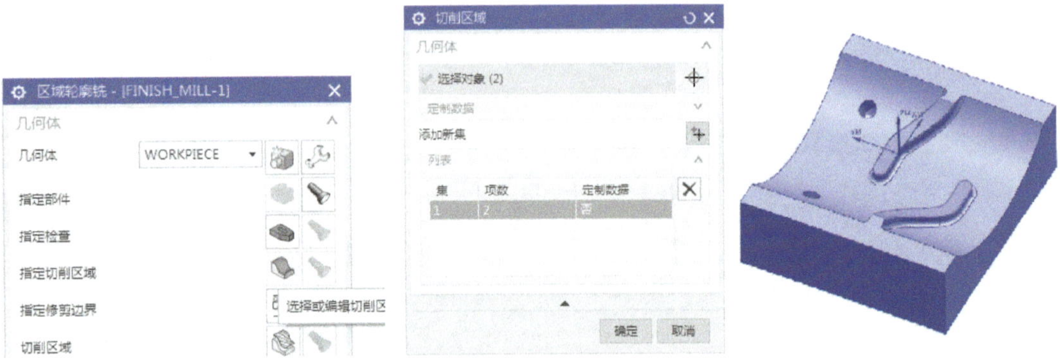

图 6-26　指定切削区域

3. 在【区域轮廓铣】对话框中单击【驱动方法】，将其展开，设置【步距】为【残余高度】，将【最大残余高度】设为【0.01】，如图 6-27 所示。

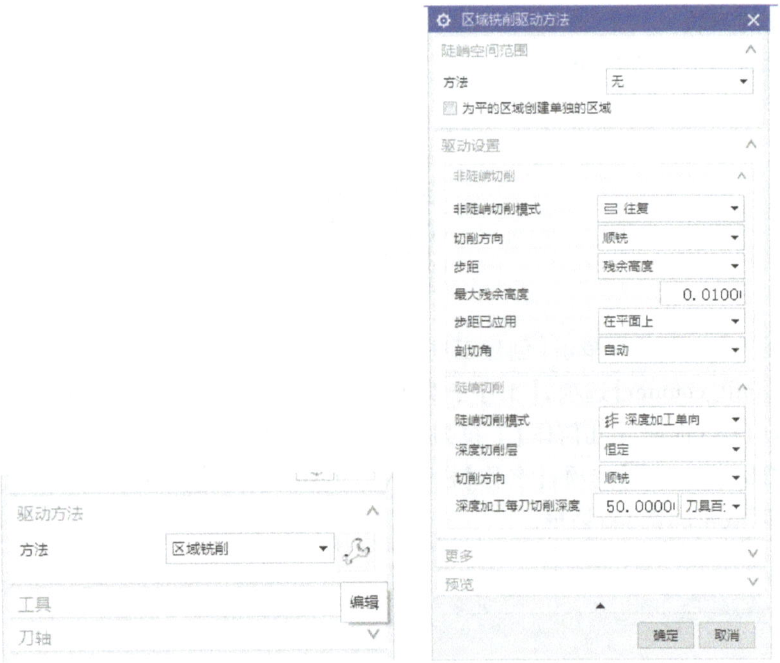

图 6-27　驱动参数设定

4. 在【区域轮廓铣】对话框中单击【切削参数】图标，弹出【切削参数】对话框，在【策略】选项卡中，勾选【在边上延伸】，将【距离】改为【0.5】，如图 6-28 所示，单击【确定】按钮，完成切削参数的设置，返回【区域轮廓铣】对话框。

5. 在【区域轮廓铣】对话框中单击【进给率和速度】图标，弹出【进给率和速度】对话框将【主轴速度】设为【2600】rpm，【切削】设为【1400】mmpm，单击【确定】按钮，完成进给率和速度参数的设置，返回【区域轮廓铣】对话框。

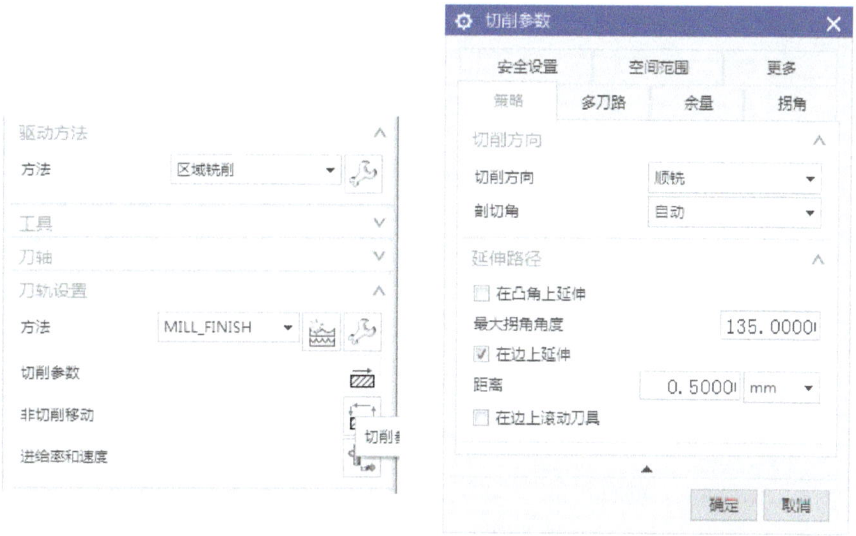

图 6-28　切削参数更改

6. 在【区域轮廓铣】对话框中单击【生成】图标，生成加工刀轨，查看生成的刀具路径，单击【确定】按钮，接受生成的刀轨。

（三）零件外轮廓精加工

1. 在【插入】工具条中单击【创建工序】图标，弹出【创建工序】对话框在【类型】下拉列表框中选择【mill_counter】选项，【工序子类型】选项中选择【清根参考刀具】选项，【刀具】下拉列表框选择【BALL8】选项，【几何体】下拉列表框中选择【WORKPIECE】选项，【方法】下拉列表框中选择【MILL_FINISH】选项，【名称】栏输入【FLOWCUT REF TOOL】，如图 6-29 所示，单击【确定】按钮，弹出【清根参考刀具】对话框。

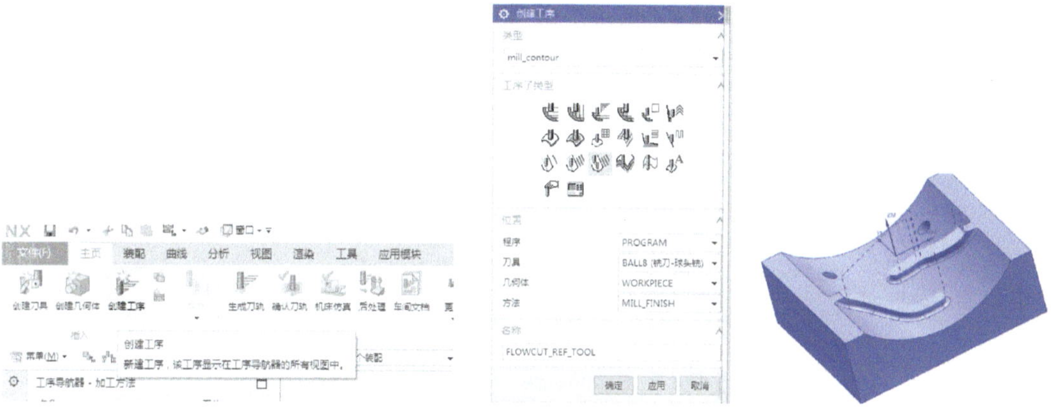

图 6-29　创建工序

2. 在【清根参考刀具】对话框中单击【驱动方法】栏的【方法】图标，弹出【清根驱动方法】对话框，在【非陡峭切削】栏选择【先陡】，【陡峭切削】栏选择【同非陡峭】，【参考刀具】栏选择【BALL16】，将【重叠距离】改为【0.3】，单击【确定】按钮，完成驱动方法的设置，返回【清根参考刀具】对话框，如图 6-30 所示。

图 6-30　驱动设置

3. 在【清根参考刀具】对话框中单击【进给率和速度】图标，弹出【进给率和速度】对话框，将【主轴速度】设为【2600】rpm，【切削】设为【1400】mmpm，如图 6-31 所示，单击【确定】按钮，完成进给率和速度参数的设置，返回【清根参考刀具】对话框。

图 6-31　切削参数设定

4. 在【清根参考刀具】对话框中单击【生成】图标，生成刀轨，查看生成的刀轨，单击【确定】按钮，接受生成的刀轨。

（四）孔加工

1. 在【插入】工具条中单击【创建工序】图标，弹出【创建工序】对话框，在【类型】下拉列表框中选择【hole-making】，【工序子类型】选项中选择【DRILLING】选项，【刀具】下拉列表框中选择【STD-D8】选项，【几何体】下拉列表框中选择【WORKPIECE】选项，【方法】下拉列表框中选择【DRILL_METHOD】选项，将【名称】改为【Drill-1】，如图 6-32 所示，单击【确定】按钮，弹出【钻孔】对话框。

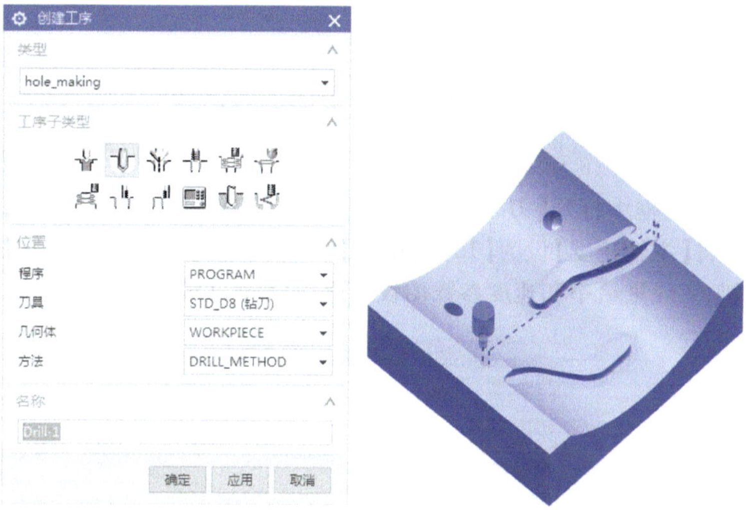

图 6-32　创建工序

2. 在【钻孔】对话框中单击【指定特征几何体】图标，弹出【特征几何】对话框，选择模型上的 2 个孔，如图 6-33 所示，单击【确定】按钮，完成特征几何体的指定，返回【钻孔】对话框。

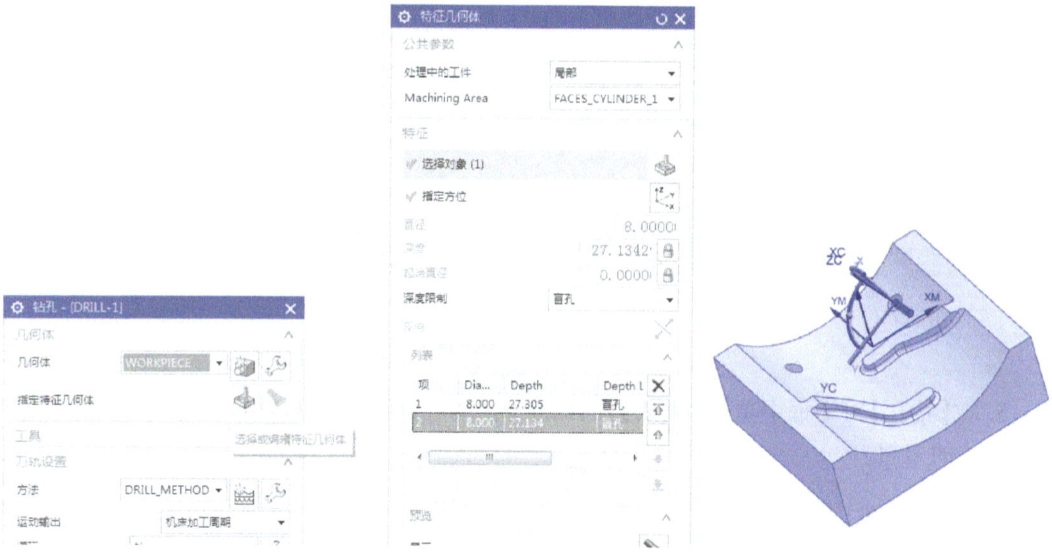

图 6-33　指定特征几何体

3. 在【钻孔】对话框【循环】栏中选择【钻】编辑参数图标，弹出【指定参数组】对话框如图 6-34 所示，单击【确定】按钮，弹出【Cycle 参数】对话框，单击【Depth（Tip）】按钮，弹出【Cycle 深度】对话框，选择【模型深度】按钮，如图 6-35 所示，单击【确定】按钮，返回【钻孔】对话框。

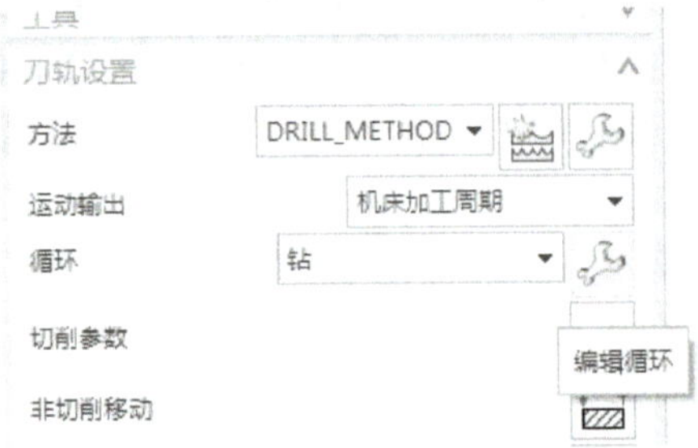

图 6-34　循环设定

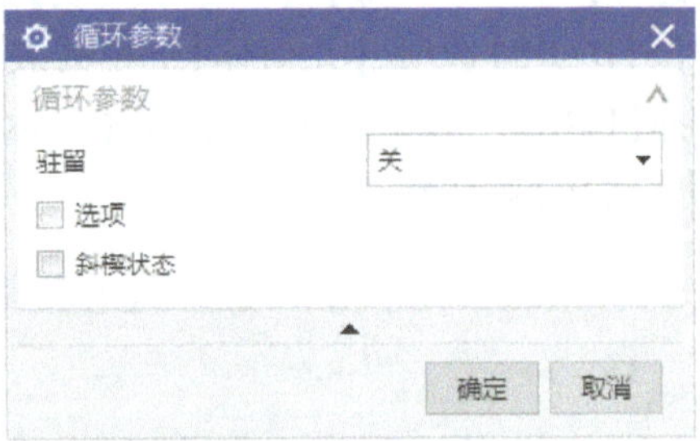

图 6-35　循环设定

4. 在【钻孔】对话框中打开【刀轨设置】选项，单击【进给率和速度】图标，弹出【进给率和速度】对话框，将【主轴速度】设为【1500】rpm，【切削】设为【300】mmpm，如图 6-36 所示，单击【确定】按钮，完成进给率和速度参数的设置返回【钻孔】对话框。

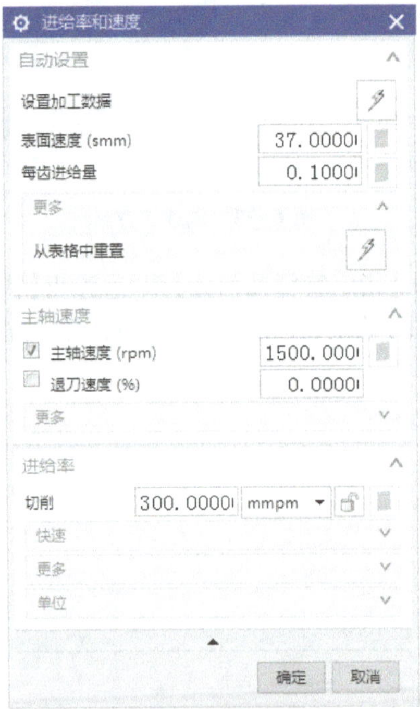

图 6-36　刀轨设置

5. 在【钻孔】对话框中单击【生成】图标，生成刀轨，查看生成的刀轨，单击【确定】按钮，接受生成的刀轨。

四、仿真加工

在【工序导航器】中单击【NC_PROGRAM】父节组，在【操作】工具条中单击【确认刀轨】

图标，弹出【刀轨可视化】对话框选择【2D 动态】选项卡，如图 6-37 所示，单击【播放】按钮，进行工件的加工仿真，仿真结果如图 6-37 所示。

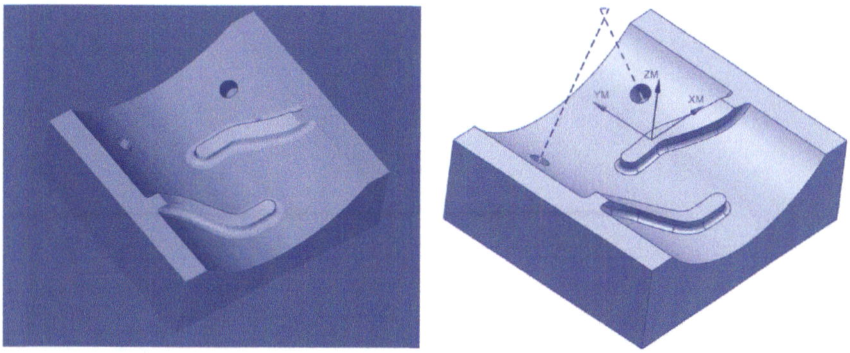

图 6-37　刀轨确认

专家点拨

1. 为什么使用流线驱动方法时刀路会混乱？

答：在流线驱动方法中，选择流线时，要保证所有的流线方向一致。

2. 四轴机床上如何做粗加工？

答：可以采用 3+1 轴的粗加工方法，就是先把第四轴设为 0°，用型腔铣粗加工一面，然后把第四轴转 180°，再用型腔铣粗加工另外一面。

3. 为什么加工此零件是设置 WORKPIECE 而不是设置 PART 呢？

答：做多轴加工时一般在设置 WORKPIECE 时不设置 PART，因为多轴加工很多时候要一个区域一个区域，或者一组面一组面的加工。

课后训练

根据图 6-38 异形零件的特征，制定合理的工艺路线，设置必要的加工参数、生成刀轨、通过相应的后处理生成数控加工程序，并运用机床加工零件。

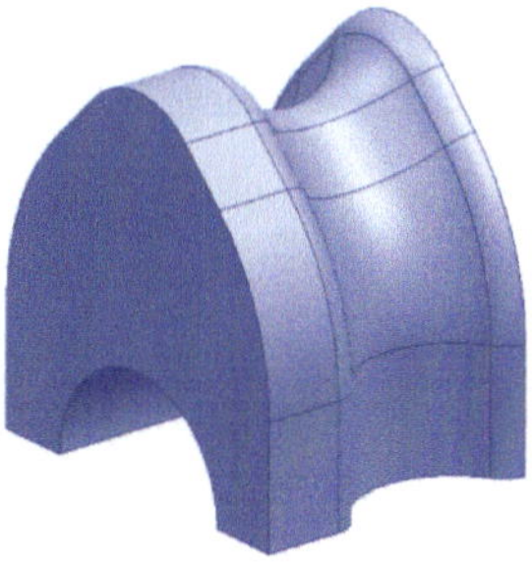

图 6-38　异形零件

模块三

五轴铣削加工

五轴联动加工技术已经成熟并且应用越来越广泛，从机床制造的角度来看，五轴机床比三轴机床多两个角度轴，即转台或摆头。从五轴加工应用的角度来看，机床角度轴的配置、CAM 软件的刀具轴线控制、刀轨的后处理是关键技术。

NX CAM 的可变轴曲面轮廓铣为五轴铣削加工提供了很好的解决方案，它常采用驱动面投影方法，生成加工面上的刀轨，这种方法可以使得驱动面和加工面分离，从而降低了对加工面的要求，不论加工面属于单个曲面或者混合曲面，也无论加工面是否连续、是否有突变，NX CAM 都能生成满意的刀轨。

项目7

模具的数控编程与仿真加工

学习目标

能力目标：能运用NX软件完成模具的编程与仿真加工。

知识目标：掌握五轴加工铣削几何体设置。

掌握五轴加工刀轴设置方法。

掌握五轴加工可变流线铣加工方法。

素质目标：激发学生的学习兴趣，培养团队合作和创新精神。

项目导读

此模具零件为注塑模具中的凹模模芯，它的加工质量直接影响塑料件的质量，由于零件上存在拔模斜度等非规则曲面，采用三轴联动加工时难以保证加工质量，可变轴加工由于具有刀轴可变的优势，可以加工出更高质量的曲面。

任务描述

学生以企业制造部门MC数控程序员的身份进入NX CAM功能模块，根据模具零件的特征，制定合理的工艺路线，创建三轴粗加工操作和可变轴精加工操作，设置必要的加工参数、生成刀轨、检验刀轨是否正确合理，并对操作过程中存在的问题进行研讨和交流，通过相应的后处理生成数控加工程序，并运用机床加工零件。

工作任务

按照零件加工要求，制定模具的加工工艺、编制模具加工程序、完成模具的仿真加工，后处理得到数控加工程序，完成零件加工。

一、制订加工工艺

1. 模具零件分析

该零件形状相对比较简单，主要由成型面和分模面组成，主要加工内容为成型面，分模面。

2. 毛坯选用

零件材料为42CrMo模具钢，零件外形尺寸已经精加工到位，无须再次加工。

3. 制订加工工序卡

零件选用立式五轴联动机床加工（双摆台摇篮式），三爪自定心卡盘夹紧的装夹方式。遵循先粗后精加工原则，粗加工均采用三轴联动加工，精加工采用五轴联动加工。制订加工工序卡如表7-1所示。

表7-1　加工工序卡

零件号：	工序名称：	工艺流程卡_工序单
127043	模具铣削加工	

材料：42CrMo模具钢	页码：1	工序号：01	版本号：0
夹具：三爪自定心卡盘	工位：MC	数控程序号：	

刀具及参数设置				
加工内容	刀具号	刀具规格	主轴转速	进给速度
型面粗加工	T01	D20R0.4	S1800	F1200
型面精加工-1	T02	B16	S2600	F1400
型面精加工-2	T03	B12	S2600	F1400

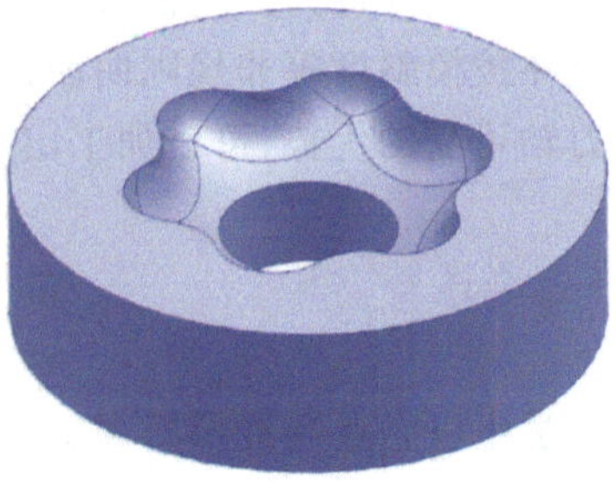

更改号	更改内容			批准	日期	（单位）
拟制：	日期：	审核：	日期：	批准：	日期：	

二、加工准备

微课

加工准备、零件粗加工

1. 启动 NX 10.0，单击【打开】图标，弹出【打开】对话框选择模具.prt 文件，如图 7-1 所示，单击【OK】按钮，打开零件模型。

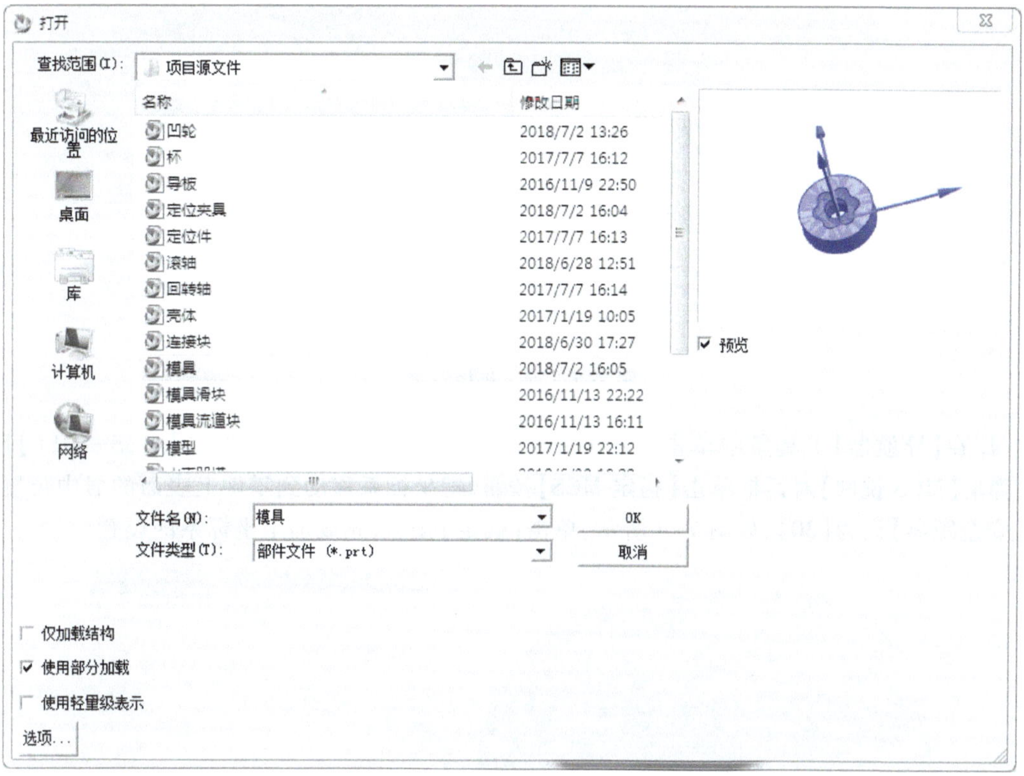

图 7-1　打开文件

2. 在菜单栏中选择【应用模块】选项卡，单击【加工】图标，进入加工模块，如图 7-2 所示。

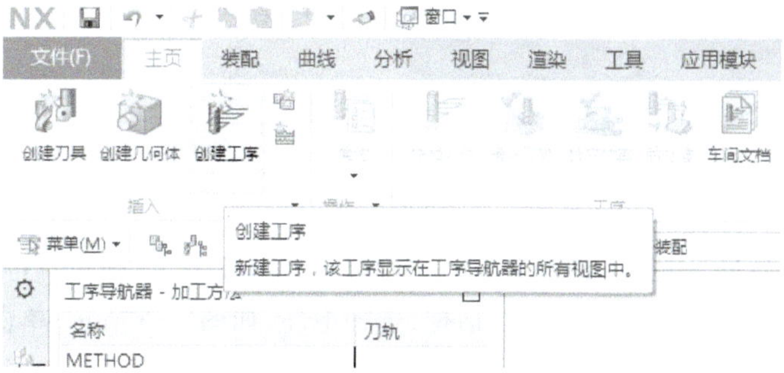

图 7-2　进入加工模块

3. 在弹出的【加工环境】对话框【CAM 会话配置】栏中选择【cam_general】,【要创建的 CAM 设置】栏中选择【mill_planar】,如图 7-3 所示,单击【确定】按钮,完成加工环境的设置。

图 7-3　加工环境设置

4. 在【导航器】工具条中单击【几何视图】图标,在工序导航器中双击【MCS-MILL】图标,弹出【MCS 铣削】对话框单击【指定 MCS】按钮,把坐标系移动到零件上表面的居中位置。将【安全距离】设为【30】,如图 7-4 所示,单击【确定】按钮,完成加工坐标系的设置。

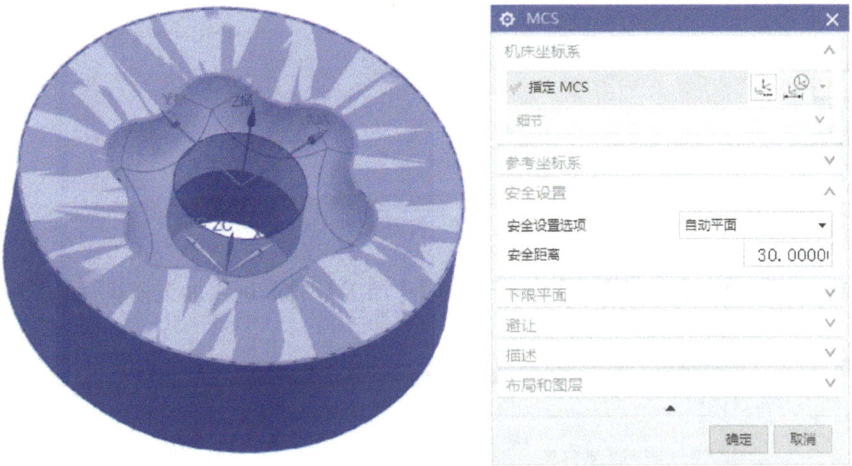

图 7-4　设置坐标系

5. 在【工序导航器-几何】视图中双击【WORKPIECE】选项,弹出【工件】对话框,单击【指定毛坯】图标,弹出【毛坯几何体】对话框,选择毛坯,如图 7-5 所示,单击【确定】按钮,返回【工件】对话框。

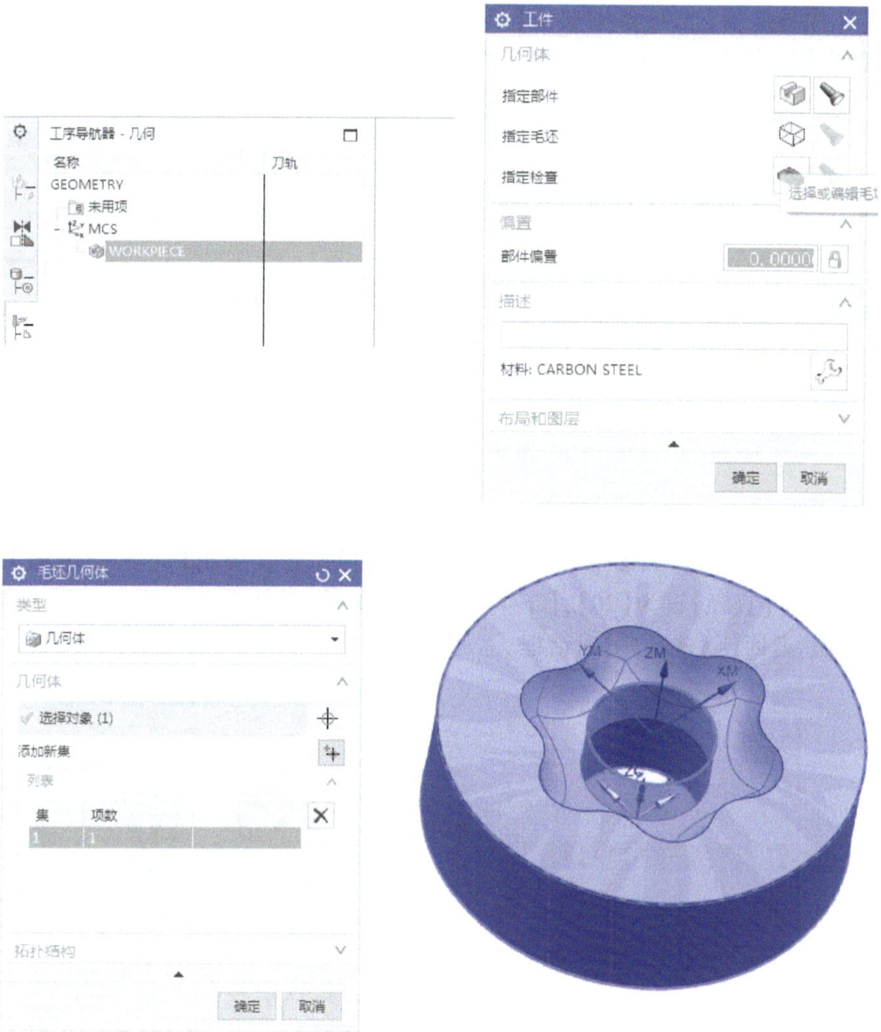

图 7-5　指定毛坯

6. 在【工件】对话框中单击【指定部件】图标，弹出【部件几何体】对话框，选择图 7-6 所示的部件作为几何体，单击【确定】按钮，返回【工件】对话框。

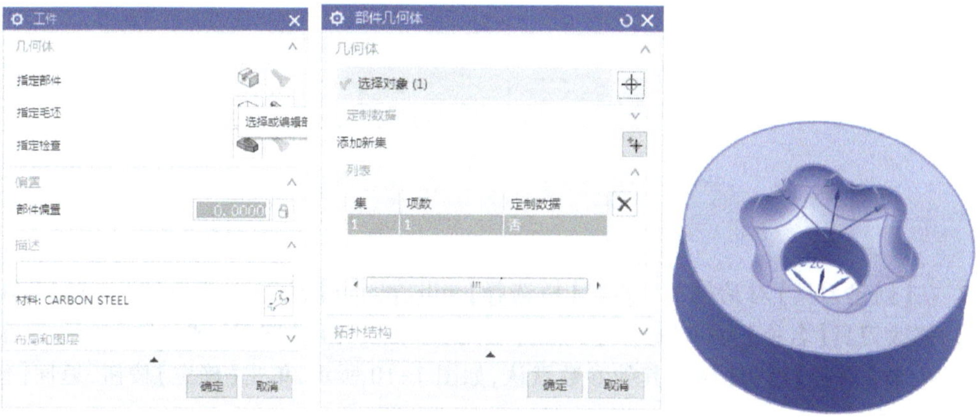

图 7-6　指定部件几何体

7. 在【工序导航器】工具条中单击【机床视图】图标，在【插入】工具条中单击【创建刀具】图标，弹出【创建刀具】对话框，如图 7-7 所示。

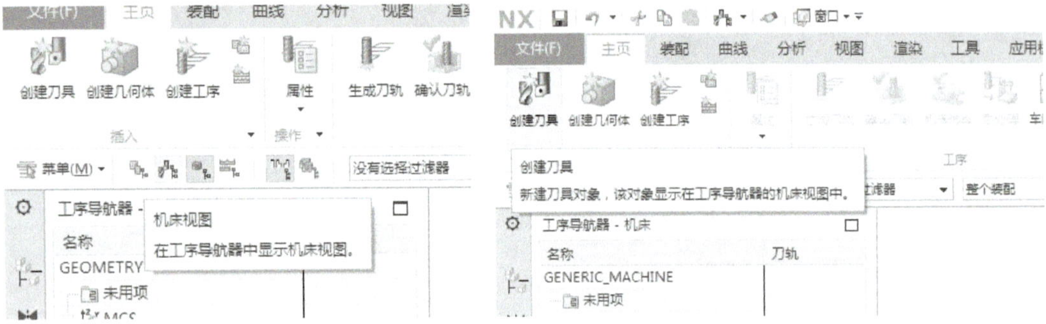

图 7-7　创建刀具

8. 在【创建刀具】对话框【类型】栏选择【mill_planar】，【刀具子类型】选择【MILL】，修改刀具【名称】为【D20R0.4】，如图 7-8 所示，单击【应用】按钮。弹出【铣刀-5 参数】对话框，设置刀具参数，将【直径】设为【20】，【下半径】设为【0.4】，其他参数默认，如图 7-9 所示，单击【确定】按钮，返回【创建刀具】对话框。

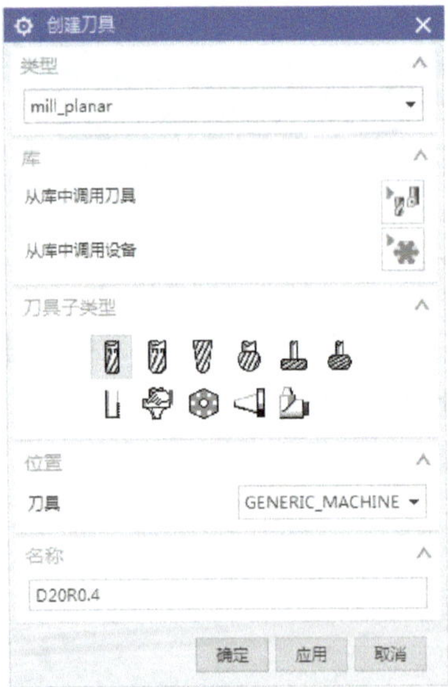

图 7-8　创建刀具

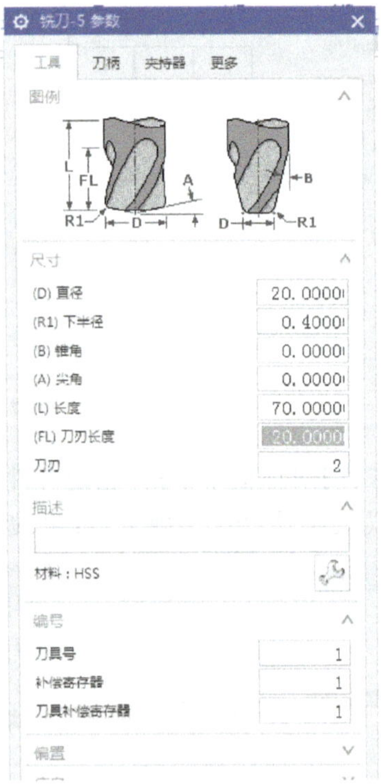

图 7-9　刀具参数设定

9. 在【创建刀具】对话框的【类型】栏选择【mill_planar】，【刀具子类型】选择【BALL-MILL】，修改刀具【名称】为【BALL16】，单击【应用】按钮。弹出【铣刀-球头铣】对话框，设置刀具参数，将【直径】设为【16】，其他参数默认，如图 7-10 所示，单击【确定】按钮，返回【创建刀具】对话框。

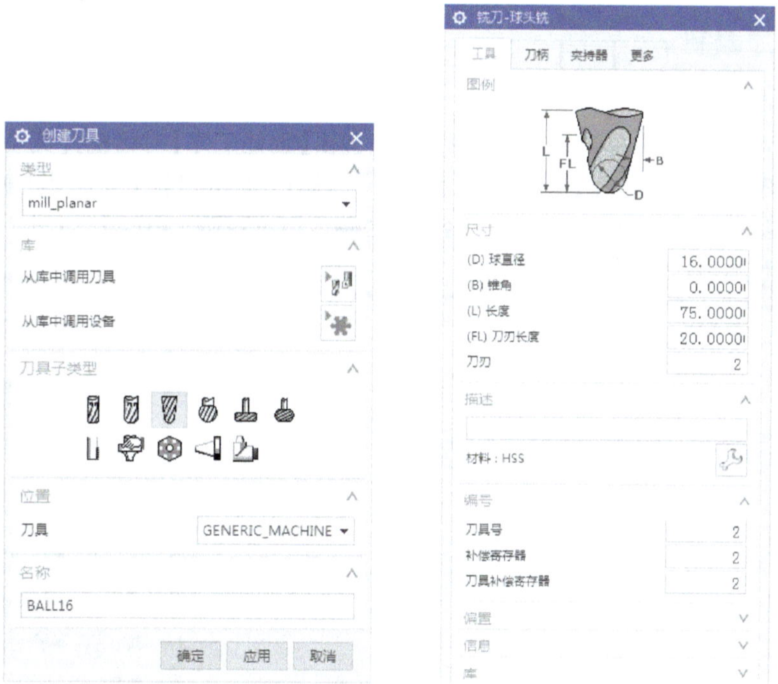

图 7-10　刀具参数设定

10. 在【创建刀具】对话框的【类型】栏选择【mill_planar】,【刀具子类型】选择【BALL-MILL】,修改刀具【名称】为【BALL12】,单击【应用】按钮。弹出【铣刀-球头铣】对话框,设置刀具参数,将【直径】设为【12】,其他参数默认,如图 7-11 所示,单击【确定】按钮,完成刀具的创建。

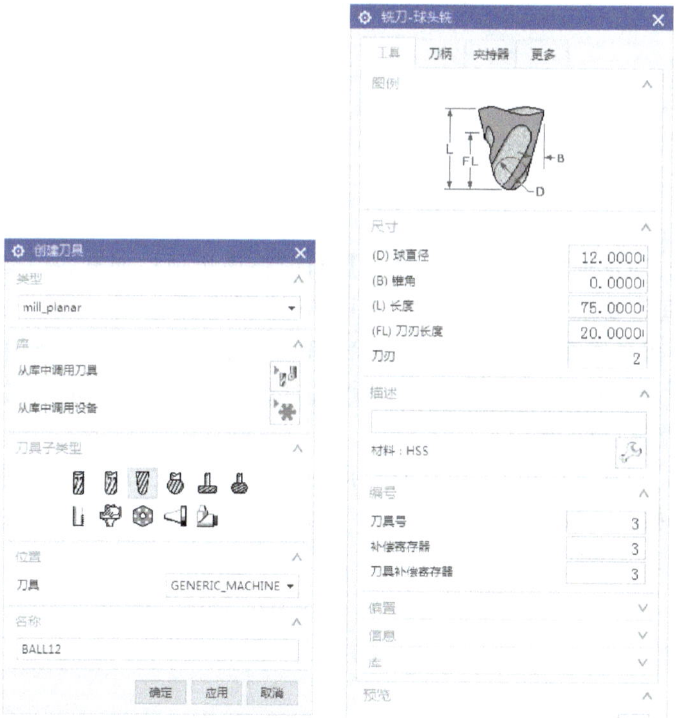

图 7-11　刀具参数设定

三、程序编制

（一）零件粗加工

1. 在【插入】工具条中单击【创建工序】图标，弹出【创建工序】对话框，【类型】选择【mill_contour】，【工序子类型】选择【型腔铣】，【刀具】选择【D20R0.4】，【几何体】选择【WORKPIECE】，【方法】选择【MILL_ROUGH】，【名称】栏输入【CAVITY-MILL】，如图 7-12 所示，单击【确定】按钮，弹出【型腔铣】对话框。

图 7-12 创建工序

2. 在【型腔铣】对话框中单击【刀轨设置】图标，将该选项栏展开，在【切削模式】栏选择【跟随周边】，将【每刀切削深度】设为【1】，如图 7-13 所示。

3. 单击【进给率和速度】图标，弹出【进给率和速度】对话框，将【主轴速度】设为【1800】rpm，【切削】设为【1200】mmpm，如图 7-14 所示，单击【确定】按钮，完成进给率和速度参数的设置，返回【型腔铣】对话框。

4. 在【型腔铣】对话框中单击【生成】图标，生成刀轨查看生成的刀轨，如图 7-15 所示，单击【确定】按钮，接受生成的刀轨。

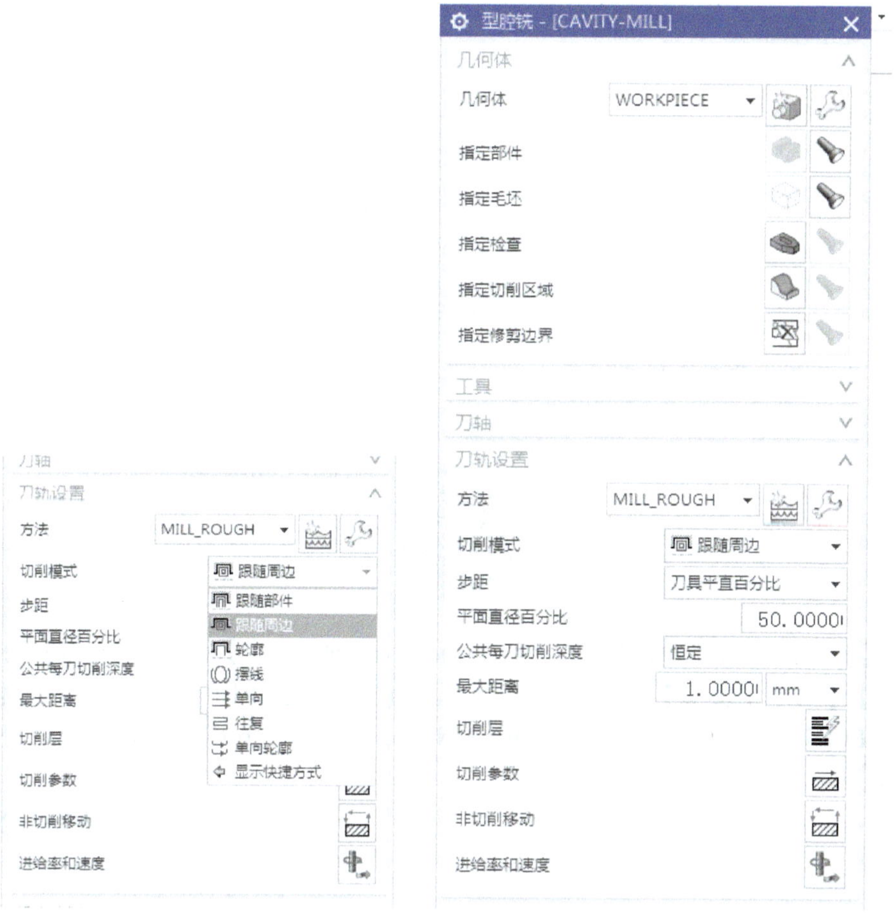

图 7-13　切削模式选择

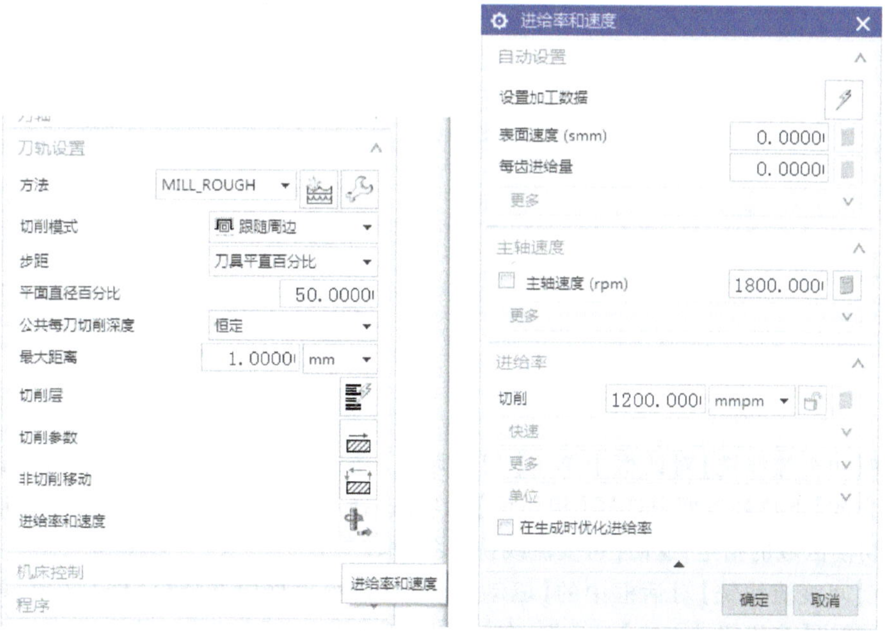

图 7-14　进给率和速度设置

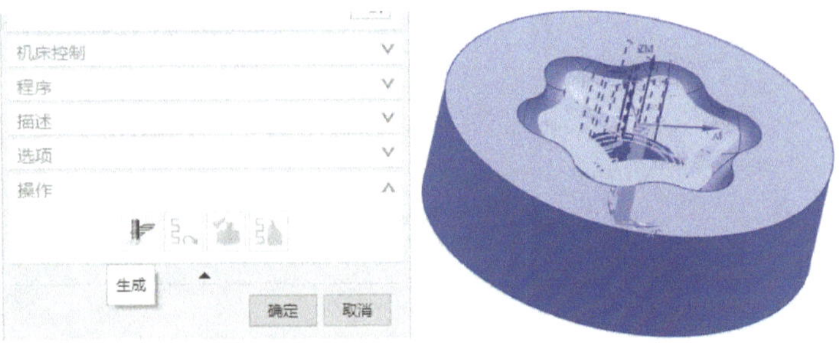

图 7-15　生成刀路

（二）零件开口腔半精加工

微课

零件半精加工、零件精加工、仿真加工

1. 在【插入】工具条中单击【创建工序】图标，弹出【创建工序】对话框，【类型】选择【mill_multi-axis】，【工序子类型】选择【可变流线铣】，【刀具】选择【BALL16】，【几何体】选择【WORKPIECE】，【方法】选择【MILL_SEMl-FINISH】，如图 7-16 所示，单击【确定】按钮，弹出【可变流线铣】对话框。

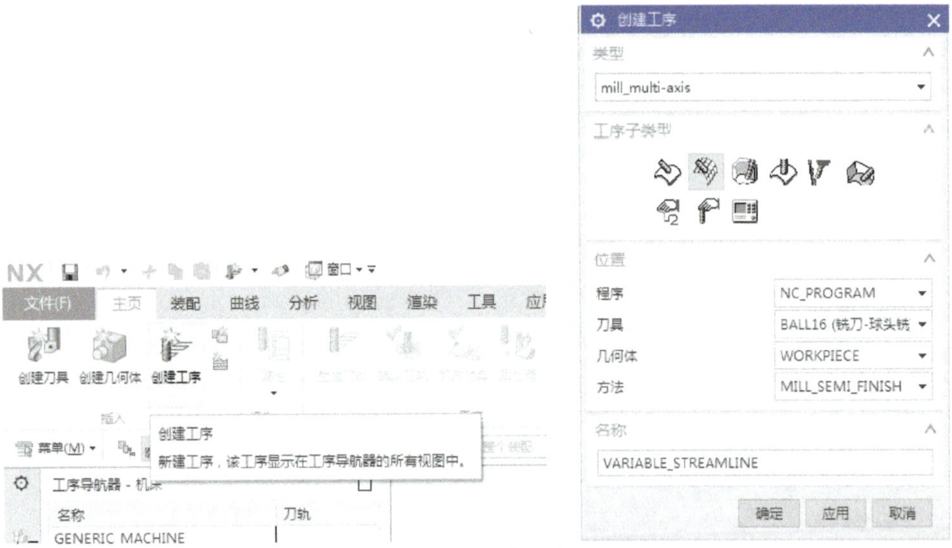

图 7-16　创建工序

2. 在【可变流线铣】对话框中单击【指定切削区域】图标，弹出【切削区域】对话框，在【面选择方式】下拉列表框中选择【相切面】选项，选择如图 7-17 所示底面，单击【确定】按钮，完成切削区域的指定，返回【可变流线铣】对话框。

3. 在【可变流线铣】对话框中的【驱动方法】下拉列表框中选择【流线】选项，单击【编辑】图标，弹出【流线驱动方法】对话框，在【驱动设置】栏中的【切削模式】下拉列表框中选择

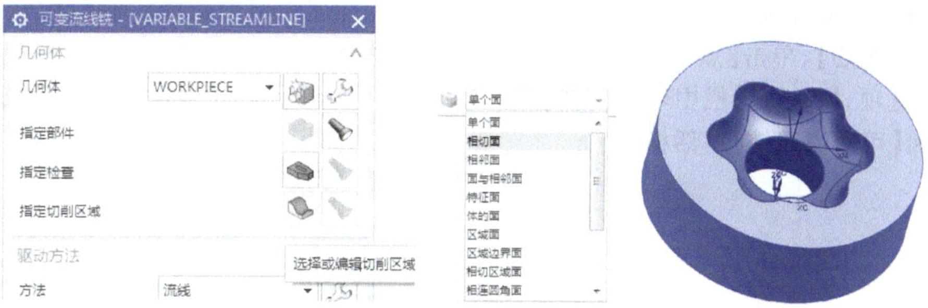

图 7-17　指定切削区域底面

【螺旋或螺旋式】选项,【步距】改为【残留高度】,【最大残余高度】文本框中输入【0.03】,如图 7-18 所示,单击【确定】按钮,完成驱动方法的设置,返回【可变流线铣】对话框。

图 7-18　驱动方法设置

4. 在【可变流线铣】对话框的【刀轴】区域，【轴】下拉列表框中选择【朝向点】选项，【指定点】选择【圆心】，单击【点构选器】图标，弹出【点】对话框，在【偏置选项】下拉列表框中选择【矩形】选项，【Z 增量】栏中输入【150】mm，如图 7-19 所示，单击【确定】按钮，完成刀轴的指定，返回【可变流线铣】对话框。

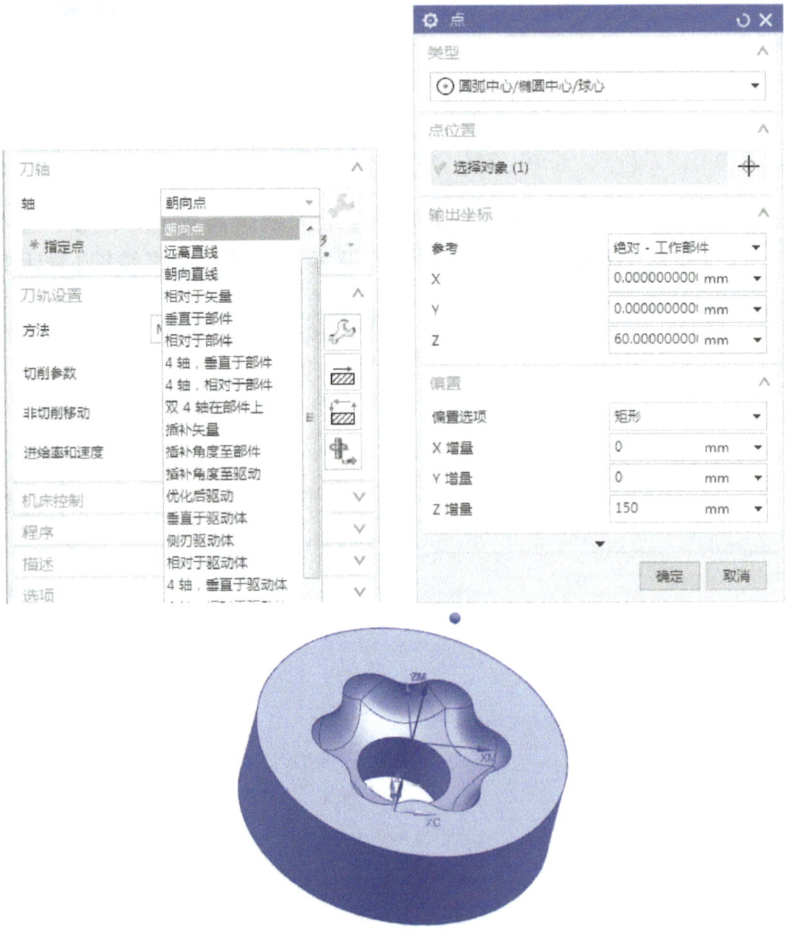

图 7-19　刀轴设置

5. 在【可变流线铣】对话框中单击【进给率和速度】图标，弹出【进给率和速度】对话框，在【主轴速度】栏输入【1800】rpm，【进给率】区域中的【切削】栏输入【1200】mmpm，如图 7-20 所示，单击【确定】按钮，完成进给率和速度参数的设置，返回【可变流线铣】对话框。

6. 在【可变流线铣】对话框中单击【生成】图标，生成刀轨，如图 7-21 所示，查看生成的刀轨，单击【确定】按钮，接受生成的刀轨。

（三）零件导轨腔精加工

1. 在【插入】工具条中单击【创建工序】图标，弹出【创建工序】对话框，【类型】选择【mill_multi-axis】，【工序子类型】选择【可变流线铣】，【刀具】选择【BALL12】选项，【几何体】选择【WORKPIECE】，【方法】选择【MILL_FINSH】，如图 7-22 所示，单击【确定】按钮，弹出【可变流线铣】对话框。

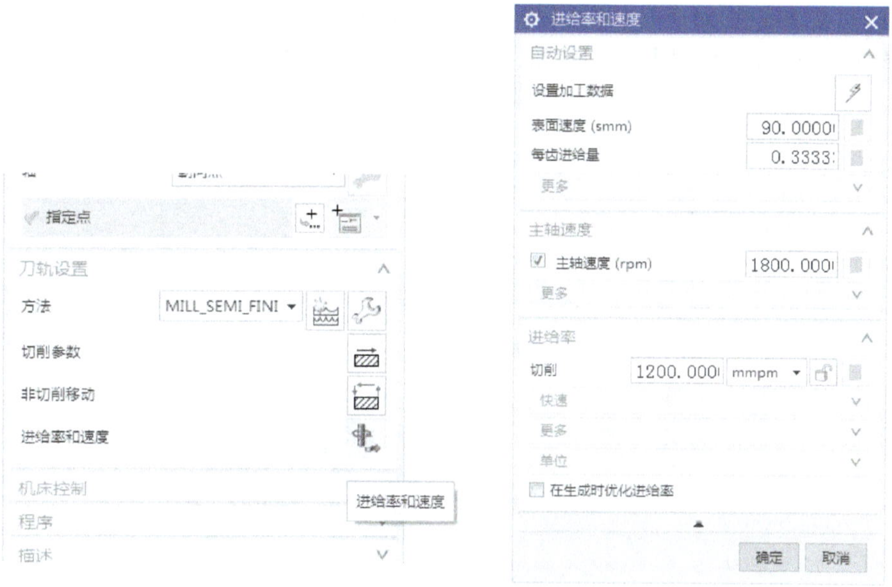

图 7-20　切削参数设定

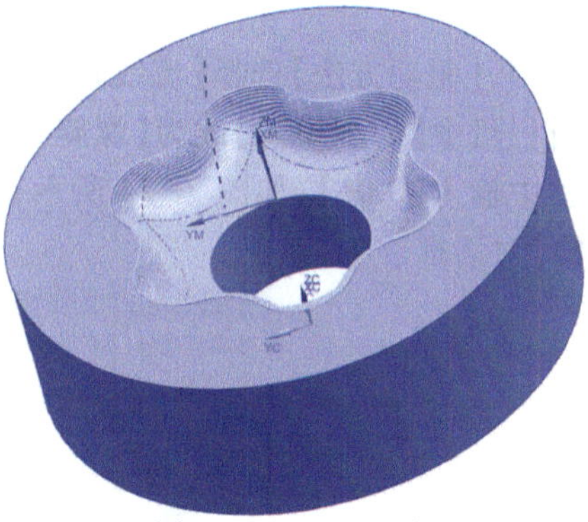
图 7-21　生成刀路

图 7-22　创建操作

2. 在【可变流线铣】对话框中单击【指定切削区域】图标，弹出【切削区域】对话框，选择【相切面】，选择图 7-23 中的面单击【确定】按钮，完成切削区域的指定，返回【可变流线铣】对话框。

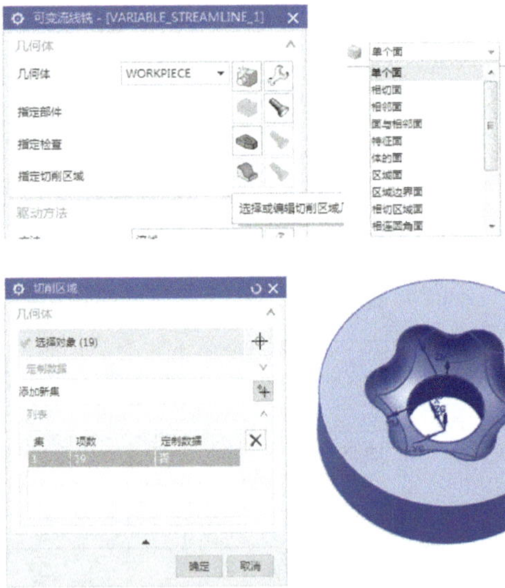

图 7-23　指定切削区域底面

3. 在【可变流线铣】对话框中，【驱动方法】选择【流线】，单击【编辑】图标，弹出【流线驱动方法】对话框，将【驱动设置】栏目中【切削模式】改为【螺旋或螺旋式】，【步距】改为【残留高度】，【最大残余高度】文中框中输入【0.01】，如图 7-24 所示，单击【确定】按钮，完成驱动方法的设置，返回【可变流线铣】对话框。

图 7-24　设置驱动方法

4. 在【可变流线铣】对话框的【刀轴】区域,【轴】下拉列表框中,选择【朝向点】选项选择【圆心】选项,单击【点】图标,弹出【点】对话框,在【偏置选项】选择【矩形】选项,【Z 增量】栏中输入【150】,如图 7-25 所示,单击【确定】按钮,完成刀轴的指定,返回【可变流线铣】对话框。

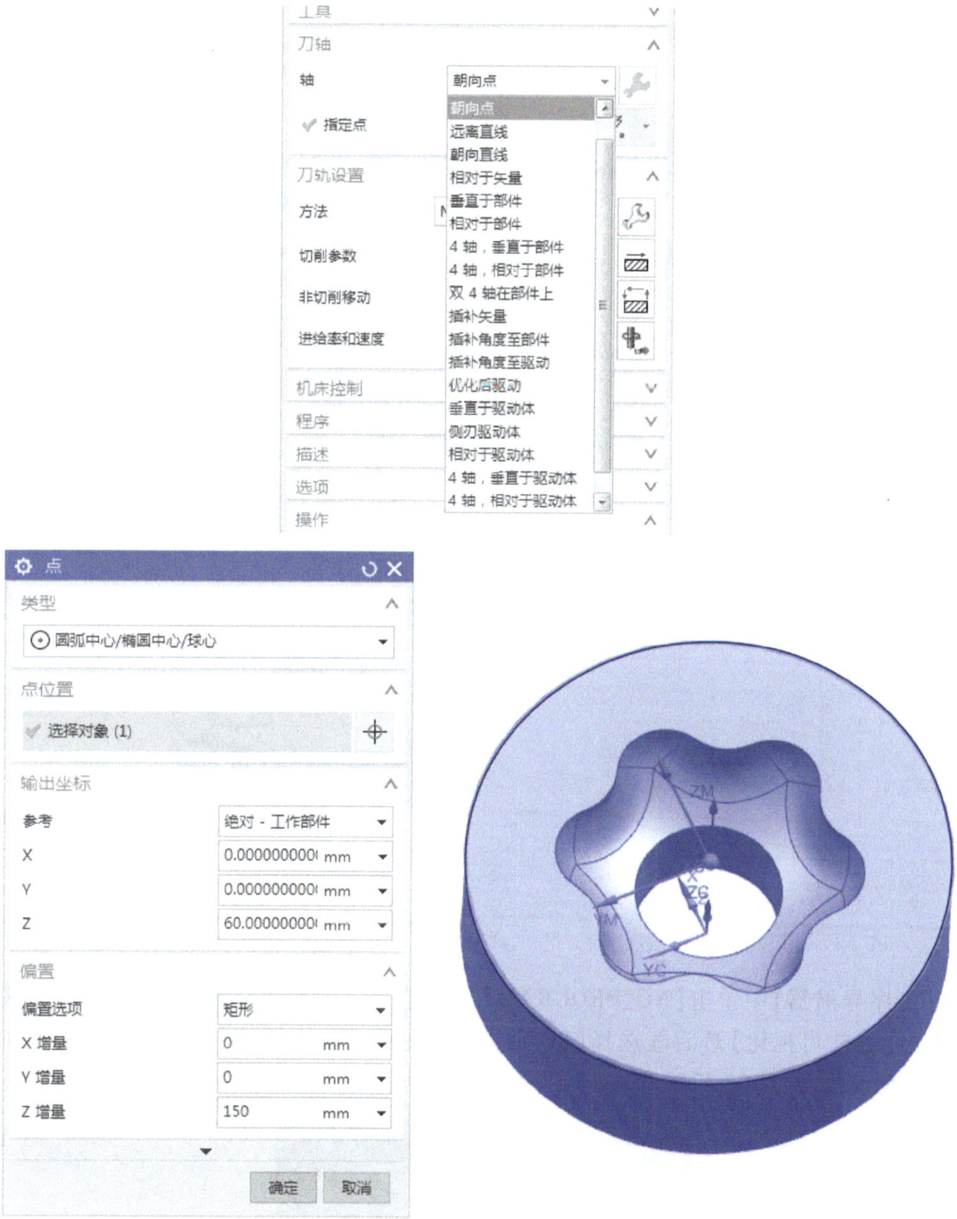

图 7-25　设置刀轴

5. 在【可变流线铣】对话框中单击【进给率和速度】图标,弹出【进给率和速度】对话框,将【主轴速度】设为【2800】rpm,【进给率】区域中的【切削】设为【1000】mmpm,如图 7-26 所示,单击【确定】按钮,完成进给率和速度参数的设置,返回【可变流线铣】对话框。

6. 在【可变流线铣】对话框中单击【生成】图标,生成刀轨如图 7-27 所示,查看生成的刀轨,单击【确定】按钮,接受生成的刀轨。

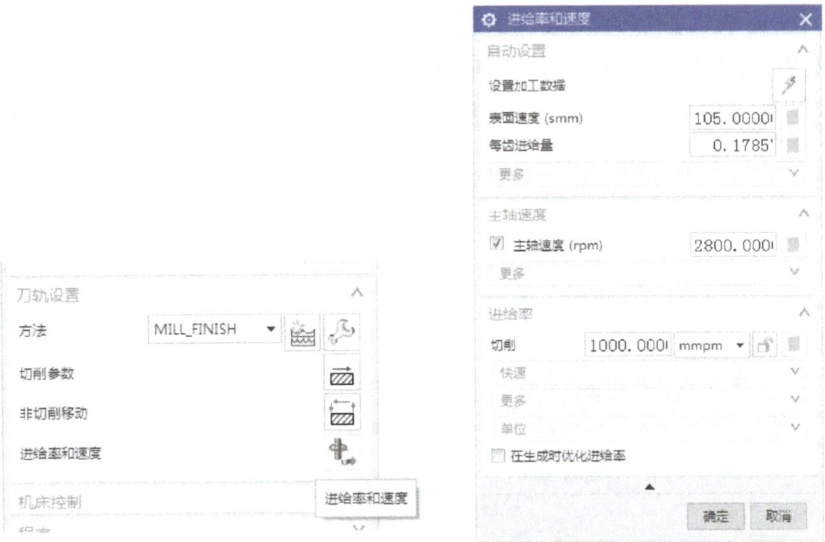

图 7-26　设置切削参数

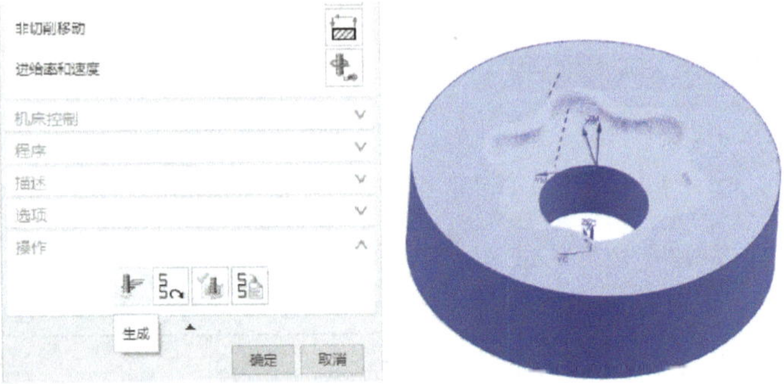

图 7-27　生成刀路

四、仿真加工

在【工序导航器】中单击【NC_PROGRAM】父节组，在【操作】工具条中单击【确认刀轨】图标，弹出【刀轨可视化】对话框选择【2D 动态】选项卡，单击【播放】按钮，进行工件的加工仿真，仿真结果如图 7-28 所示。

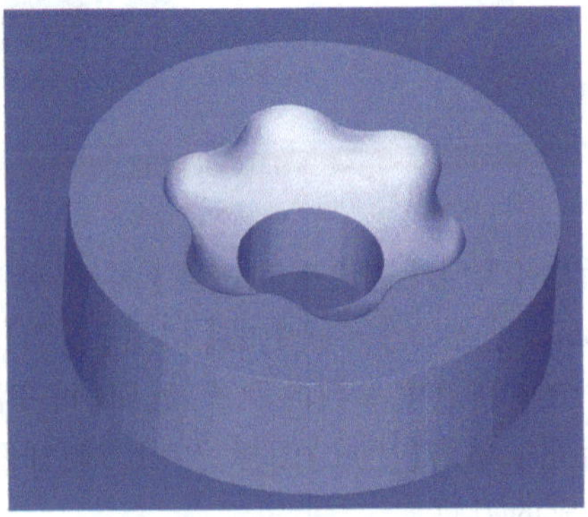

图 7-28　仿真结果

专家点拨

1. 粗加工时,尽可能用平面加工或者三轴加工去除大余量。这样做的好处是切削效率高,可预见性强。

2. 分层加工时,留够精加工余量。分层加工使零件的内应力均衡,防止变形过大。

3. 遇到难加工材料或者加工区域窄小,刀具长径比较大的情况时,粗加工可采用插铣方式。

4. 模具零件的加工顺序应遵循曲面→清根→曲面反复进行。切忌两相邻曲面的余量相差过大,造成在加工大余量时,刀具向相邻而又余量小的曲面方向让刀,从而造成相邻曲面过切。

课后训练

根据图 7-29 所示 CD 机外壳凸模零件的特征,制定合理的工艺路线,设置必要的加工参数、生成刀轨、通过相应的后处理生成数控加工程序,并运用机床加工零件。

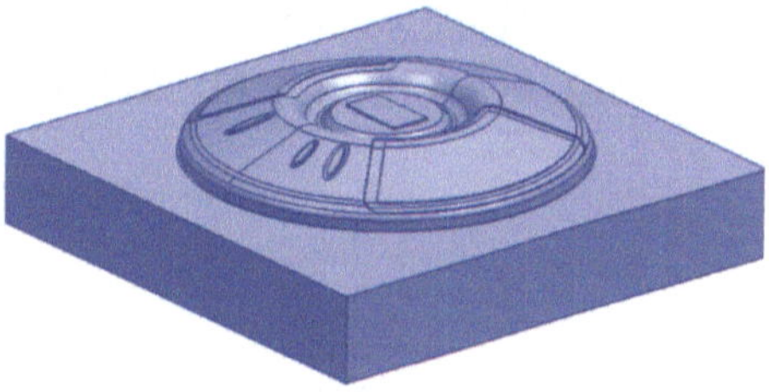

图 7-29　CD 机外壳凸模零件

项目8

壳体的数控编程与仿真加工

学习目标

能力目标：能运用 NX 软件完成壳体的编程与仿真加工。
知识目标：掌握五轴加工投影矢量设置。
掌握五轴加工刀轴设置方法。
掌握五轴加工外形轮廓铣加工方法。
素质目标：激发学生的学习兴趣，培养团队合作和创新精神。

项目导读

壳体是机械结构中常见的一类零件，这类零件的特点是结构比较简单，零件整体外形成块状，零件上一般会有凹腔、薄壁，侧壁有拔模角等，加工时易变形。在编程与加工过程中要特别注意侧壁和底面的加工精度。

任务描述

学生以企业制造部门 MC 数控程序员的身份进入 NX CAM 功能模块，根据壳体的特征，制定合理的工艺路线，创建可变轴曲面轮廓铣加工操作，设置必要的加工参数，生成刀具路径，检验刀具路径是否正确合理，并对操作过程中存在的问题进行研讨和交流，通过相应的后处理生成数控加工程序，并运用机床加工零件。

工作任务

按照零件加工要求，制定壳体加工工艺；编制壳体加工程序；完成壳体的仿真加工，后处理得到数控加工程序，完成零件加工。

一、 制订加工工艺

1. 壳体件结构分析

该壳体结构比较简单,主要有凹腔、薄壁,侧壁有拔模角等度。

2. 毛坯选用

零件材料为 45 钢板切割而成,尺寸为 145 mm×100 mm×30 mm。零件厚度方向为了保证零件的装夹,余量为 6 mm。

3. 制订加工工序卡

零件选用立式五轴联动机床(双摆台摇篮式)加工,平口钳夹持。遵循先粗后精加工原则,粗加工均采用三轴联动加工,精加工采用五轴联动加工。制订加工工序卡如表 8-1 所示。

表 8-1 加工工序卡

零件号：		工序名称：	工艺流程卡_工序单
15012-3		壳体铣削加工	
材料:45	页码:1	工序号:01	版本号:0
夹具:平口钳	工位:MC	数控程序号：	

刀具及参数设置				
加工内容	刀具号	刀具规格	主轴转速	进给速度
型面粗加工	T01	D20R0.4	S1800	F1200
型面精加工-1	T02	D12R0	S2600	F1400
型面精加工-2	T02	D12R0	S2600	F1400
型面精加工-3	T02	D12R0	S2600	F1400
型面精加工-4	T03	B4	S2600	F1400

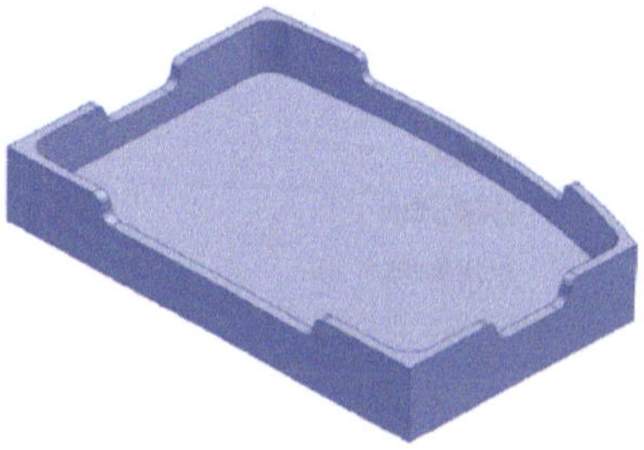

更改号	更改内容		批准		日期
拟制：	日期：	审核：	日期：	批准：	日期：

(单位)

二、加工准备

微课

加工准备、零件粗加工、底面精加工

1. 启动 NX 10.0，单击【打开】图标，弹出【打开】对话框，选择壳体.prt 文件，如图 8-1 所示，单击【OK】按钮，打开零件模型。

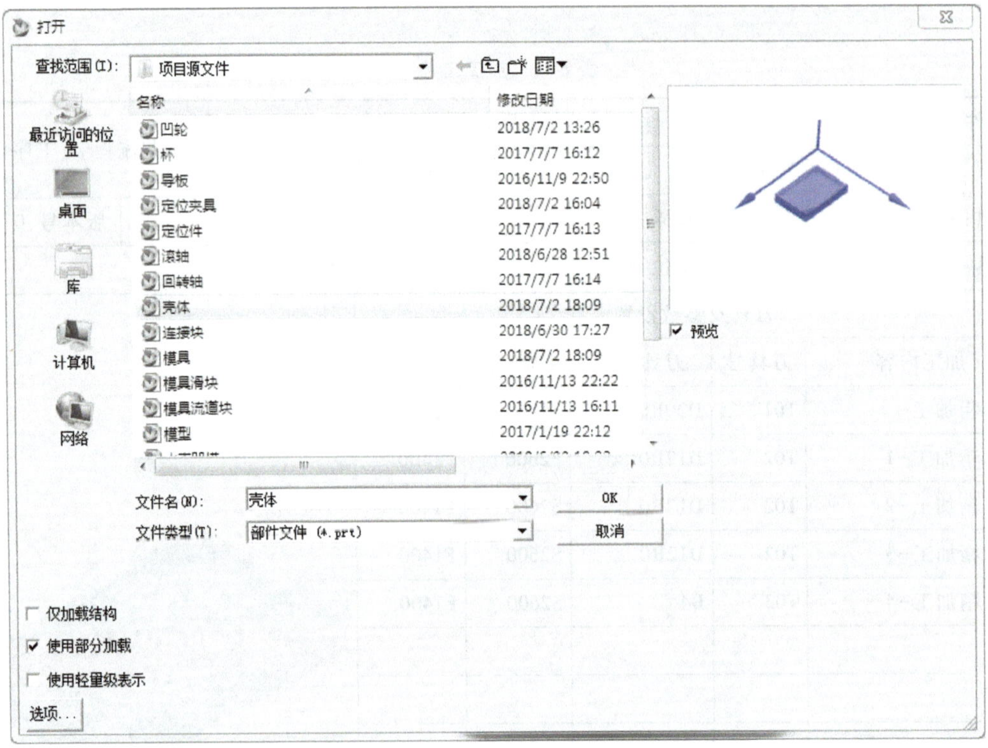

图 8-1　打开文件

2. 在菜单栏中选择【应用模块】选项卡，单击【加工】图标，进入加工模块，如图 8-2 所示。

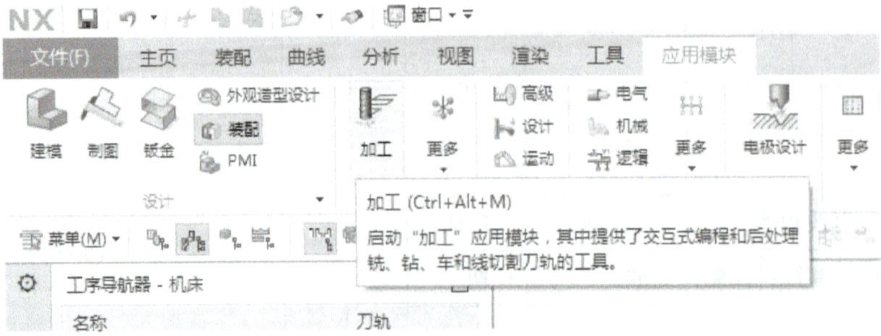

图 8-2　进入加工环境

3. 在弹出的【加工环境】对话框中【CAM 会话配置】栏中选择【cam_general】选项，在【要创建的 CAM 设置】栏中选择【mill_planar】选项，如图 8-3 所示，单击【确定】按钮，完成加工环境的设置。

图 8-3　加工设置

4. 在【工序导航器-几何】视图中双击【MCS_MILL】，在弹出的【MCS 铣削】对话框中【指定 MCS】选择【对象的 CSYS】然后选择模型，将【安全距离】设为【20】，如图 8-4 所示，单击【确定】按钮，完成加工坐标系和安全平面的设置。

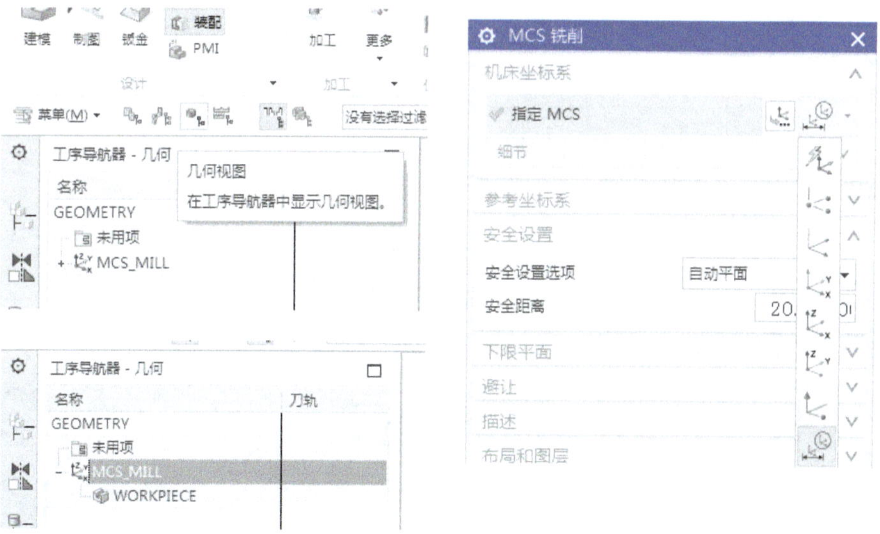

图 8-4　设定工件坐标系

5. 双击【工序导航器-几何】视图中的【WORKPIECE】，在弹出的【工件】对话框中单击【指定毛坯】图标，弹出【毛坯几何体】对话框，选择毛坯，如图 8-5 所示，单击【确定】按钮，完成毛坯的指定。

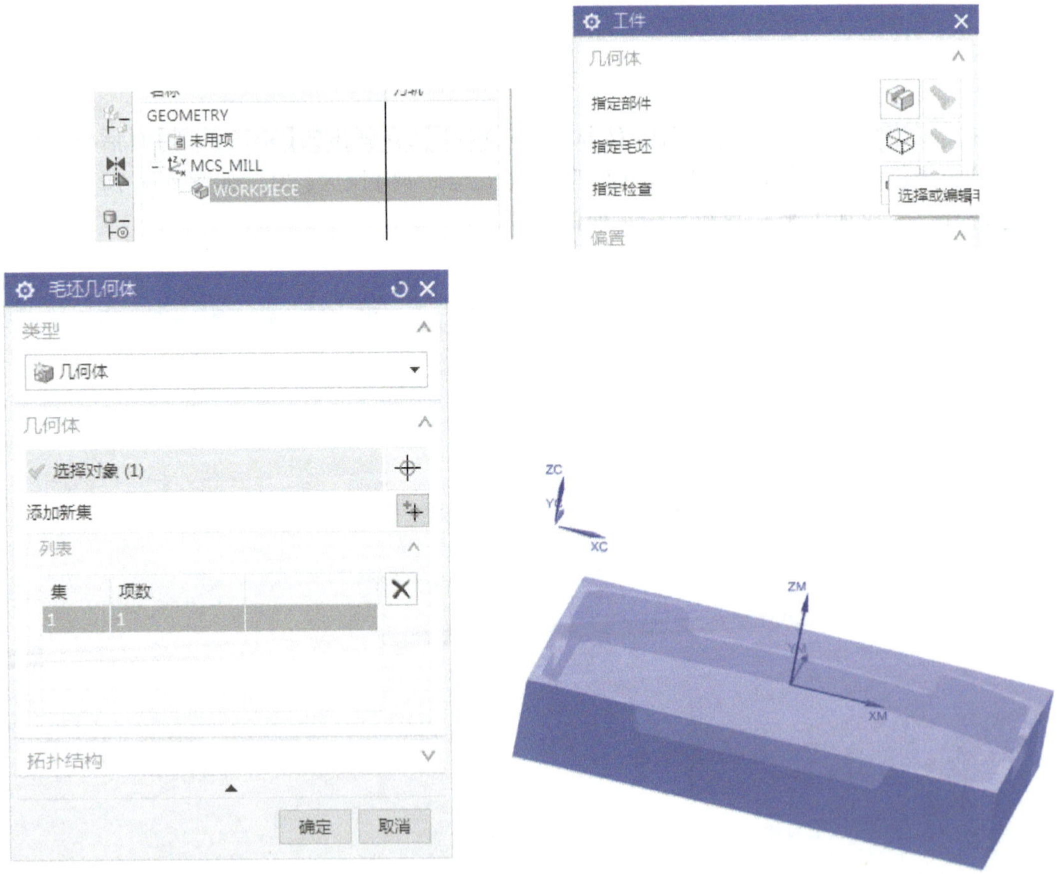

图 8-5　指定毛坯

6. 回到【工件】对话框，单击【指定部件】图标，弹出【部件几何体】对话框，选择模型，如图 8-6 所示，单击【确定】按钮，在【工件】对话框中单击【确定】按钮，完成指定部件几何件的设置。

图 8-6　指定部件几何体

7. 在【工序导航器】空白处右击，在弹出的菜单中单击【机床视图】，在【工序导航器-机床】中右击【GENERIC-MACHINE】，选择【插入】选项组，选择【刀具】，如图 8-7 所示。

8. 在【创建刀具】对话框中【刀具子类型】选择【铣刀】，【名称】改为【d20r0.4】，单击【确定】按钮。在弹出的【铣刀-5 参数】对话框中将【直径】设为【20】，【下半径】设为【0.4】，【长度】设为【50】，【刀刃长度】设为【30】，其他参数默认，如图 8-8 所示，单击【确定】按钮，返回【创建刀具】对话框。

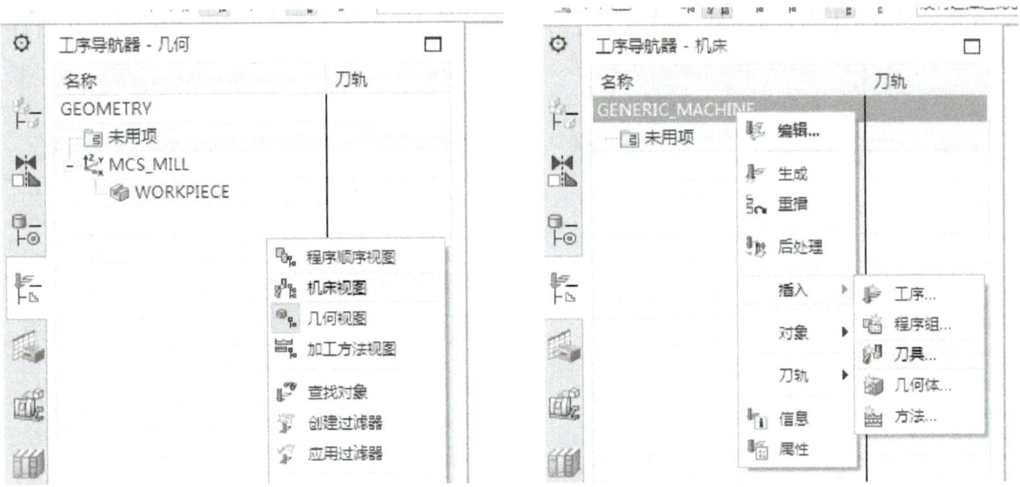

图 8-7　创建刀具

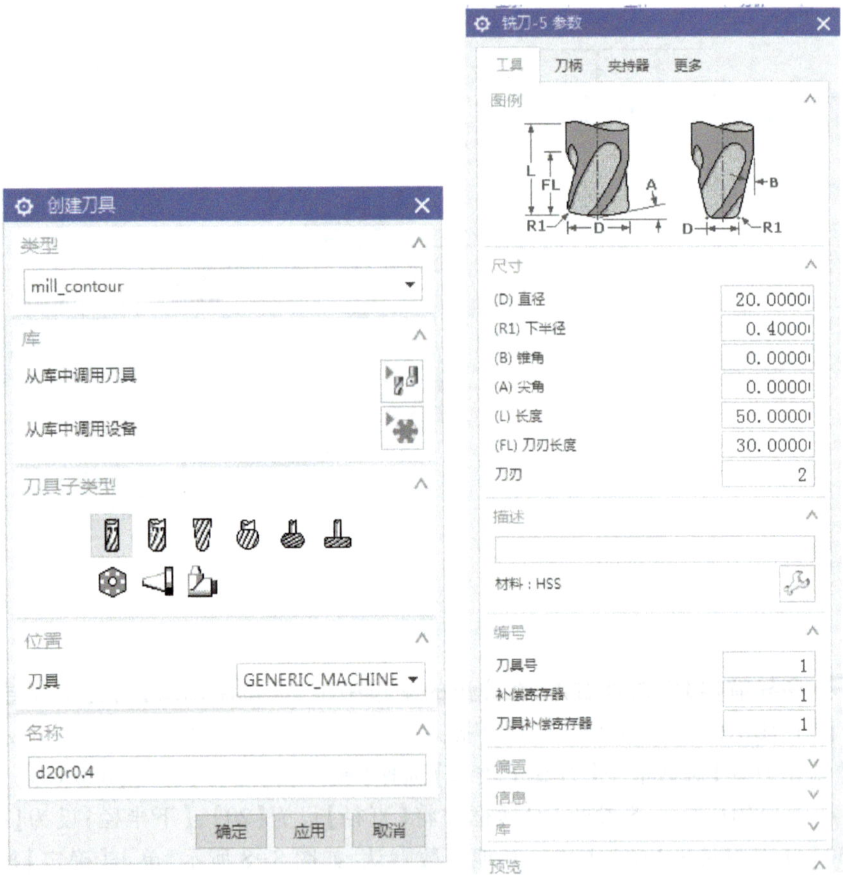

图 8-8　刀具参数设定

9. 在【创建刀具】的对话框中【刀具子类型】选择【铣刀】,将【名称】设为【d12r0】,单击【确定】按钮。在弹出的【铣刀-5 参数】窗口中,将【直径】设为【12】,【长度】设为【50】,【刀刃长度】设为【30】,其他参数默认如图 8-9 所示,单击【确定】按钮,返回【创建刀具】对话框,关闭【创建刀具】对话框,完成刀具的创建。

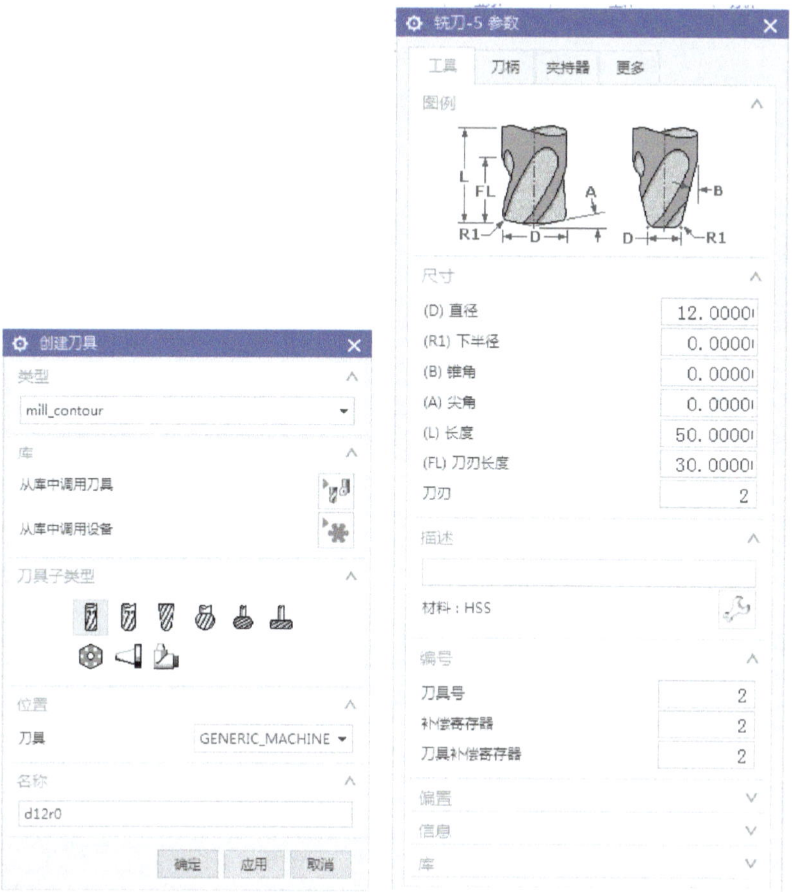

图 8-9　刀具参数设定

三、程序编制

（一）零件外轮廓粗加工

1. 在【插入】工具条中单击【创建工序】图标,弹出【创建工序】对话框,【类型】选择【mill_counter】,【工序子类型】选择【型腔铣】,【刀具】选择【D20R0.4】,【几何体】栏选择【WORKPIECE】,【方法】选择【MILL-SEMI-FINISH】,如图 8-10 所示,单击【确定】按钮。

2. 在弹出的【型腔铣】对话框中,【切削模式】选择【跟随周边】,【最大距离】设为【1】,如图 8-11 所示。

3. 在【型腔铣】对话框中单击【切削参数】图标,将【最终底面余量】设为【0.2】,如图 8-12所示,单击【确定】按钮。

图 8-10　创建工序

图 8-11　设置切削模式

图 8-12　设置切削余量

4. 单击【进给率和速度】图标，弹出【进给率和速度】对话框，将【主轴速度】设为【1800】rpm，【切削】设为【1200】mmpm，如图 8-13 所示，单击【确定】按钮，完成进给率和速度参数的设置,返回【型腔铣】对话框。

图 8-13　设置切削参数

5. 在【型腔铣】对话框中单击【生成】图标,生成刀轨,查看生成的刀轨,单击【确定】按钮。

（二）零件开口腔粗加工

1. 在【插入】工具条中单击【创建工序】图标,弹出【创建工序】对话框,【类型】选择【mill_counter】,【工序子类型】选择【型腔铣】,【刀具】选择【D20R0.4】,【几何体】选择【WORKPIECE】,【方法】选择【MILL-SEMI-FINISH】,如图 8-14 所示,单击【确定】按钮,弹出【型腔铣】对话框。

2. 在【型腔铣】对话框中【刀轨设置】区域,【切削模式】选择【跟随周边】,将【最大距离】设为【1】,如图 8-15 所示。

3. 在【型腔铣】对话框中单击【进给率和速度】图标,弹出【进给率和速度】对话框,将【主轴速度】设为【1800】rpm,【切削】设为【1200】mmpm,如图 8-16 所示,单击【确定】按钮,完成进给率和速度参数的设置,返回【型腔铣】对话框。

4. 在【型腔铣】对话框中【操作】区域内单击【生成】图标,生成刀轨,查看生成的刀轨,单击【确定】按钮,接受生成的刀轨。

（三）零件导轨腔粗加工

1. 在【插入】工具条中单击【创建工序】图标,弹出【创建工序】对话框,【类型】选择【mill_planar】,【工序子类型】选择【底壁加工】,【刀具】选择【D12R0】,【几何体】选择【WORKPIECE】,【方法】选择【MILL-FINISH】,如图 8-17 所示,单击【确定】按钮,弹出【底壁加工】对话框。

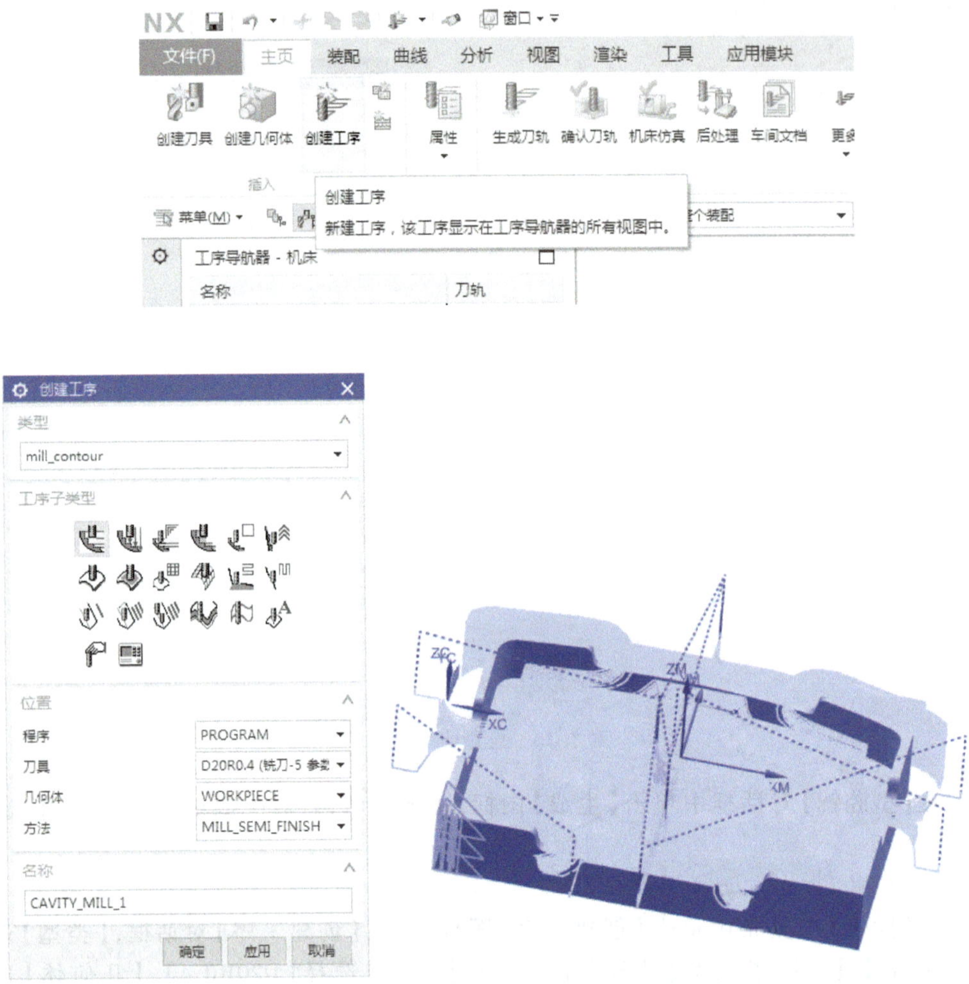

图 8-14　创建工序

图 8-15　设置切削模式

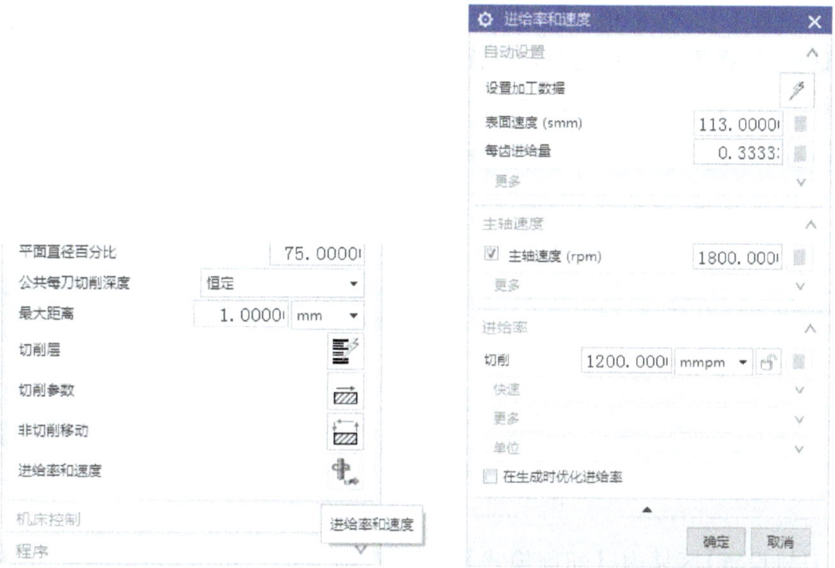

图 8-16　设置切削参数

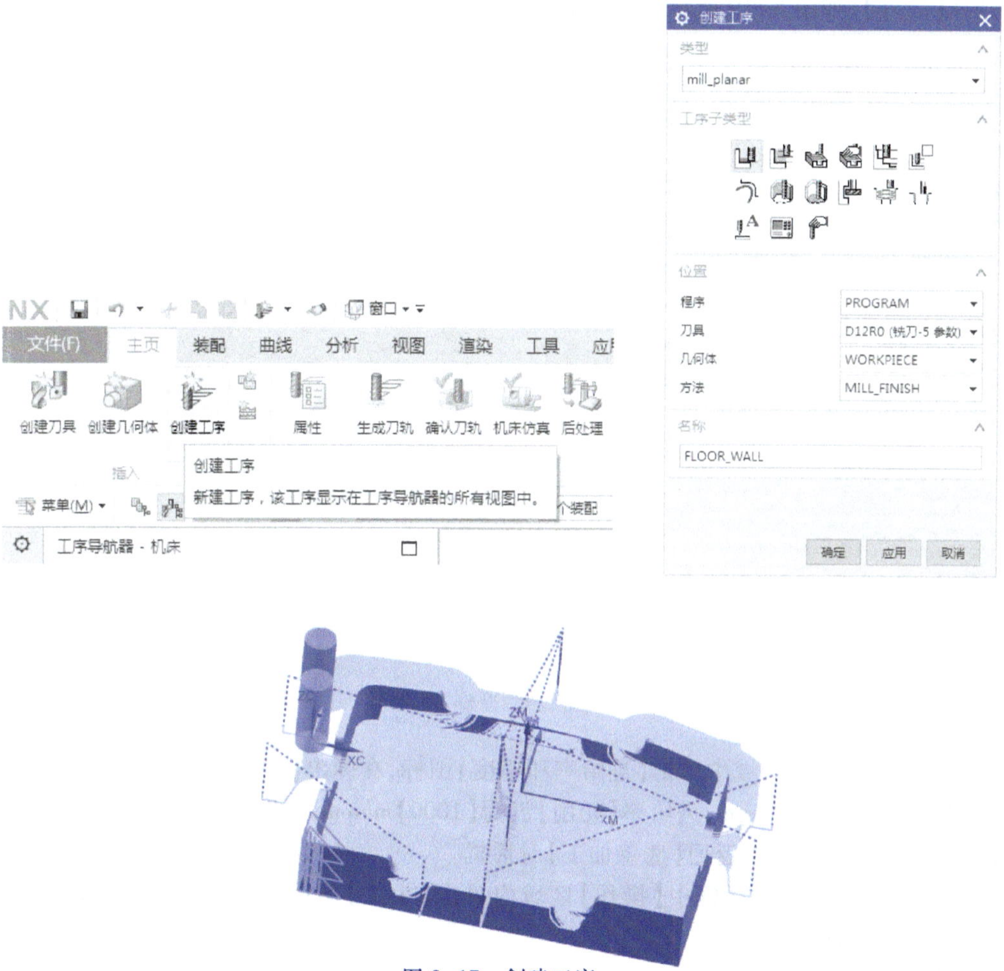

图 8-17　创建工序

2. 在【底壁加工】对话框中的【几何体】区域内单击【指定切削区域底面】图标，弹出【切削区域】对话框，选择模型的底面和台阶面，如图 8-18 所示，单击【确定】按钮，完成切削区域的创建，系统返回【底壁加工】对话框。

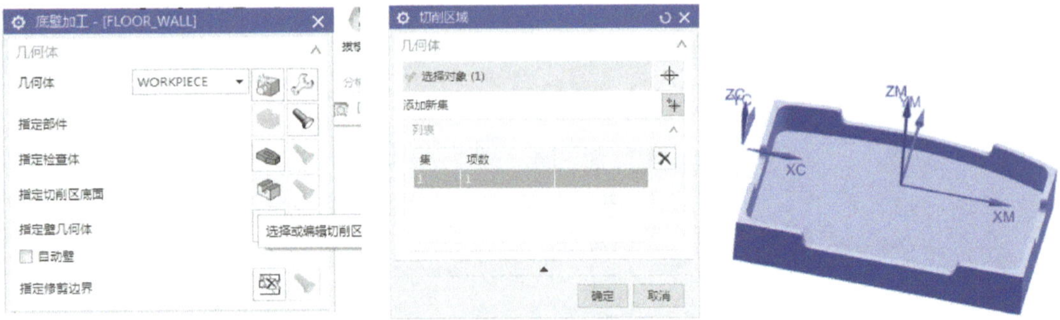

图 8-18　指定切削区域底面

3. 在【刀轨设置】区域内，【切削模式】选择【跟随周边】，单击【切削参数】图标，在弹出的【切削参数】对话框【策略】选项卡中，【切削】区域【切削方向】选择【顺铣】选项，【刀路方向】选择【向外】，如图 8-19 所示，单击【确定】按钮，系统返回【底壁加工】对话框。

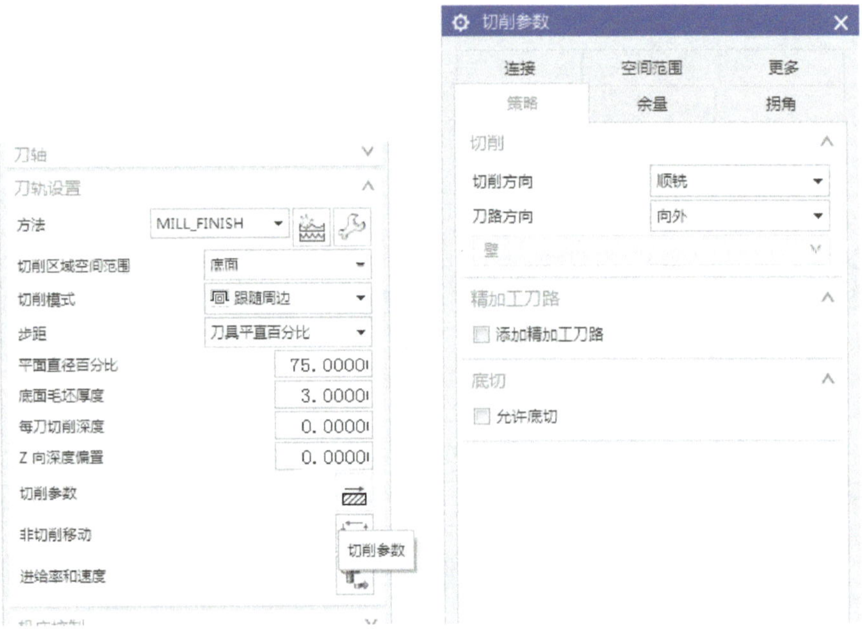

图 8-19　设置刀轨

4. 在【刀轨设置】区域中单击【进给率和速度】图标，在弹出【进给率和速度】对话框中将【主轴速度】设为【2800】rpm，进给率【切削】设为【1000】mmpm，如图 8-20 所示，单击【确定】按钮，完成刀轨设置，系统返回【底壁加工】对话框。

5. 在【底壁加工】 对话框中【操作】区域内单击【生成】图标，生成刀轨，单击【确定】按钮，接受生成的刀轨。

图 8-20　设置切削参数

（四）零件顶面和腔底面精加工

1. 在【插入】工具条中单击【创建工序】图标，弹出【创建工序】对话框，【类型】选择【mill-multi-axis】，【工序子类型】选择【外形轮廓铣】，【刀具】选择【D12R0】，【几何体】选择【WORKPIECE】，【方法】选择【MILL_FINISH】，如图 8-21 所示，单击【确定】按钮，系统弹出【外形轮廓铣】对话框。

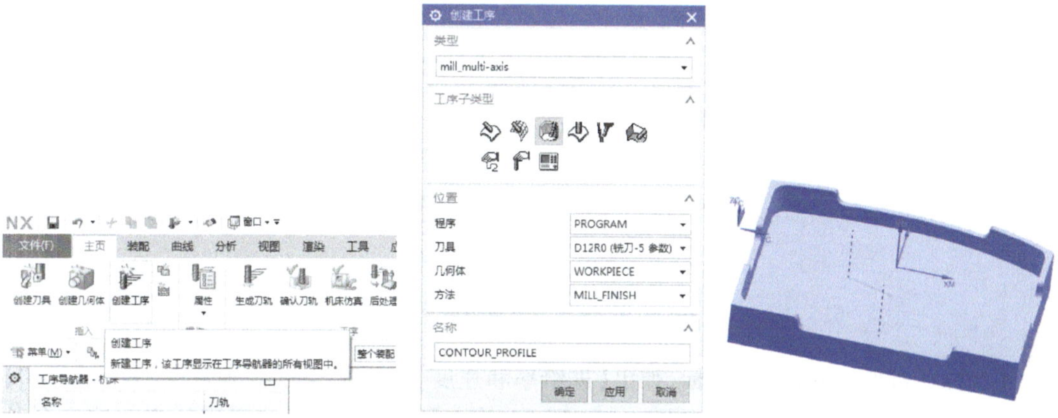

图 8-21　创建工序

2. 在【外形轮廓铣】对话框【几何体】区域中单击【指定底面】图标，选择模型的底面作为底面几何体，如图 8-22 所示，单击【确定】按钮，完成指定底面的创建，系统返回【外形轮廓铣】对话框。

3. 在【刀轨设置】选项区域内，单击【非切削移动】图标，在弹出的【非切削移动】对话框

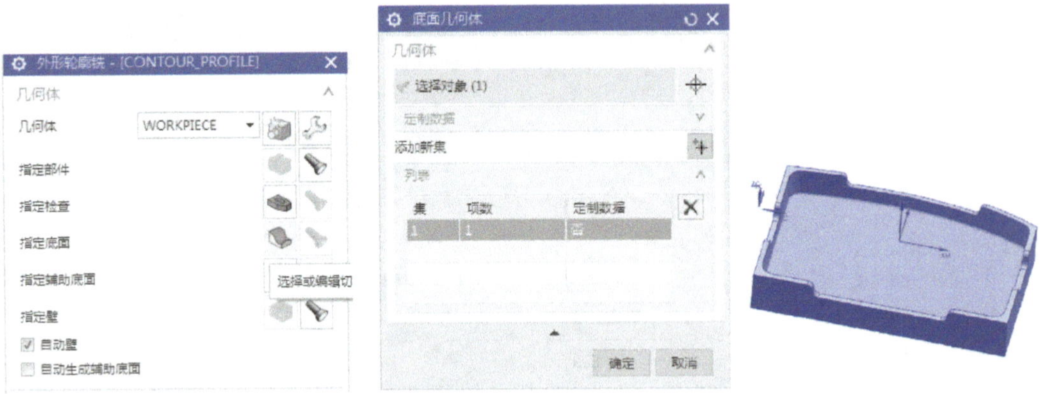

图 8-22　指定底面

【进刀】选项卡中,【进刀类型】选择【圆弧-垂直于刀轴】,如图 8-23 所示,单击【确定】按钮,系统弹出【外形轮廓铣】对话框。

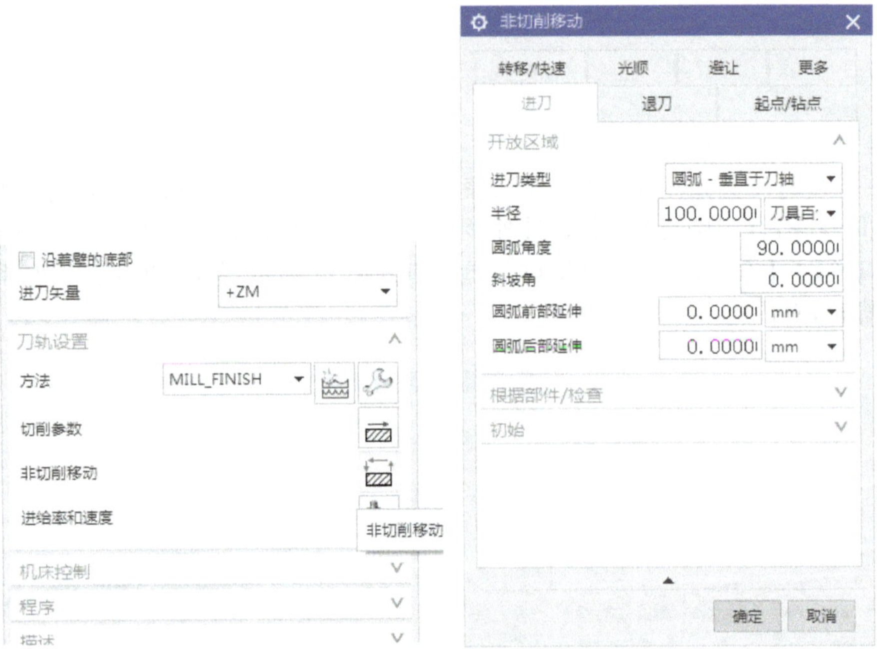

图 8-23　刀轨设置

4. 单击【进给率和速度】图标,弹出【进给率和速度】对话框,将【主轴速度】设为【2200】rpm,【切削】设为【1000】mmpm,如图 8-24 所示,单击【确定】按钮,完成进给率和速度参数的设置,返回【外形轮廓铣】对话框。

5. 在【外形轮廓铣】 对话框中【操作】区域内单击【生成】图标生成刀轨,单击【确定】按钮。

图 8-24　设置切削参数

（五）零件外轮廓精加工

微课

侧壁、凹槽精加工、仿真加工

1. 在【插入】工具条中单击【创建工序】图标，弹出【创建工序】对话框，【类型】选择【mill-multi-axis】，【工序子类型】选择【外形轮廓铣】，【刀具】选择【D12R0】，【几何体】选择【WORKPIECE】，【方法】选择【MILL_FINISH】，【名称】输入【CONTOUR_PROFILE-1】，如图 8-25 所示，单击【确定】按钮，系统弹出【外形轮廓铣】对话框。

图 8-25　创建工序

2. 在【外形轮廓铣】对话框【指定壁】区域中，取消勾选【自动壁】复选框，单击【指定壁】图标，选择模型的外壁作为壁几何体，如图 8-26 所示，单击【确定】按钮，系统返回【外形轮廓铣】对话框。

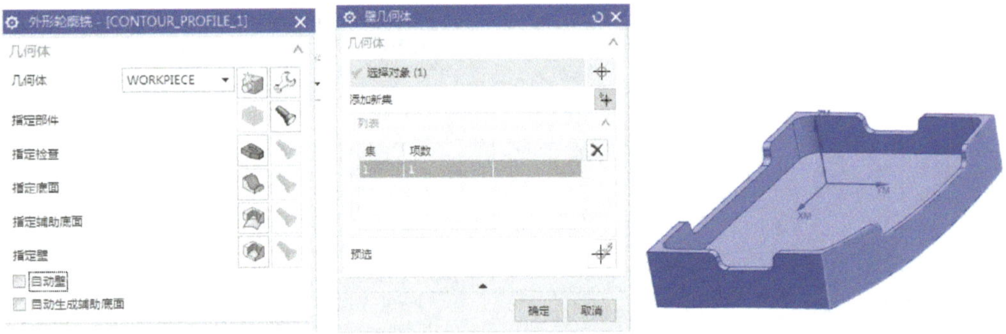

图 8-26　外形轮廓铣

3.【外形轮廓铣】对话框中，勾选【自动生成辅助底面】复选框，将【距离】设为【-2】，如图 8-27 所示。

4. 在【刀轨设置】区域内，单击【非切削移动】图标，在【非切削移动】对话框的【转移/快速】选项卡中，【安全设置选项】选择【使用继承的】，如图 8-28 所示，单击【确定】按钮，返回【外形轮廓铣】对话框。

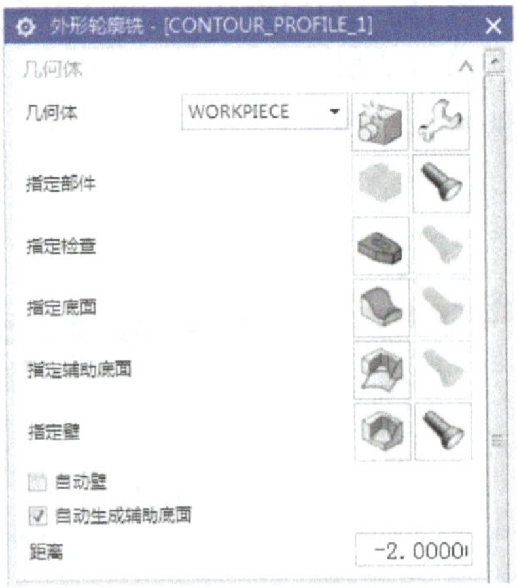

图 8-27　自动生成辅助底面

图 8-28　刀轨设置

5. 单击【进给率和速度】图标，将【主轴速度】设为【2200】rpm，【切削】设为【1000】mmpm，如图 8-29 所示，单击【确定】按钮，完成进给率和速度参数的设置，返回【外形轮廓铣】对话框。

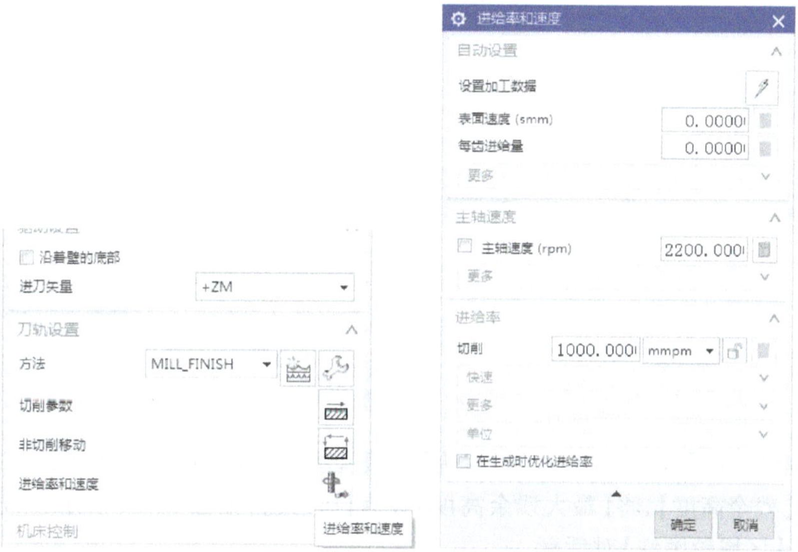

图 8-29　切削参数设置

6. 在【外形轮廓铣】对话框中【操作】区域内单击【生成】图标生成刀轨，单击【确定】按钮。

（六）零件导轨槽精加工

1. 在【插入】工具条中单击【创建工序】图标，弹出【创建工序】对话框，【类型】选择【mill-contour】，【工序子类型】选择【区域轮廓铣】，【刀具】选择【BALL4】，【几何体】选择【WORKPIECE】，【方法】选择【MILL_FINISH】，如图 8-30 所示，单击【确定】按钮，系统弹出【区域轮廓铣】对话框。

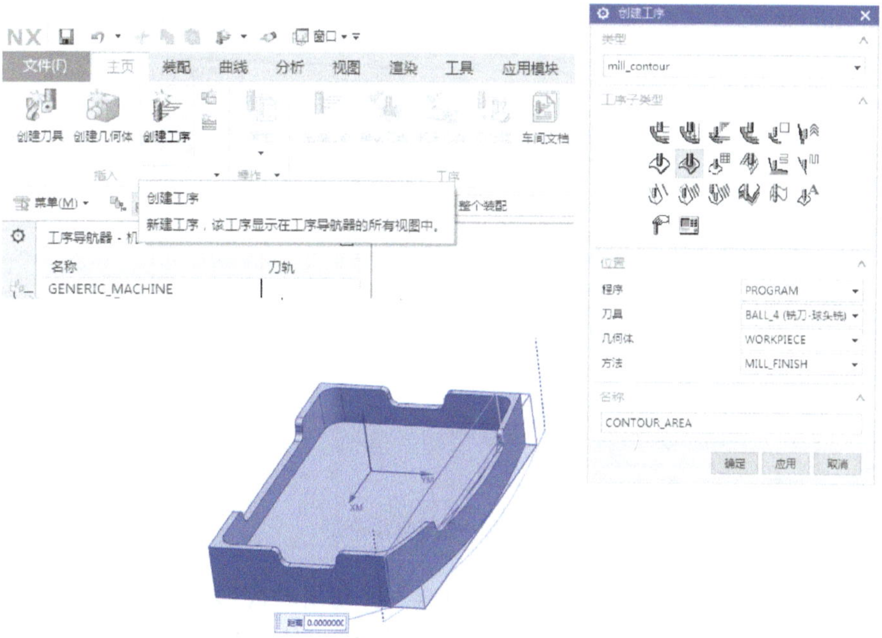

图 8-30　创建工序

2. 在【区域轮廓铣】对话框中单击【指定切削区域】图标，弹出【切削区域】对话框，选择模型中的圆角，如图 8-31 所示，单击【确定】按钮，系统返回【区域轮廓铣】对话框。

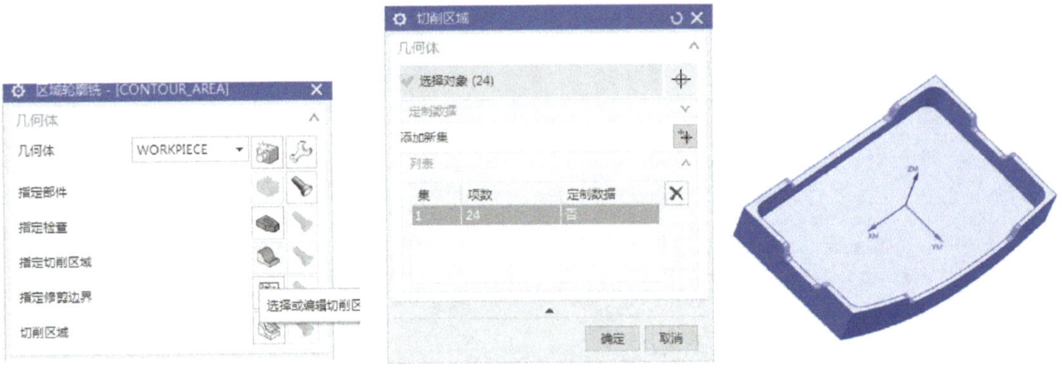

图 8-31 切削区域

3. 在【驱动方法】区域内【方法】设置为【区域铣削】，在【区域铣削驱动方法】对话框中，【步距】选择【残余高度】，将【最大残余高度】设为【0.005】，如图 8-32 所示，单击【确定】按钮，系统返回【区域轮廓铣】对话框。

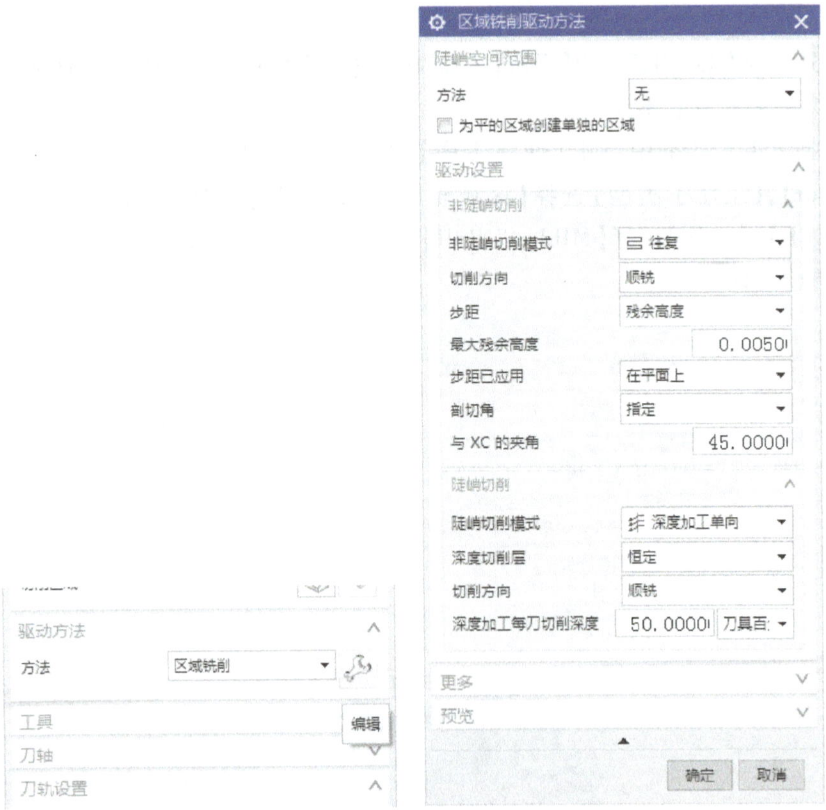

图 8-32 驱动方法设定

4. 在【刀轨设置】区域单击【切削参数】图标，在【切削参数】对话框中的【策略】选项卡中，【剖切角】选择【指定】，将【与 XC 的夹角】设为【45】，在【延伸路径】选项区中勾选【在边上延伸】复选框，将【距离】设为【10】，如图 8-33 所示，单击【确定】按钮，系统返回【区域轮廓铣】对话框。

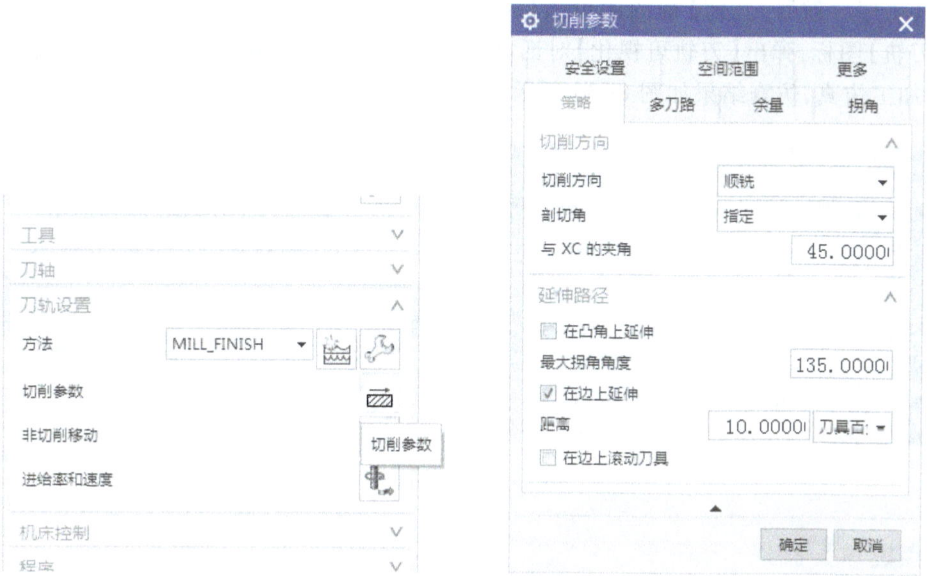

图 8-33　切削参数设定

5. 单击【进给率和速度】图标，将【主轴速度】设为【3600】rpm，【切削】设为【800】mmpm，如图 8-34 所示，单击【确定】按钮。

图 8-34　切削参数设定

6. 在【区域轮廓铣】对话框中【操作】区域内单击【生成】图标，生成刀轨，单击【确定】按钮，接受生成的刀轨。

四、仿真加工

在【工序导航器-几何】视图中单击【NC_PROGRAM】父节组，在【操作】工具条中单击【确认刀轨】图标，弹出【刀轨可视化】对话框选择【2D 动态】选项卡，单击【播放】按钮，进行工件的加工仿真，仿真结果如图 8-35 所示。

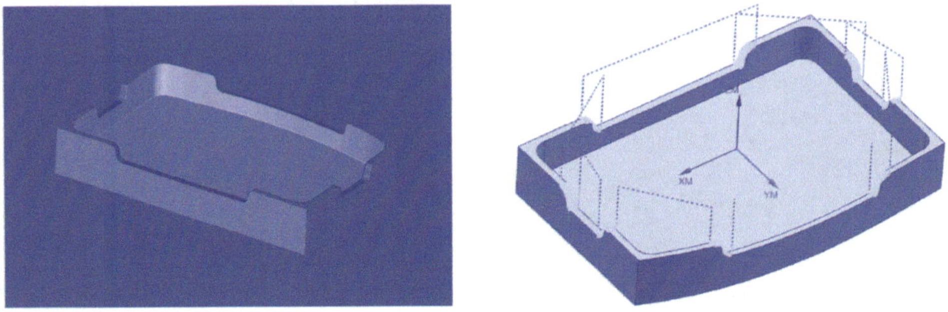

图 8-35　仿真加工

专家点拨

1. 在编制任何一个零件的加工程序前，必须要仔细分析零件图样和零件模型，并编制合理的加工工艺。

2. 在 NX CAM 中编制零件程序时，要考虑零件的装夹。一般对于块类零件的小批量生产，可以采用加厚毛坯以供夹持的方式，待正面全部加工完后，反身装夹，铣去夹持部分，只需保证总厚即可。

3. 在粗加工时原则为尽可能提高加工效率，精加工时要保证质量。

4. 为保证表面质量，精加工要求采用圆弧进刀的方式。

课后训练

根据图 8-36 多面体零件的特征，制定合理的工艺路线，设置必要的加工参数，生成刀具路径，通过相应的后处理生成数控加工程序，然后进行仿真验证，并运用机床加工零件。

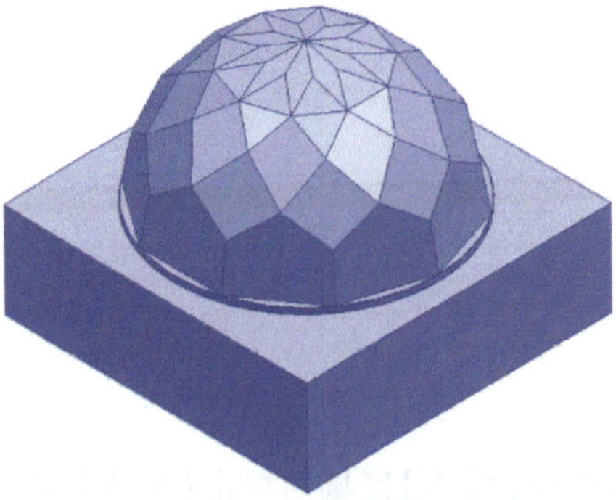

图 8-36　多面体零件

项目9

叶轮的数控编程与仿真加工

学习目标

能力目标：能运用 NX 软件完成叶轮的编程与仿真加工。

知识目标：掌握叶轮铣削几何体设置。

掌握叶轮粗加工、叶片精加工、轮毂精加工、圆角精加工方法。

掌握刀路阵列方法。

掌握叶轮加工刀路优化方法。

素质目标：激发学生的学习兴趣，培养团队合作和创新精神。

项目导读

叶轮是航空发动机中的核心部件，叶轮的形状比较复杂，叶片与叶片之间一般会有加工干涉，由于其零件形状的特殊性，采用车削或者三轴铣削都没法完成零件加工，因此只能采用多轴加工。

任务描述

学生以企业制造部门 MC 数控程序员的身份进入 NX CAM 功能模块，根据叶轮零件的特征，制定合理的工艺路线，创建型腔铣，可变轴轮廓铣等加工操作，设置必要的加工参数，生成刀具路径，检验刀具路径是否正确合理。并对操作过程中存在的问题进行研讨和交流，通过相应的后处理生成数控加工程序，并运用机床加工零件。

工作任务

按照零件加工要求，制定叶轮的加工工艺，编制叶轮加工程序，完成叶轮的仿真加工，后处理得到数控加工程序，完成零件加工。

一、制订加工工艺

1. 叶轮零件分析

该零件形状比较复杂，加工精度要求高，叶片属于薄壁零件，加工时容易产生变形，而且加工叶片时容易产生干涉。

2. 毛坯选用

零件材料为 AL7075(航空铝棒)，尺寸为 ϕ120 mm×50 mm。零件长度、直径尺寸已经精加工到位，无需再次加工。

3. 制订加工工序卡

零件选用立式五轴联动机床加工(双摆台摇篮式)，三爪自定心卡盘夹持，遵循先粗后精加工原则，粗加工采用 3+2 轴型腔铣方式，精加工采用五轴联动加工。制订加工工序如表 9-1 所示。

表 9-1　加工工序卡

零件号：			工序名称：			工艺流程卡_工序单
1722536			叶轮铣削加工			
材料：AL7075	页码：1		工序号：01			版本号：0
夹具：三爪自定心卡盘	工位：MC		数控程序号：			
刀具及参数设置						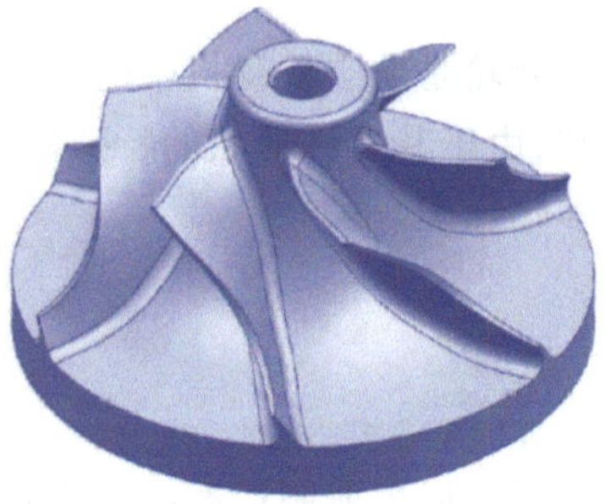
加工内容	刀具号	刀具规格	主轴转速	进给速度		
叶片粗加工	T01	B8	S1500	F5000		
叶片精加工	T02	B6	S2500	F8000		
轮毂精加工	T02	B6	S2500	F8000		
圆角精加工	T02	B6	S4000	F10000		
更改号	更改内容		批准	日期		(单位)
拟制：	日期：	审核：	日期：	批准：	日期：	

二、加工准备

微课
加工准备

知识点微课
加工准备

1. 启动 NX 10.0,单击【打开】图标,弹出【打开】对话框,选择叶轮.prt 文件,如图 9-1 所示,单击【OK】按钮,打开叶轮模型。

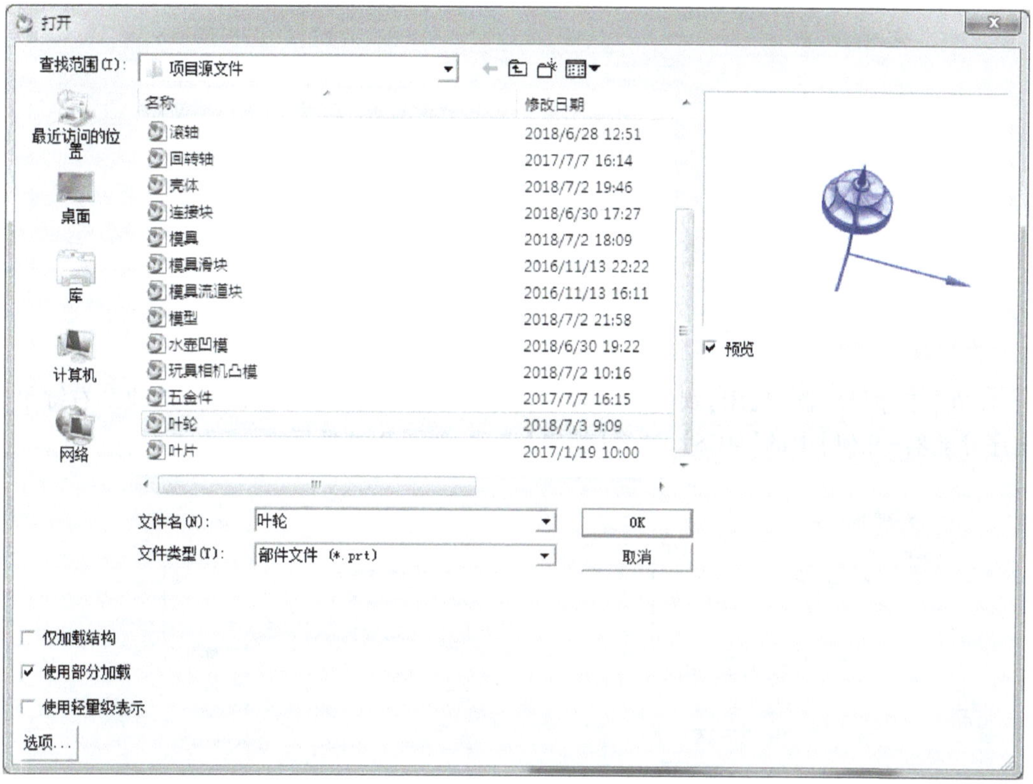

图 9-1　打开文件

2. 在菜单栏中选择【应用模块】选项卡,单击【加工】图标,如图 9-2 所示,进入加工环境。

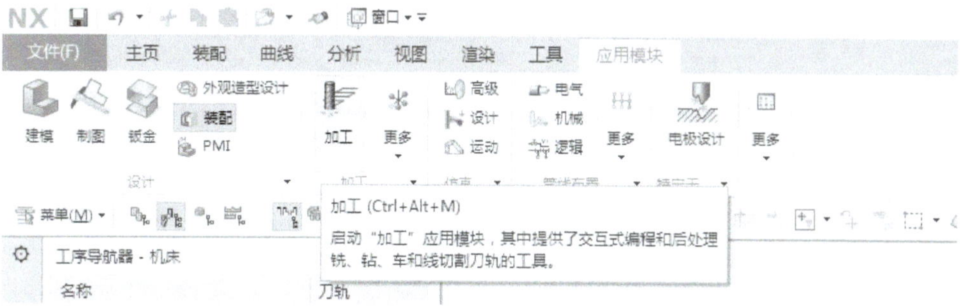

图 9-2　进入加工模块

3. 在弹出的【加工环境】对话框【CAM 会话配置】栏中选择【cam_general】选项，【要创建的 CAM 设置】栏中选择【mill_multi_blade】选项，如图 9-3 所示，单击【确定】按钮，完成加工环境的设置。

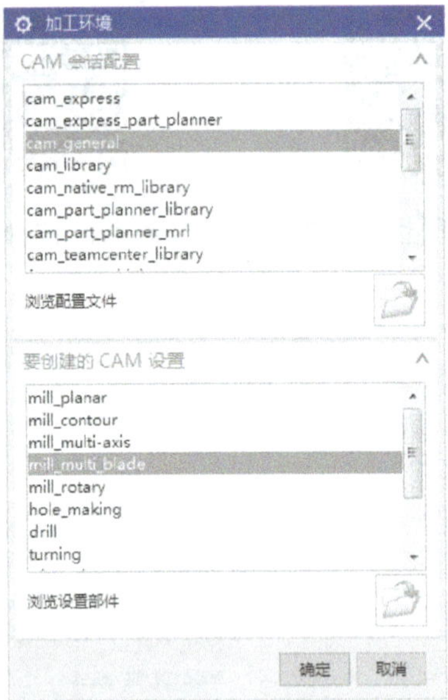

图 9-3　打开 CAM 设置

4. 在【工序导航器-机床】视图空白处单击鼠标右键，选择【几何视图】选项。右键单击【工序导航器-几何】中的【MCS】，选择【编辑】选项，如图 9-4 所示。

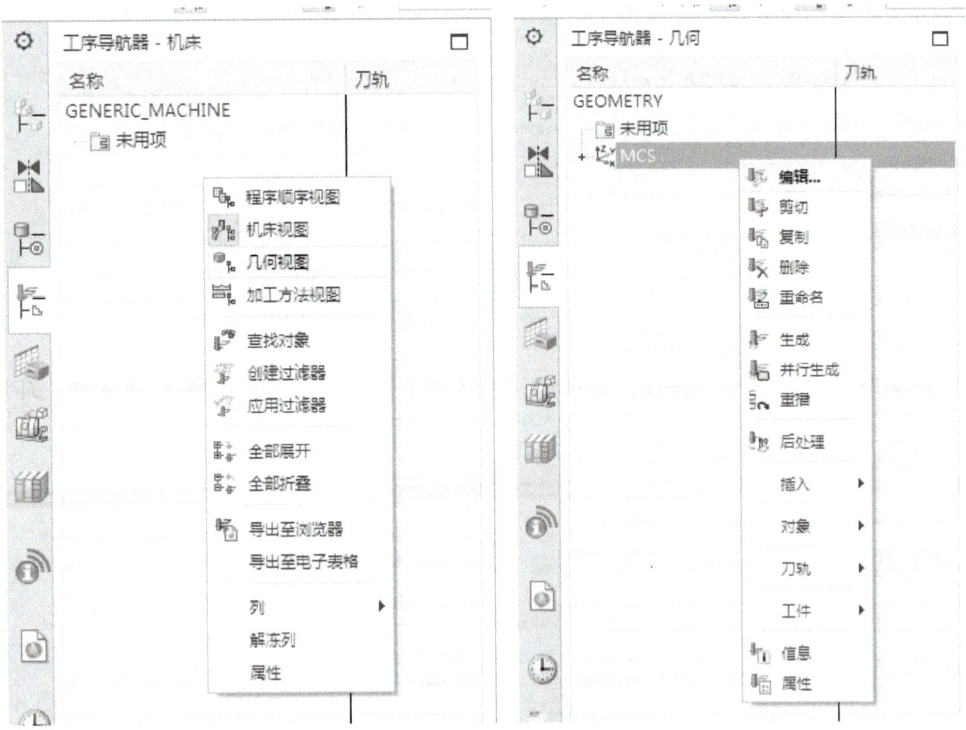

图 9-4　进入 MCS 坐标系

5. 弹出【MCS】对话框，单击工件上表面轮廓指定 MCS，【安全设置】区域中【安全设置选项】下拉列表框中选择【包容圆柱体】选项，将【安全距离】设为 10，如图 9-5 所示，单击【确定】按钮。

图 9-5　设置 MCS 坐标系

6. 打开【MCS】树下的子选项，右键单击【WORKPIECE】图标，选择【编辑】选项。弹出【工件】对话框，如图 9-6 所示，单击【指定部件】图标。

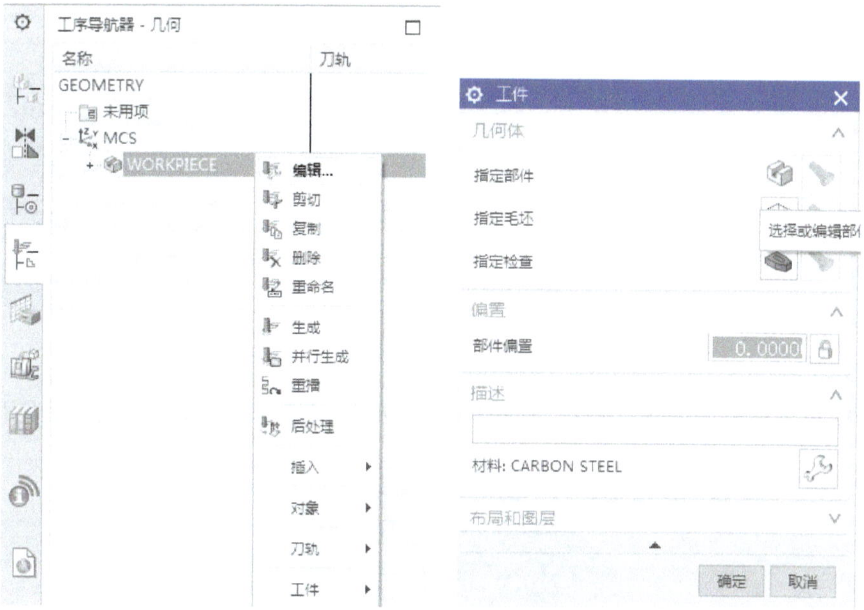

图 9-6　进入 WORKPIECE

7. 弹出【部件几何体】对话框，然后在图形中选择叶轮几何体，如图 9-7 所示，单击【确定】按钮，完成部件几何体的设置，返回【工件】对话框。

8. 单击【工件】对话框中的【指定毛坯】图标，弹出【毛坯几何体】对话框，选择图形中毛坯几何体，如图 9-8 所示，单击【确定】按钮，返回【工件】对话框。【工件】对话框单击【确定】按钮。

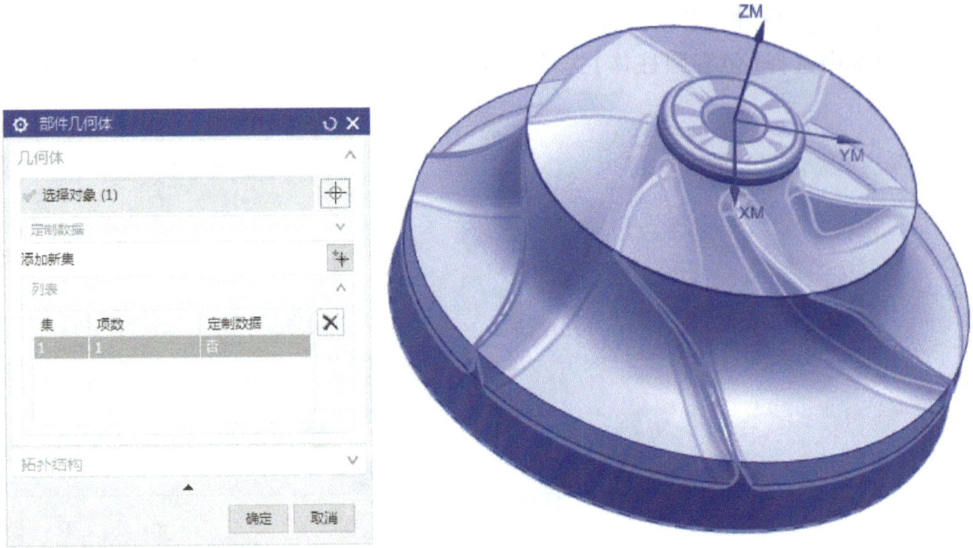

图 9-7　设置几何体

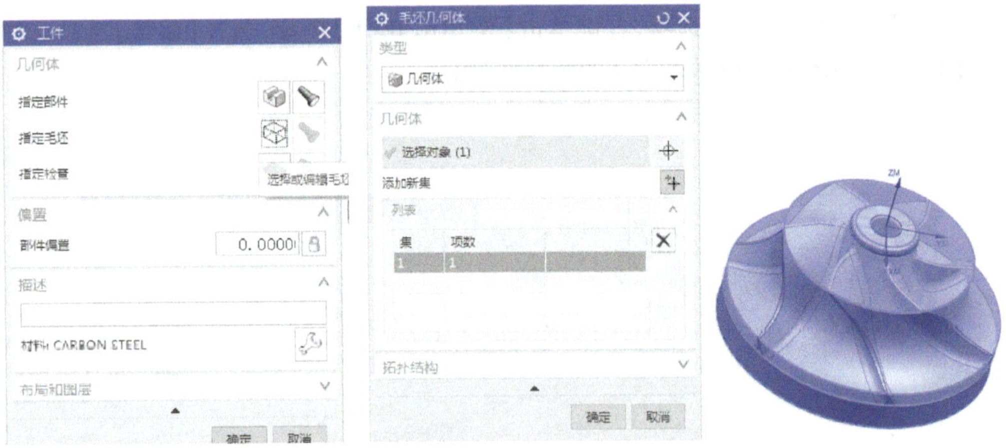

图 9-8　设定毛坯

9. 右键单击图形中毛坯几何体，选择【隐藏】选项，如图 9-9 所示，不显示毛坯几何体。

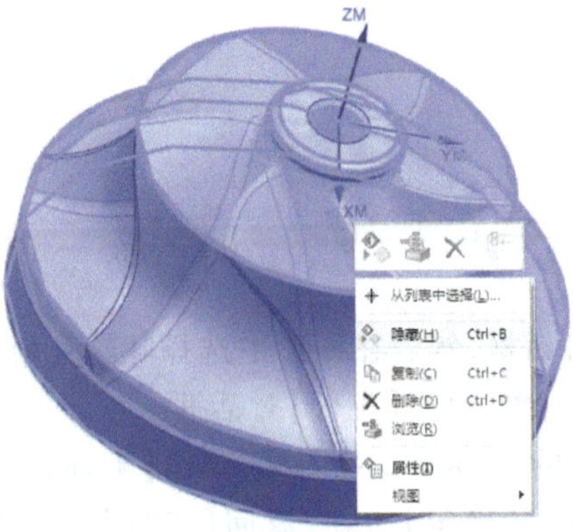

图 9-9　隐藏毛坯

10. 在【工序导航器-几何】视图中打开【WORKPIECE】下的子选项，右键单击【MULTI_BLADE】图标，选择【编辑】选项。在弹出的【多叶片几何体】对话框中，如图 9-10 所示，单击【指定轮毂】图标。

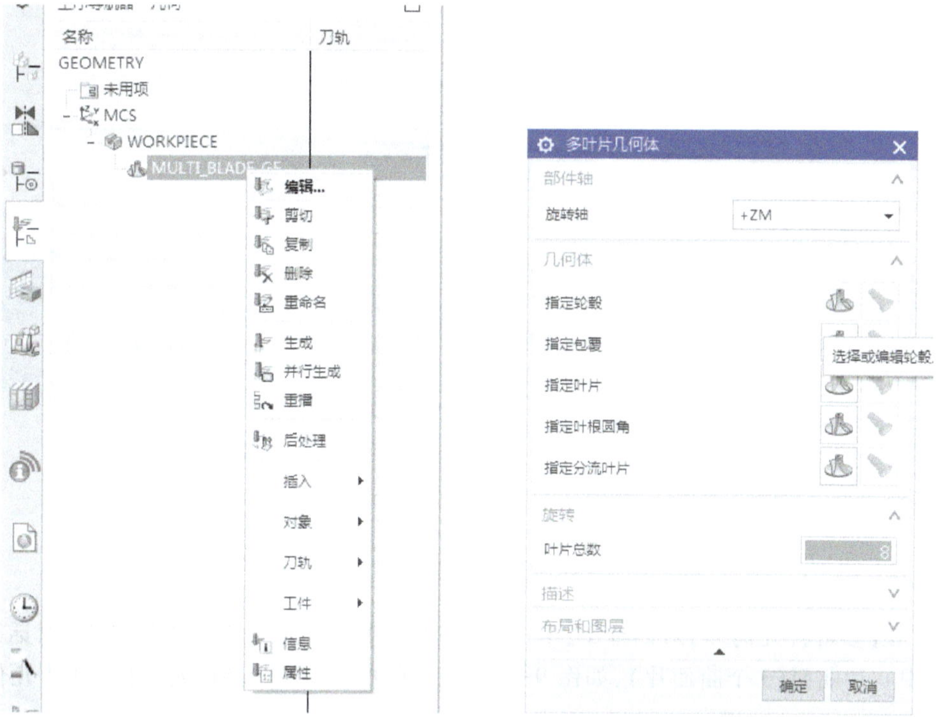

图 9-10　编辑叶片几何体参数

11. 弹出【轮毂几何体】对话框，选择图形中轮毂实体，如图 9-11 所示，单击【确定】按钮，返回【多叶片几何体】对话框。

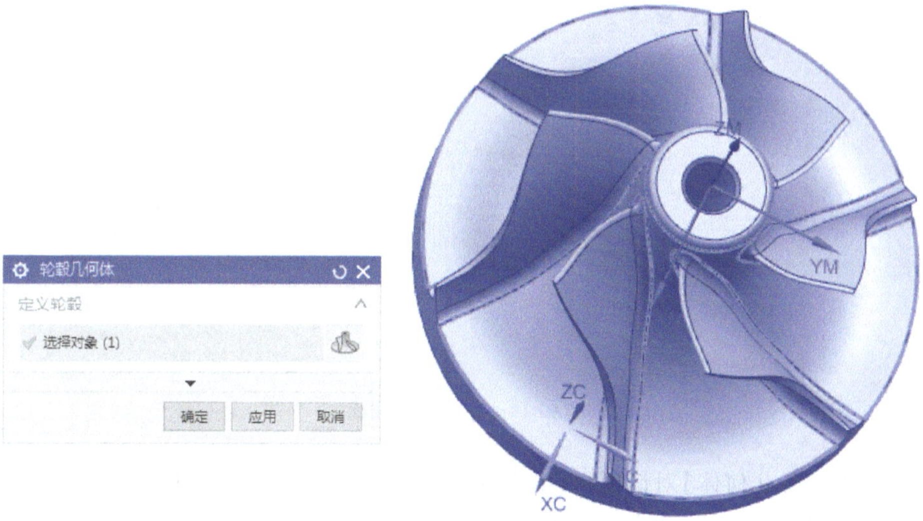

图 9-11　指定轮毂

12. 在【多叶片几何体】对话框中，单击【几何体】区域中【指定包覆】图标，弹出【包覆几何体】对话框，选择图形中叶轮外包络面，如图 9-12 所示，单击【确定】按钮，返回【多叶片几何体】对话框。

图 9-12　指定包覆

13. 在【多叶片几何体】对话框中，单击【指定叶片】图标，弹出【叶片几何体】对话框，选择图形中叶片曲面(3 个曲面片)，如图 9-13 所示，单击【确定】按钮，返回【多叶片几何体】对话框。

图 9-13　指定叶片曲面

14. 在【多叶片几何体】对话框中，单击【指定叶根圆角】图标，弹出【叶根圆角几何体】对话框，选择图形中叶根圆角(3 个曲面片)，如图 9-14 所示，单击【确定】按钮，返回【多叶片几何体】对话框。

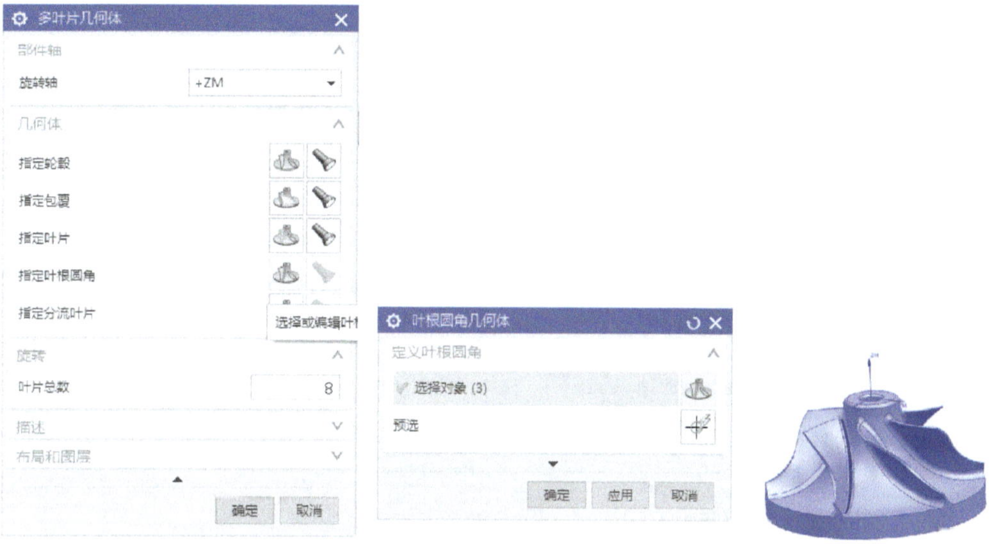

图 9-14　指定圆角

15. 在【多叶片几何体】对话框中，将【叶片总数】设为【6】，如图 9-15 所示，单击【确定】按钮。

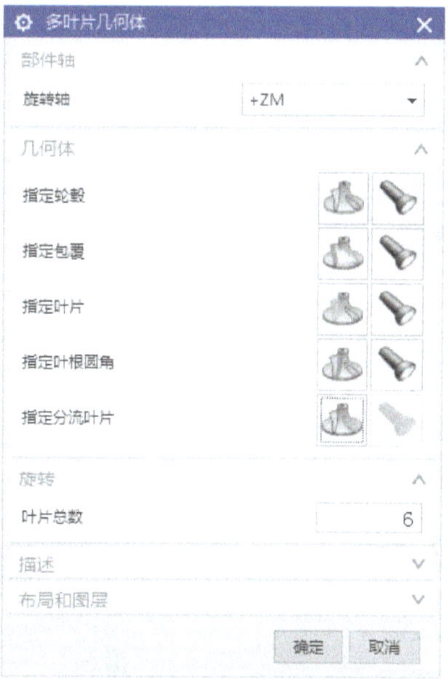

图 9-15　指定叶片数量

16. 在【工序导航器】工具条中单击【机床视图】图标，切换到机床视图，如图 9-16 所示，在【主页】选项中单击【创建刀具】图标，弹出【创建刀具】对话框。

17. 在【创建刀具】对话框中，【刀具子类型】选项中选择【球头铣刀】选项，修改刀具【名称】为【BALL_MILL_8】，单击【确定】按钮。弹出【铣刀-球头铣】对话框，在【工具】选项卡中设置刀具参数，将【球直径】设为【8】，【长度】设为【50】，【刀刃长度】设为【30】，【刀具号】设为【1】，【补偿寄存器】设为【1】，【刀具补偿寄存器】设为【1】，如图 9-17 所示。

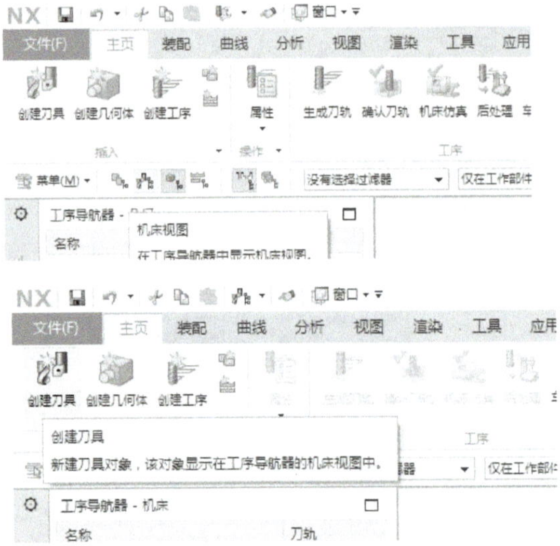

图 9-16　进入创建刀具

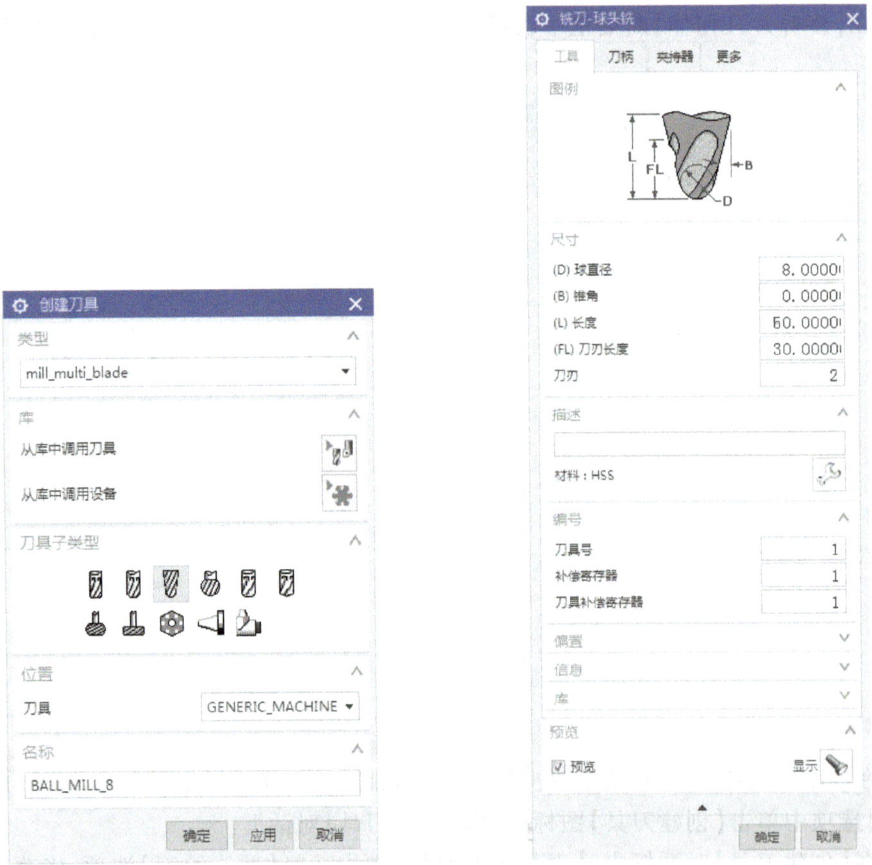

图 9-17　创建球头铣刀

18. 同样的方法【创建刀具】，刀具名称改为【BALL_MILL_6】，刀具尺寸中将【球直径】设为【6】，【长度】设为【50】，【刀刃长度】设为【20】，【刀刃】设为【2】，【刀具号】设为【2】，【补偿寄存器】设为【2】,【刀具补偿寄存器】设为【2】,如图 9-18 所示。单击【确定】按钮,完成刀具设置。

图 9-18　创建球头刀

三、 程序编制

(一) 叶片粗加工

微课
叶片粗加工

知识点微课
叶片粗加工

1. 在【插入】工具条中单击【创建工序】图标,弹出【创建工序】对话框,在【工序子类型】选项中选择【多叶片粗加工】选项,【程序】下拉列表框中选择【PROGRAM】选项,【刀具】下拉列表框中选择【BALL_MILL_8】选项，【几何体】下拉列表框中选择【MULTI_BLADE_GEOM】选项，【方法】下拉列表框中选择【MILL_ROUGH】选项，如图 9-19 所示，单击【确定】按钮，弹出【多叶片粗加工】对话框。

图 9-19　创建工序

2. 在【多叶片粗加工】对话框中，单击【驱动方法】选项中【叶片粗加工】图标，弹出【叶片粗加工驱动方法】对话框，默认窗口中的参数，如图 9-20 所示，单击【确定】按钮，系统返回【多叶片粗加工】对话框。

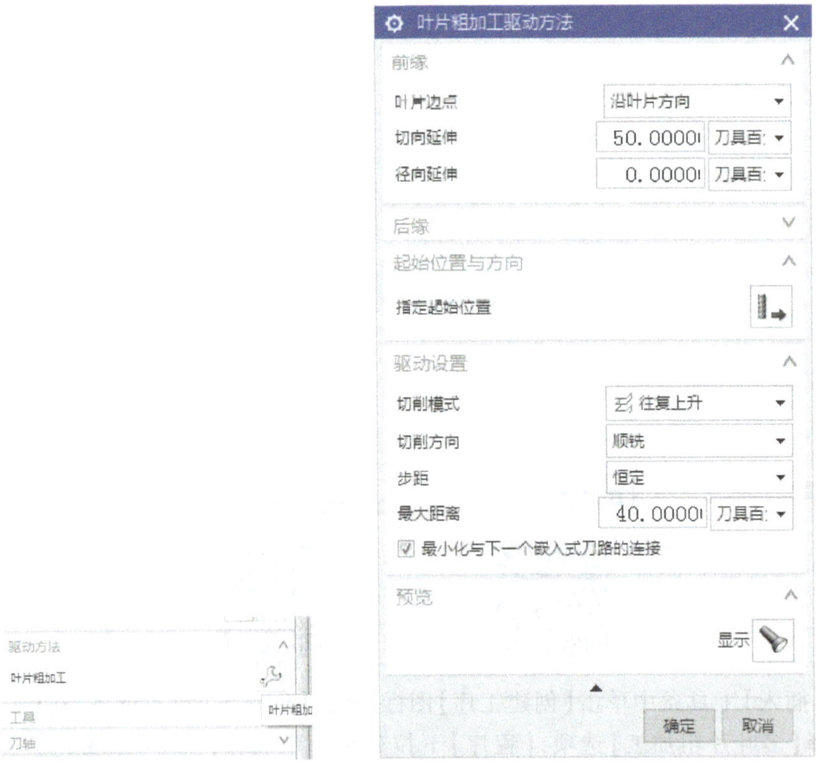

图 9-20　设置驱动方法

3. 在【多叶片粗加工】对话框中【刀轴】选项中【轴】下拉列表框中选择【自动】选项，单击【刀轨设置】中【切削层】图标。弹出【切削层】对话框，在【深度选项】选项下【深度模式】下拉列表框中选择【从轮毂偏置】选项，【每刀切削深度】下拉列表框选择【恒定】选项，将【距离】设为【100】，如图 9-21 所示，单击【确定】按钮，返回【多叶片粗加工】对话框。

图 9-21　设置切削层

4. 单击【刀轨设置】选项下的【切削参数】图标，弹出【切削参数】对话框。单击【余量】选项卡，将【叶片余量】设为【0.3】，【轮毂余量】设为【0.3】，【检查余量】设为【0.3】，如图 9-22 所示，单击【确定】按钮，返回【多叶片粗加工】对话框。

图 9-22　设置切削参数

5. 单击【刀轨设置】选项下的【进给率和速度】图标，弹出【进给率和速度】对话框。将【主轴速度】设为【1500】rpm，【切削】设为【5000】mmpm，如图 9-23 所示，单击【确定】按钮，返回【多叶片粗加工】对话框。

图 9-23　设置进给率和速度

6. 在【操作】选项下单击【生成】图标，生成刀轨，如图 9-24 所示，检查生成的刀轨，单击【确定】按钮，接受生成的刀轨。

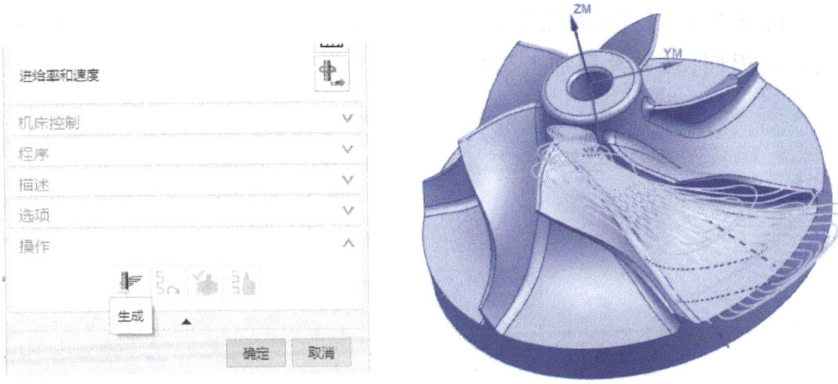

图 9-24　生成刀路

7. 单击【驱动方法】选项下【叶片粗加工】图标，弹出【叶片粗加工驱动方法】对话框。【前缘】选项下【叶片边点】下拉列表框中选择【沿部件轴】选项，将【距离】设为【15】，【切向延伸】设为【0】，【径向延伸】设为【150】，如图 9-25 所示，单击【确定】按钮，系统返回【多叶片粗加工】对话框。

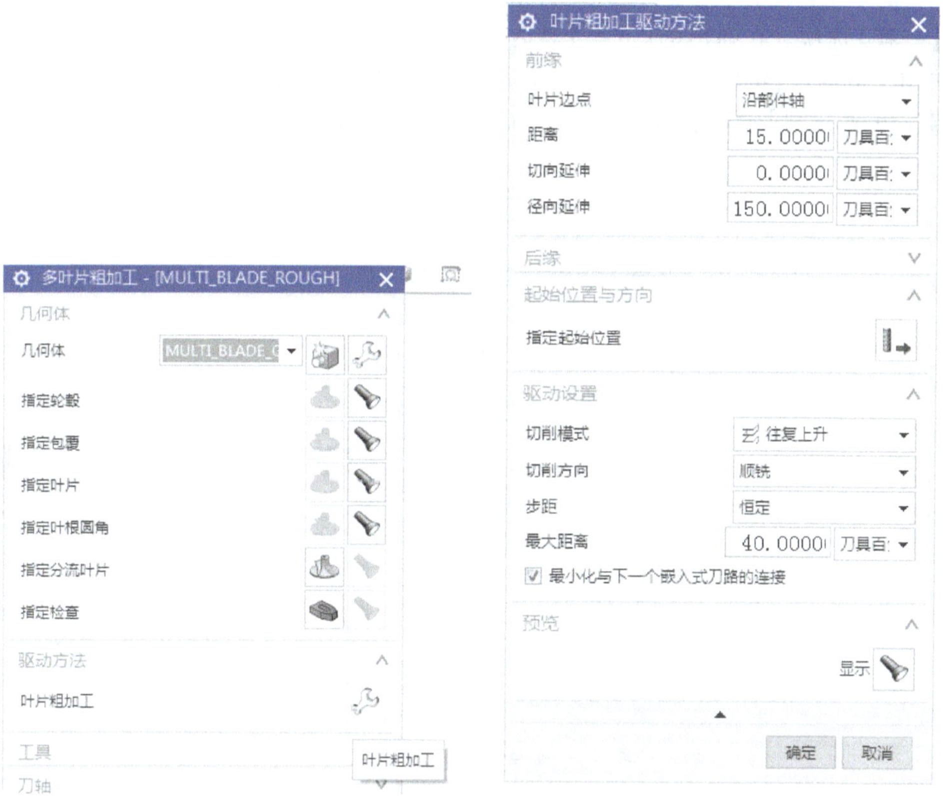

图 9-25　设置驱动方法

8. 在【操作】区域中单击【生成】图标，生成刀轨，如图 9-26 所示，检查生成的刀轨，单击【确定】按钮，接受生成的刀轨。

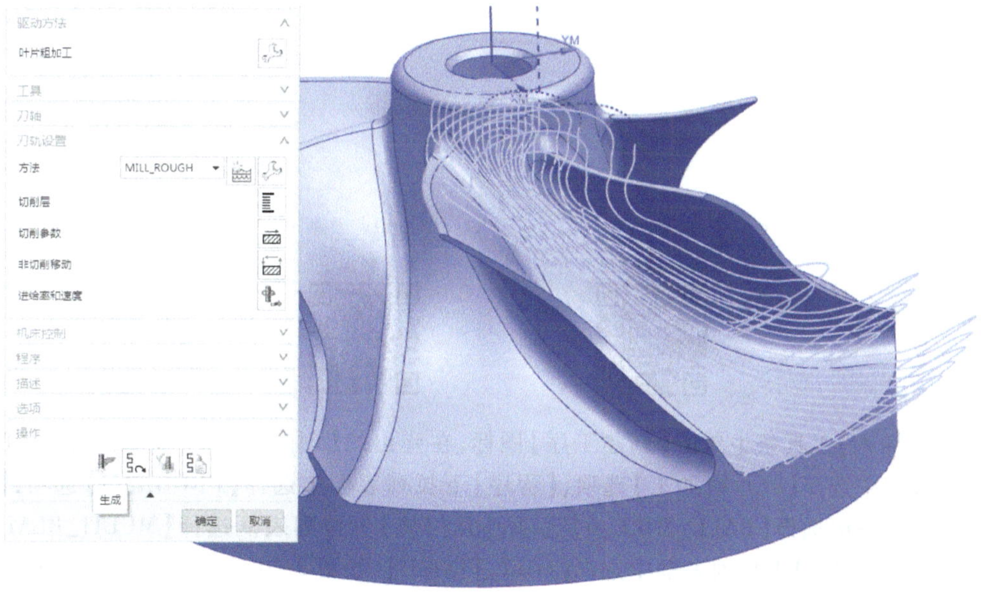

图 9-26　生成刀轨

9. 右键单击【工序导航器-程序顺序】区域中的【MULTI_BLADE_GEO】图标，选择【对象】—【变换】选项。在弹出的【变换】对话框中设置，【类型】选项卡下选择【绕直线旋转】选项，单击【指定点】编辑图标选择坐标原点，单击【指定矢量】编辑图标选择【+ZC 轴】，将【距离/角度分割】设为【6】，【非关联副本】设为【5】，如图 9-27 所示，单击【确定】按钮。

图 9-27　变换刀路

（二）叶片精加工

微课　叶片精加工

知识点微课　叶片精加工

1. 在【插入】工具条中单击【创建工序】图标，在弹出的【创建工序】对话框中，在【工序子类型】选项中选择【叶片精加工】选项，【程序】下拉列表框中选择【PROGRAM】选项，【刀具】下拉列表框中选择【BALL_MILL_6】选项，【几何体】下拉列表框选择【MULTI_BLADE_GEOM】选项，【方法】下拉列表框中选择【MILL_FINISH】，如图 9-28 所示，单击【确定】按钮，弹出【叶片精加工】对话框。

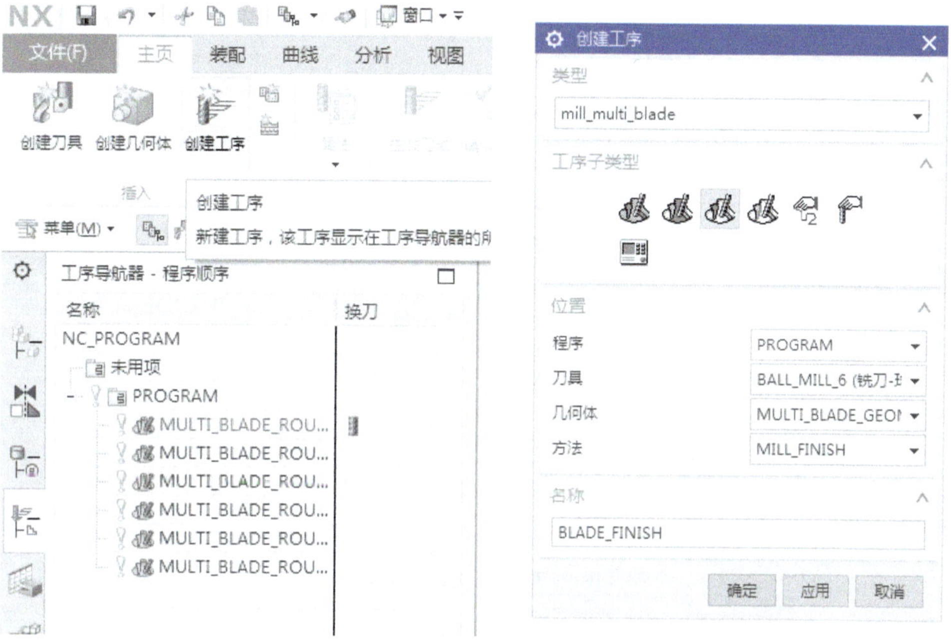

图 9-28　创建工序

2. 在【叶片精加工】对话框中，单击【刀轨设置】选项中的【切削层】设置图标，弹出【切削层】对话框，【深度模式】下拉列表框选择【从包覆插补至轮毂】选项，【每刀切削深度】下拉列表框选择【残余高度】选项，将【残余高度】设为【0.05】，如图 9-29 所示，单击【确定】按钮，系统返回【叶片精加工】对话框。

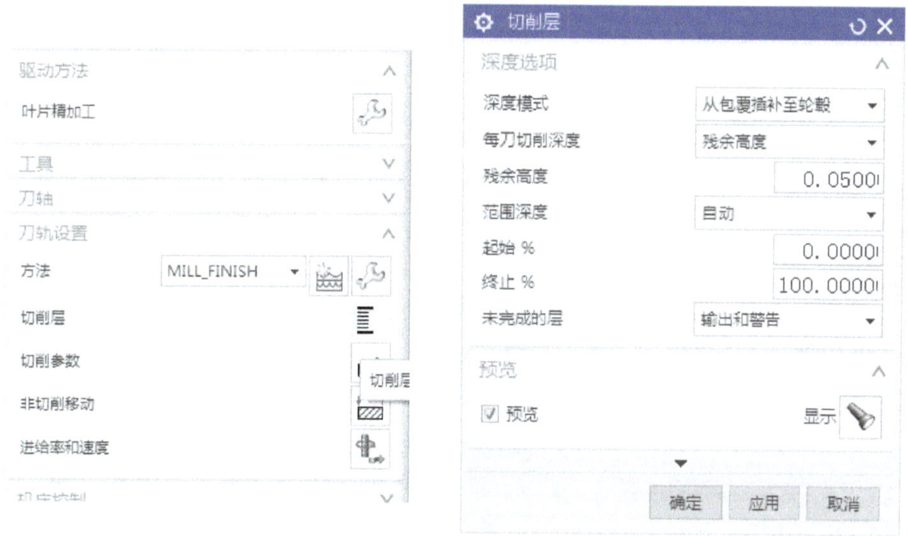

图 9-29　设置切削层

3. 单击【刀轨设置】选项中的【切削参数】图标，弹出【切削参数】对话框，默认设置，如图 9-30 所示，单击【确定】按钮，系统返回【叶片精加工】对话框。

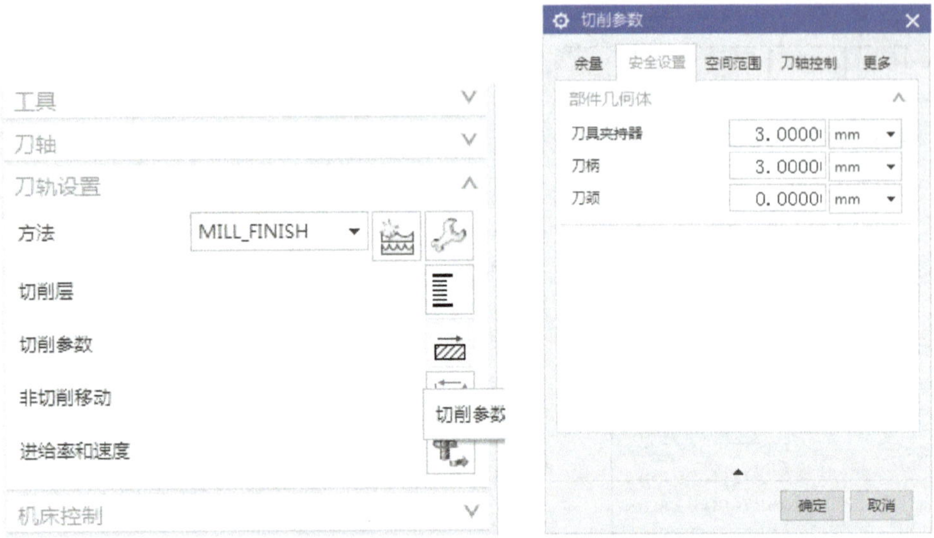

图 9-30　设置切削参数

4. 单击【刀轨设置】选项中的【进给率和速度】图标，弹出【进给率和速度】对话框，将【主轴速度】设为【2500】rpm，【进给率】设为【8000】mmpm，单击【确定】按钮，系统返回【叶片精加工】对话框，如图 9-31 所示。

图 9-31　设置进给率和速度

5. 在【操作】区域中单击【生成】图标，生成叶片精加工刀轨，检查生成的刀轨，如图 9-32所示，单击【确定】按钮，接受生成的刀轨。

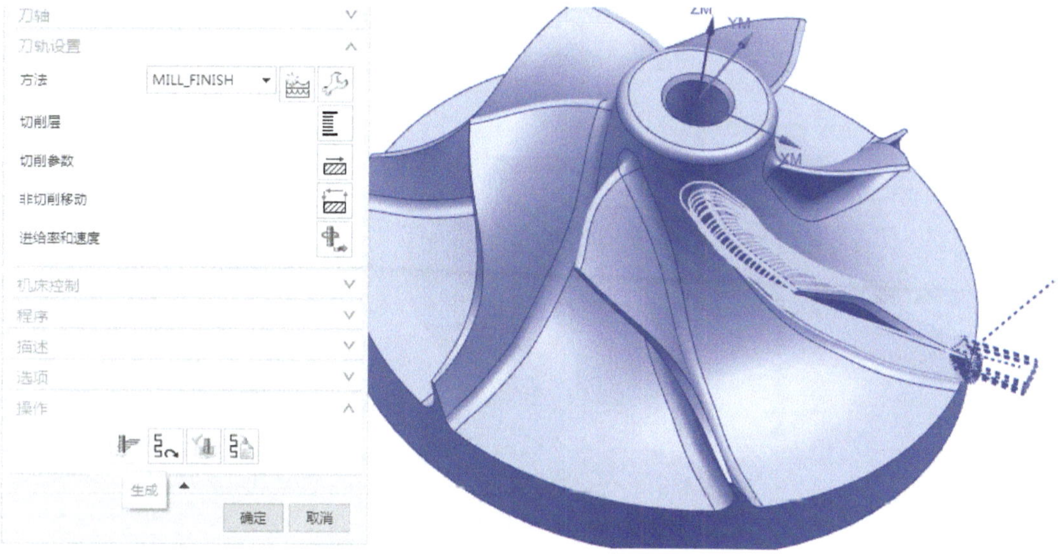

图 9-32　生成刀具路径

6. 单击【驱动方法】选项中的【叶片精加工】设置图标，弹出【叶片精加工驱动方法】对话框，【后缘】选项中【切向延伸】改为【75】，单位改为【刀具百分比】，如图 9-33 所示，单击【确定】按钮，系统返回【叶片精加工】对话框。

图 9-33　设置驱动方法

7. 单击【刀轨设置】选项中【非切削移动】设置图标，弹出【非切削移动】对话框，在【进刀】选项卡下【开放区域】区域中【进刀类型】选择【无】选项，在【转移/快速】选项卡下【区域之间】区域中【逼近方法】选择【无】选项，【离开方法】选择【无】选项，【移刀类型】选择【光顺】选项，如图 9-34 所示，单击【确定】按钮，系统返回【叶片精加工】选项。

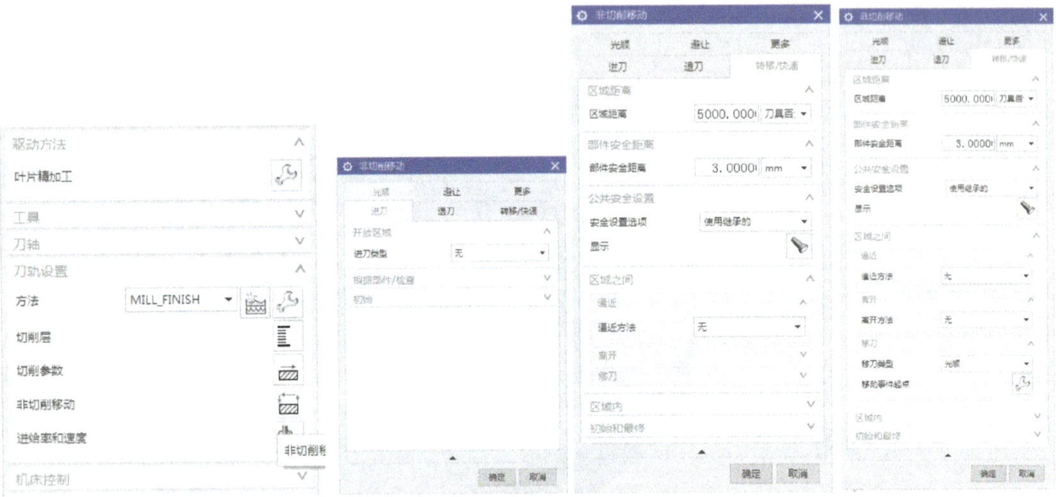

图 9-34　设置非切削移动

8. 在【操作】区域中单击【生成】图标，重新生成刀轨，如图 9-35 所示，检验重新生成的刀轨，单击【确定】按钮，接受生成的刀轨。

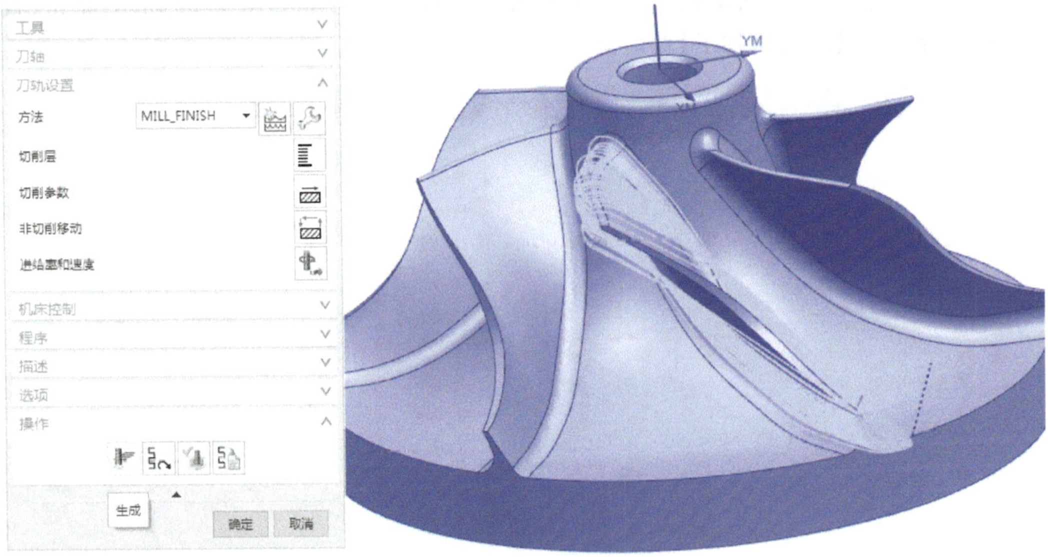

图 9-35　生成刀具路径

9. 在【操作】区域中单击【确认】图标，进入仿真环境，单击【播放】按钮，开始加工仿真，仿真结束后，单击【确定】按钮，退出仿真环境，单击【确定】按钮，如图 9-36 所示，完成单个叶片精加工编程。

10. 在【工序导航器】区域中右键单击【BLADE_FINISH】程序，选择【对象】—【变换】命令，弹出【变换】对话框，【类型】下拉列表框中选择【绕直线旋转】选项，【指定点】选择【坐标原点】，【指定矢量】选择【+ZC 轴】，【结果】选项中选择【复制】选项，将【距离/角度分割】设为【6】，【非关联副本数】设为【5】，如图 9-37 所示，单击【确定】按钮。

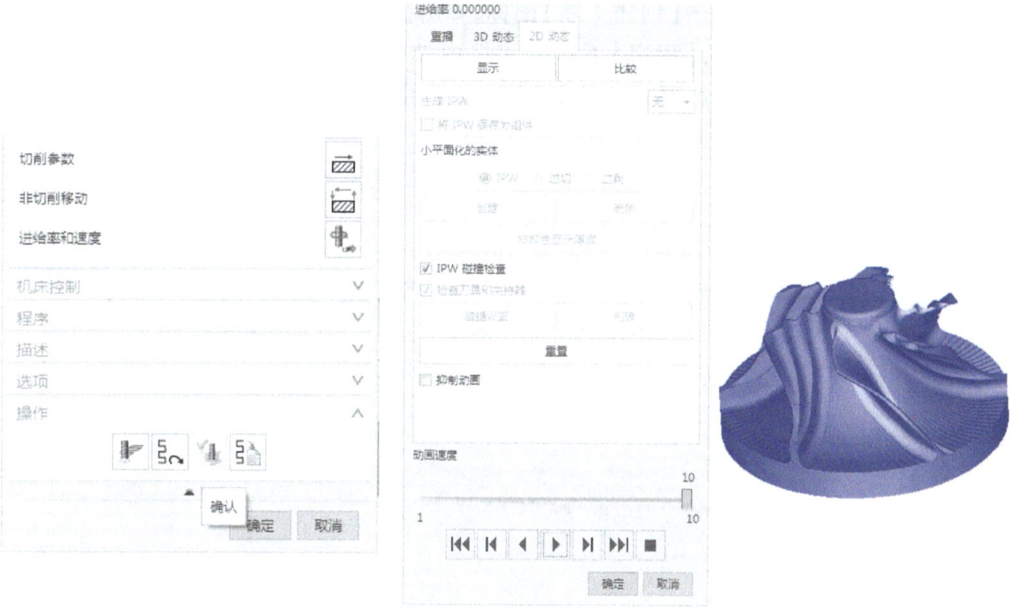

图 9-36　仿真环境

图 9-37　设置变换

（三）轮毂精加工

微课
轮毂精加工

知识点微课
轮毂精加工

1. 在【插入工具条】中单击【创建工序】图标，弹出【创建工序】对话框，【工序子类型】区域中选择【轮毂精加工】选项，【程序】下拉列表框中选择【PROGRAM】选项，【刀具】下拉列表框中选择【BALL_MILL_6】选项，【方法】下拉列表框中选择【MILL_FINISH】选项，单击【确定】按钮，弹出【轮毂精加工】对话框，如图 9-38 所示。

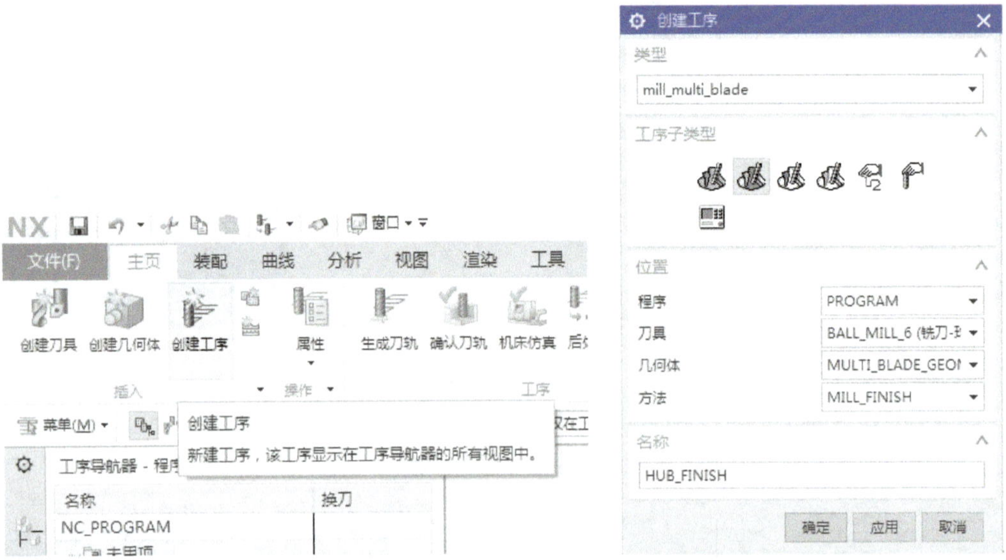

图 9-38　创建工序

2. 在【轮毂精加工】对话框中，单击【刀轨设置】选项中的【切削参数】设置图标，弹出【切削参数】对话框，默认设置，如图 9-39 所示，单击【确定】按钮，返回【轮毂精加工】对话框。

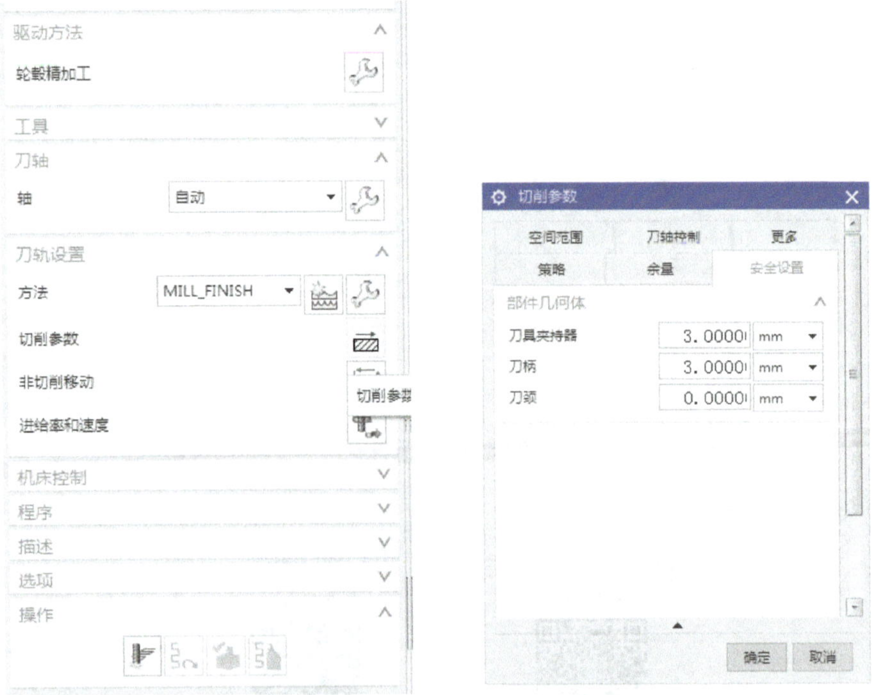

图 9-39　刀轨设置

3. 单击【刀轨设置】选项中【进给率和速度】设置图标，弹出【进给率和速度】对话框，将【主轴速度】设为【2500】rpm，【切削】设为【8000】mmpm，如图 9-40 所示，单击【确定】按钮，返回【轮毂精加工】对话框。

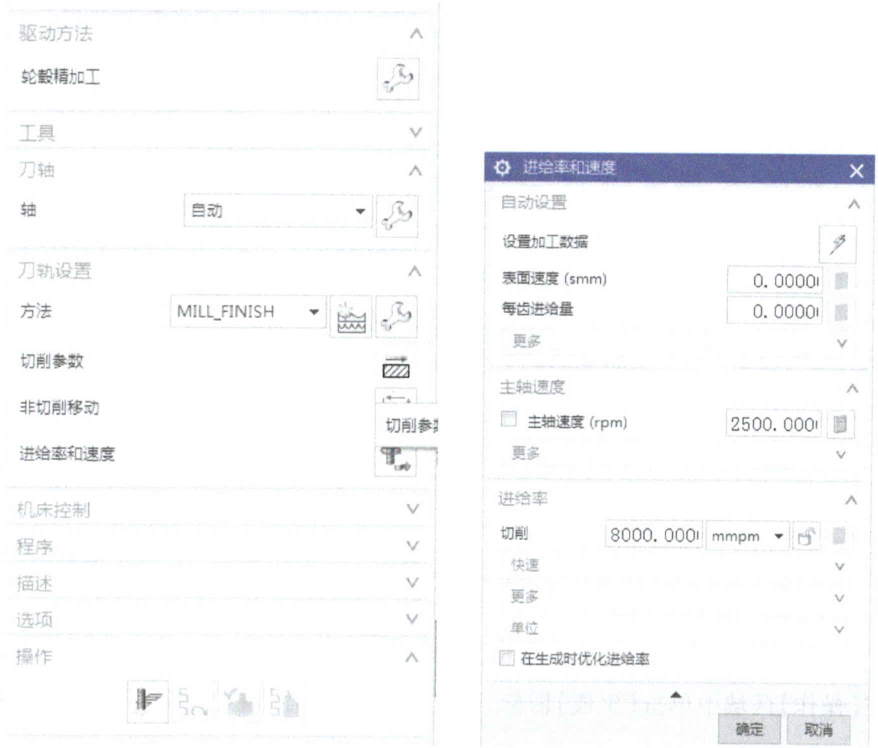

图 9-40　设置进给率和速度

4. 在【操作】区域中单击【生成】图标，生成刀轨，如图 9-41 所示，检查生成的刀轨单击【确定】按钮，接受生成的刀轨。

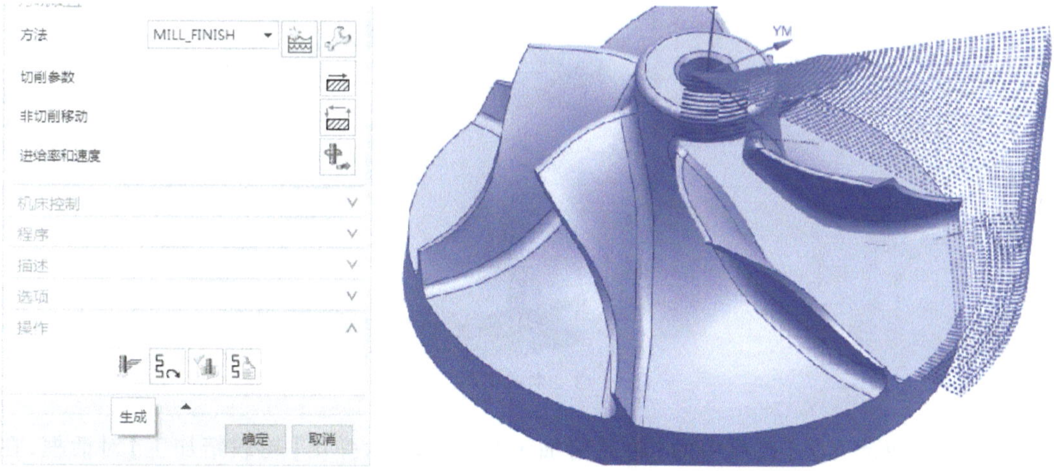

图 9-41　生成轨迹

5. 单击【驱动方法】选项中的【轮毂精加工】设置图标，弹出【轮毂精加工驱动方法】对话框，在【驱动设置】区域中的【切削模式】下拉列表框中选择【往复上升】选项，如图 9-42 所示，单击【确定】按钮，返回【轮毂精加工】对话框。

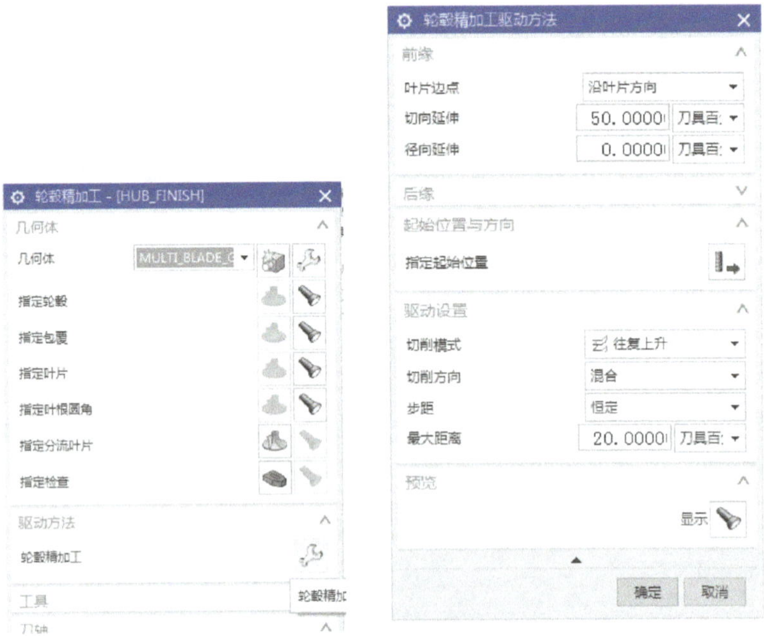

图 9-42　设置驱动方法

6. 在【操作】区域中单击【生成】图标，生成新刀轨，如图 9-43 所示，检查新生成的刀具路径。

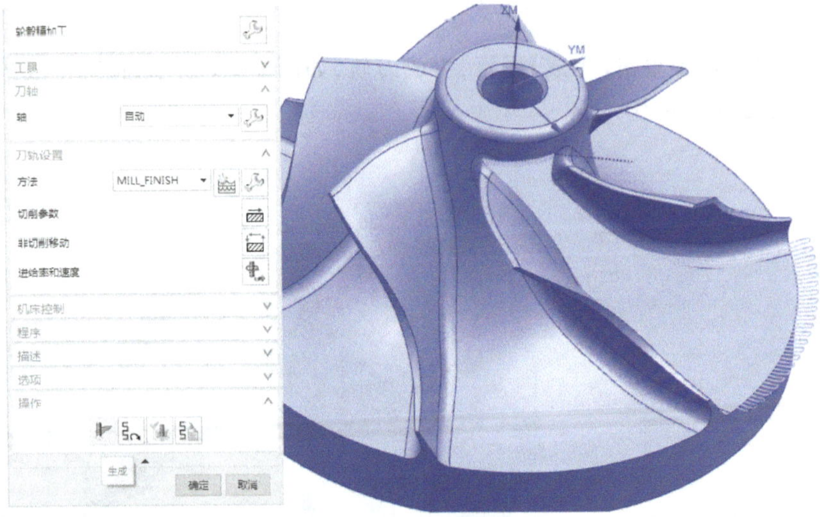

图 9-43　生成刀具路径

7. 单击【驱动方法】选项中的【轮毂精加工】设置图标，弹出【轮毂精加工】对话框，在【前缘】选项中的【叶片边点】下拉列表框中选择【沿部件轴】选项，【距离】设置为【10】，单位设置为【刀具百分比】选项，【切向延伸】设置为【0】，单位设置为【刀具百分比】选项，【径向延伸】设置为【120】，单位设置为【刀具百分比】选项，在【后缘】选项中的【边定义】下拉列表框中选择【指定】选项，将【距离】设为【10】，单位设置为【刀具百分比】选项，【切向延伸】设为【25】，单位设为【刀具百分比】选项，【径向延伸】设为【0】，单位设为【刀具百分比】选项，如图 9-44 所示，单击【确定】按钮，返回【轮毂精加工】对话框。

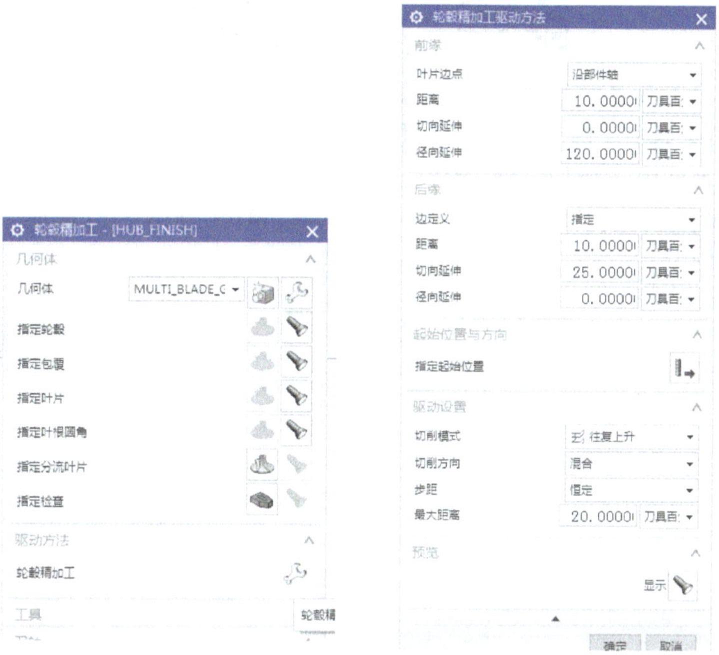

图 9-44　设置驱动方法

8. 在【操作】区域内单击【生成】图标，生成刀轨，如图 9-45 所示，检查生成的刀轨，单击【确定】按钮，接受生成的刀轨。

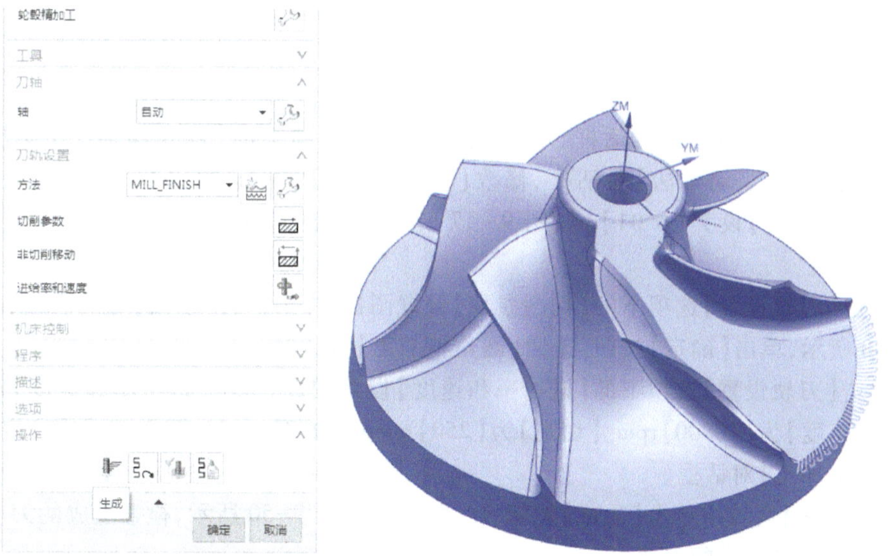

图 9-45　生成刀具路径

（四）圆角精加工

微课
圆角精加工

知识点微课
圆角精加工

1. 在【插入】工具条中单击【创建工序】图标，在弹出的【创建工序】对话框中，【工序子类型】选项中选择【圆角精加工】，【程序】下拉列表框中选择【PROGRAM】选项，【刀具】下拉列表框中选择【BALL_MILL_6】选项，【几何体】下拉列表框中选择【MULTI_BLADE_GEOM】选项，【方法】下拉列表框中选择【MILL_FINISH】选项，单击【确定】按钮，如图 9-46 所示。

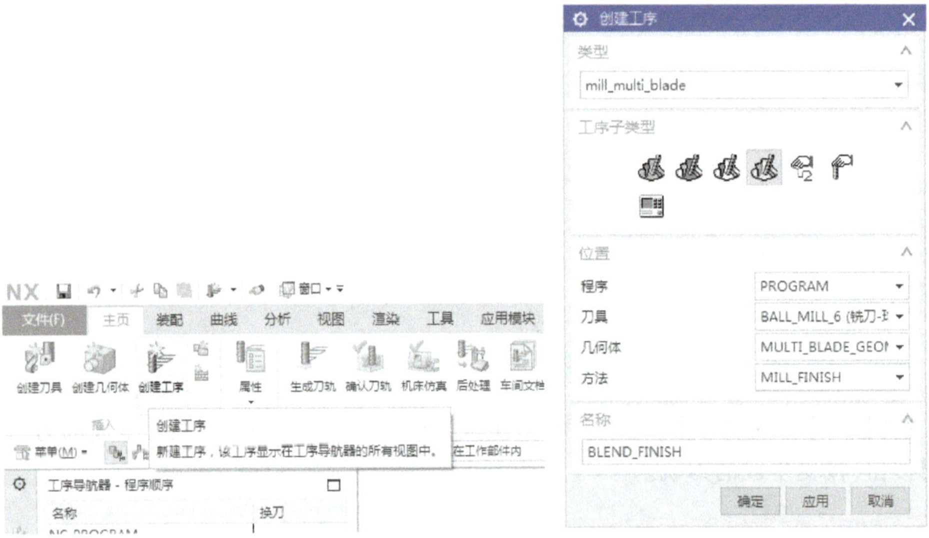

图 9-46　创建工序

2. 弹出【圆角精加工】对话框，单击【驱动方法】选项下的【圆角精加工】设置图标，弹出【圆角精加工驱动方法】对话框，修改【驱动设置】选项下的【步距】为【残余高度】，将【最大残余高度】设为【0.01】，如图 9-47 所示，单击【确定】按钮，系统返回【圆角精加工】对话框。

3. 单击【刀轨设置】选项下的【切削参数】设置图标，弹出【切削参数】对话框，默认设置，如图 9-48 所示，单击【确定】按钮，返回【圆角精加工】对话框。

4. 单击【刀轨设置】选项下的【进给率和速度】设置图标，弹出【进给率和速度】对话框，设置【主轴速度】为【10000】rpm，【切削】为【250】mmpm，如图 9-49 所示，单击【确定】按钮，返回【圆角精加工】对话框。

5. 在【操作】区域中单击【生成】图标，生成刀轨，如图 9-50 所示，检查生成的刀轨，单击【确定】按钮，接受生成的刀轨。

图 9-47　设置圆角精加工

图 9-48　刀轨设置

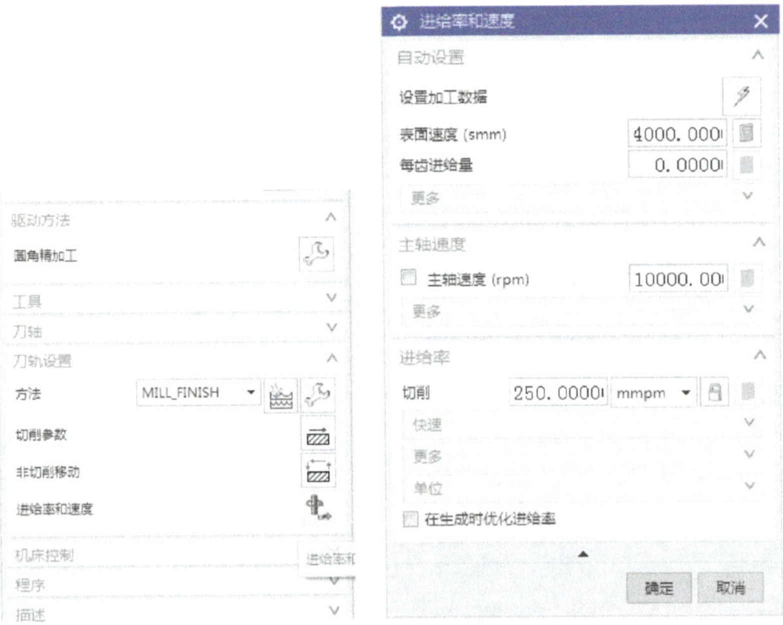

图 9-49　设置进给率和速度

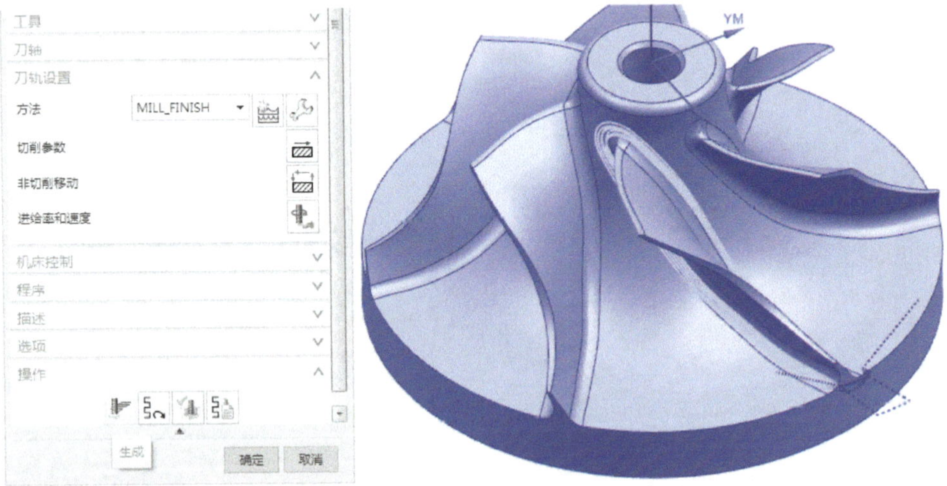

图 9-50　生成刀具路径

6. 单击【驱动方法】选项中的【圆角精加工】设置图标，弹出【圆角精加工驱动方法】对话框，将【后缘】选项中【切向延伸】设为【75】，单位为【刀具百分比】，如图 9-51 所示，单击【确定】按钮，返回【圆角精加工】对话框。

7. 单击【刀轨设置】选项下【非切削移动】设置图标，弹出【非切削移动】对话框，在【进刀】选项卡中【开放区域】下【进刀类型】下拉列表框中选择【无】选项，在【转移/快速】选项卡中【区域之间】选项下【逼近方法】下拉列表框中选择【无】选项，【离开方法】下拉列表框中选择【无】选项，【移刀类型】下拉列表框中选择【光顺】选项，如图 9-52 所示，单击【确定】按钮，系统返回【圆角精加工】对话框。

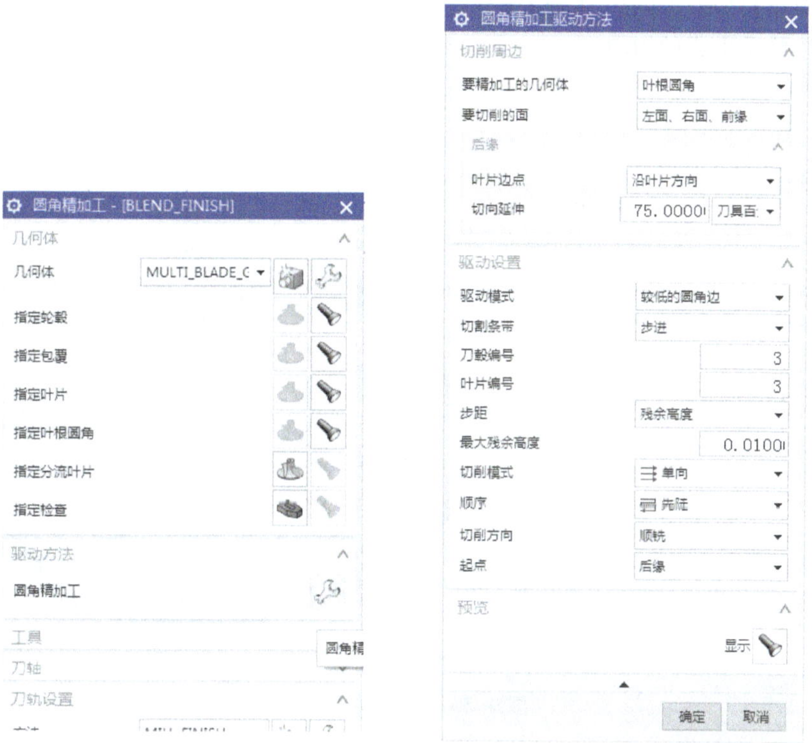

图 9-51　设置驱动方法

图 9-52　刀轨设置

8. 在【操作】区域中单击【生成】图标，生成刀轨，如图 9-53 所示，检查生成的刀轨，单击【确认】按钮，接受生成的刀轨。

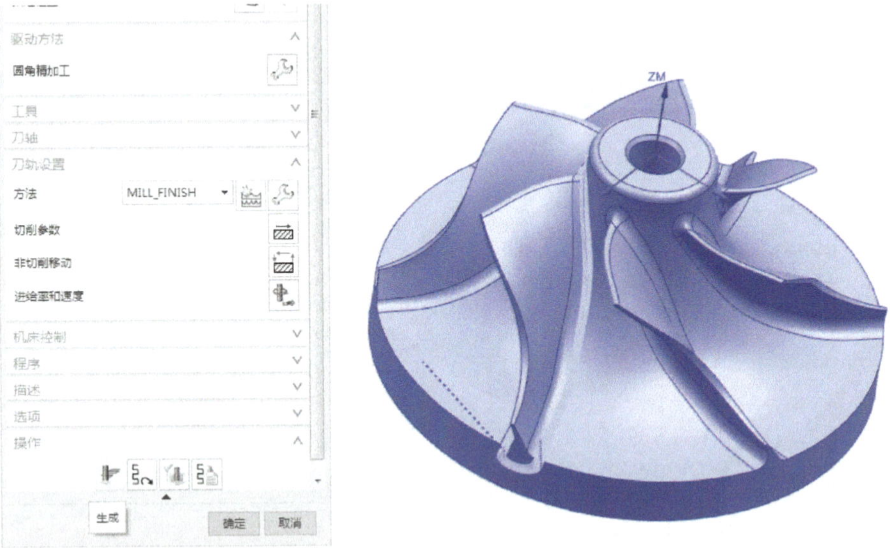

图 9-53　生成刀具路径

9. 在【工序导航器-几何】视图中右键单击【BLEND_FINISH】程序，选择【对象】-【变换】命令，弹出【变换】对话框，【类型】下拉列表框中选择【绕直线旋转】选项，【指定点】选择【坐标原点】，【指定矢量】选择【+ZC 轴】，【结果】选项中选择【复制】选项，将【距离/角度分割】设为【6】，【非关联副本数】设为【5】，如图 9-54 所示，单击【确定】按钮。

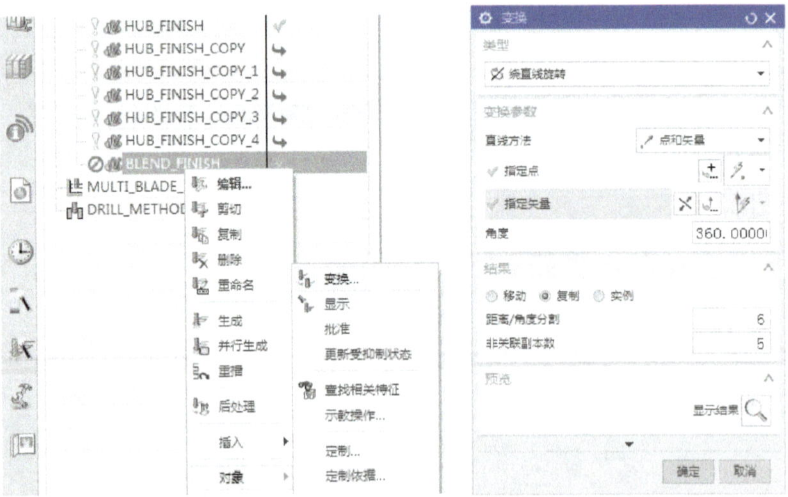

图 9-54　设置变换

四、仿真加工

微课
仿真加工

知识点微课
仿真加工

在【工序导航器-几何】视图中单击【NC_PROGRAM】父节组，在【操作】工具条中单击【确认刀轨】图标，弹出【刀轨可视化】对话框选择【2D 动态】选项卡，单击【播放】按钮，进行工件的加工仿真，仿真结果如图 9-55 所示。

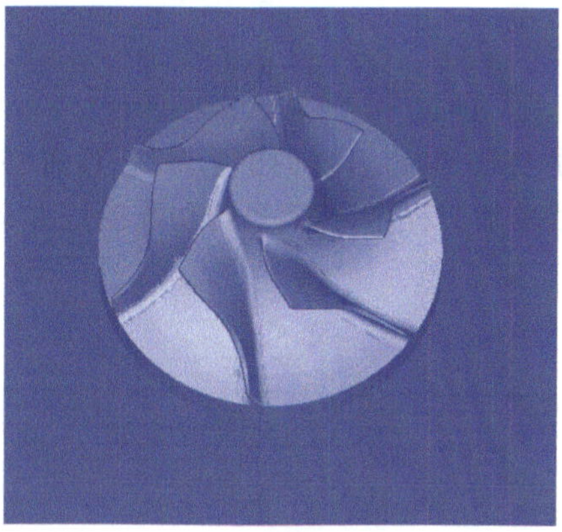

图 9-55　仿真加工

专家点拨

1. 在加工叶轮时，叶片之间的流道很窄，材料又不好加工时，则可以采用插铣的方法。

2. 在加工叶轮时，开槽和扩槽未必一次到位。根据情况可以分步骤完成。即开到一定深度先做半精加工，然后再继续开槽。

3. 叶轮叶片的半精加工有两种走刀路线：一是在两个叶片之中进行区域式加工，二是对一个叶片环绕加工。

4. 清根是叶片、叶轮加工的难点之一。经常出现的问题是过切和抬刀次数过多。解决的方法是：

1）光顺根部曲面：叶根与轮毂相交的部分通常是几张曲面在此相交，所以刀轨很容易凌乱，抬刀、下刀都会增多。要想解决这类问题，就要从根本上解决叶根部分曲面光顺的问题。可以采用曲面缝合、拼接、光顺等方法，甚至根据原有的数据重新生成整个叶根部分圆弧过度面。目的就是要减少曲面的数量，规整刀轨。

2）优化程序：有时刀具沿某一方向切削就会有多次抬刀和下刀，而沿另一垂直方向就会少得多。另外连续环绕加工就比单向或往复加工的质量好，因为后者总会留下接刀痕。加工时的切削用量，即主轴转速、进给量和切削深度也会影响加工质量。如果选择不好，有可能刀具在叶根部分产生颤振，当刀具长径比较大时，这种颤振会引起过切。因此合理的走刀路线，合理的切削用量对于叶根部分的加工是非常重要的。

3）合理安排粗精加工工序：叶根部分与轮毂部分紧密相连，但又不是一张面，不能一刀加工出来。所以合理安排加工顺序十分重要。同时，叶根和轮毂的加工余量要均衡。不要造成一面余量很小，而另一面余量很大，这样就会造成在切削余量大的一面时，由于反作用力的原因使刀具偏向余量小的一面，从而在余量小的一面产生过切现象。

4）合理选择切削刀具：叶根部分的圆角过渡一般都不会很大。有时球头铣刀半径稍微偏大，就会使抬刀下刀的现象增多。如果在不影响刀具刚性的情况下，适当更换稍小直径的球头铣刀，这种现象就会大大减少。有时为了加工叶根部分，还可以采用锥形的球头铣刀，目的就是既要减小前面的球头半径，而又要使刀具后面的部分粗一些，保证刀具有足够的刚性。

课后训练

根据图 9-56 头像零件的特征，制定合理的工艺路线，设置必要的加工参数、生成刀具路径、通过相应的后处理生成数控加工程序，然后进行仿真验证并运用机床加工零件。

图 9-56　头像零件

观看大国重器纪录片，了解中国装备制造业振兴发展的艰辛历程。关注国家大事和行业、区域制造业发展，认识数控加工对于国家经济社会发展和社会主义现代化建设的重要性。树立科技兴国、实干兴邦的职业理想，培育家国情怀。

模块四

车铣复合加工

本模块以企业真实产品为例讲述 NX CAM 车铣复合数控编程、仿真与加工方法，详细介绍了 NX CAM 端面车削，外径车削，内孔加工，轮廓加工等加工方式，常用参数设置，后置处理方法，编程操作技巧等。通过本模块的学习，使学生能完成车铣复合加工零件的数控编程与加工仿真。

项目10

回转轴的数控编程与仿真加工

学习目标

能力目标：能运用NX软件完成回转轴的编程与仿真加工。
知识目标：基本掌握车铣复合加工方法。
掌握内径加工几何体的设置、加工参数设置等。
掌握车削镗孔加工几何体的设置、加工参数设置等。
掌握切槽加工几何体的设置、加工参数设置等。
素质目标：激发学生的学习兴趣，培养团队合作和创新精神。

项目导读

回转轴是机械零件中常见的一类零件，这类零件的特点是结构比较简单，零件整体外形成轴状，零件上一般会有外形轮廓、内孔等特征。在编程与加工过程中要特别注意内孔精度。

任务描述

学生以企业制造部门MC数控程序员的身份进入NX CAM功能模块，根据回转轴的特征，制定合理的工艺路线，创建车削镗孔加工，切槽加工等操作，设置必要的加工参数，生成刀具路径，检验刀具路径是否正确合理，并对操作过程中存在的问题进行研讨和交流。通过相应的后处理生成数控加工程序，并运用机床加工零件。

工作任务

按照零件加工要求，制定回转轴加工工艺，编制回转轴加工程序，完成回转轴的仿真加工，后处理得到数控加工程序，完成零件仿真加工。

一、制订加工工艺

1. 回转轴结构分析

该零件的特点是结构比较简单，零件整体外形成轴状，零件上一般会有外形轮廓、内孔等特征。

2. 毛坯选用

零件材料为 45 棒料切割而成，尺寸为 ϕ55 mm×25 mm。零件长度方向为了保证零件的装夹，余量为 10 mm。

3. 制订加工工序卡

零件选用车铣复合机床加工，三爪自定心卡盘夹持，遵循先粗后精、先面后孔的加工原则。制订加工工序如表 10-1 所示。

表 10-1　加工工序卡

<table>
<tr><td colspan="3">零件号：</td><td colspan="2">工序名称：</td><td colspan="2" rowspan="2">工艺流程卡_工序单</td></tr>
<tr><td colspan="3">657302</td><td colspan="2">回转轴铣削加工</td></tr>
<tr><td colspan="2">材料：45</td><td colspan="3">页码：1</td><td>工序号：01</td><td>版本号：0</td></tr>
<tr><td colspan="2">夹具：三爪自定心卡盘</td><td colspan="3">工位：MC</td><td colspan="2">数控程序号：</td></tr>
<tr><td colspan="5">刀具及参数设置</td><td colspan="2" rowspan="16"></td></tr>
<tr><td>加工内容</td><td>刀具号</td><td>刀具规格</td><td>主轴转速</td><td>进给速度</td></tr>
<tr><td>粗镗加工</td><td>T01</td><td>ID_80_L-1</td><td>S3000</td><td>F0.2</td></tr>
<tr><td>精镗加工-1</td><td>T02</td><td>ID_GROOVE_L-1.7</td><td>S3000</td><td>F0.05</td></tr>
<tr><td>精镗加工-2</td><td>T03</td><td>ID_GROOVE_L-0.88</td><td>S3000</td><td>F0.03</td></tr>
<tr><td>精铣加工</td><td>T04</td><td>D4R0</td><td>S3000</td><td>F200</td></tr>
<tr><td>精镗加工-3</td><td>T03</td><td>ID_GROOVE_L-0.88</td><td>S3000</td><td>F0.03</td></tr>
<tr><td>孔加工</td><td>T05</td><td>DRILLING_TOOL-6.9</td><td>S1200</td><td>F80</td></tr>
<tr><td></td><td></td><td></td><td></td><td></td></tr>
<tr><td></td><td></td><td></td><td></td><td></td></tr>
<tr><td></td><td></td><td></td><td></td><td></td></tr>
<tr><td></td><td></td><td></td><td></td><td></td></tr>
<tr><td></td><td></td><td></td><td></td><td></td></tr>
<tr><td></td><td></td><td></td><td></td><td></td></tr>
<tr><td></td><td colspan="2"></td><td></td><td rowspan="5"></td></tr>
<tr><td></td><td colspan="2"></td><td></td></tr>
<tr><td>更改号</td><td colspan="2">更改内容</td><td>批准</td><td>日期</td><td colspan="2" rowspan="3">（单位）</td></tr>
<tr><td>拟制：</td><td>日期：审核：</td><td>日期：批准：</td><td>日期：</td></tr>
<tr><td></td><td></td><td></td><td></td></tr>
</table>

二、加工准备

微课

加工准备、端部内腔加工

1. 启动 NX 10.0，单击【打开】图标，弹出【打开】对话框，选择回转轴.prt 文件，如图 10-1 所示，单击【OK】按钮，打开零件模型。

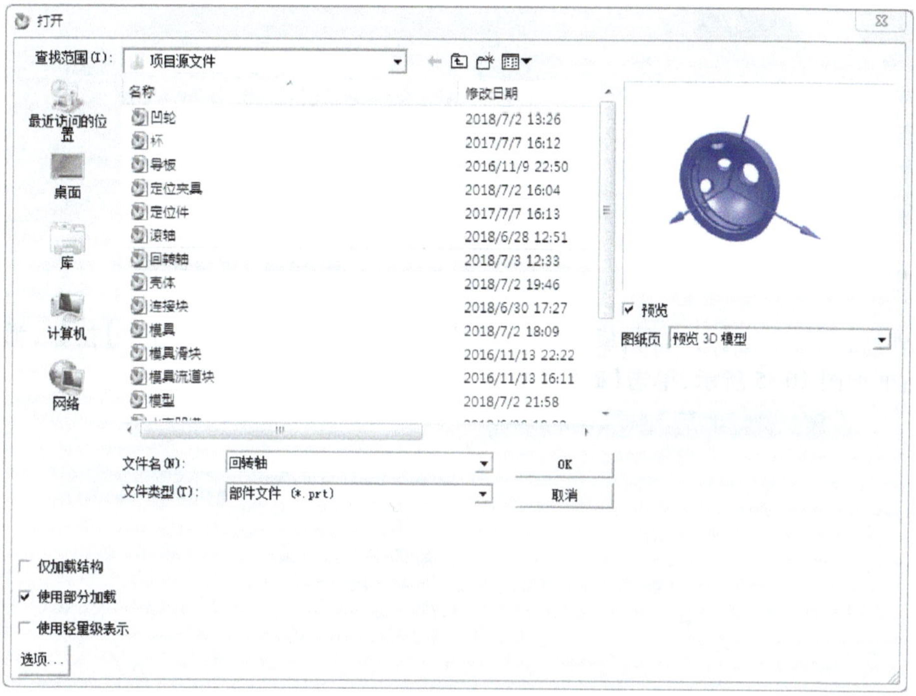

图 10-1　选择模型

2. 在菜单栏中选择【应用模块】选项卡，单击【加工】图标，进入加工环境，如图 10-2 所示。

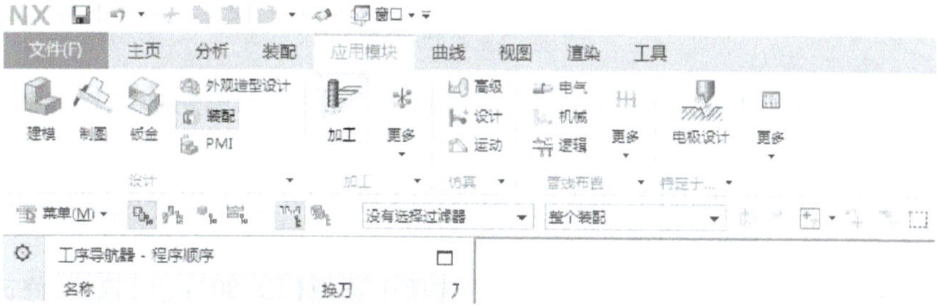

图 10-2　加工模块

3. 在弹出的【加工环境】对话框【CAM 会话配置】选项栏中选择【cam_general】选项，【要创建的 CAM 设置】选项栏中选择【turning】选项，如图 10-3 所示，单击【确定】按钮，完成加工环境的设置。

4. 在【插入】工具条中单击【创建程序】图标，如图 10-4 所示。

图 10-3　加工环境设置

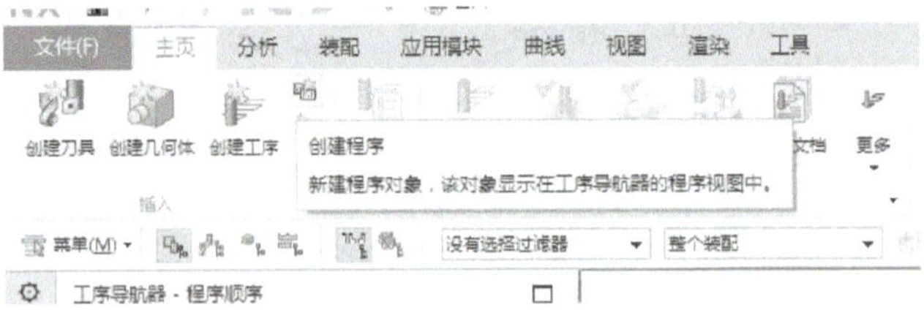

图 10-4　创建程序

5. 弹出【创建程序】对话框，修改【名称】为【内腔粗加工】，单击【应用】按钮，弹出【程序】对话框如图 10-5 所示，单击【确定】按钮，完成【内腔粗加工】的创建。

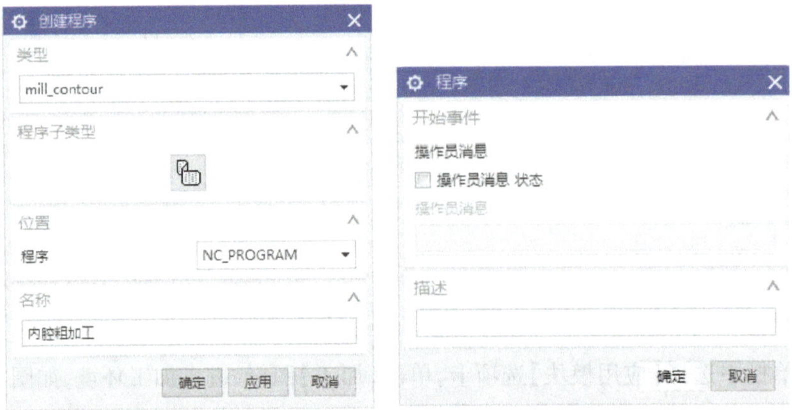

图 10-5　创建程序

6. 同样方法创建【端部内轮廓精加工】【内凹槽加工】【内轮廓精加工】【精铣平台】【钻 D6.9 通孔】程序，如图 10-6 所示。

7. 在【菜单】工具条中单击【机床视图】图标，在【插入】工具条中单击【创建刀具】图标，如图 10-7 所示弹出【创建刀具】对话框。

8. 在【创建刀具】对话框中，【刀具子类型】选项中选择【ID_80_L_1】选项，修改刀具【名称】为【T0101】，单击【应用】按钮。弹出【车刀-标准】对话框，设置刀具参数，【ISO 刀片形状】下拉列表框选择【W（三角形 80）】选项，将【刀尖半径】设为【0.4】，其他参数默认，如图 10-8所示，单击【确定】按钮。

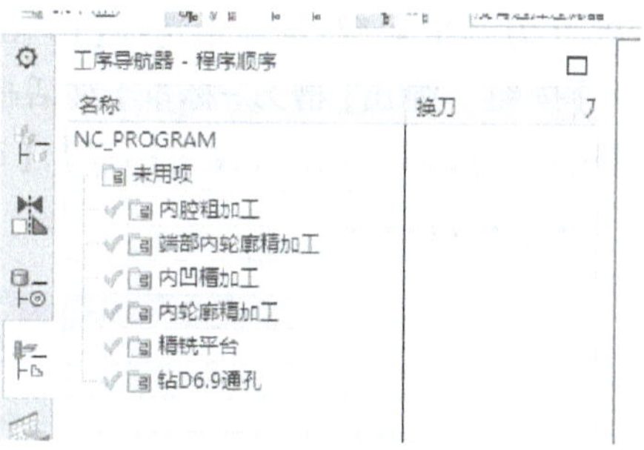

图 10-6　创建程序组

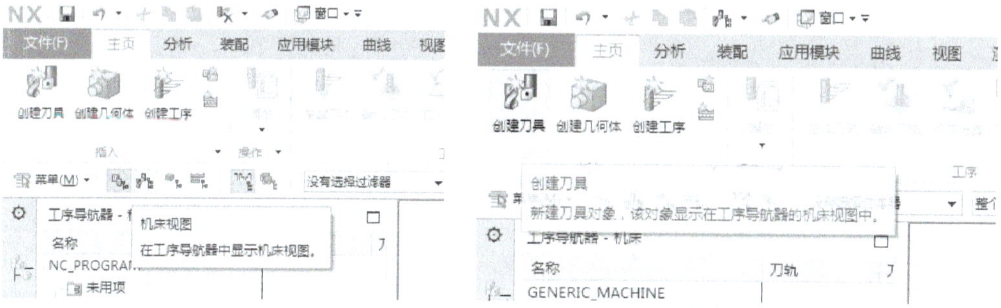

图 10-7　进入创建刀具菜单

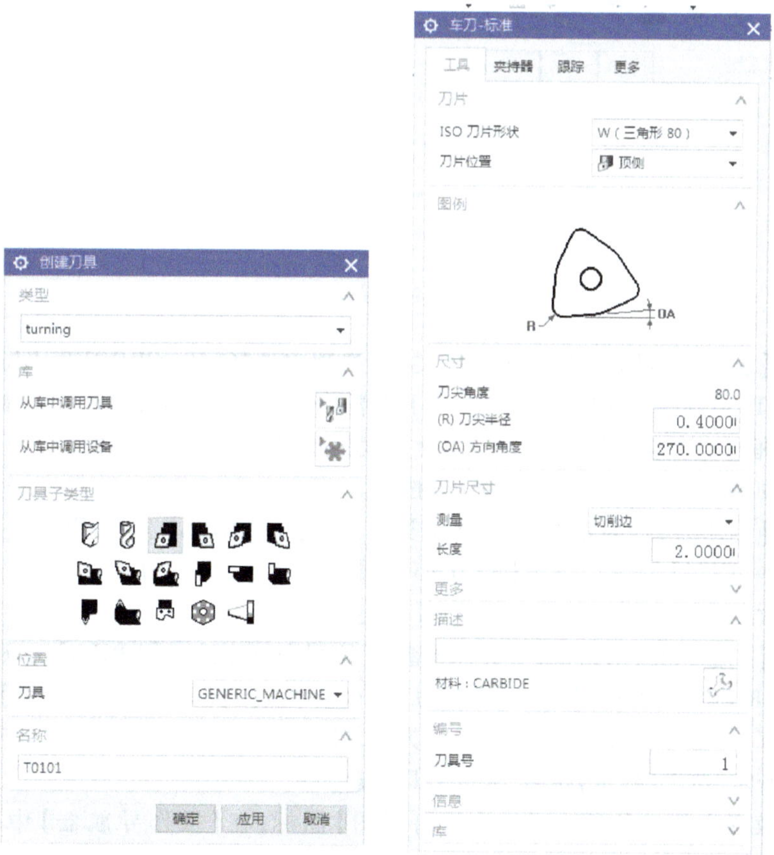

图 10-8　创建车刀

9. 回到【创建刀具】对话框，【刀具子类型】选项中选择【ID_GROOVE_L】选项，修改刀具【名称】为【T0202】，单击【应用】按钮。弹出【槽刀-标准】对话框，设置刀具参数，【刀片形状】下拉列表框中选择【标准】选项，将【刀片宽度】设为【1.7】，【R 半径】设为【0.175】，其他参数默认，如图 10-9 所示，单击【确定】按钮。

图 10-9　创建槽刀

10. 回到【创建刀具】对话框，【刀具子类型】选项中选择【ID_GROOVE_L】选项，修改刀具【名称】为【T0303】，单击【应用】按钮。弹出【槽刀-标准】对话框，设置刀具参数，【刀片形状】下拉列表框中选择【标准】选项，将【刀片宽度】设为【0.889】，【R 半径】设为【0.4445】，其他参数默认，如图 10-10 所示，单击【确定】按钮。

11. 回到【创建刀具】对话框，【刀具子类型】栏选择【MILL】选项，修改刀具【名称】为【T0404】，单击【应用】按钮。弹出【铣刀-5 参数】对话框，设置刀具参数，将【直径】设为【4】，其他参数默认，如图 10-11 所示，单击【确定】按钮。

12. 回到【创建刀具】对话框，刀具【类型】下拉列表框中选择【DRILL】选项，【刀具子类型】栏选择【DRILLING_TOOL】选项，修改刀具【名称】为【T0505】，单击【应用】按钮。弹出【钻刀】对话框，设置刀具参数，将【直径】设为【6.9】，【刀尖角度】设为【118】，其他参数默认，如图 10-12 所示，单击【确定】按钮，完成刀具创建。

13. 在【菜单】栏工具条中单击【几何视图】图标，在【操作导航器】中双击【MCS_SPINDLE】图标，如图 10-13 所示。

图 10-10　创建槽刀

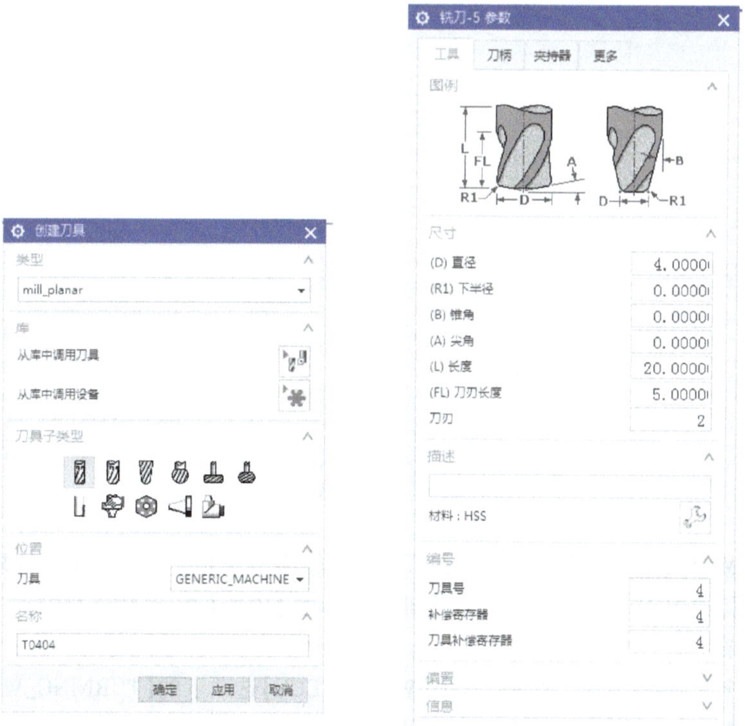

图 10-11　创建铣刀

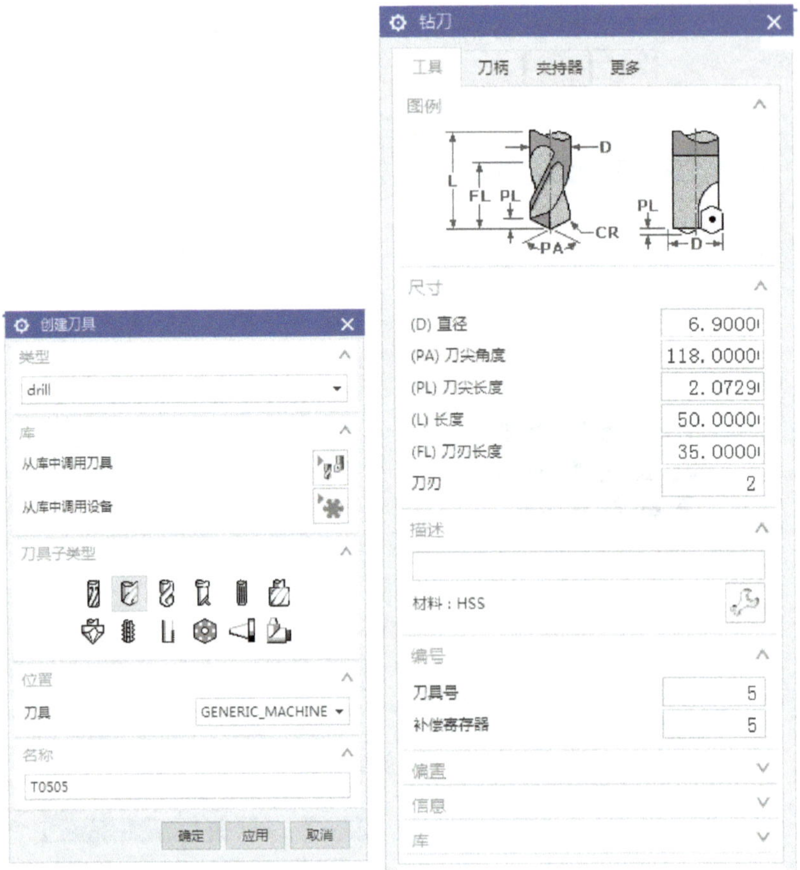

图 10-12　创建钻刀

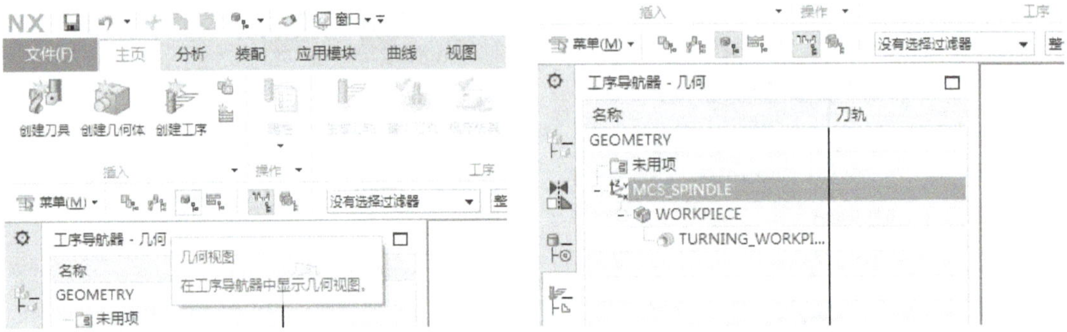

图 10-13　进入几何体视图

14. 弹出【MCS 主轴】对话框，【车床工作平面】选项下【指定平面】下拉列表框中选择【ZM-XM】选项，如图 10-14 所示。双击【机床坐标系】中的【指定 MCS】图标，零件右端面圆心处作为坐标系中心，单击【确定】按钮。

15. 在【工序导航器-几何】视图中双击【WORKPIECE】选项下的【TURNING_WORKPIECE】选项，弹出【车削工件】对话框，单击【指定部件边界】图标，弹出【部件边界】对话框，选择零件车削库轮廓线条，如图 10-15、图 10-16 所示，单击【确定】按钮，返回【车削工件】对话框。

图 10-14　指定 MCS

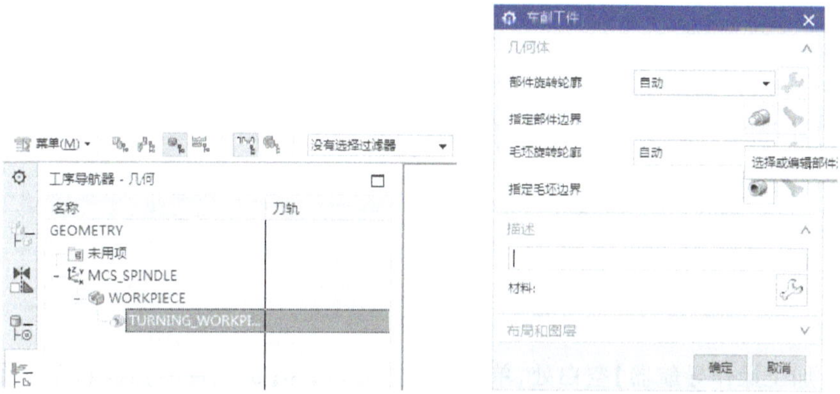

图 10-15　指定部件边界

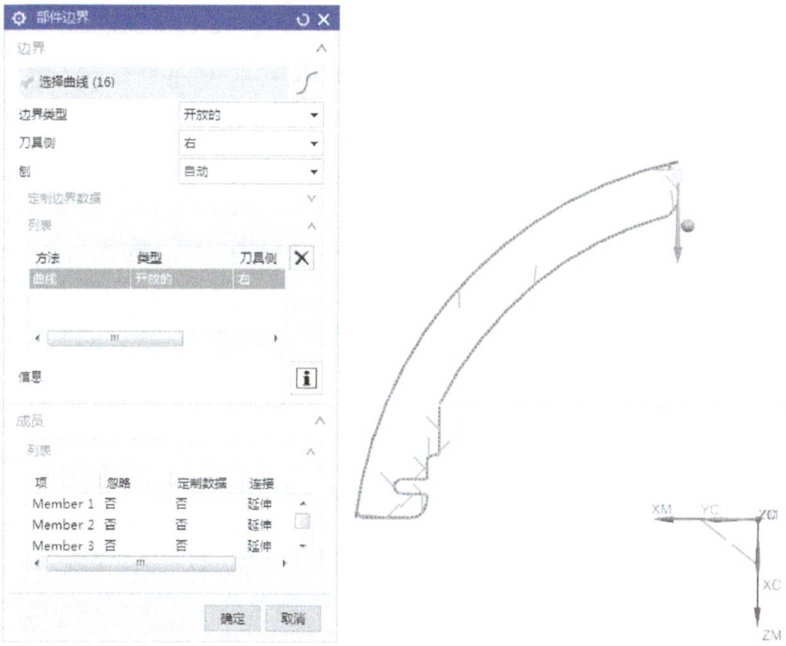

图 10-16　选择部件曲线

16. 单击【指定毛坯边界】图标，弹出【毛坯边界】对话框，【类型】选择【曲线】选项，在【指定边界几何体】中输入如图所示参数，选择图中线条，如图 10-17 所示，单击【确定】按钮，退出【毛坯边界】对话框，单击【确定】按钮退出工件对话框。

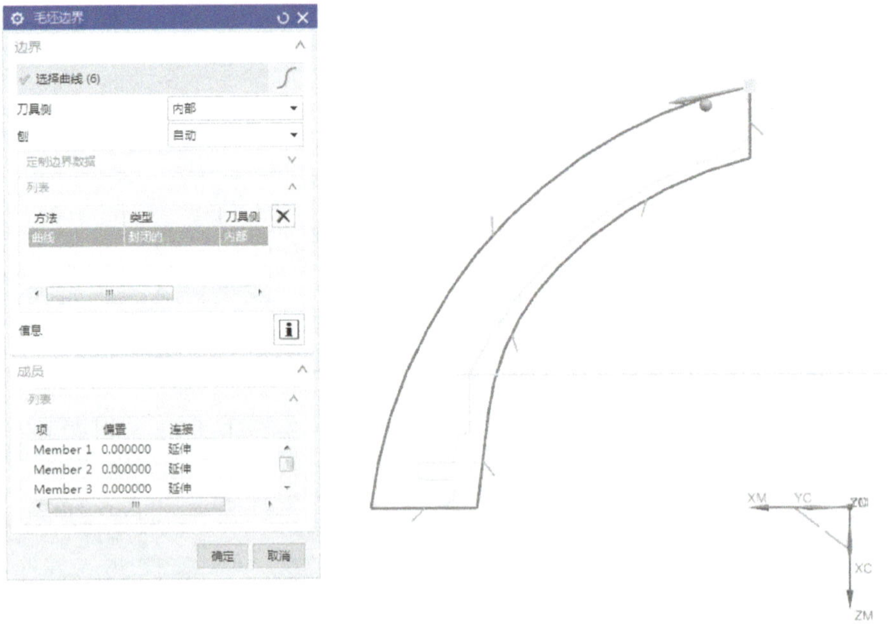

图 10-17　指定毛坯边界

17. 在【加工操作导航器】空白处，单击鼠标右键，选择【机床视图】选项，单击菜单条【插入】选项，单击【几何体】选项，单击【指定 MCS】图标，弹出 MCS 参数设置对话框。设置坐标系与车削工件坐标系一致，设置结果如图 10-18 所示。

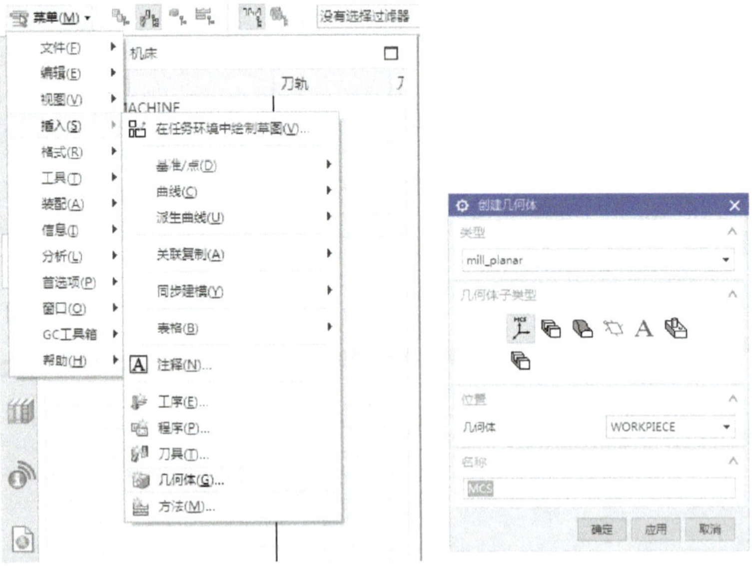

图 10-18　指定 MCS

18. 在菜单栏中单击【加工方法视图】图标，如图 10-19 所示。

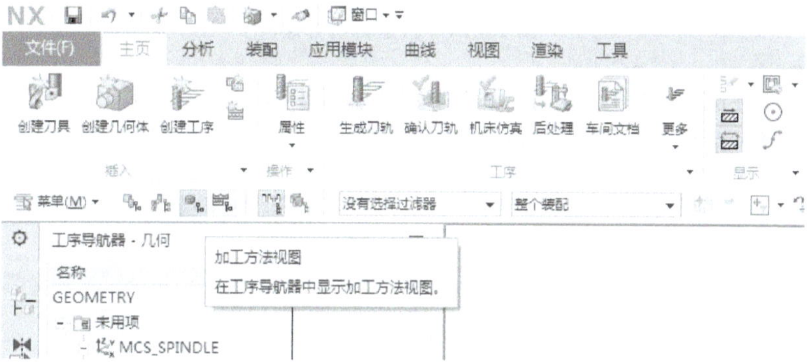

图 10-19　选择加工方法

19. 在【工序导航器-加工方法】视图中双击【NZX2000_UP_XZ】图标，弹出【车削方法】对话框，将【最小距离】设为【0.1】，修改【内公差】为【0.01】，【外公差】设为【0.01】，如图 10-20所示，单击【确定】按钮。

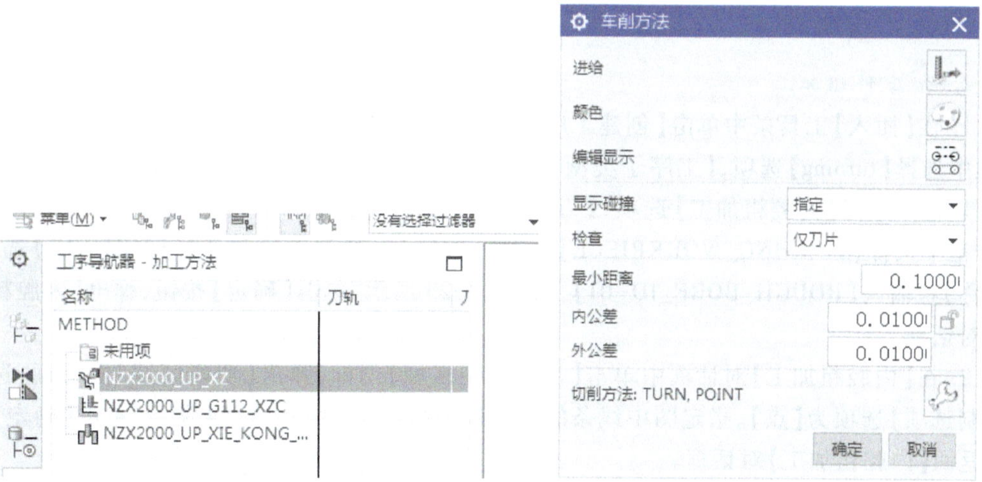

图 10-20　指定加工方法

20. 在【工序导航器-加工方法】视图中双击【NZX2000_UP_G112_XZC】图标，弹出【铣削方法】对话框，修改【部件余量】为【0】，将【内公差】设为【0.05】，【外公差】设为【0.05】，如图 10-21所示，单击【确定】按钮。

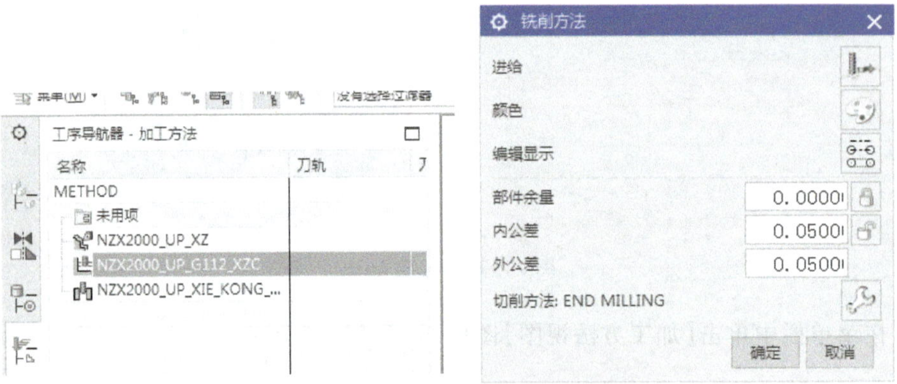

图 10-21　指定铣削方法

21. 在【工序导航器-加工方法】视图中双击【NZX2000_UP_XIE_KONG_DRILL】图标，弹出【钻加工方法】对话框，显示如图 10-22 所示，单击【确定】按钮。

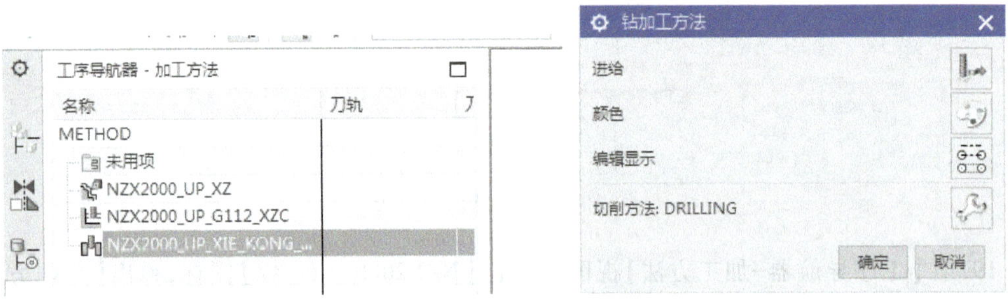

图 10-22　指定加工方法

三、 程序编制

（一）零件粗加工

1. 在【插入】工具条中单击【创建工序】图标，弹出【创建工序】对话框，在【类型】下拉列表框中选择【turning】选项，【工序子类型】选项中选择【ROUGH_BORE_ID】选项，【程序】下拉列表框中选择【内腔粗加工】选项，【刀具】下拉列表框选择【T0101】选项，【几何体】下拉列表框中选择【TURNING_WORKPIECE】选项，【方法】下拉列表框中选择【METHOD】选项，【名称】栏输入【ROUGH_BORE_ID-01】，如图 10-23 所示，单击【确定】按钮，弹出【内腔粗加工】对话框。

2. 在【内腔粗加工】对话框中单击【指定切削区域】图标，弹出【切削区域】对话框，选择【限制选项】选项为【点】，指定图中线条的端点作为指定点，如图 10-24 所示，单击【确定】按钮，返回【内腔粗加工】对话框。

图 10-23　创建工序

图 10-24　指定切削区域

3. 单击【刀轨设置】图标，将该选项栏展开，选择【方法】选项为【NXZ2000-UP-XZ】，其余设置如图 10-25 所示，单击【确定】按钮，完成刀轨的设置。

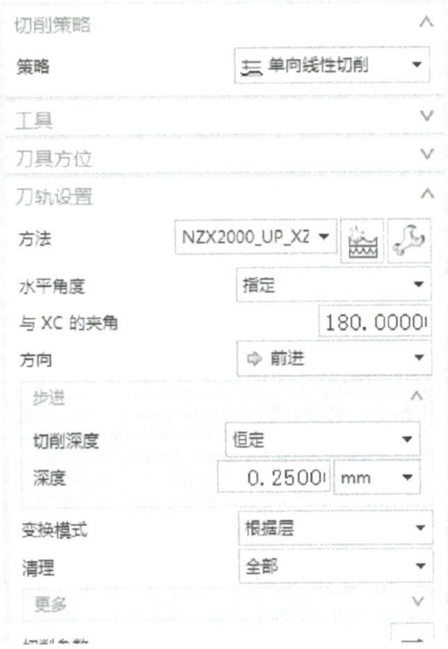

图 10-25　刀轨设置

4. 单击【切削参数】图标，弹出【切削参数】对话框，分别设置【策略】【余量】【拐角】【轮廓类型】选项卡下的参数，参数设置如图 10-26、图 10-27 所示，单击【确定】按钮，返回【内腔粗加工】对话框。

图 10-26　切削参数设置

5. 单击【非切削移动】图标，弹出【非切削移动】对话框，设置进刀方式如图 10-28 所示，设置退刀方式如图 10-29 所示。

图 10-27　切削参数设置

图 10-28　进刀设置

图 10-29　退刀设置

6. 在【逼近】选项卡下【出发点】设置为坐标系【x20,y29】的点,【运动到起点】设置为坐标系为【X20,Y19】的点,如图 10-30 所示。

7. 在【离开】选项卡下【运动到返回点】设置为坐标系【X20,Y19】的点,【运动回到零点】的点设置为坐标系【X20,Y29】的点,如图 10-31 所示,单击【确定】按钮,系统返回【内腔粗加工】对话框。

8. 单击【进给率和速度】图标,弹出对话框,将【主轴速度】设为【3000】rpm,【切削】设为【0.2】mmpr,如图 10-32 所示,单击【确定】按钮完成进给率和速度参数的设置,返回【内腔粗加工】对话框。

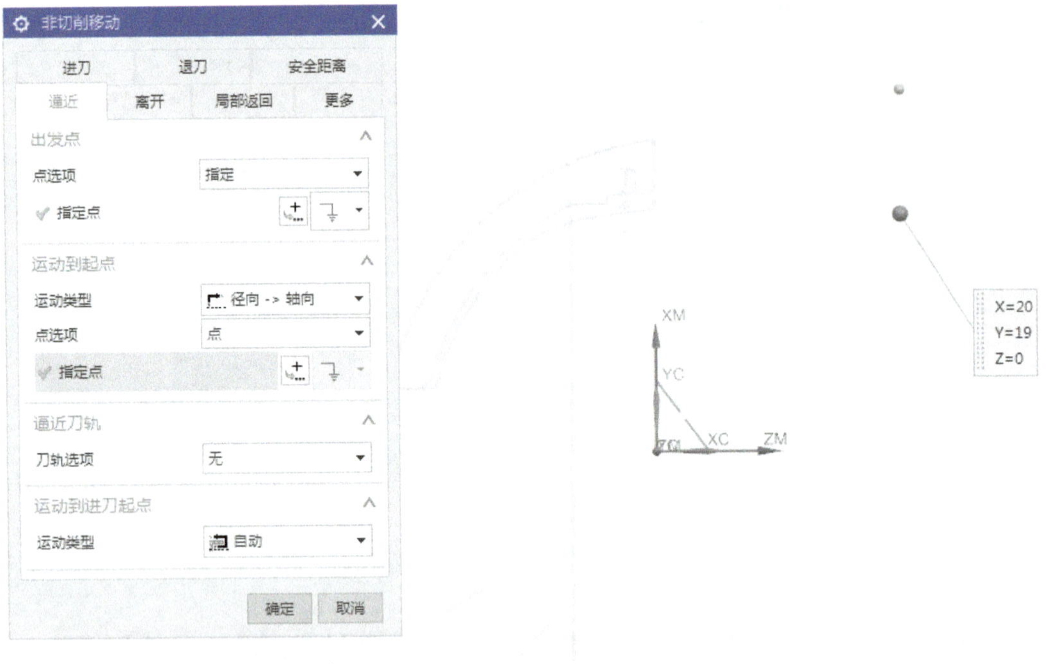

图 10-30　设置出发点

图 10-31　设置离开

9. 在【内腔粗加工】对话框中单击【生成】图标生成刀轨，查看生成的刀具路径，如图10-33所示，单击【确定】按钮。

图 10-32　设置进给率和速度

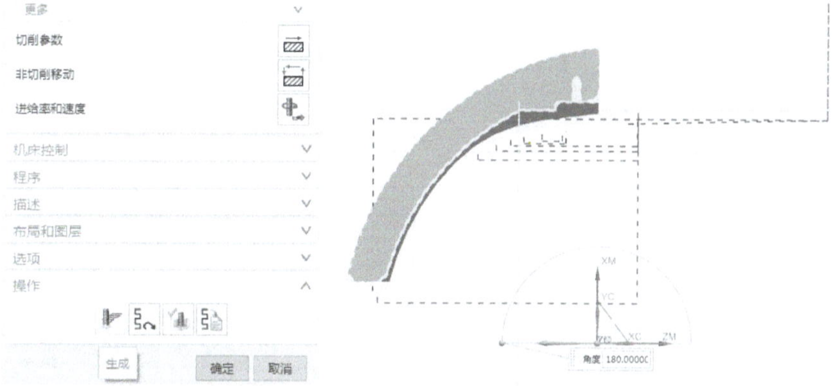

图 10-33　设置生成

（二）零件端部内轮廓精加工

1. 在【插入】工具条中单击【创建工序】图标，弹出【创建工序】对话框，在【类型】下拉列表框中选择【turning】选项，【工序子类型】选项中选择【FINISH_BORE_ID】选项，【刀具】选择【T0202】，修改【名称】为【FINISH_BORE_ID-01】，如图 10-34 所示，单击【确定】按钮，弹出【内径精镗】对话框。

2. 单击【切削区域】图标，弹出【切削区域】对话框，单击【径向修剪平面 1】选项上的【指定点】设置图标，选择圆弧右侧点作为径向修剪平面的点，如图 10-35 所示，单击【轴向修剪平面 1】选项下【指定点】设置图标，选择圆弧与直线相交的点作为轴向修剪平面的点，如图 10-36所示，单击【确定】按钮，返回【内径精镗】对话框。

图 10-34 创建工序

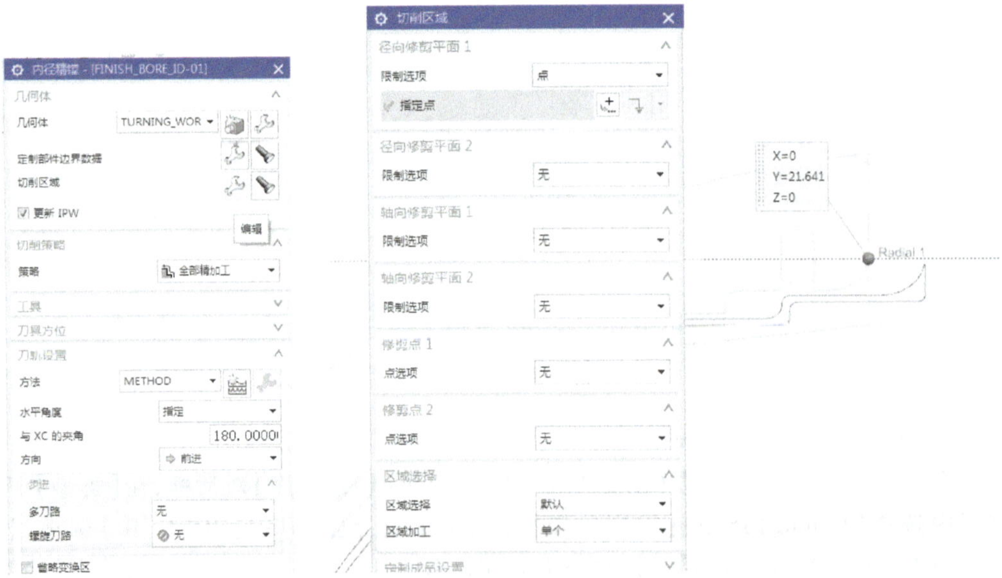

图 10-35 指定切削区域

3. 在【切削策略】选项下【策略】下拉列表框中选择【全部精加工】选项，【工具】选项下选择【T0202】选项，单击【刀轨设置】展开图标，【方法】下拉列表框中选择【NXZ2000-UP-XZ】选项，【与 XC 的夹角】设置为【180】，【方向】下拉列表框中选择【前进】选项，如图 10-37 所示。

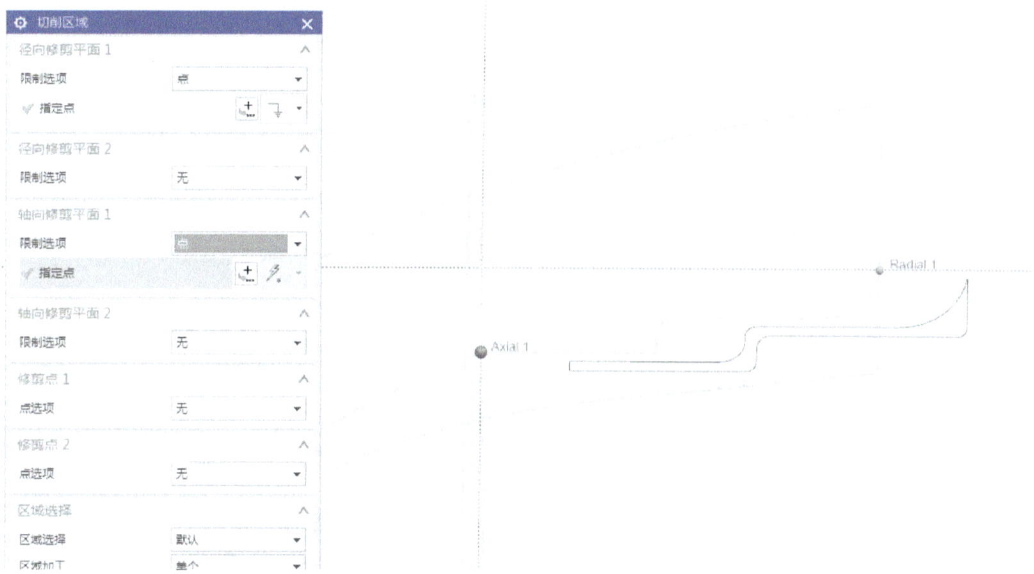

图 10-36　指定切削区域

图 10-37　设置切削策略

4. 单击【切削参数】设置图标，弹出【切削参数】对话框，【拐角】和【轮廓类型】参数设置如图 10-38和图 10-39 所示，其余保持默认不变，单击【确定】按钮，系统返回【内径精镗】对话框。

5. 单击【非切削移动】设置图标，弹出对话框，设置进刀方式如图 10-40 所示，设置退刀方式如图 10-41 所示。

6. 单击【逼近】选项卡，【出发点】区域中【点选项】下拉列表框选择【指定】选项，单击【指定点】设置选项设置为坐标系【x20，y29】的点，运动到起点【指定点】设置选项设置为坐标系设为【X20，Y19】的点，如图 10-42 所示。

7. 单击【离开】选项卡，离开时【运动到返回点】设为【X20，Y19】的点，【运动到回零点】的零点设为【X20，Y29】的点，如图 10-43 所示单击【确定】按钮，返回【内径精镗】对话框。

8. 单击【进给率和速度】图标，弹出对话框，将【主轴速度】设为【3000】rpm，【切削】设为【0.05】mmpr，如图 10-44 所示，单击【确定】按钮，完成进给率和速度参数的设置，返回【内腔精加工】对话框。

9. 在【内腔精加工】对话框中单击【生成】图标生成刀轨，查看生成的刀具路径，单击【确定】按钮，如图 10-45 所示，完成零件的粗加工。

图 10-38　拐角设置

图 10-39　轮廓类型

图 10-40　进刀设置

图 10-41　退刀设置

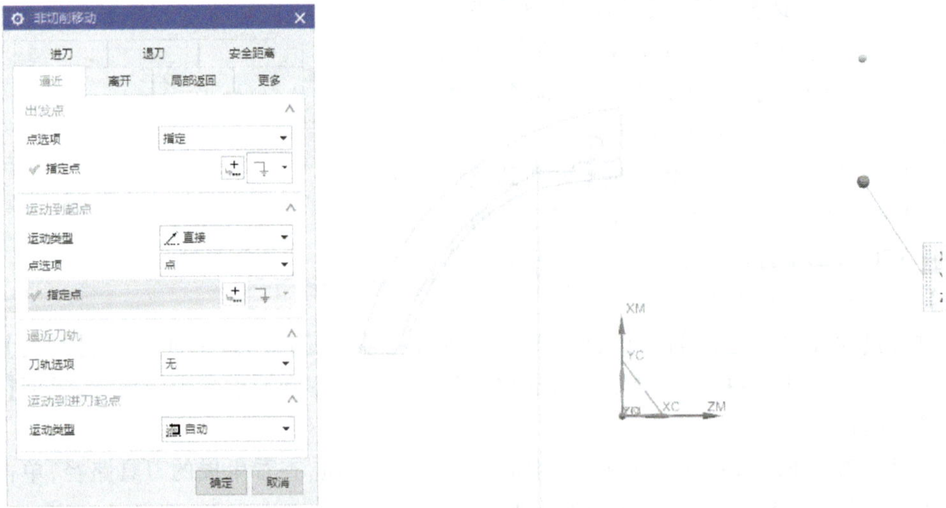

图 10-42　设置逼近

图 10-43　设置离开

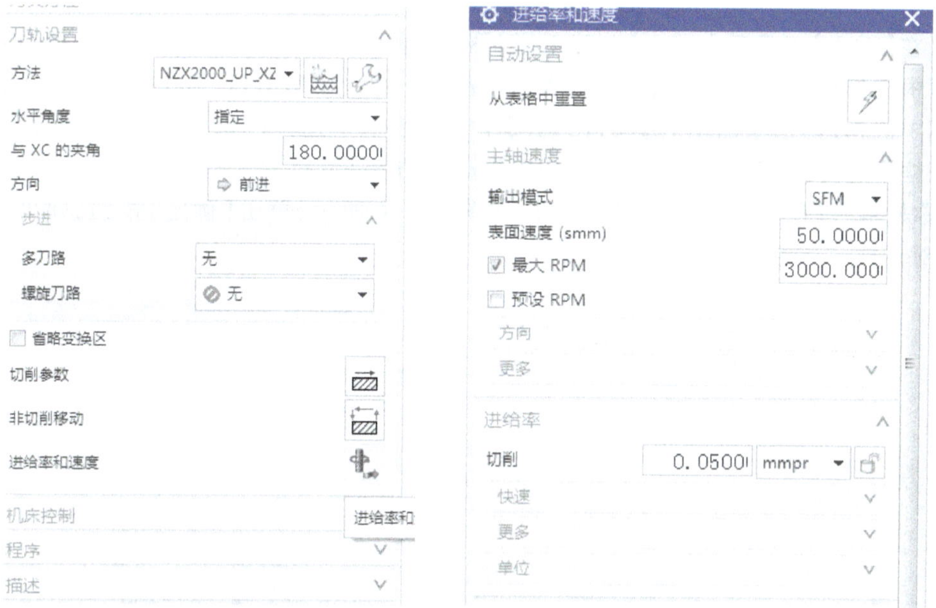

图 10-44　设置进给率和速度

（三）零件内凹槽加工

微课

内环面加工、底部内腔面加工、孔加工、仿真加工

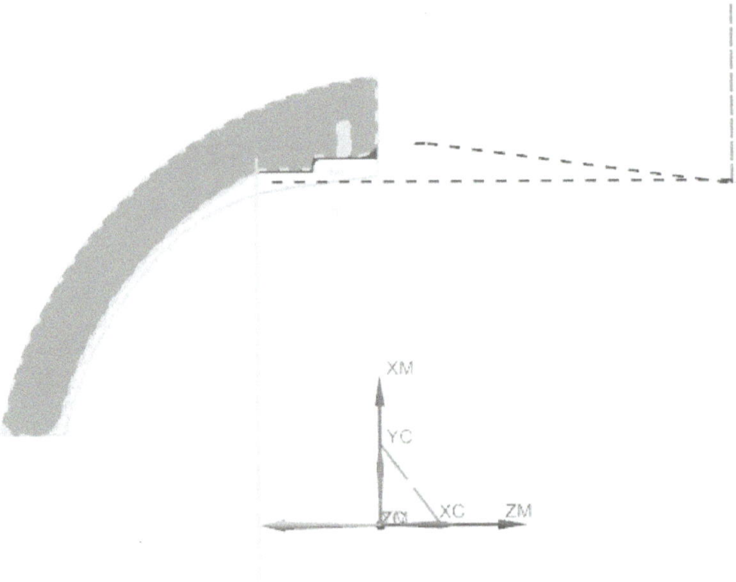

图 10-45　生成刀具路径

1. 在【插入】工具条中单击【创建工序】图标，弹出【创建工序】对话框，在【类型】下拉列表框中选择【turning】选项，【工序子类型】选项中选择【GROOVE_ID】选项，【程序】下拉列表框中选择【内凹槽加工】选项，【刀具】下拉列表框中选择【T0303】选项，【几何体】下拉列表框中选择【TURNING_WORKPIECE】选项【方法】下拉列表框中选择【METHOD】选项，名称栏输入【FINISH_BORE_ID-01】，如图 10-46 所示，单击【确定】按钮，弹出【内径开槽】对话框。

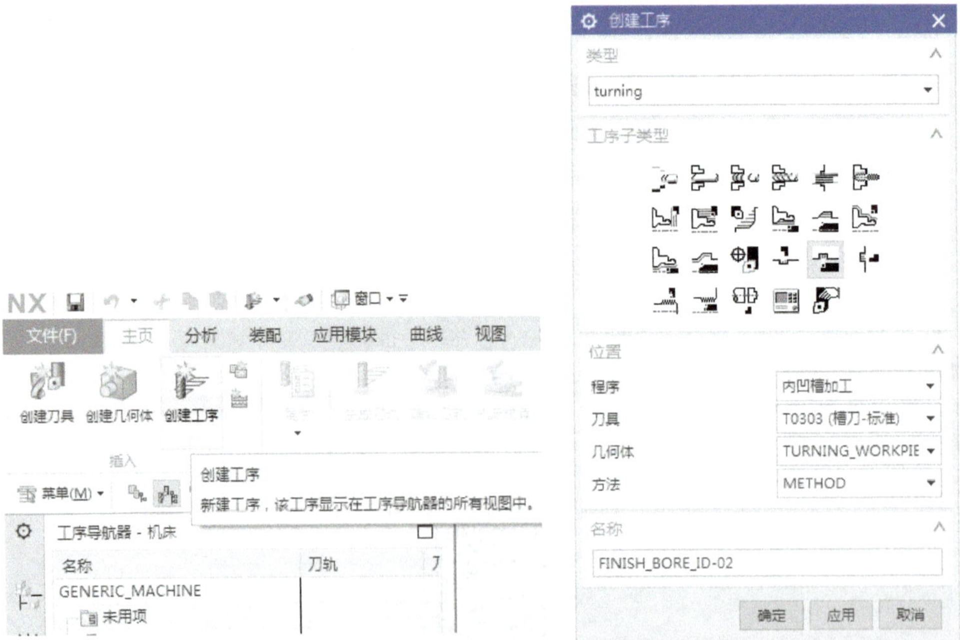

图 10-46　创建工序

2. 单击【切削区域】设置图标，弹出【切削区域】对话框，单击【径向修剪平面 1】展开箭头，单击【指定点】设置图标，选择圆弧中心点作为镜像修剪平面的点，单击【轴向修剪平面 1】展开箭头，单击【指定点】设置图标，选择内部槽的两条边线上的点分别作为轴向修剪平面的指定点，如图 10-47、图 10-48 所示，单击【确定】按钮，返回【内径开槽】对话框。

图 10-47　设置切削区域

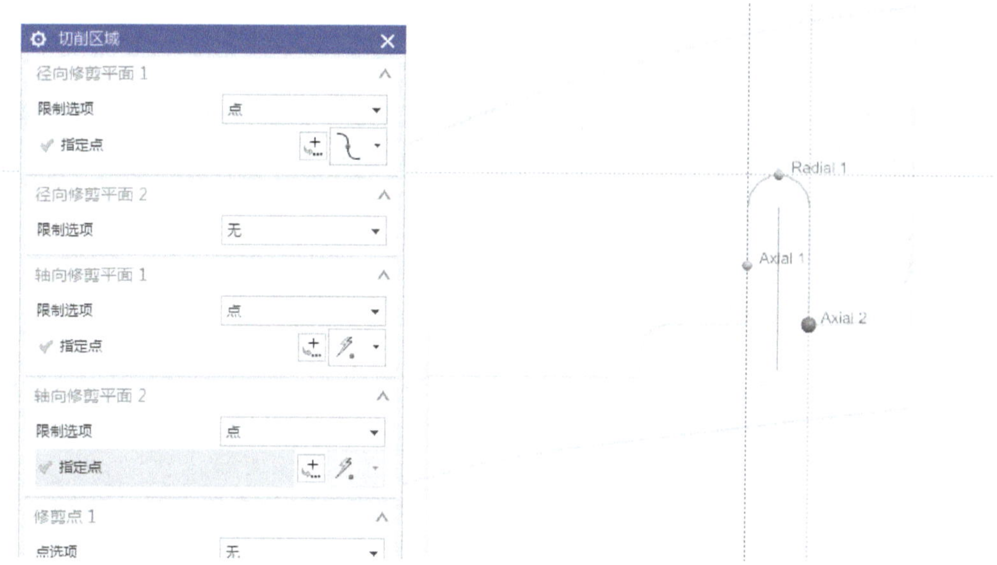

图 10-48　设置切削区域

3. 单击【切削策略】展开箭头【策略】下拉列表框选择【单向插削】选项单击【刀轨设置】图标，【方法】下拉列表框选择【METHOD】选项，【与 XC 的夹角】，设置为【180】，【方向】下拉列表框设置为【前进】选项，如图 10-49 所示。单击【确定】按钮退出【编辑边界】窗口。

4. 切削参数保持默认值。

5. 单击【非切削移动】图标，弹出对话框，单击【逼近】选项卡，设置【逼近】方式，【出发点】设置为坐标系【x20，y40】，运动到起点设置为坐标系为【X20，Y20】的点，如图 10-50 所示。

图 10-49　刀轨设置

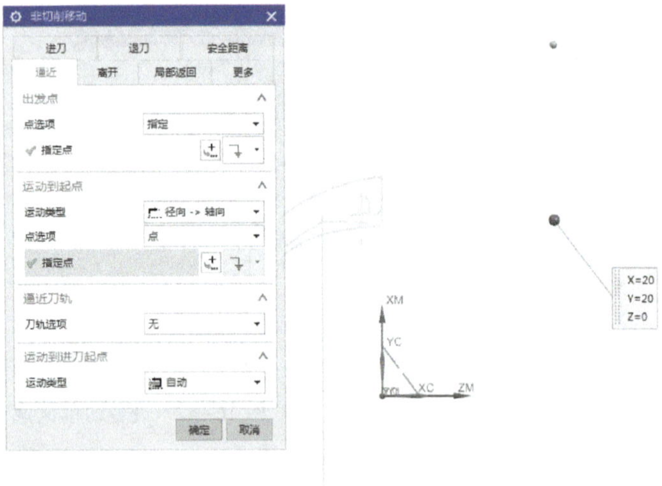

图 10-50　设置非切削移动

6. 单击【离开】选项卡，设置【离开】方式，离开时运动到返回点为槽左侧边线上的点，零点设置为坐标系【X20，Y40】的点。运动方式如图 10-51 所示。

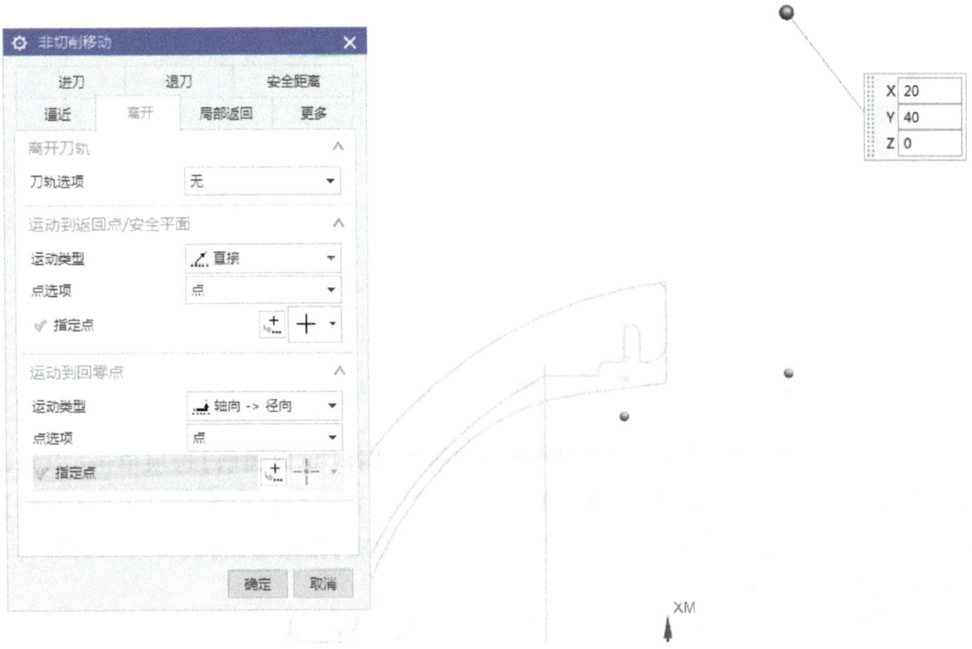

图 10-51　设置离开

7. 单击【进给率和速度】图标，弹出对话框，将【主轴速度】设为【3000】rpm，【切削】设为【0.03】mmpr，如图 10-52 所示，单击【确定】按钮，完成进给率和速度参数的设置，返回【内径开槽】对话框。

8. 在【操作】区域中单击【生成】图标，生成刀轨，查看生成的刀轨，如图 10-53 所示，单击【确定】按钮，接受生成的刀轨。

图 10-52　设置进给率和速度

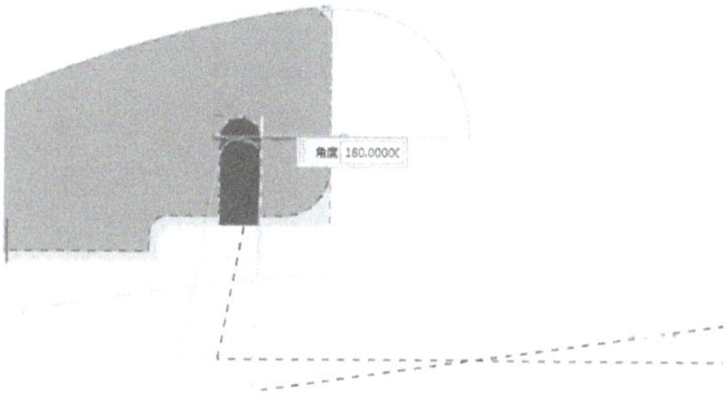

图 10-53　生成刀具路径

（四）零件平台精加工

1. 在【插入】工具条中单击【创建工序】图标，弹出【创建工序】对话框，在【类型】下拉列表框中选择【mill_planar】选项【工序子类型】选项中选择【PLANAR_MILL】选项【程序】下拉列表框中选择【精铣平台】选项【刀具】下拉列表框中选择【T0404】选项【几何体】下拉列表框中选择【MCS】选项，【方法】下拉列表框中选择【METHOD】选项，名称栏中输入【PLANAR_MILL】，如图 10-54 所示，单击【确定】按钮，系统弹出【精加工壁】对话框。

图 10-54　创建工序

2. 单击【指定部件边界】设置图标，弹出【创建边界】对话框，指定如图 10-55 所示中的环形封闭线条作为部件边界单击【确定】按钮，返回【精加工壁】对话框。

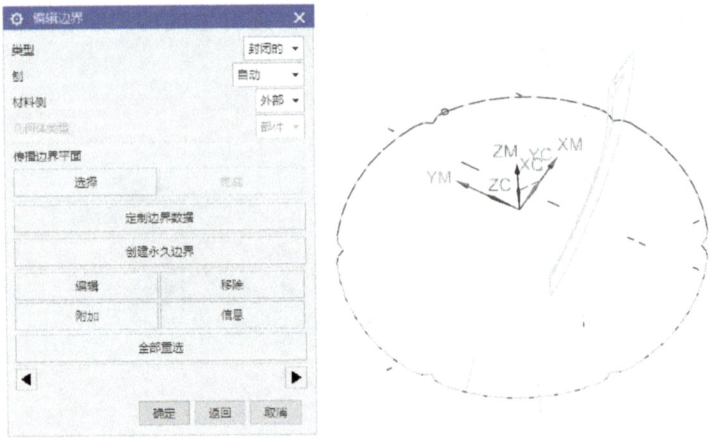

图 10-55　指定部件边界

3. 单击【指定底面】设置图标，弹出【指定底面】对话框，选择图形中台阶面，如图 10-56 所示，单击【确定】按钮，返回【精加工壁】对话框。

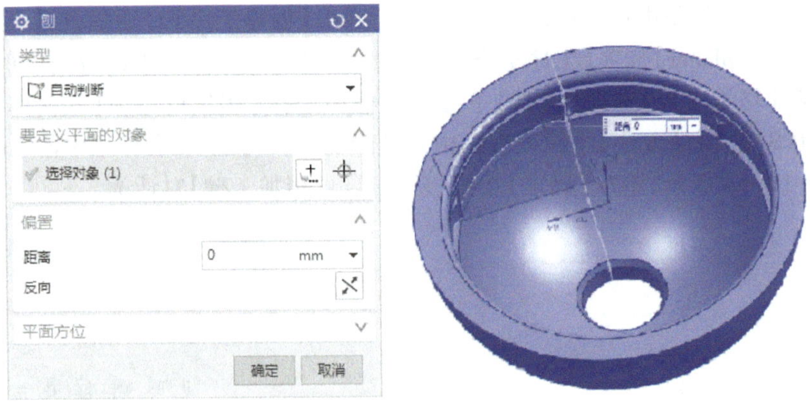

图 10-56　指定底面

4. 单击【刀轨设置】展开箭头，各个参数设置如图 10-57 所示。

5. 切削参数保持默认不变。

6. 单击【非切削移动】设置图标，弹出【非切削移动】对话框，单击【进刀】选项卡，打开【封闭区域】展开箭头，选择【进刀类型】为【与开放区域相同】选项，开放区域设置参数如图 10-58所示，设置完成后，单击【确定】按钮，返回【精加工壁】对话框。

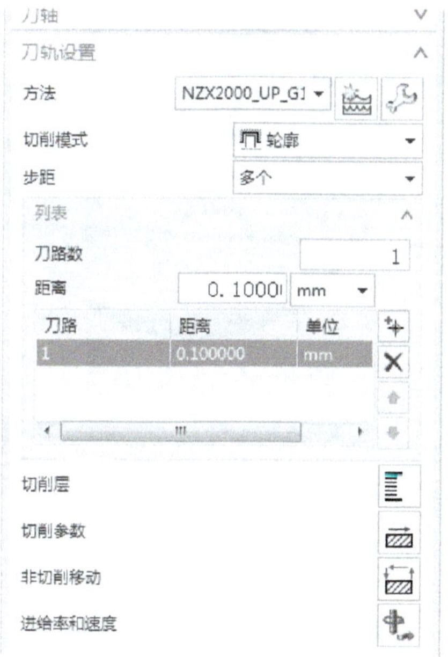

图 10-57　刀轨设置

图 10-58　设置非切削移动

7. 单击【进给率和速度】图标，弹出对话框，将【主轴速度】设为【3000】rpm，【切削】设为【200】mmpm，如图 10-59 所示，单击【确定】按钮，完成进给率和速度参数的设置，返回【精加工壁】对话框。

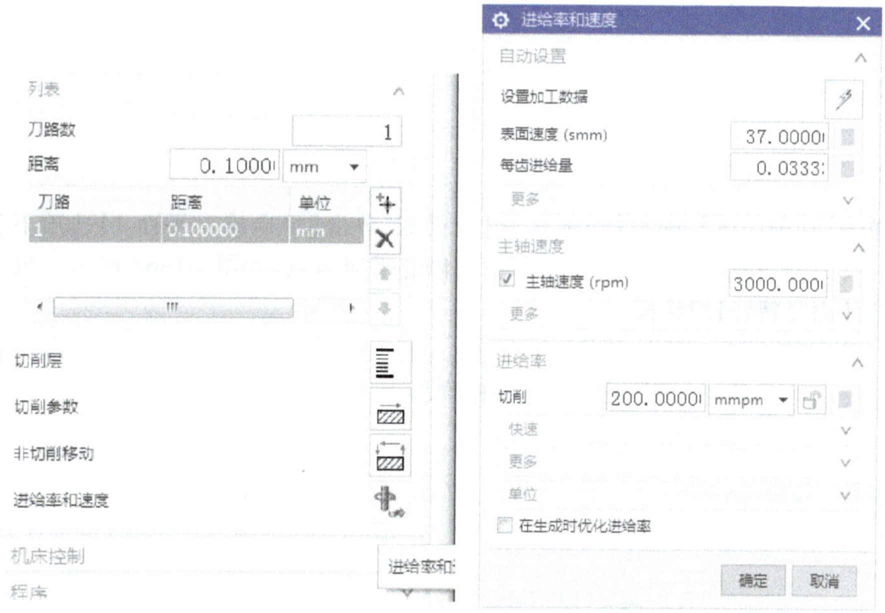

图 10-59　设置进给率和速度

8. 在【操作】区域中单击【生成】图标，生成刀轨，查看生成的刀轨，如图 10-60 所示，单击【确定】按钮，接受生成的刀轨。

（五）零件内轮廓精加工

1. 在【插入】工具条中单击【创建工序】图标，弹出【创建工序】对话框在【类型】下拉列表框中选择【turning】选项，【工序子类型】选项中选择【FINISH_BORE_ID】选项，【程序】选择【内轮廓精加工】，【刀具】选择【T0303】，修改名称为【FINISH_BORE_ID_02】，如图 10-61 所示，单击【确定】按钮，弹出【内径精镗】对话框。

图 10-60　生成刀具路径

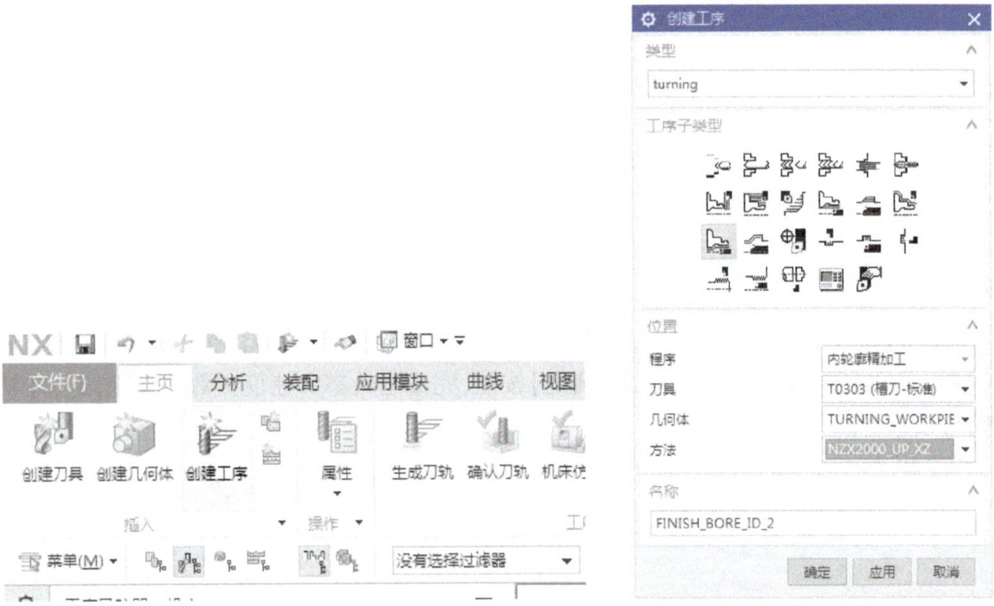

图 10-61　创建工序

2. 单击【切削区域】，弹出【切削区域】对话框，单击【径向修剪平面 1】选项下的【指定点】设置图标，选择图中直线上的点作为径向修剪平面的点，如图 10-62 所示，单击【确定】按钮，返回【内径精镗】对话框。

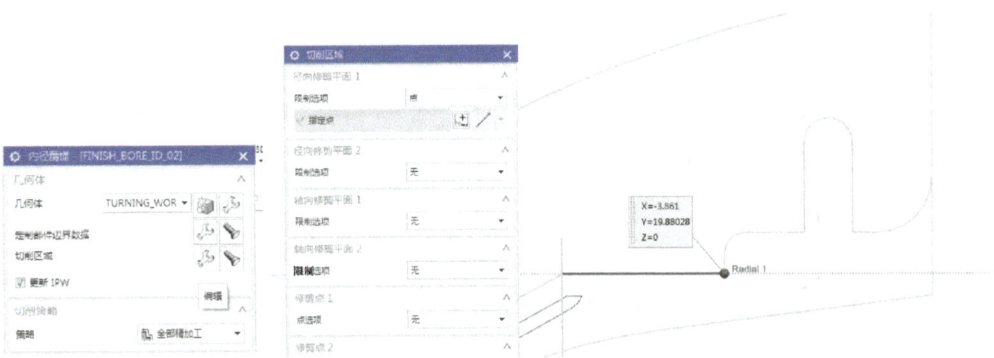

图 10-62　设置指定切削区域

3. 在【切削策略】选项下【策略】下拉列表框中选择【全部精加工】选项，单击【刀轨设置】展开箭头，【方法】下拉列表框中选项【NXZ2000-UP-XZ】选项，【与 XC 的夹角】设置为【180】，【方向】下拉列表框中选择【前进】选项，如图 10-63 所示。

图 10-63　设置切削策略和刀轨设置

4. 单击【切削参数】设置图标，弹出对话框，【拐角】和【轮廓类型】参数设置如图 10-64 和图 10-65 所示，其余保持默认不变，单击【确定】按钮，系统返回【内径精镗】对话框。

5. 单击【非切削移动】设置图标，弹出【非切削移动】对话框，设置进刀方式如图 10-66 所示，设置退刀方式如图 10-67 所示。

图 10-64　拐角设置

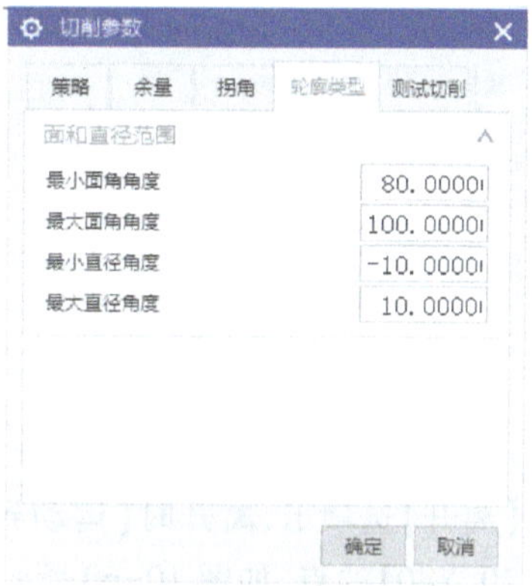

图 10-65　轮廓类型

图 10-66　进刀设置

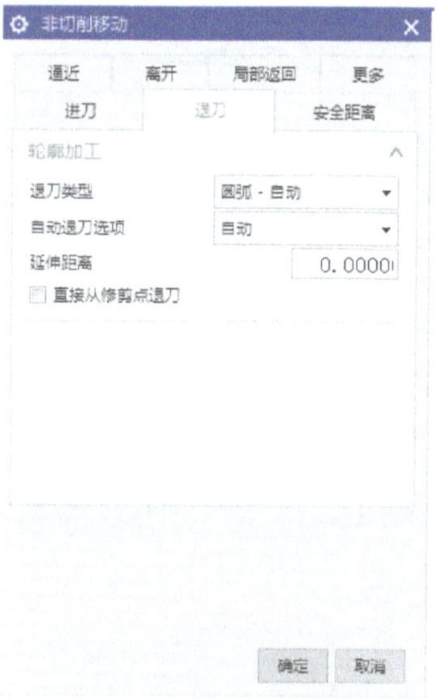

图 10-67　退刀设置

6. 单击【逼近】选项卡,【出发点】区域中【点选项】下拉列表框选择【指定】选项,单击【指定点】设置选项设置为坐标系【x20,y40】的点,运动到起点【指定点】设置选项设置为坐标系为【X20,Y20】的点,如图 10-68 所示。

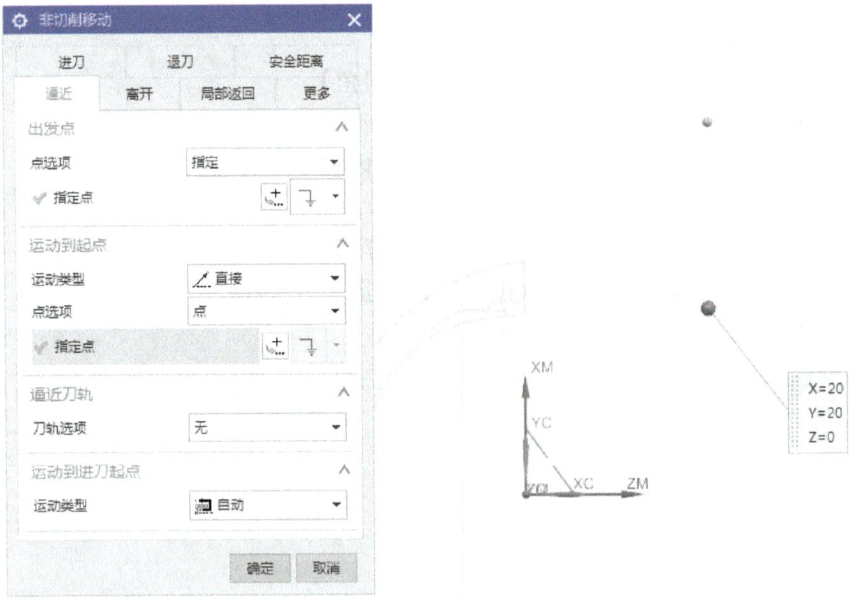

图 10-68　设置逼近

7. 单击【离开】选项卡,离开时【运动到返回点】设为【X20,Y20】的点,【运动到回零点】的零点设为【X20,Y40】的点,如图 10-69 所示单击【确定】按钮,系统返回【内径精镗】对话框。

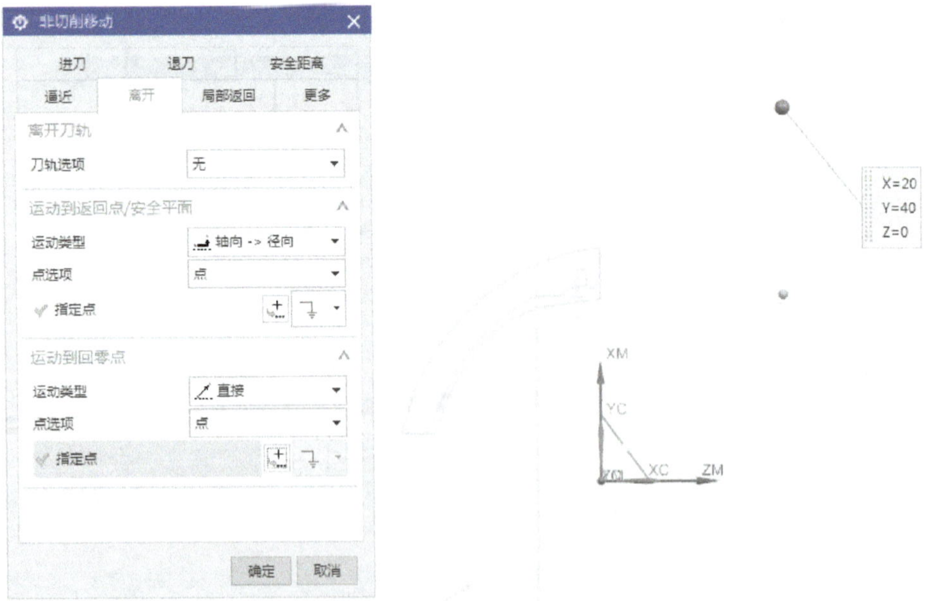

图 10-69　设置离开

8. 单击【进给率和速度】图标，弹出对话框，将【主轴速度】设为【3000】rpm，【切削】设为【0.03】mmpr，如图 10-70 所示，单击【确定】按钮，完成进给率和速度参数的设置返回【内径精镗】对话框。

9. 在【操作】区域中单击【生成】图标，生成刀轨，查看生成的刀轨，单击【确定】按钮，接受生成的刀轨，如图 10-71 所示，完成零件的精加工。

图 10-70　设置进给率和速度

图 10-71　生成刀具路径

（六）钻 D6.9 的孔

1. 在【插入】工具条中单击【创建工序】图标，弹出【创建工序】对话框，在【类型】下拉列表框中选择【drill】选项，【工序子类型】选项中选择【PECK_DRILLING】选项，【程序】下拉列表框中选择【钻 D6.9 的孔】选项，【刀具】下拉列表框中选择【T0505】选项，【几何体】下拉列表框中选择【MCS】选项，【方法】下拉列表框中选择【METHOD】选项，名称栏输入【PECK_DRILLING】，如图 10-72 所示，单击【确定】按钮，弹出【定心钻】对话框。

图 10-72　创建工序

2. 单击【指定孔】图标，弹出【点到几何体】对话框，单击【选择】选项，弹出【点】对话框，单击【点位置】区域中【选择对象】图标，选择个孔中心线上端的点作为孔中心，单击【确定】按钮，直至返回【定心钻】对话框。单击【工具】区域中【刀轴】设置图标，刀轴选择指定矢量，矢量为孔中心先向上，如图 10-73所示。

3. 单击【循环】中【标准钻编辑参数】图标，弹出【指定参数组】对话框，单击【确定】按钮，弹出【Cycle 参数】对话框，单击【Depth(Tip)】选项，弹出【Cycle 深度】对话框，选择【刀尖深度】选项，输入深度参数【7.7】，如图 10-74 所示，单击【确定】按钮，直至页面返回【定心

图 10-73　指定孔

钻】对话框。

4. 打开【刀轨设置】选项，单击【进给率和速度】图标，弹出对话框，将【主轴速度】设为【1200】rpm，【切削】设为【80】mmpm，如图 10-75 所示，单击【确定】按钮，返回【定心钻】对话框。

5. 在【操作】区域中单击【生成】图标，生成刀轨，查看生成的刀轨，如图 10-76 所示，单击【确定】按钮，接受生成的刀轨。

6. 复制【PECK_DRILLING】程序并粘贴两次，更改名称分别为【PECK_DRILLING-1】【PECK_DRILLING-2】，将孔的点和刀轴方向重新设置为另两个孔的点和轴线，重新生成刀轨，单击【确定】按钮。

四、仿真加工

在【工序导航器—几何】视图中单击【NC_PROGRAM】父节组按钮，在【操作】工具条中单击【确认刀轨】图标，弹出【可视化】对话框选择【3D 动态】选项卡，单击【播放】按钮，进行工件的加工仿真，仿真结果如图 10-77 所示。

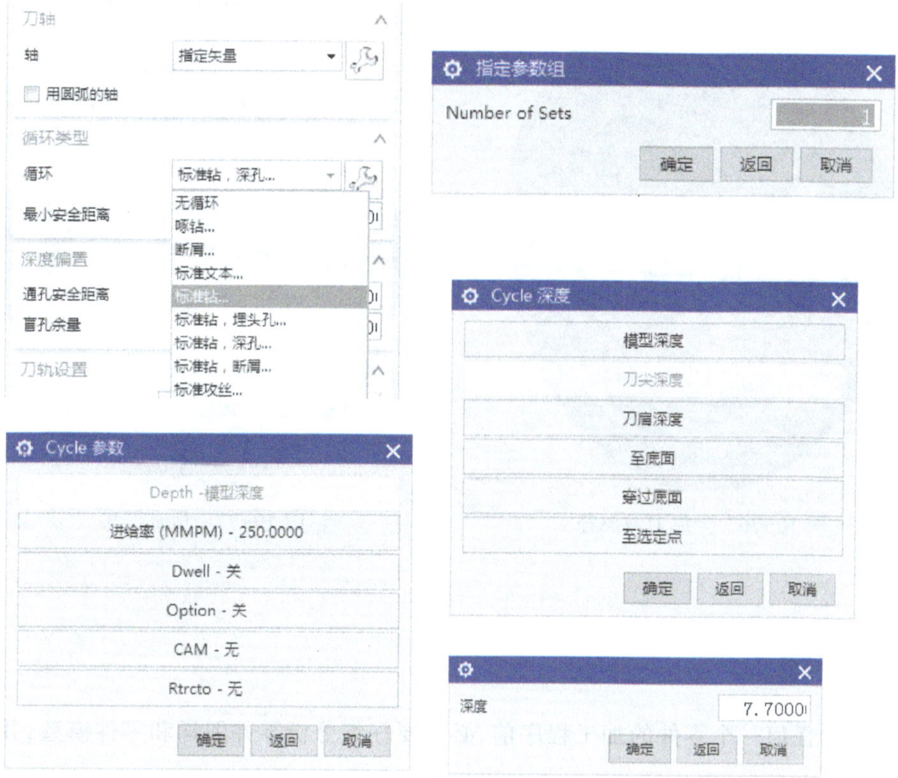

图 10-74　设置标准钻编辑参数

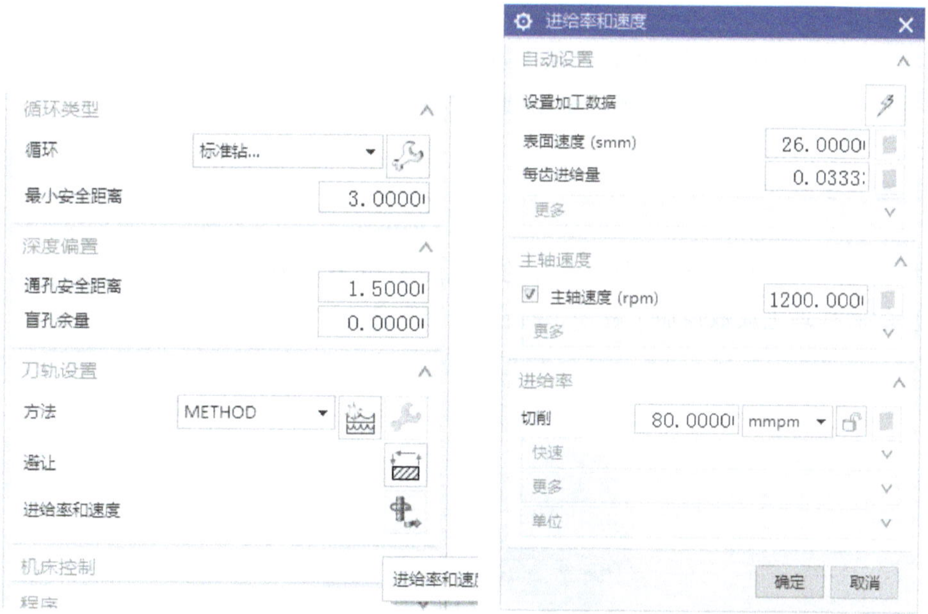

图 10-75　设置进给率和速度

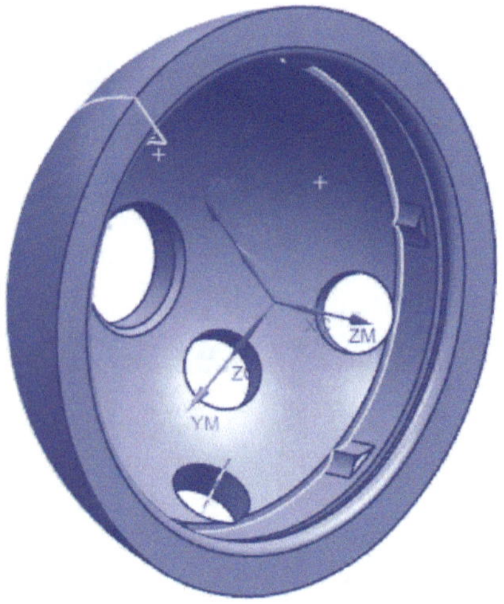

图 10-76　生成刀具路径

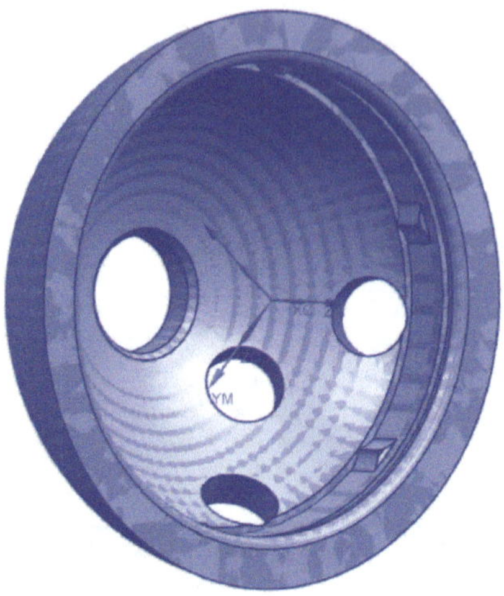

图 10-77　仿真结果

专家点拨

1. 在编制任何一个零件的加工程序前，必须要仔细分析零件图样和零件模型，并编制合理的加工工艺。

2. 在 NX CAM 中编制零件程序时，要考虑零件的装夹。一般对于块类零件的小批量生产，可以采用加厚毛坯以供夹持的方式，待正面全部加工完后，反身装夹，铣去夹持部分，只需保证总厚即可。

3. 在粗加工时原则为尽可能提高加工效率，精加工时要保证质量。

4. 为保证表面质量，精加工要求采用圆弧进刀的方式。

课后训练

根据图 10-78 零件的特征，制定合理的工艺路线，设置必要的加工参数、生成刀具路径、通过相应的后处理生成数控加工程序，并仿真加工零件。

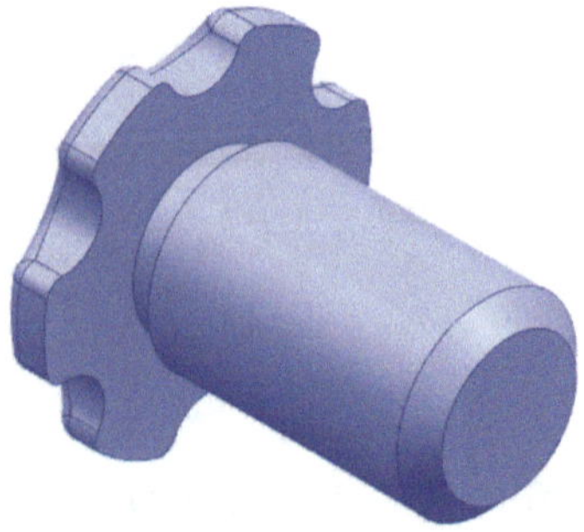

图 10-78　零件

项目11

定位件的数控编程与仿真加工

学习目标

能力目标：能运用 NX 软件完成定位件的编程与仿真加工。
知识目标：掌握端面加工几何体的设置、加工参数设置等。
掌握外径加工几何体的设置、加工参数设置等。
掌握深度轮廓铣加工几何体的设置、加工参数设置等。
素质目标：激发学生的学习兴趣，培养团队合作和创新精神。

项目导读

定位件是机械零件中常见的一类零件，这类零件的特点是结构比较简单，零件整体外形成轴状，零件上一般会有定位面、定位孔等特征。在编程与加工过程中要特别注意定位面和定位孔的精度。

任务描述

学生以企业制造部门 MC 数控程序员的身份进入 NX CAM 功能模块，根据定位件的特征，制定合理的工艺路线，创建外径加工，深度轮廓铣等操作，设置必要的加工参数，生成刀具路径，检验刀具路径是否正确合理，并对操作过程中存在的问题进行研讨和交流。通过相应的后处理生成数控加工程序，并运用机床加工零件。

工作任务

按照零件加工要求，制定定位件加工工艺；编制定位件加工程序；完成定位件的仿真加工，后处理得到数控加工程序，完成零件加工。

一、制订加工工艺

1. 定位件结构分析

该零件的特点是结构比较简单，零件整体外形成轴状，零件上一般会有定位面、定位孔等特征。

2. 毛坯选用

零件材料为 45 棒料切割而成，尺寸为 ϕ20 mm×12.2 mm。零件长度方向为了保证零件的装夹，余量为 7 mm。

3. 制订加工工序卡

零件选用车铣复合机床加工，三爪自定心卡盘夹持，遵循先粗后精、先面后孔的加工原则。制订加工工序如表 11-1 所示。

表 11-1　加工工序卡

<table>
<tr><td colspan="3">零件号：</td><td colspan="3">工序名称：</td><td rowspan="2">工艺流程卡_工序单</td></tr>
<tr><td colspan="3">4726105</td><td colspan="3">定位件铣削加工</td></tr>
<tr><td colspan="2">材料:45</td><td colspan="3">页码:1</td><td>工序号:01</td><td>版本号:0</td></tr>
<tr><td colspan="2">夹具:三爪自定心卡盘</td><td colspan="3">工位:MC</td><td colspan="2">数控程序号：</td></tr>
<tr><td colspan="6">刀具及参数设置</td><td rowspan="17">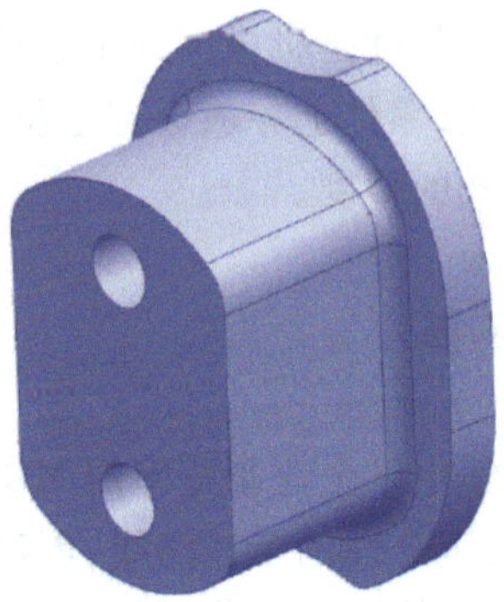</td></tr>
<tr><td colspan="2">加工内容</td><td>刀具号</td><td>刀具规格</td><td>主轴转速</td><td>进给速度</td></tr>
<tr><td colspan="2">粗车加工</td><td>T01</td><td>ID_80_L_1</td><td>S600</td><td>F0.1</td></tr>
<tr><td colspan="2">精车加工-1</td><td>T01</td><td>ID_80_L_1</td><td>S600</td><td>F0.1</td></tr>
<tr><td colspan="2">精车加工-2</td><td>T02</td><td>ID_80_L_2</td><td>S600</td><td>F0.08</td></tr>
<tr><td colspan="2">精铣加工-1</td><td>T03</td><td>D10R0.5</td><td>S3000</td><td>F350</td></tr>
<tr><td colspan="2">精铣加工-2</td><td>T03</td><td>D10R0.5</td><td>S3500</td><td>F250</td></tr>
<tr><td colspan="2">精铣加工-3</td><td>T04</td><td>B2.45</td><td>S3000</td><td>F550</td></tr>
<tr><td colspan="2">精铣加工-4</td><td>T04</td><td>B2.45</td><td>S3500</td><td>F250</td></tr>
<tr><td colspan="2">钻孔</td><td>T05</td><td>DRILL</td><td>S3000</td><td>F50</td></tr>
<tr><td colspan="2"></td><td></td><td></td><td></td><td></td></tr>
<tr><td colspan="2"></td><td></td><td></td><td></td><td></td></tr>
<tr><td colspan="2"></td><td></td><td></td><td></td><td></td></tr>
<tr><td colspan="2"></td><td></td><td></td><td></td><td></td></tr>
<tr><td>02</td><td colspan="2"></td><td colspan="2"></td><td></td></tr>
<tr><td>01</td><td colspan="2"></td><td colspan="2"></td><td></td></tr>
<tr><td>更改号</td><td colspan="2">更改内容</td><td>批准</td><td>日期</td><td></td></tr>
<tr><td>拟制：</td><td>日期：</td><td>审核：</td><td>日期：</td><td>批准：</td><td>日期：</td><td rowspan="2">（单位）</td></tr>
<tr><td></td><td></td><td></td><td></td><td></td><td></td></tr>
</table>

二、加工准备

微课

加工准备、零件粗加工

1. 启动 NX 10.0，单击【打开】图标，弹出【打开】对话框，选择定位件.prt 文件，如图 11-1 所示，单击【OK】按钮，打开零件模型。

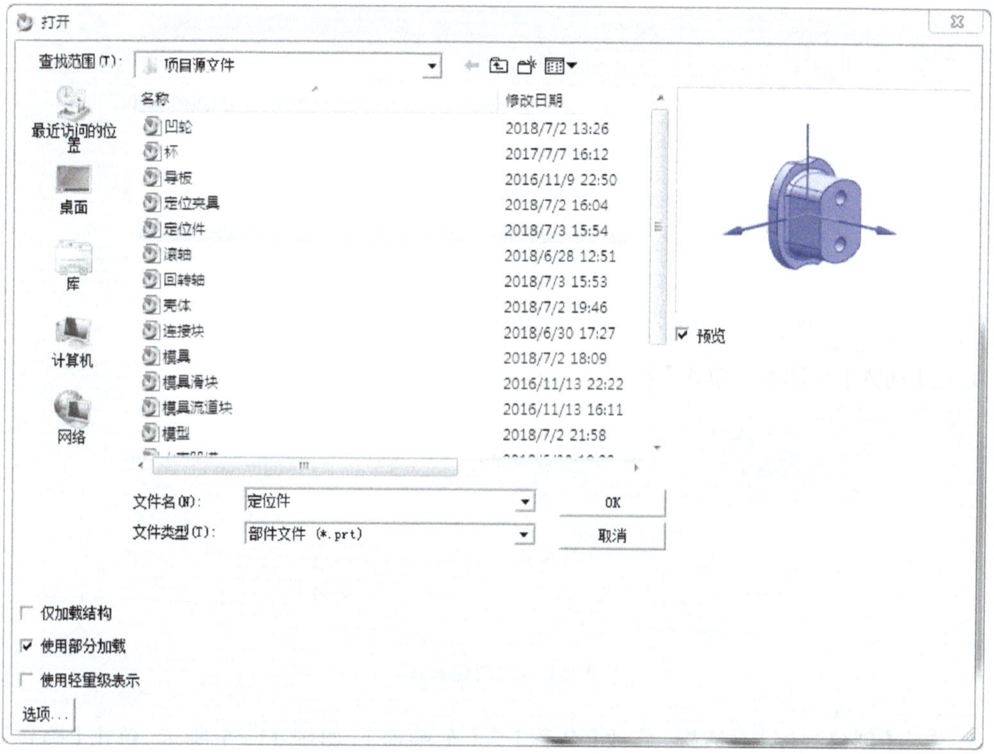

图 11-1　选择模型

2. 选择在菜单栏中【应用模块】选项卡，单击【加工】图标，进入加工环境，如图 11-2 所示。

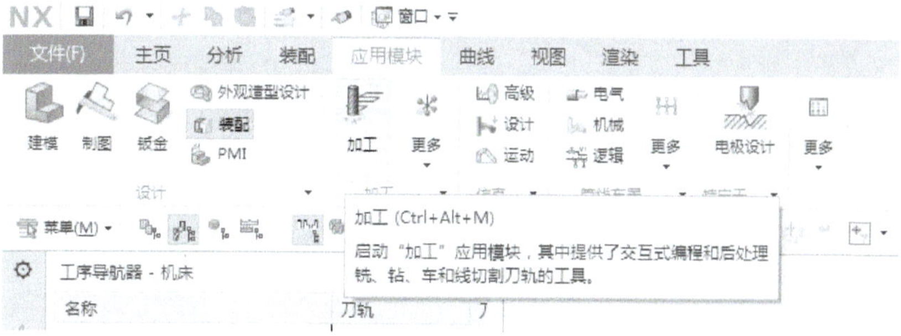

图 11-2　加工模块

3. 在弹出的【加工环境】对话框【CAM 会话配置】栏中选择【cam_general】选项,【要创建的 CAM 设置】栏中选择【turning】选项,如图 11-3 所示,单击【确定】按钮,完成加工环境的设置。

图 11-3　加工环境设置

4. 在【插入】工具条中单击【创建程序】图标,如图 11-4 所示。

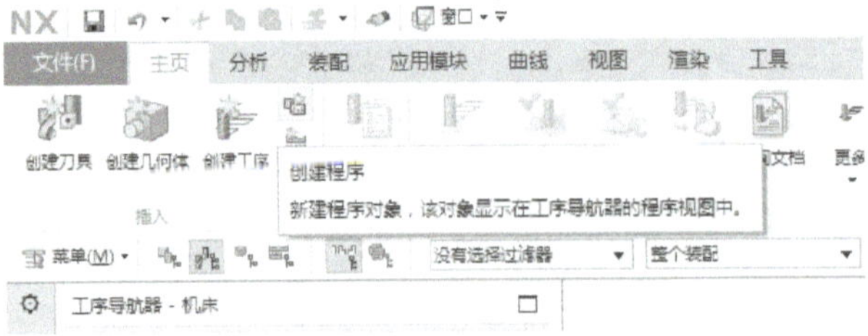

图 11-4　创建程序

5. 弹出【创建程序】对话框,修改【名称】为【车端面】,如图 11-5 所示,单击【确定】按钮,完成【车端面】程序的创建。

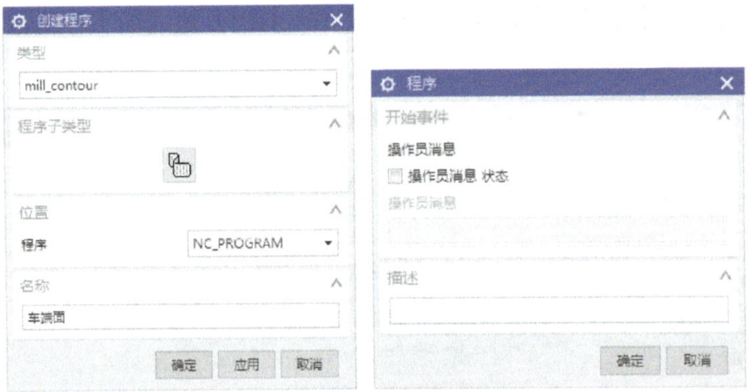

图 11-5　创建程序

6. 同样方法创建【粗车外圆】【精车外圆】【粗铣侧壁】【精铣侧壁】【粗加工圆角】【精加工圆角】【加工孔】程序，如图 11-6 所示。

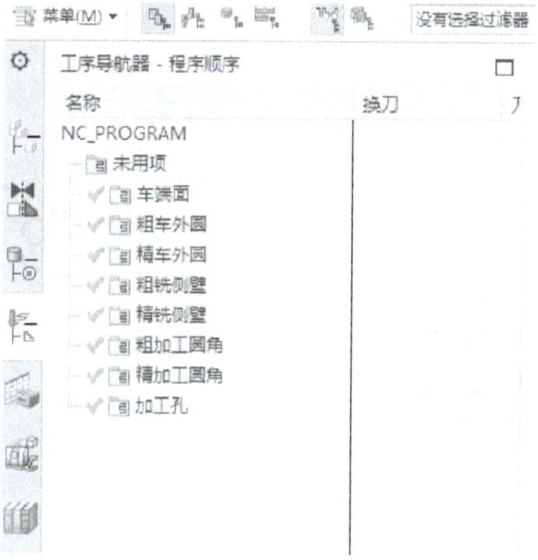

图 11-6　创建程序组

7. 在【菜单】栏工具条中单击【机床视图】图标，在【插入】工具条中，单击【创建刀具】图标，如图 11-7 所示弹出【创建工具】对话框。

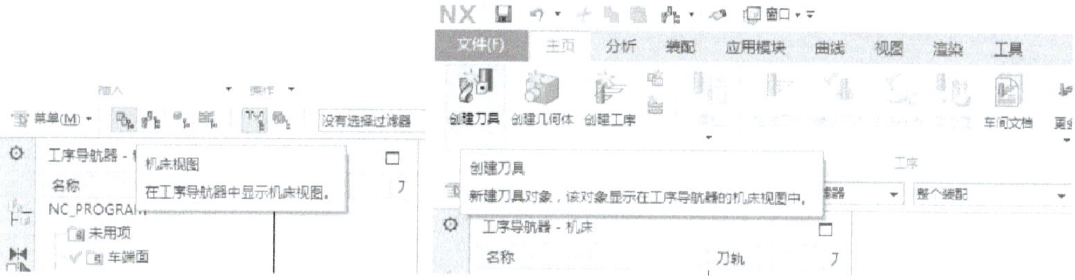

图 11-7　进入创建刀具菜单

8. 在【创建刀具】对话框中，【类型】下拉列表框中选择为【turning】选项，【刀具子类型】选项中选择【OD_80_L】选项，修改刀具【名称】为【T0101】，单击【应用】按钮。弹出【车刀-标准】对话框，设置刀具参数，【ISO 刀片形状】下拉列表框中选择【D(菱形 55)】选项，将【刀尖半径】设为【0.5】，其他参数默认，如图 11-8 所示，单击【确定】按钮。

9. 回到【创建刀具】对话框，【刀具子类型】选项中选择【OD_80_L】选项，修改刀具【名称】为【T0202】，单击【应用】按钮。弹出【车刀-标准】对话框，设置刀具参数，【刀片形状】下拉列表框中选择【V(菱形 35)】选项，将【刀尖半径】设为【0.4】，其他参数默认，如图 11-9 所示，单击【确定】按钮。

10. 回到【创建刀具】对话框，【类型】选项中选择【mill_planar】，【刀具子类型】选项中选择【MILL】选项，修改刀具【名称】为【T0303】，单击【应用】按钮。弹出【铣刀-5 参数】对话框，设置刀具参数，将【直径】设为【10】，【下半径】设为【0.5】，其他参数默认，如图 11-10 所示，单击【确定】按钮。

11. 回到【创建刀具】对话框，【刀具子类型】选项中选择【MILL】选项，修改刀具【名称】为【T0404】，单击【应用】按钮。弹出【铣刀-5 参数】对话框，设置刀具参数，将【直径】设为

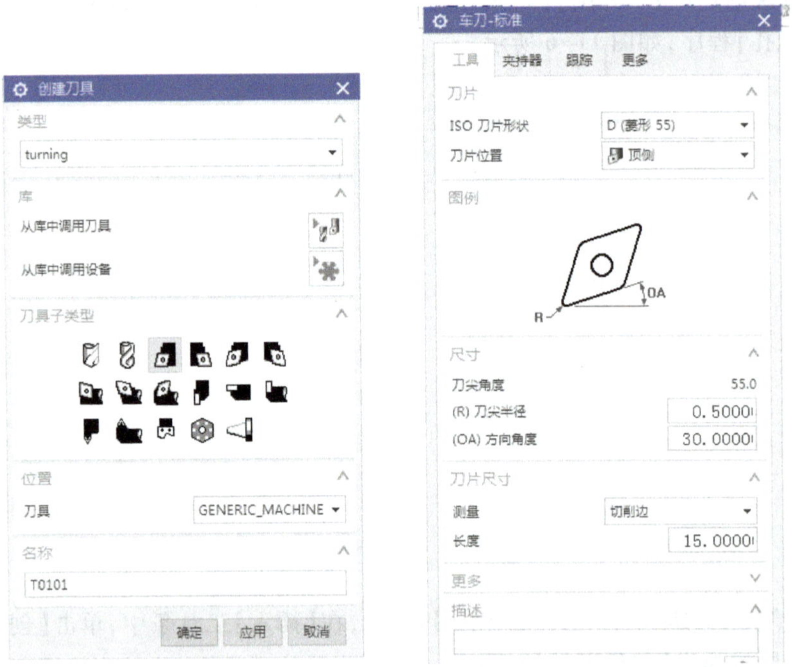

图 11-8　创建车刀

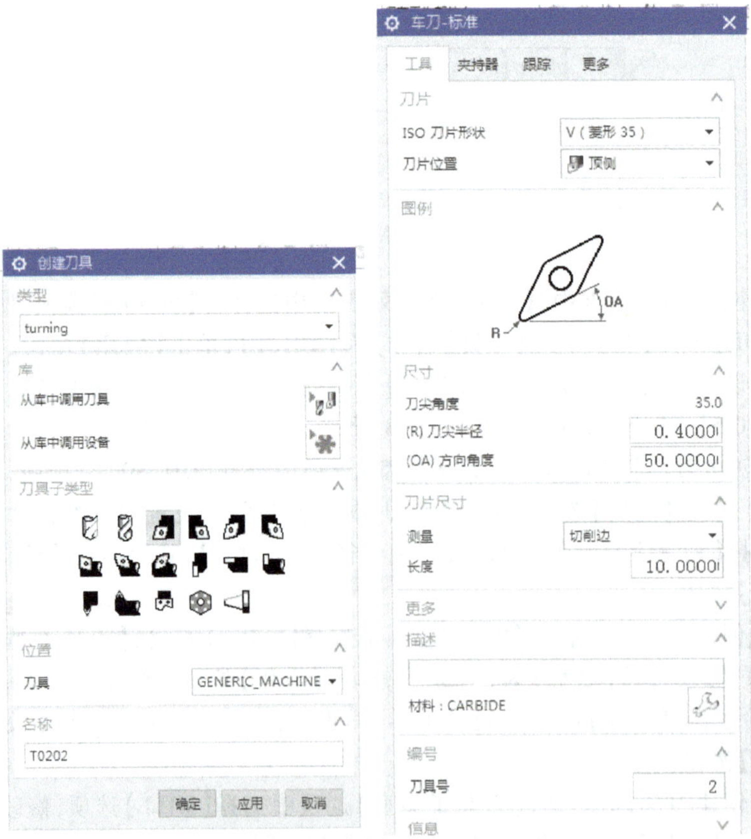

图 11-9　创建槽刀

【2.45】，其他参数默认，如图 11-11 所示，单击【确定】按钮，完成刀具创建。

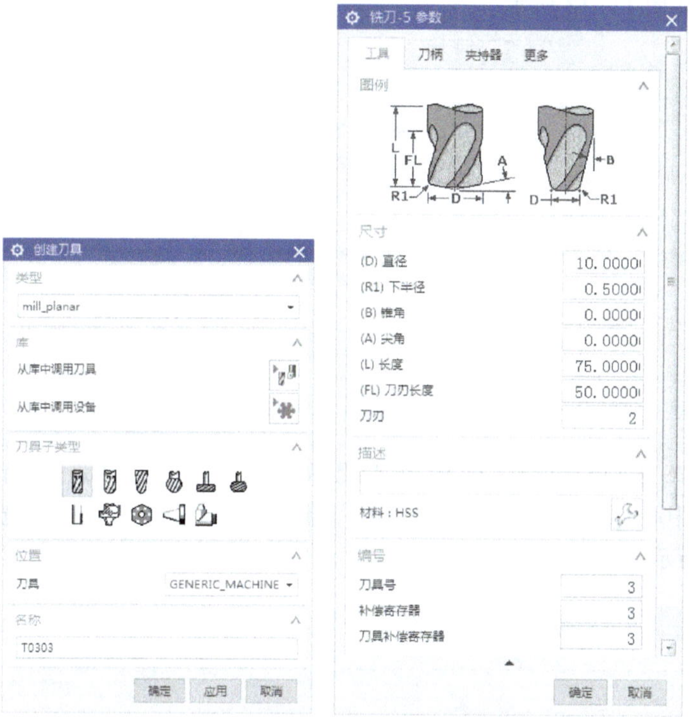

图 11-10　创建铣刀

图 11-11　创建铣刀

12. 在【菜单】栏工具条中单击【几何视图】图标，在【操作导航器】中双击【MCS_SPINDLE】图标，如图 11-12 所示。

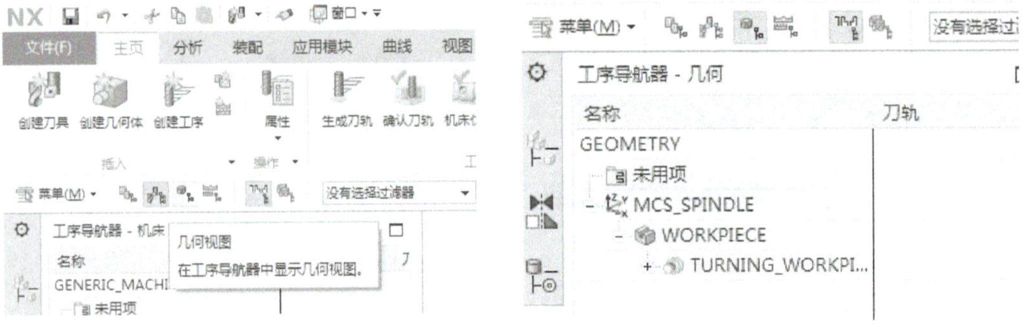

图 11-12 几何视图

13. 弹出【MCS 主轴】对话框，双击【机床坐标系】中的【指定 MCS】图标，零件右端面圆心处作为坐标系中心，【车床工作平面】选项下【指定平面】下拉列表框中选择【ZM-XM】选项，如图 11-13 所示。单击【确定】按钮。

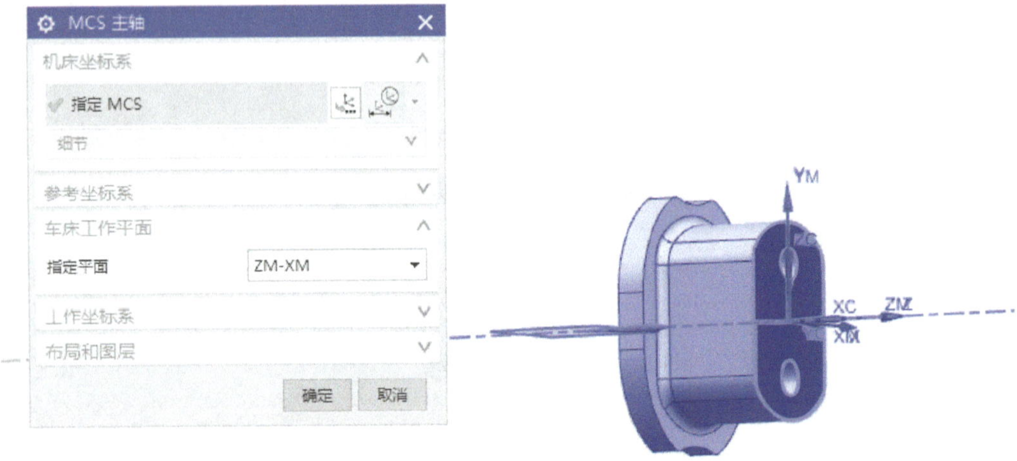

图 11-13 设置 MCS

14. 双击【WORKPIECE】选项，弹出【工件】对话框，单击【指定部件】图标，弹出【部件几何体】对话框，选择如图 11-14 所示为部件，单击【确定】按钮，完成指定部件。

15. 单击【指定毛坯】图标，弹出【毛坯几何体】对话框，类型选择【几何体】选项，选择如图 11-15 所示圆柱为毛坯(该圆柱在建模中预先建好)，单击【确定】按钮退出工件对话框。

16. 双击操作导航器中的【TURNING_WORKPIECE】，自动生成车加工截面和毛坯界面，如图 11-16 所示。然后单击【确定】按钮。

17. 在【插入】工具中单击【创建几何体】图标，弹出【创建几何体】设置对话框，【类型】选项中选择【mill_planar】选项，【几何体子类型】选项中选择【MCS】选项，如图 11-17 所示，然后单击【确定】按钮。

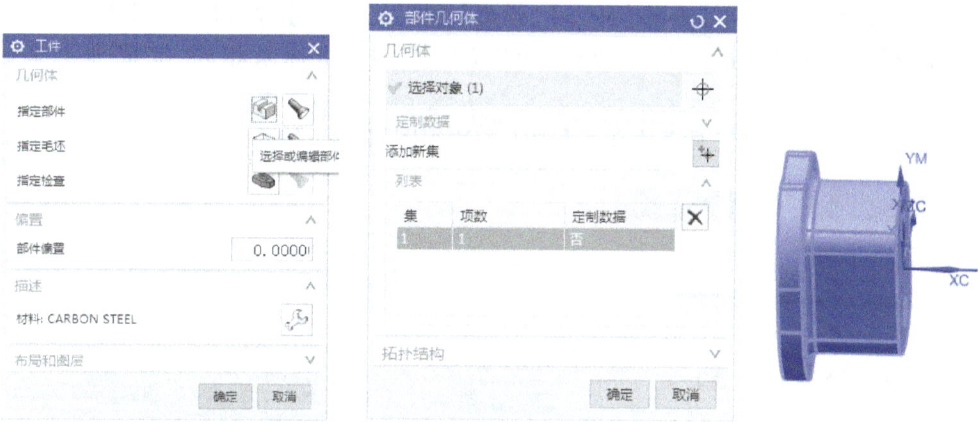

图 11-14　设置部件

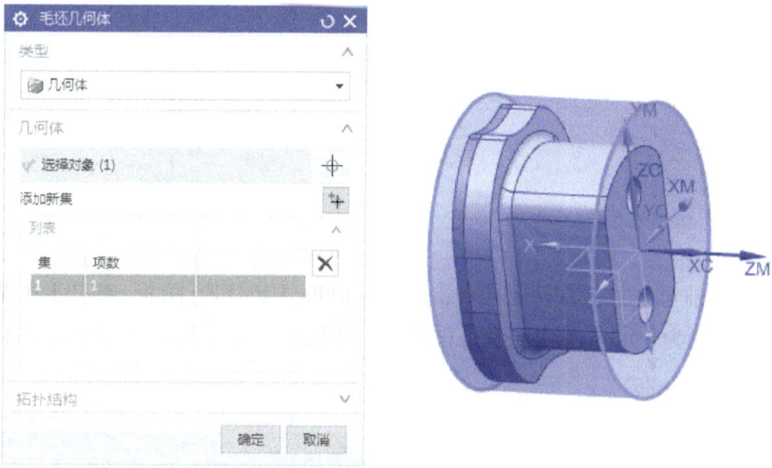

图 11-15　设置毛坯

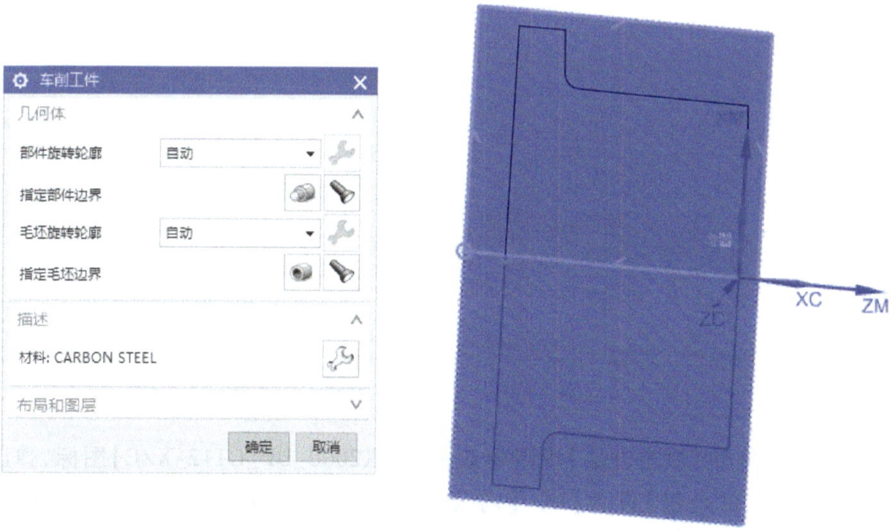

图 11-16　车加工截面

18. 双击【操作导航器】中的【MCS】，弹出【加工坐标系】对话框，单击【指定 MCS】中的【CYS】图标，弹出对话框，将坐标系设置与第一个坐标系相同，完成加工坐标系设置。

19. 在【工序导航器】工具条中单击【加工方法视图】图标，如图 11-18 所示。

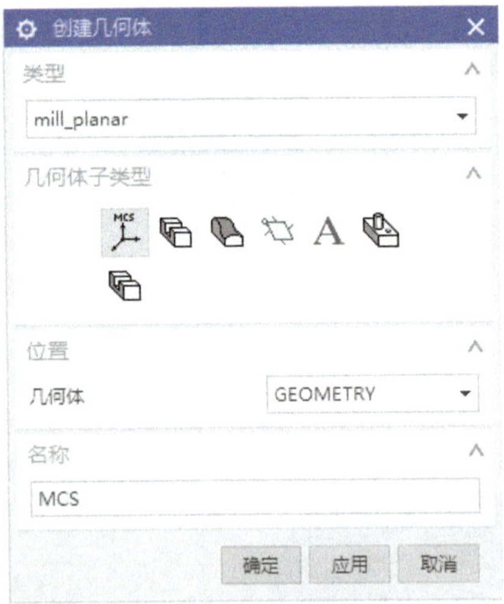

图 11-17　创建坐标系

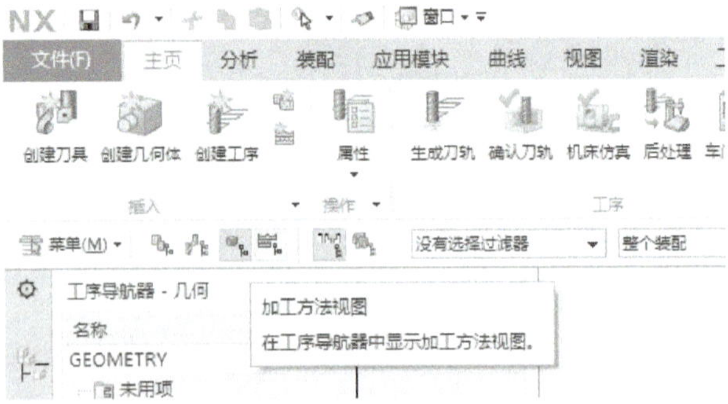

图 11-18　创建加工方法

20. 在【工序导航器-加工方法】中双击【NZX2000_UP_XZ】图标，弹出【车削方法】对话框，将【最小距离】设为【0.1】，【内公差】设为【0.01】，【外公差】设为【0.01】，如图 11-19 所示，单击【确定】按钮。

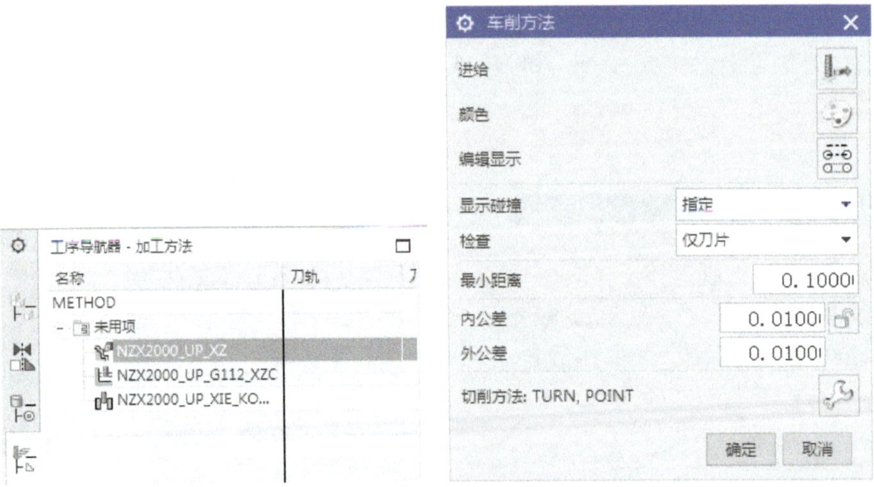

图 11-19　设置车削方法

21. 在【工序导航器-加工方法】视图中双击【NZX2000_UP_G112_XZC】图标，弹出【铣削方法】对话框，将【部件余量】设为【0】，【内公差】设为【0.005】，【外公差】设为【0.005】，如图 11-20所示，单击【确定】按钮。

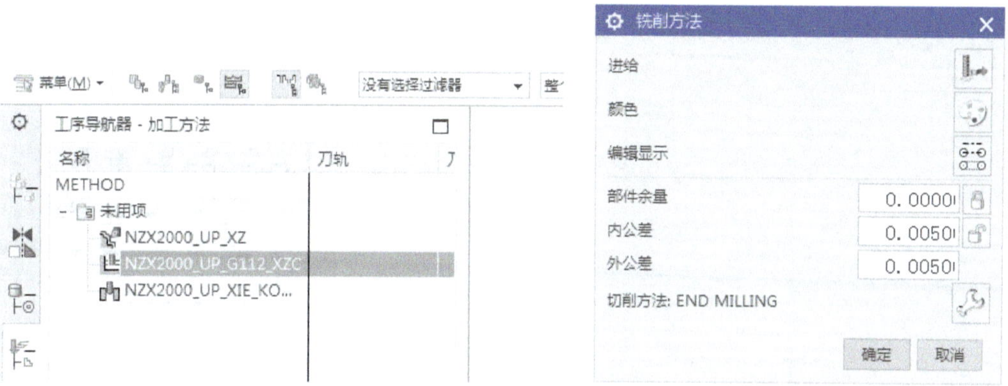

图 11-20　设置铣削方法

22. 在【工序导航器-加工方法】视图中双击【NZX2000_UP_XIE_KONG_DRILL】图标，弹出【钻加工方法】对话框，如图 11-21 所示，单击【确定】按钮。

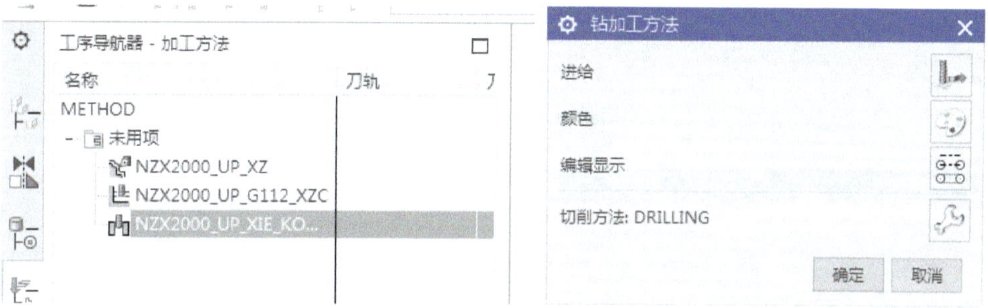

图 11-21　设置钻加工方法

三、程序编制

（一）车端面

1. 在【插入】工具条中单击【创建工序】图标，弹出【创建工序】对话框，在【类型】下拉列表框中选择【turning】选项，【工序子类型】区域中选择【FACING】选项，【程序】下拉列表框中选择【车端面】选项，【刀具】下拉列表框中选择【T0101】选项，【几何体】下拉列表框中选择【TURNING_WORKPIECE】选项，【方法】下拉列表框中选择【METHOD】选项，【名称】栏输入【FACING】，如图 11-22 所示，单击【确定】按钮，弹出【车端面】对话框。

2. 单击【指定切削区域】图标，弹出【切削区域】对话框，选择【限制选项】选项为【点】，指定图中线条的端点作为指定点，如图 11-23 所示，单击【确定】按钮，返回【车端面】对话框。

3. 【切削策略】展开区域中【策略】下拉列表框中选择【单向轮廓切削】选项，单击【刀轨设置】展开箭头，选择【方法】下拉列表框中选择【NXZ2000-UP-XZ】选项，其余设置如图 11-24所示。

图 11-22 创建工序

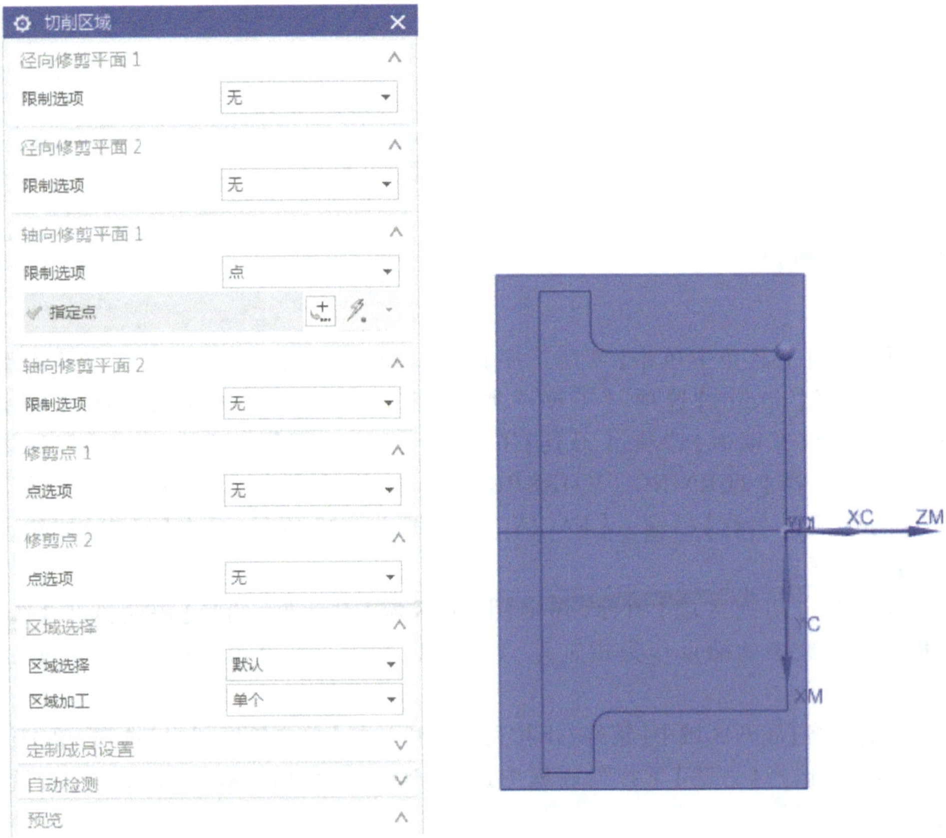

图 11-23 设置切削区域

图 11-24　设置刀轨参数

4.【切削参数】保持默认不变。

5. 单击【非切削移动】图标，弹出对话框，设置【逼近】方式为【直接到起点】，如图 11-25 所示，【运动到起点】设置为坐标系【Y20，Z20】的点，离开方式与逼近相同。

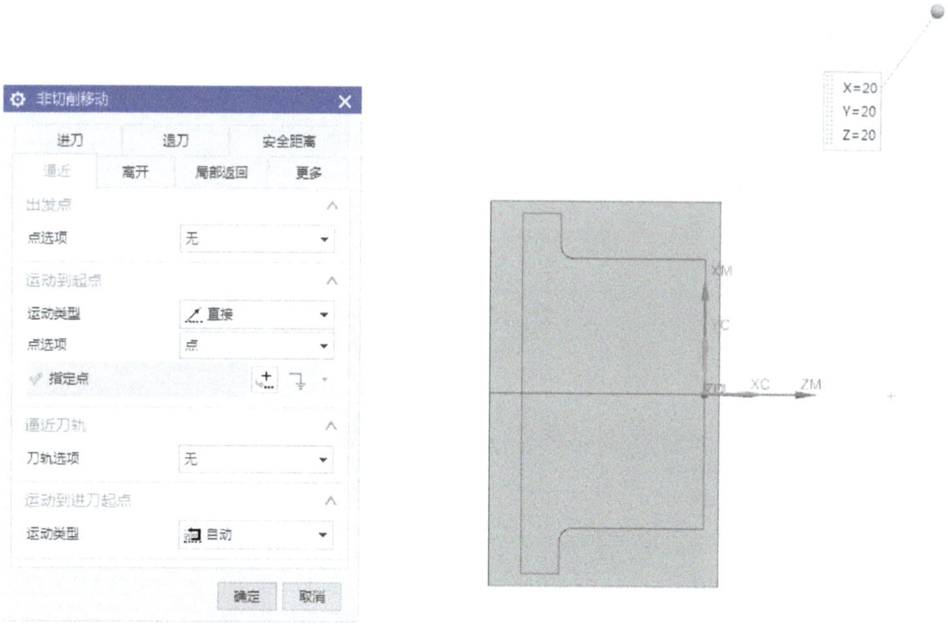

图 11-25　设置非切削参数

6. 单击【进给率和速度】图标，弹出对话框，将【主轴速度】设为【600】rpm，【切削】设为【0.1】mmpr，如图 11-26 所示，单击【确定】按钮，完成进给率和速度参数的设置返回【车端面】对话框。

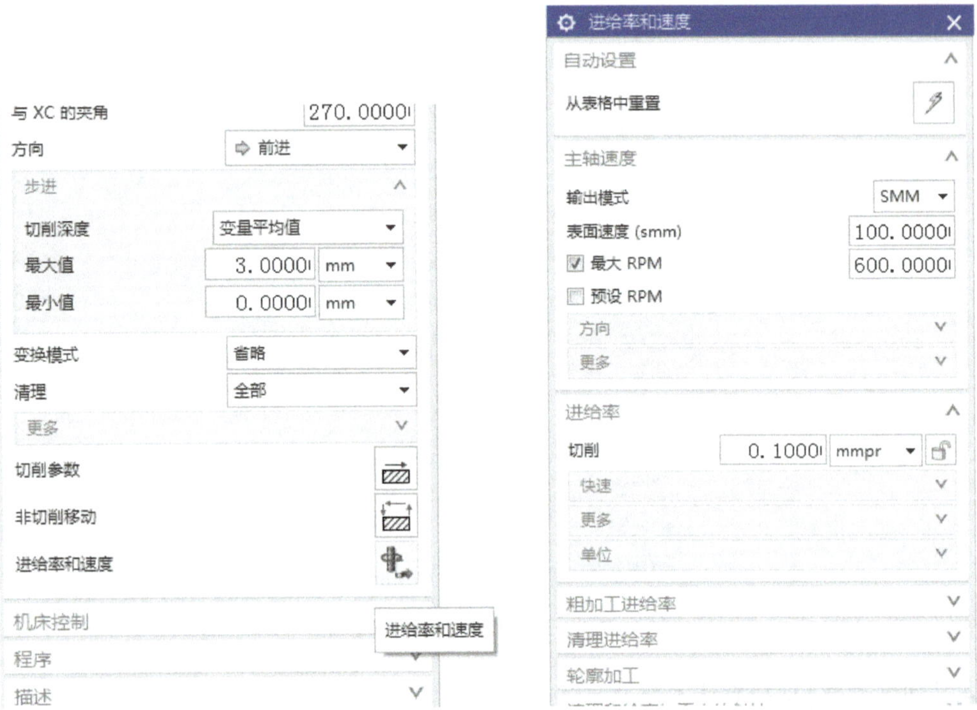

图 11-26　设置进给率和速度

7. 在【操作】区域中单击【生成】图标，生成刀轨，查看生成的刀轨，如图 11-27 所示，单击【确定】按钮，接受生成的刀轨。

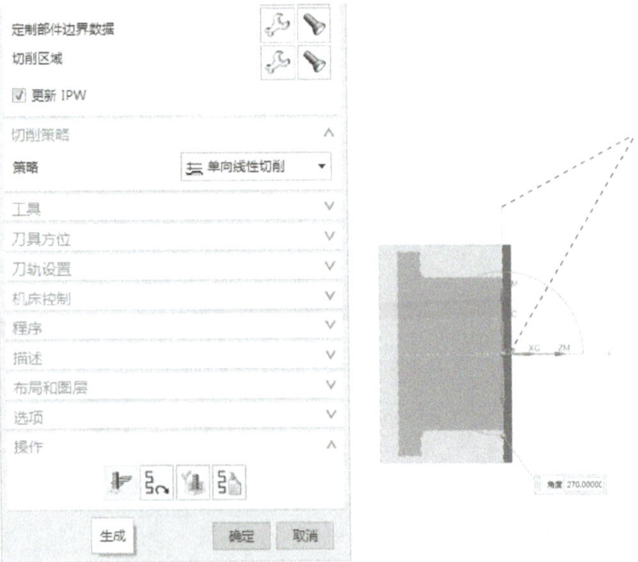

图 11-27　生成刀轨

(二) 粗车外圆

1. 在【插入】工具条中单击【创建工序】图标，弹出【创建工序】对话框，在【类型】下拉列表框中选择【turning】选项，【工序子类型】区域中选择【ROUGH_TURN_OD_1】选项，【程序】修改为【粗车外圆】，修改【名称】为【ROUGH_TURN_OD_1】，如图 11-28 所示，单击【确定】按钮，弹出【粗车外圆】对话框。

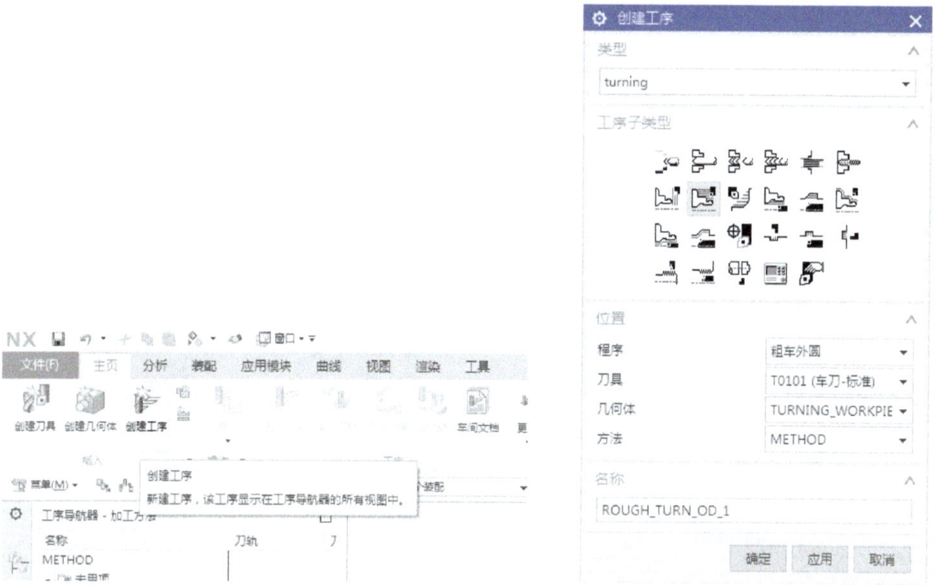

图 11-28　创建工序

2. 单击【指定切削区域】图标，弹出对话框，单击【修剪点 2】区域中【指定点】设置图标，选择图 11-29 中点作为修剪点，单击【确定】按钮，返回【粗车外圆】对话框。

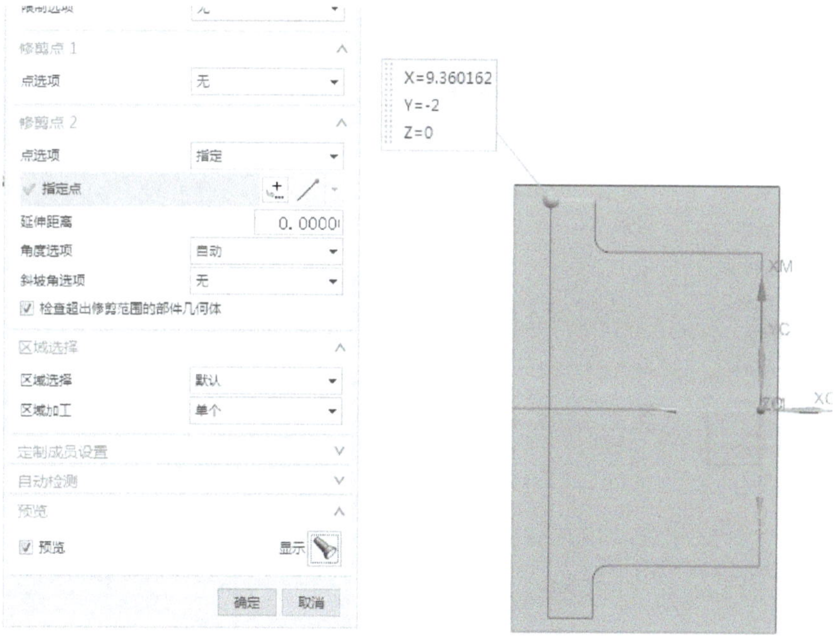

图 11-29　指定切削区域

3.【切削策略】展开区域中【策略】下拉列表框中选择【单向线性切割】选项,【工具】下拉列表框选择【T0101】选项,单击【刀轨设置】展开箭头,【方法】下拉列表框中选择【NXZ2000-UP-XZ】选项,将【与 XC 的夹角】设为【180】,【方向】下拉列表框中选择【前进】选项,【切削深度】下拉列表框中选择【恒定】选项,【深度】设为【1.5】,参数设置如图 11-30 所示。

4. 单击【切削参数】设置图标,弹出对话框,参数设置如图 11-31 所示,其余保持默认不变,单击【确定】按钮,返回【粗车外圆】对话框。

图 11-30　刀轨设置

图 11-31　余量设置

5. 单击【非切削移动】图标,弹出对话框,设置【逼近】方式为【直接到点】,点坐标为【Y20,Z20】,离开方式与逼近相同,如图 11-32 所示。

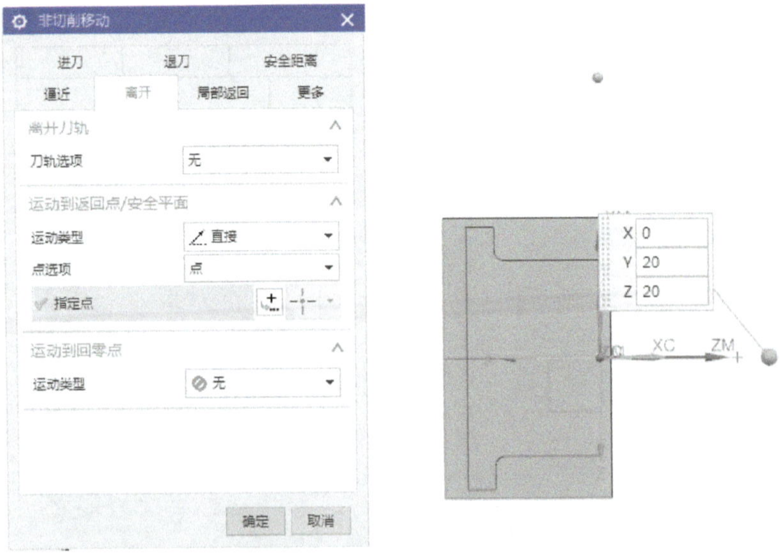

图 11-32　设置非切削移动

6. 单击【进给率和速度】图标，弹出对话框，将【主轴速度】设为【600】rpm，【切削】设为【0.1】mmpr，如图 11-33 所示，单击【确定】按钮，完成进给率和速度参数的设置返回【粗车外圆】对话框。

7. 在【操作】区域中单击【生成】图标，生成刀轨，查看生成的刀轨，单击【确定】按钮，接受生成的刀轨如图 11-34 所示，完成零件的粗加工。

图 11-33　设置进给率和速度

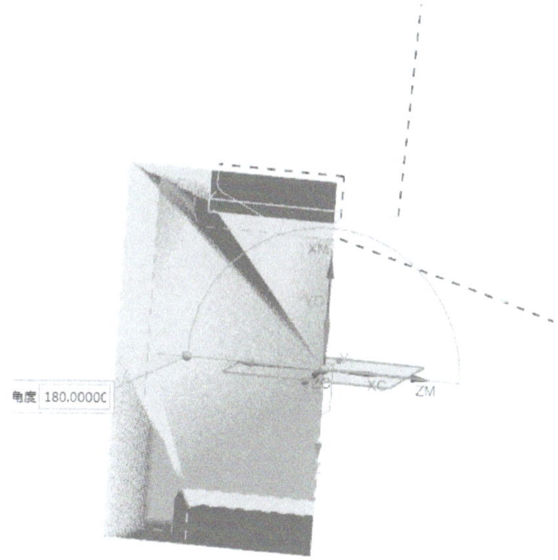

图 11-34　生成刀轨

（三）精车外圆

微课
零件精加工、仿真加工

1. 在【插入】工具条中单击【创建工序】图标，弹出【创建工序】对话框，在【类型】下拉列表框中选择【turning】选项，【工序子类型】选择【FINISH_TURN_OD】选项，【程序】下拉列表框中选择【精车外圆】选项，【刀具】下拉列表框中选择【T0202】选项，【几何体】下拉列表框中选择【TURNING_WORKPIECE】选项，【方法】下拉列表框中选择【METHOD】选项，【名称】设置为【FINISH_TURN_OD】，如图 11-35 所示，单击【确定】按钮，弹出【内径开槽】对话框。

2. 单击【切削区域】设置图标，弹出对话框，单击【径向修剪平面 2】，指定如图 11-36 所示点，单击【确定】按钮，返回【内径开槽】对话框。

3. 选择台阶边上的点和毛坯右侧表面上的点作为【轴向修剪平面】区域中的指定点，如图 11-37 所示。

4.【切削策略】展开区域中【策略】下拉列表框中【选择全部精加工】选项，单击【刀轨设置】展开箭头，【方法】下拉列表框中选择【NXZ2000-UP-XZ】选项，【与 XC 的夹角】设置为

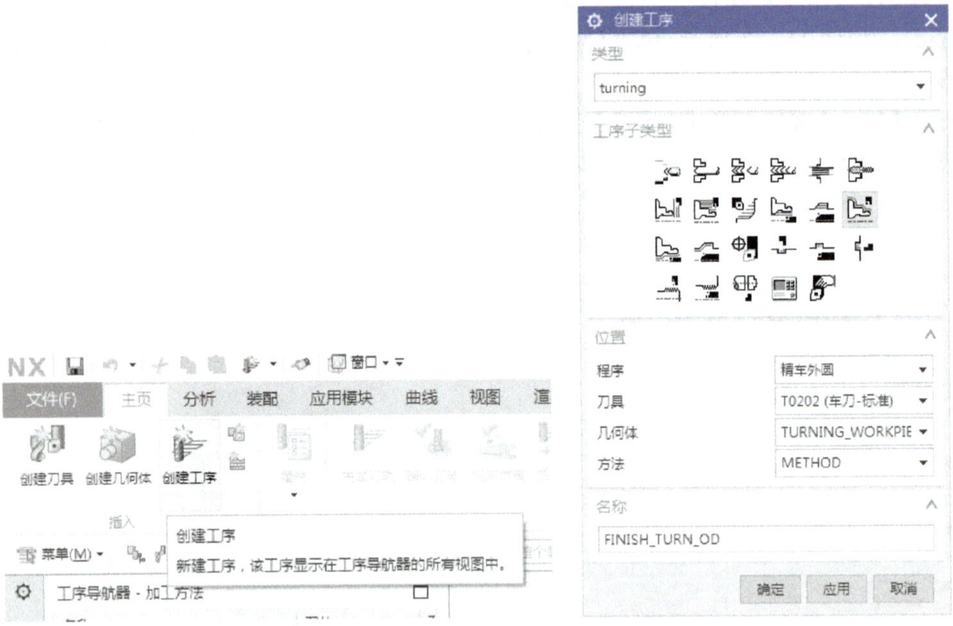

图 11-35　创建工序

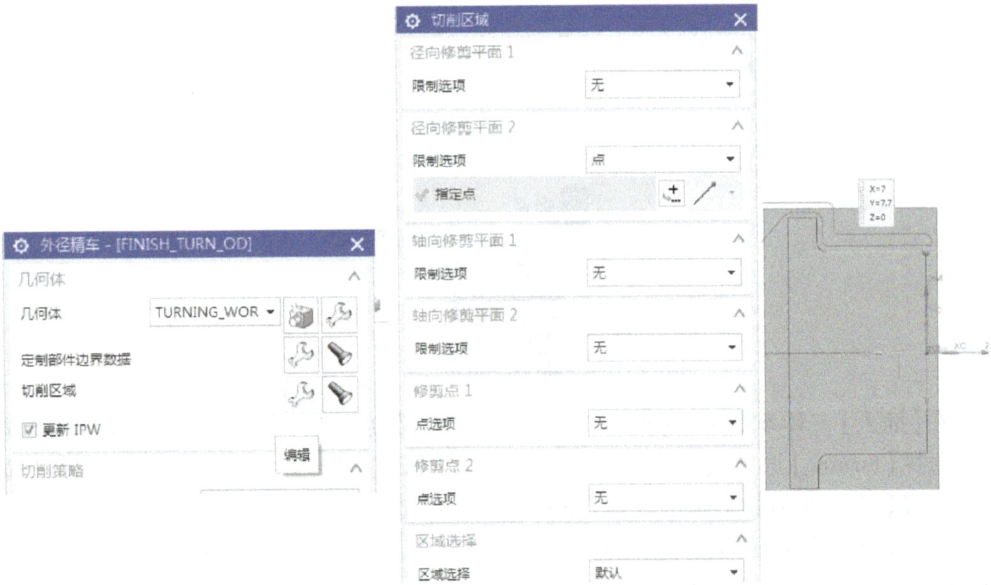

图 11-36　设置切削区域

180,【方向】下拉列表框中选择【前进】选项,如图 11-38 所示,单击【确定】按钮退出【编辑边界】窗口。

5. 切削参数保持默认值。

6. 单击【非切削移动】图标,弹出对话框,单击【逼近】选项卡,设置逼近如图 11-39 所示,【运动到起点】的点选择图中的点,离开方式与逼近相同。

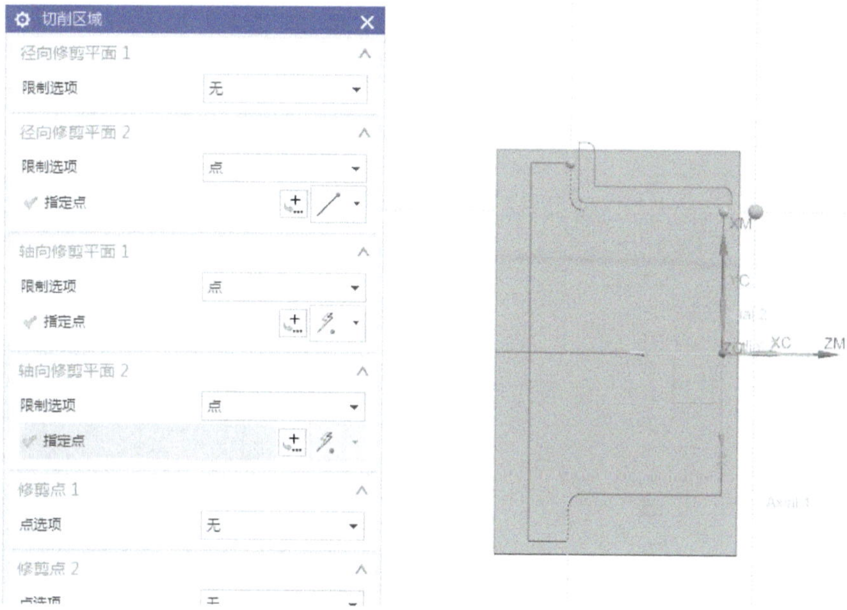

图 11-37　设置修剪点

图 11-38　刀轨设置

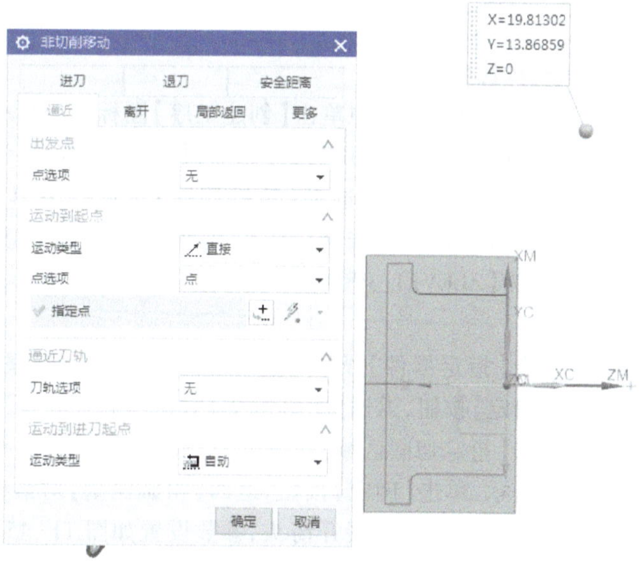

图 11-39　设置非切削移动

7. 单击【进给率和速度】图标，弹出对话框，将【主轴速度】设为【600】rpm，【切削】设为【0.08】mmpr，如图 11-40 所示，单击【确定】按钮，完成进给率和速度参数的设置，返回【内径开槽】对话框。

8. 在【操作】区域中单击【生成】图标，生成刀轨，查看生成的刀轨，如图 11-41 所示，单击【确定】按钮，接受生成的刀轨。

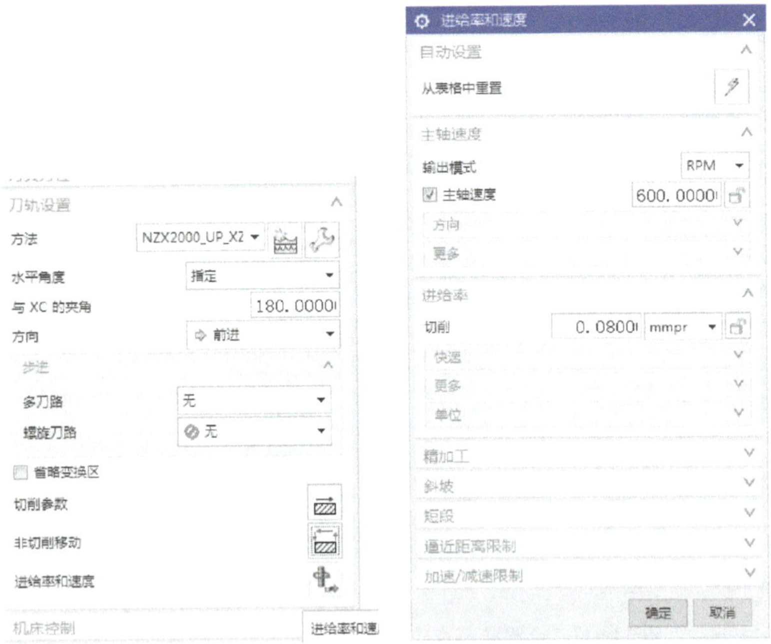

图 11-40　设置进给率和速度

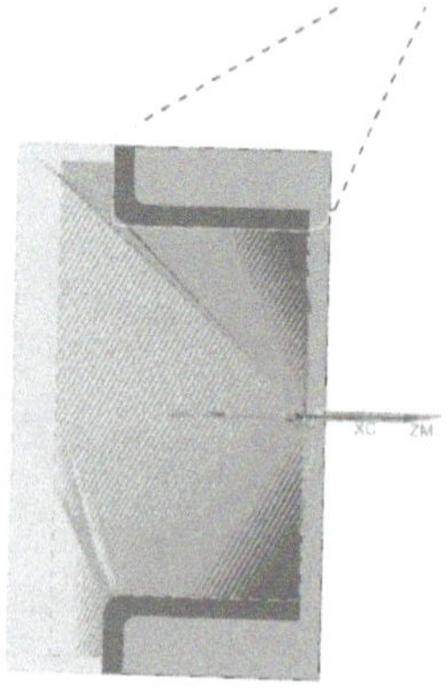

图 11-41　生成刀轨

（四）粗铣侧壁

1. 在【插入】工具条中单击【创建工序】图标，弹出【创建工序】对话框中，在【类型】下拉列表框中选择【MILL COUNTER】选项，【工序子类型】选项中选择【ZLEVEL_PROFILE】选项，【程序】下拉列表框中选择【粗铣侧壁】选项，【刀具】下拉列表框中选择【T0303】选项，【几何体】下拉列表框中选择【MCS】选项，【方法】下拉列表框中选择【METHOD】选项，【名称】栏输入为【ZLEVEL_PROFILE-1】，如图 11-42 所示，单击【确定】按钮，弹出【粗铣侧壁】对话框。

2. 单击【指定部件】设置图标，弹出对话框，指定图中的零件作为部件，如图 11-43 所示，单击【确定】按钮，返回【粗铣侧壁】对话框。

3. 单击【指定切削区域】设置图标，弹出对话框，选择图中墨绿色部分作为切削区域，如图 11-44 所示，单击【确定】按钮，返回【粗铣侧壁】对话框。

4. 单击【刀轨设置】展开箭头，参数设置如图 11-45 所示。

5. 单击【切削参数】图标，弹出【切削参数】对话框，参数设置如图 11-46 所示。

6. 单击【进给率和速度】图标，弹出对话框，【主轴速度】设为【3000】rpm，【切削】设为【350】mmpm，如图 11-47 所示，单击【确定】按钮，完成进给率和速度参数的设置返回【粗铣侧壁】对话框。

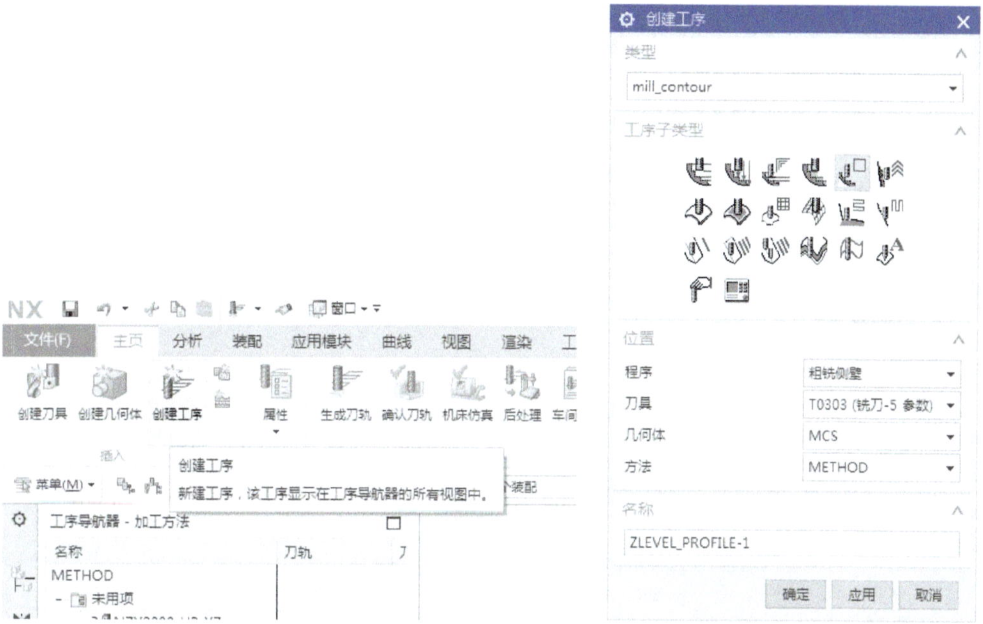

图 11-42　创建工序

图 11-43　指定部件

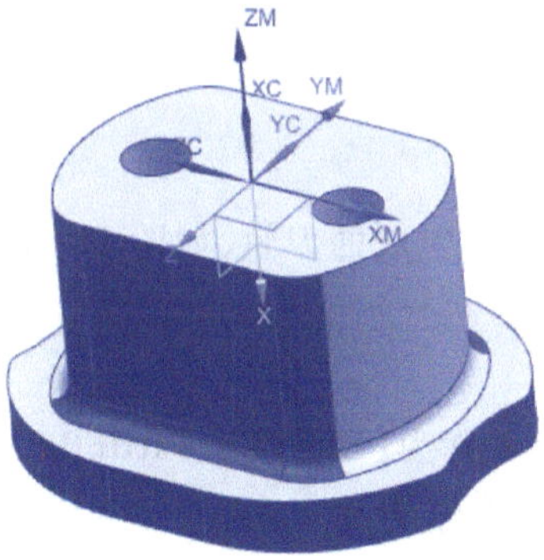

图 11-44　设置切削区域

图 11-45　刀轨设置

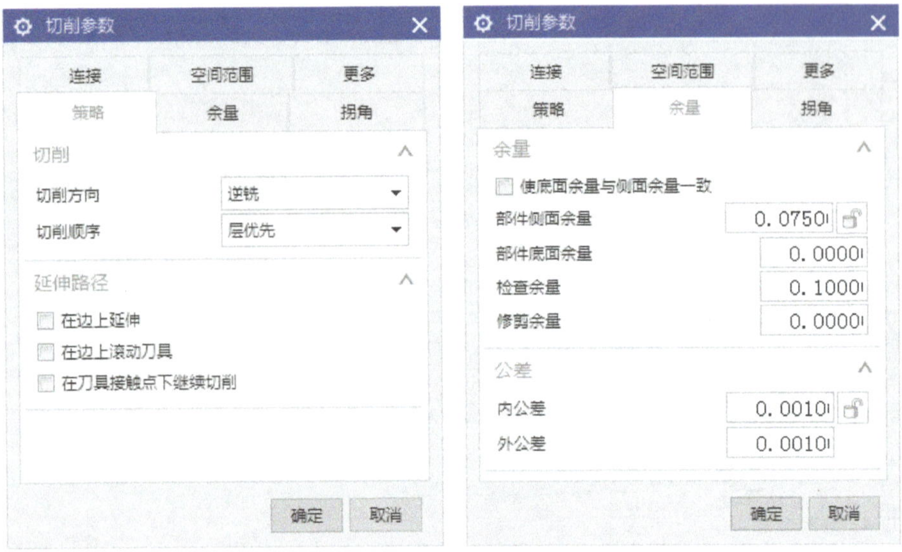

图 11-46　设置切削参数

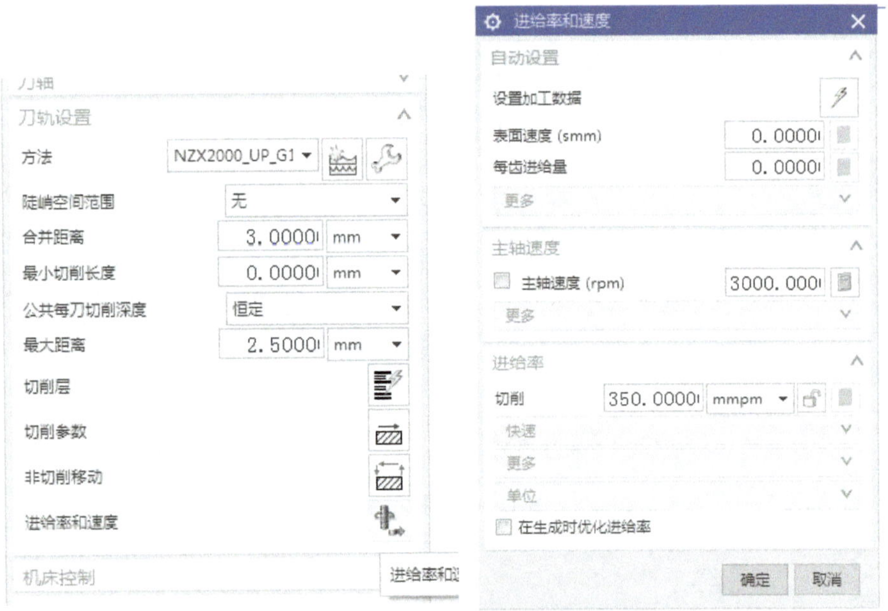

图 11-47　设置进给率和速度

7. 在【操作】区域中单击【生成】图标，生成刀轨，查看生成的刀轨，如图 11-48 所示，单击【确定】按钮，接受生成的刀轨。

（五）精铣侧壁

1. 复制【ZLEVEL_PROFILE-1】程序并粘贴，更改名称为【ZLEVEL_PROFILE-2】，更改刀轨设置至如图 11-49 所示参数，修改切削参数中部件余量为 0。

2. 在【操作】区域中单击【生成刀轨】图标，生成刀轨，查看生成的刀具路径，单击【确定】按钮，如图 11-50 所示，完成零件的精加工。

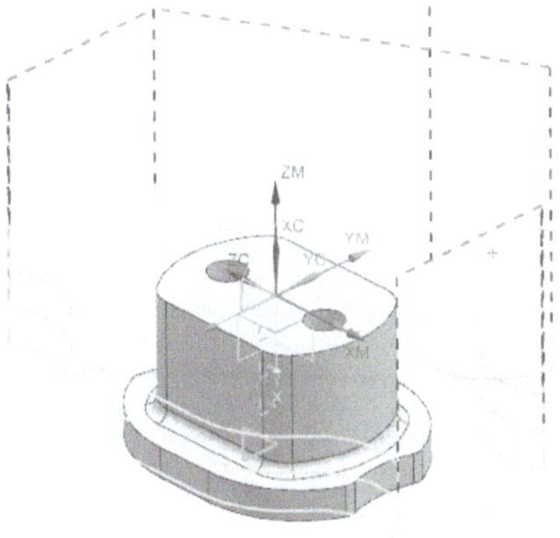

图 11-48　生成刀轨

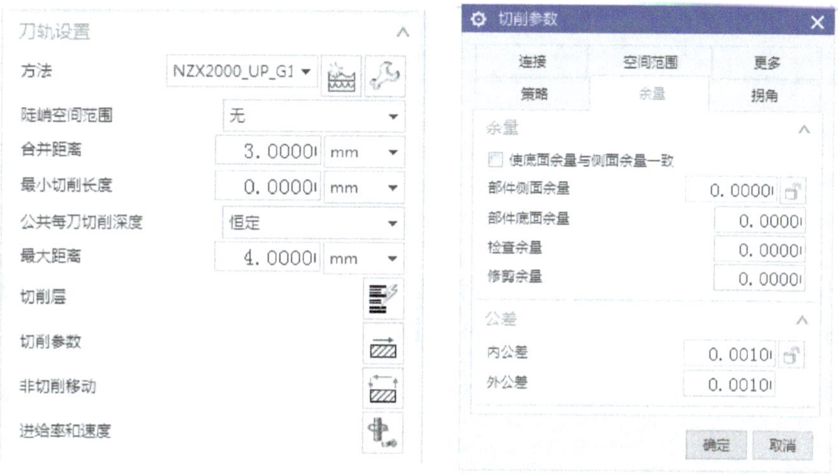

图 11-49　刀轨设置

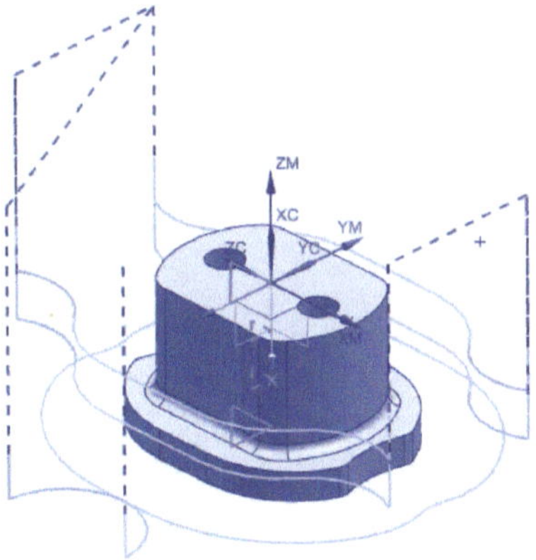

图 11-50　生成刀轨

3. 在【插入】工具条中单击【创建工序】图标，弹出【创建工序】对话框，在【类型】下拉列表框中选择【mill planar】选项，【工序子类型】选项中选择【PLANAR_MILL】选项，【程序】下拉列表框中选择【粗铣侧壁】选项，【刀具】下拉列表框中选择【T0404】选项，【几何体】下拉列表框中选择【MCS】选项，【方法】下拉列表框中选择【METHOD】选项，【名称】栏输入为【PLANAR_MILL】，如图 11-51 所示，单击【确定】按钮，弹出【平面铣】对话框。

图 11-51　创建工序

4. 单击【指定部件边界】图标，弹出对话框，选择【曲线】作为边界几何体，如图 11-52 所示，选择图 11-53 中线条作为封闭边界，单击【确定】按钮，返回【平面铣】对话框。

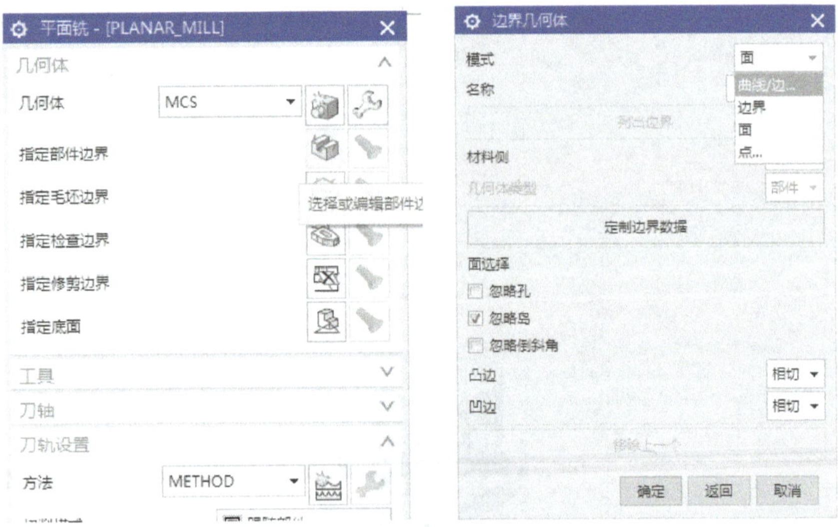

图 11-52　指定部件

5. 单击【指定底面】图标，弹出对话框，选择底平面，将【距离】设为【1】作为零件底面，如图 11-54 所示，单击【确定】按钮，返回【平面铣】对话框。

6. 单击【刀轨设置】展开箭头，各个参数设置如图 11-55 所示。

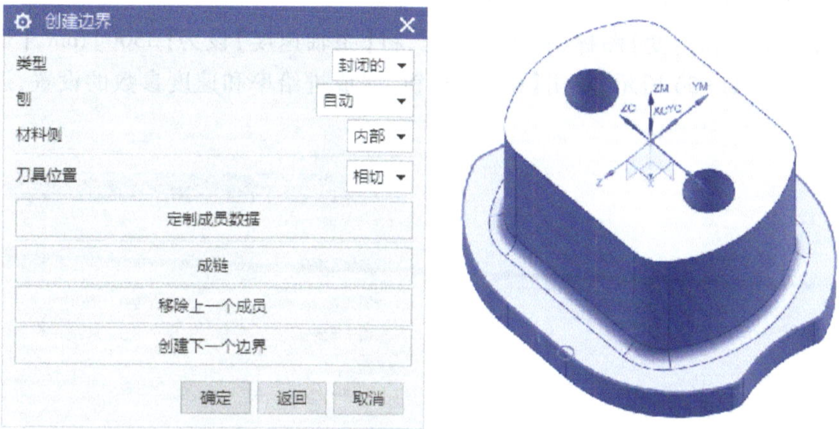

图 11-53　创建边界

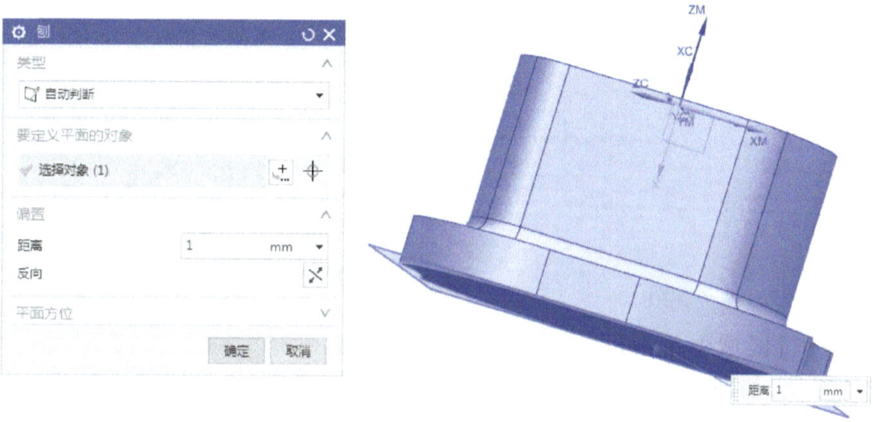

图 11-54　指定底面

图 11-55　刀轨设置

7. 切削参数和非切削参数保持默认值。

8. 单击【进给率和速度】图标，弹出对话框，将【主轴速度】设为【3500】rpm，【切削】设为【250】mmpm，如图 11-56 所示，单击【确定】按钮，完成进给率和速度参数的设置，返回【平面铣】对话框。

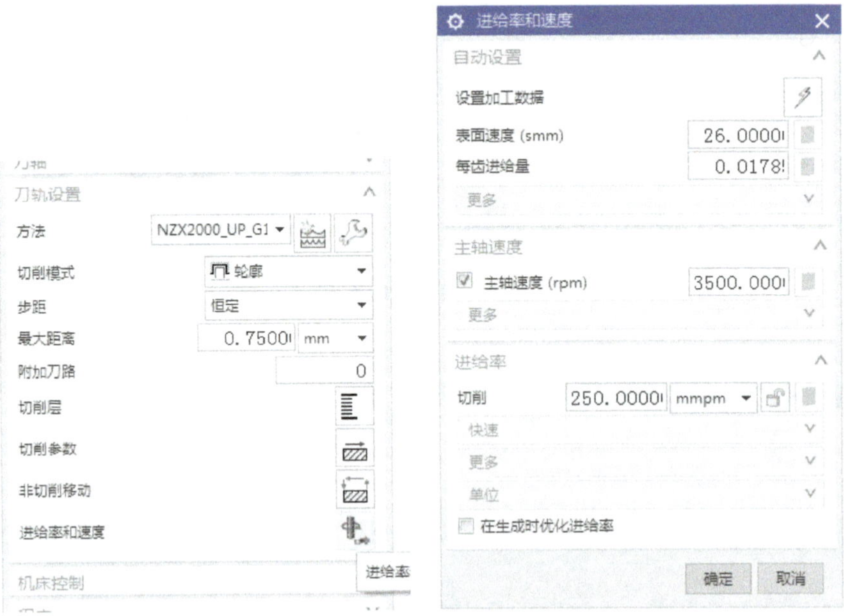

图 11-56 设置进给率和速度

9. 在【操作】区域中单击【生成】图标，生成刀轨。查看生成的刀轨，如图 11-57 所示，单击【确定】按钮，接受生成的刀轨。

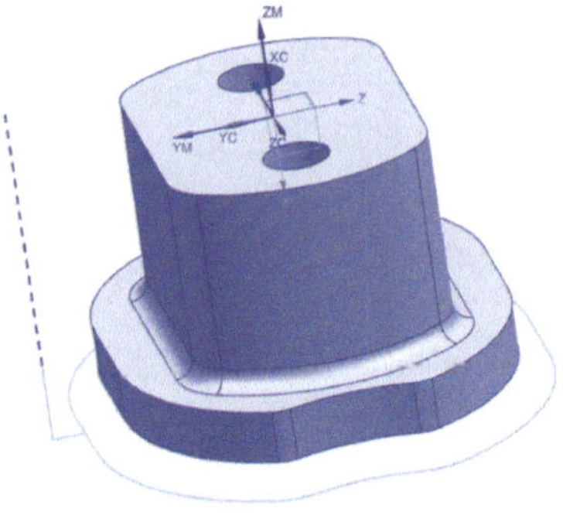

图 11-57 生成刀轨

（六）粗加工圆角

1. 在【插入】工具条中单击【创建工序】图标，弹出【创建工序】对话框，在【类型】下拉列表框中选择【MILL COUNTER】选项，【工序子类型】选项中选择【ZLEVEL_PROFILE】选项，【程序】下拉列表框中选择【粗加工圆角】选项，【刀具】下拉列表框中选择【T0303】，【几何体】下拉列表框中选择【MCS】选项，【方法】下拉列表框中选择【NZX2000-UP-G112-XZC】选项，【名称】栏输入【ZLEVEL_PROFILE-3】，如图 11-58 所示，单击【确定】按钮，弹出【粗加工圆角】对话框。

2. 单击【指定部件】图标，弹出对话框，指定图 11-59 中的零件作为部件，单击【确定】按钮，返回【粗加工圆角】对话框。

3. 单击【指定切削区域】图标，弹出对话框，选择图中墨绿色部分作为切削区域，如图 11-60所示，单击【确定】按钮，返回【粗加工圆角】对话框。

4. 单击【刀轨设置】展开箭头，各个参数设置如图 11-61 所示。

图 11-58　创建工序

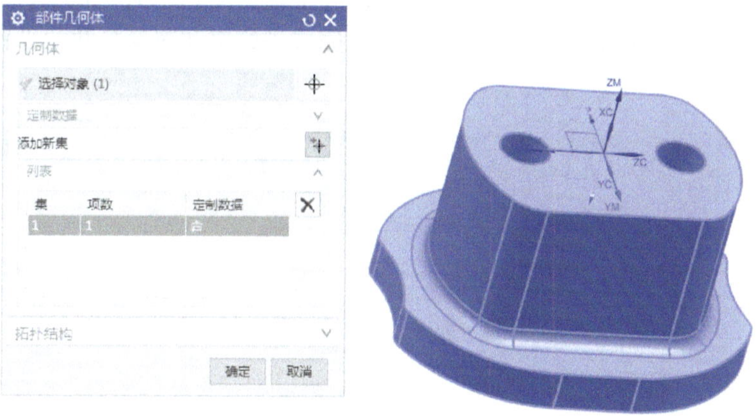

图 11-59　指定部件

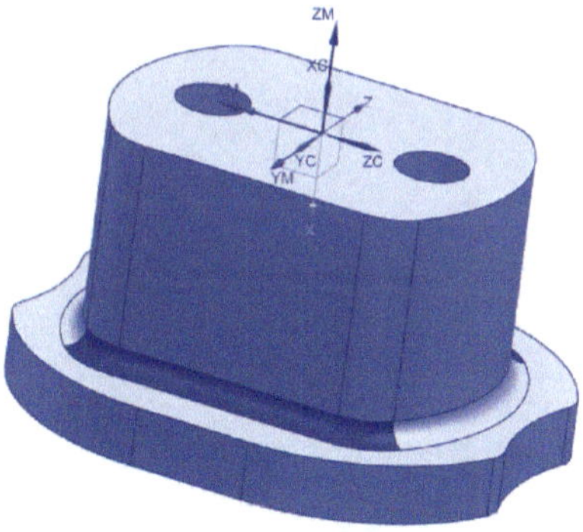

图 11-60　指定切削区域

图 11-61　刀轨设置

5. 单击【切削参数】图标，弹出【切削参数】对话框，各个参数设置如图 11-62 所示。

图 11-62　设置切削参数

6. 单击【进给率和速度】图标，弹出对话框，将【主轴速度】设为【3000】rpm，【切削】设为【550】mmpm，如图 11-63 所示，单击【确定】按钮，完成进给率和速度参数的设置，返回【粗加工圆角】对话框。

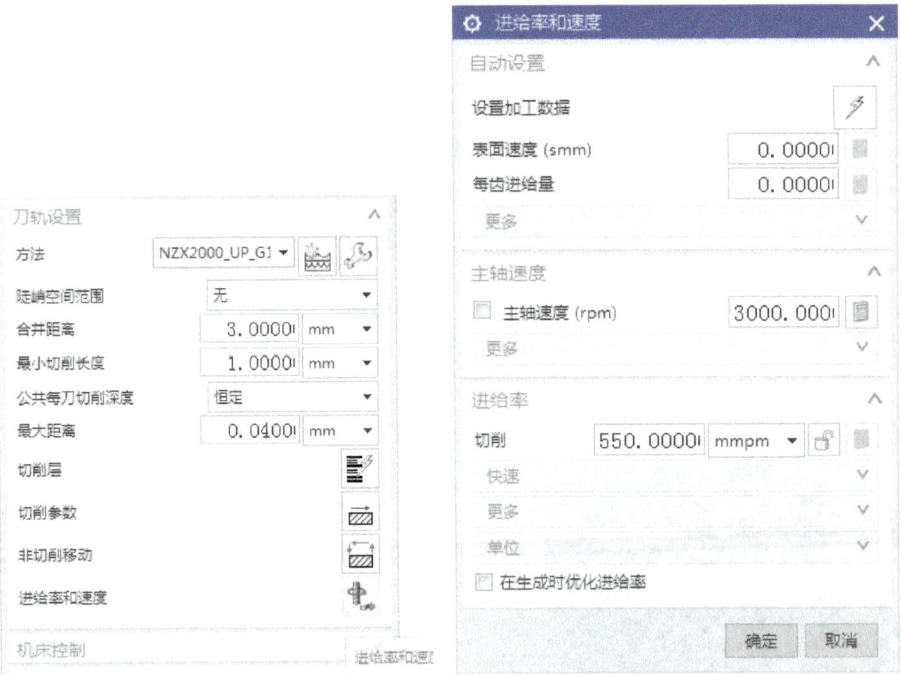

图 11-63　设置进给率和速度

7. 在【操作】区域中单击【生成】图标，生成刀轨，查看生成的刀具路径，如图 11-64 所示，单击【确定】按钮。

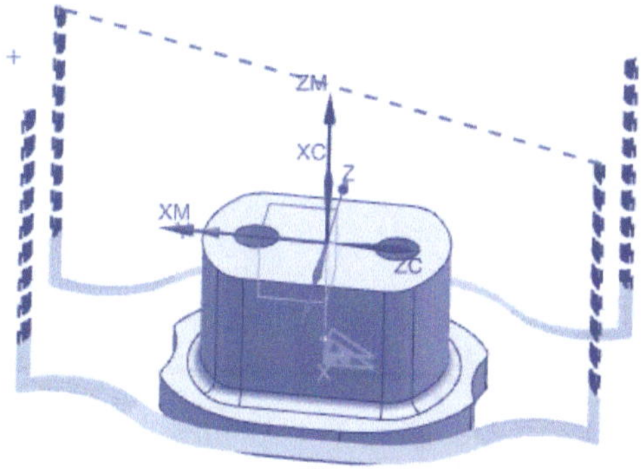

图 11-64　生成刀轨

（七）精加工圆角

1. 在【插入】工具条中单击【创建工序】图标弹出【创建工序】对话框，在【类型】下拉列表框中选择【mill planar】选项，【工序子类型】选项中选择【ZLEVEL_PROFILE】选项，【程序】下拉列表框中选择【精加工圆角】选项，【刀具】下拉列表框中选择【T0404】选项，【几何体】下拉列表框中选择【MCS】选项，【方法】下拉列表框中选择【METHOD】选项，【名称】栏输入【PLANAR_MILL_2】，如图 11-65 所示，单击【确定】按钮，弹出【平面铣】对话框。

图 11-65　创建工序

2. 单击【指定部件边界】设置图标，弹出【边界几何体】对话框，选择【曲线】作为边界几何体，分别选择图 11-66 中两侧的线条作为开放边界，如图 11-66 所示，单击【确定】按钮，返回【平面铣】对话框。

3. 单击【指定底面】图标，弹出【指定底面】对话框，选择底边界曲线所在平面作为零件底面，如图 11-67 所示，单击【确定】按钮，返回【平面铣】对话框。

4. 单击【刀轨设置】展开箭头，参数设置如图 11-68 所示。

5. 切削参数和非切削参数保持默认。

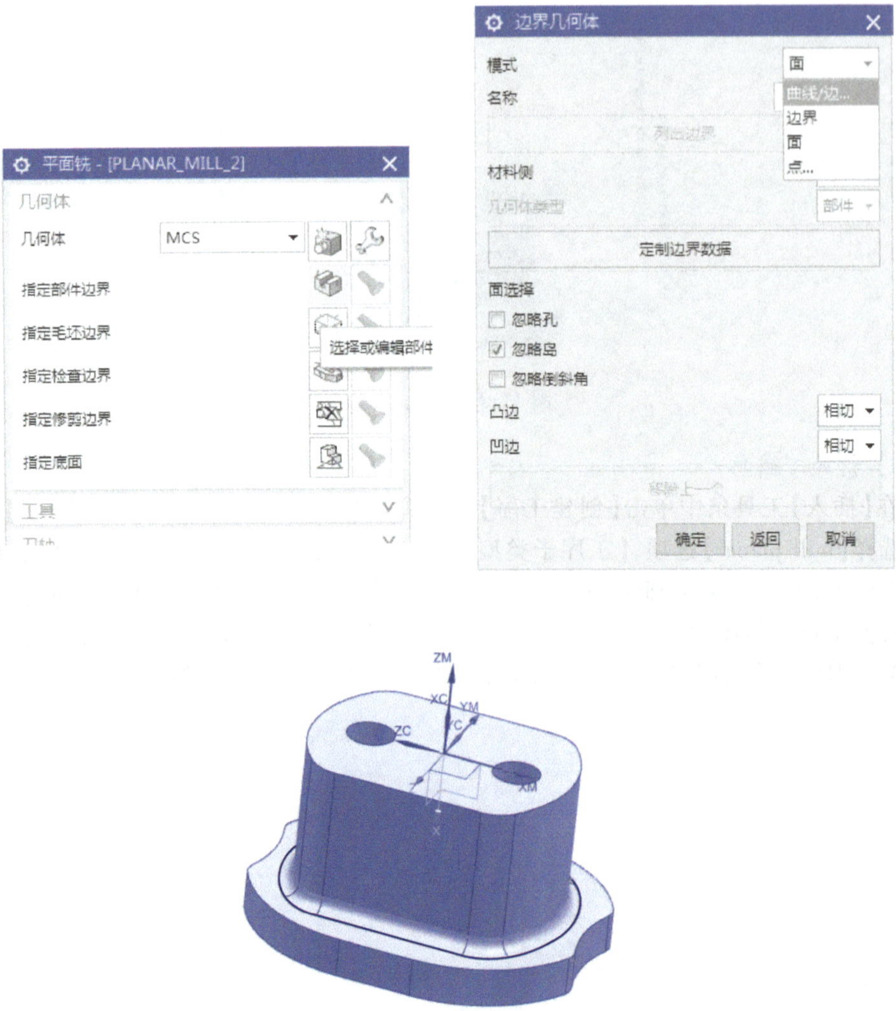

图 11-66　指定边界

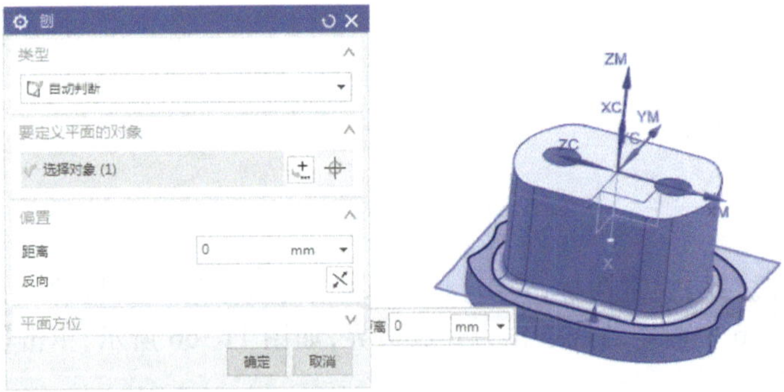

图 11-67　指定底面

6. 单击【进给率和速度】图标，弹出对话框，将【主轴速度】设为【3500】rpm，【切削】设为【250】mmpm，如图 11-69 所示，单击【确定】按钮，完成进给率和速度参数的设置，返回【平面铣】对话框。

图 11-68　刀轨设置

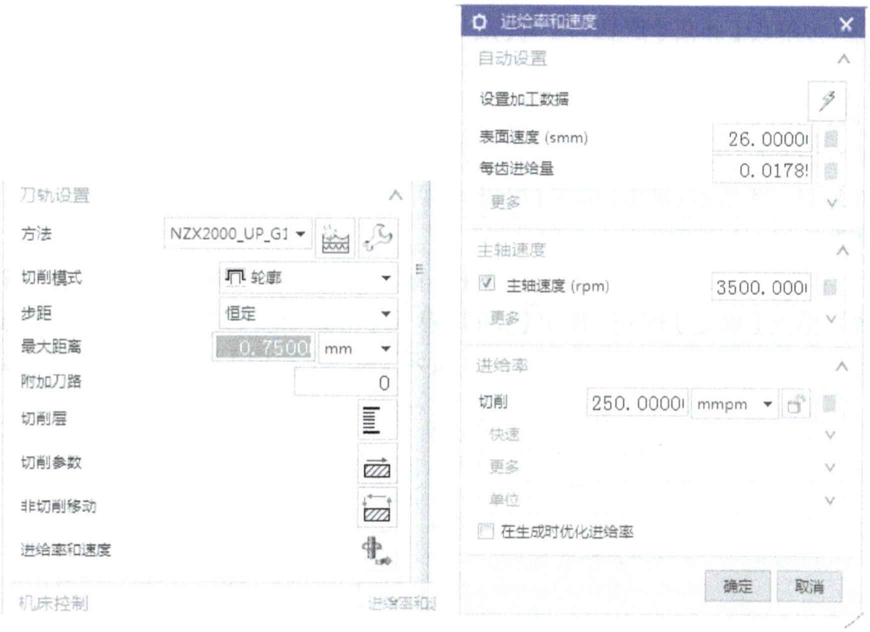

图 11-69　进给率和速度

7. 在【操作】区域中单击【生成】图标，生成刀轨，查看生成的刀轨，如图 11-70 所示，单击【确定】按钮，接受生成的刀轨。

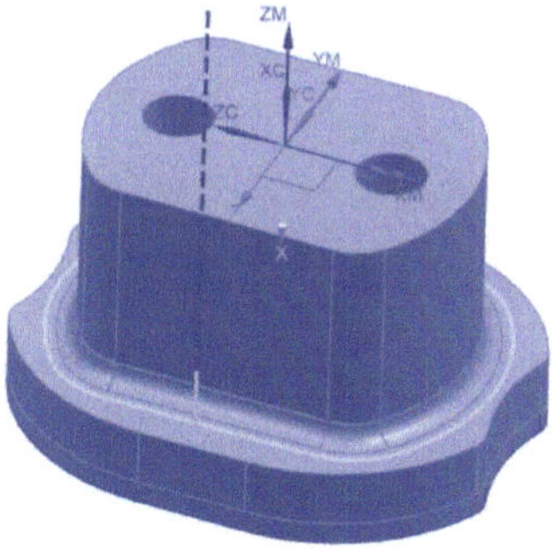

图 11-70　生成刀轨

（八）孔加工

1. 在【插入】工具条中单击【创建工序】图标，弹出【创建工序】对话框，在【类型】下拉列表框中选择【drill】选项，【工序子类型】选项中选择【DRILLING】选项，【程序】下拉列表框中选择【加工孔】选项，【刀具】下拉列表框中选择【T0505】选项，【几何体】下拉列表框中选择【MCS】，【方法】下拉列表框中选择【METHOD】选项，【名称】栏输入【DRILLING】，如图 11-71所示，单击【确定】按钮，弹出【定心钻】对话框。

图 11-71　创建工序

2. 单击【指定孔】图标，弹出【点到点几何体】对话框，单击【选择】选项，选择两个孔的边界，如图 11-72所示，单击【确定】按钮，返回【定心钻】对话框。

3. 单击【指定顶面】图标，弹出【顶面】对话框，【顶面选项】下拉列表框中选择【面】选项，选择工件上表面，如图 11-73 所示，单击【确定】按钮，返回【定心钻】对话框。

4. 单击【循环类型】选项下【循环】中【标准钻编辑参数】图标，弹出【指定参数组】对话框，单击【确定】按钮，弹出【Cycle 参数】对话框，单击【Depth（Tip）】选项，弹出对话框，选择【模型深度】，如图 11-74 所示，单击【确定】按钮，直至返回【定心钻】对话框。

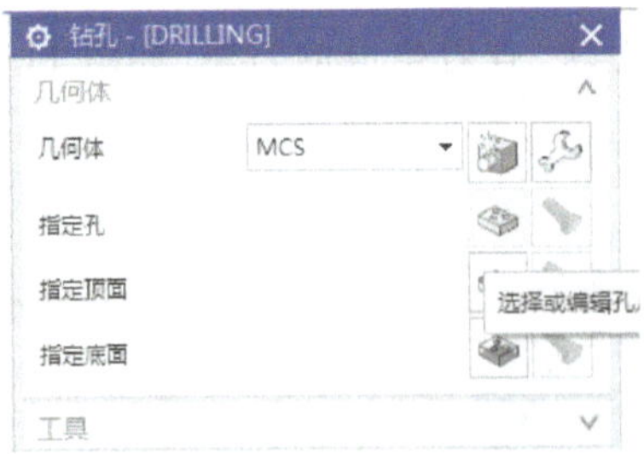

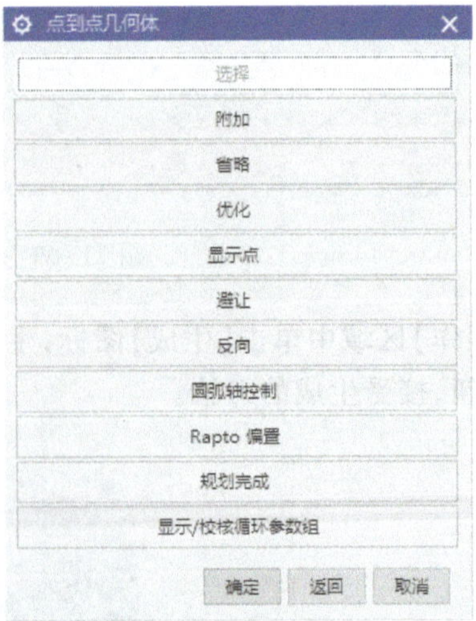

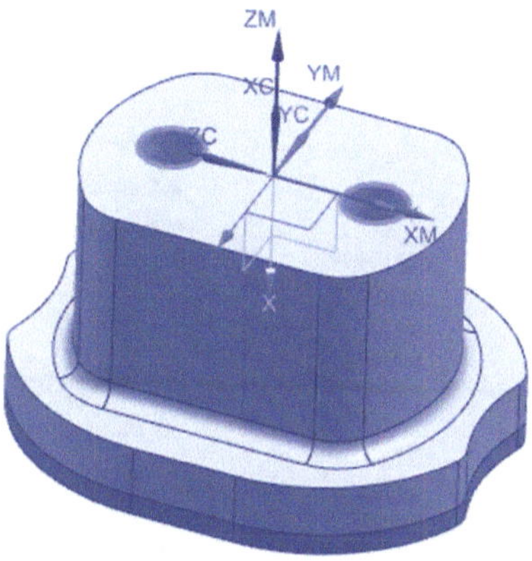

图 11-72　指定孔

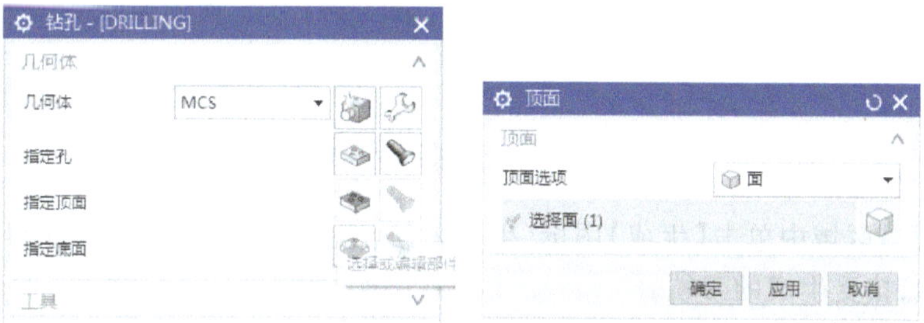

图 11-73　指定顶面

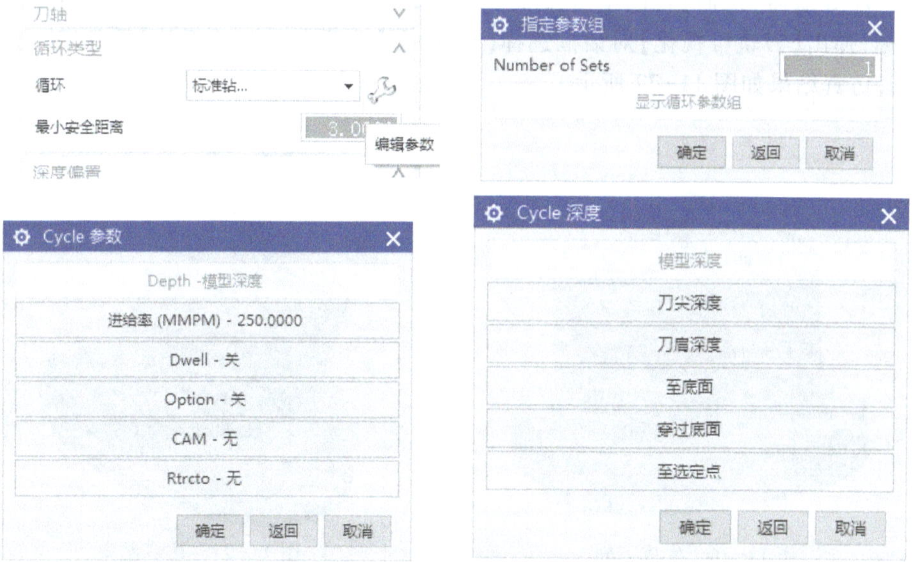

图 11-74　设置循环参数

5. 打开【刀轨设置】展开箭头，单击【进给率和速度】图标，弹出对话框，将【主轴速度】设为【3000】rpm，【切削】设为【50】mmpm，如图 11-75 所示，单击【确定】按钮，完成进给率和速度参数的设置返回【定心钻】对话框。

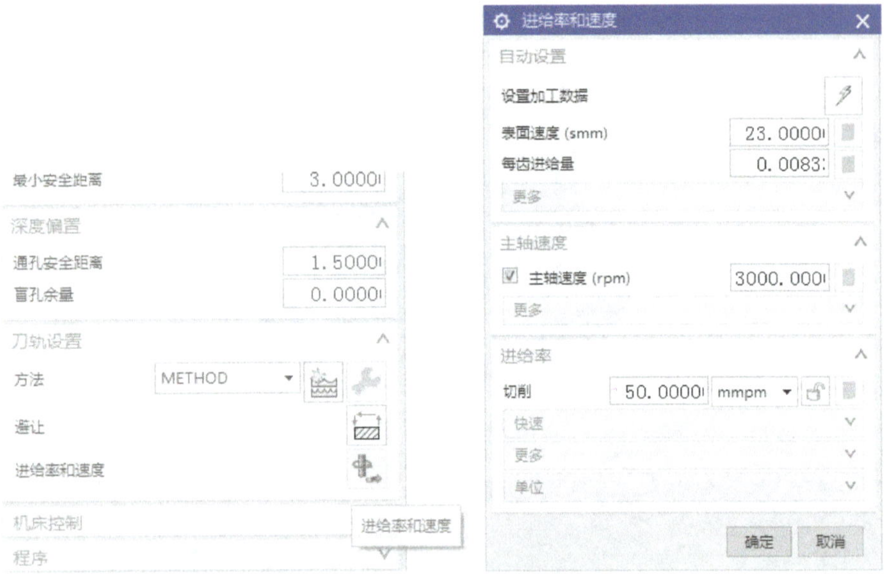

图 11-75　设置进给率和速度

6. 在【操作】区域中单击【生成】图标，生成刀轨，查看生成的刀轨，如图 11-76 所示，单击【确定】按钮，接受生成的刀轨。

四、仿真加工

在【工序导航器-几何】视图单击【NC_PROGRAM】父节组，在【操作】工具中单击【确认刀轨】图标，弹出【刀轨可视化】对话框选择【3D 动态】选项卡，单击【播放】按钮，进行工件的加工仿真，仿真结果如图 11-77 所示。

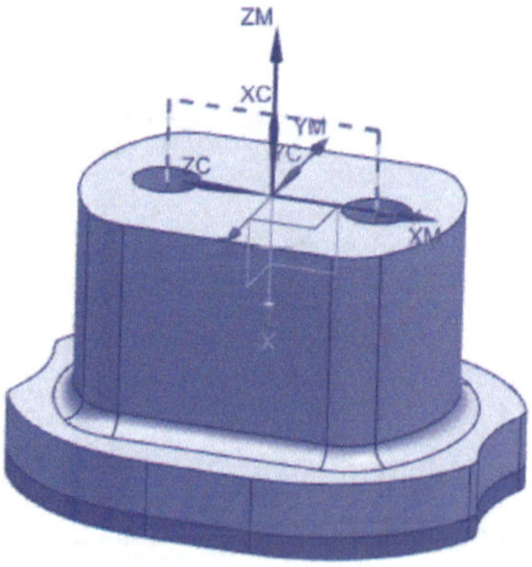

图 11-76　生成刀轨

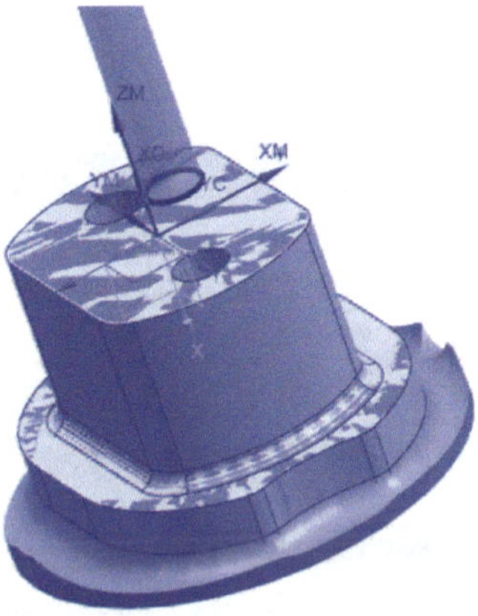

图 11-77　仿真结果

专家点拨

1. 在编制任何一个零件的加工程序前，必须要仔细分析零件图样和零件模型，并编制合理的加工工艺。

2. 在 NX CAM 中编制零件程序时，要考虑零件的装夹。一般对于轴类零件的小批量生产，可以采用加长毛坯以供夹持的方式，待一端全部加工完后，反身装夹，车去夹持部分，只需保证总厚即可。

3. 在粗加工时应原则为提高加工效率，精加工时要保证质量。

4. 为保证定位面和定位孔的相对位置精度，需在一次装夹中完成定位面和定位孔的加工。

课后训练

根据图 11-78 零件的特征，制定合理的工艺路线，设置必要的加工参数、生成刀具路径、通过相应的后处理生成数控加工程序，并仿真加工零件。

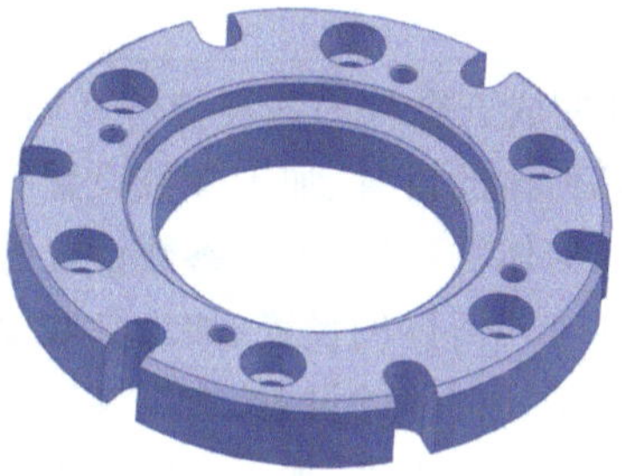

图 11-78　零件

项目 12

五金件的数控编程与仿真加工

学习目标

能力目标：能运用 NX 软件完成五金件的编程与仿真加工。

知识目标：掌握端面加工几何体的设置、加工参数设置等。

掌握外径加工几何体的设置、加工参数设置等。

掌握外径开槽加工几何体的设置、加工参数设置等。

掌握外径螺纹加工几何体的设置、加工参数设置等。

掌握内径镗孔几何体的设置、加工参数设置等。

素质目标：激发学生的学习兴趣，培养团队合作和创新精神。

项目导读

五金件是机械零件中常见的一类零件，这类零件的特点是结构比较简单，零件整体外形成轴状，零件上一般会有外形轮廓、退刀槽、外螺纹、内孔等特征。在编程与加工过程中要特别注意螺纹精度和内孔精度。

任务描述

学生以企业制造部门 MC 数控程序员的身份进入 NX CAM 功能模块，根据五金件的特征，制定合理的工艺路线，创建外径加工、螺纹加工、镗孔等操作，设置必要的加工参数，生成刀具路径，检验刀具路径是否正确合理，并对操作过程中存在的问题进行研讨和交流。通过相应的后处理生成数控加工程序，并运用机床加工零件。

工作任务

按照零件加工要求，制定五金件加工工艺，编制五金件加工程序，完成五金件的仿真加工，后处理得到数控加工程序，完成零件加工。

一、 制订加工工艺

1. 五金件结构分析

该零件的特点是结构比较简单，零件整体外形成轴状，零件上一般会有外形轮廓、退刀槽、外螺纹、内孔等特征。

2. 毛坯选用

零件材料为不锈钢，尺寸为 ϕ85 mm×130 mm。零件长度方向为了保证零件的装夹，余量为 10 mm。

3. 制订加工工序卡

零件选用车铣复合机床加工，三爪自定心卡盘夹持，遵循先粗后精、先面后孔的加工原则。制订加工工序如表 12-1 所示。

表 12-1　加工工序卡

零件号：			工序名称：		工艺流程卡_工序单
3374212			五金件铣削加工		
材料：不锈钢	页码：1			工序号：01	版本号：0
夹具：三爪自定心卡盘	工位：MC			数控程序号：	
刀具及参数设置					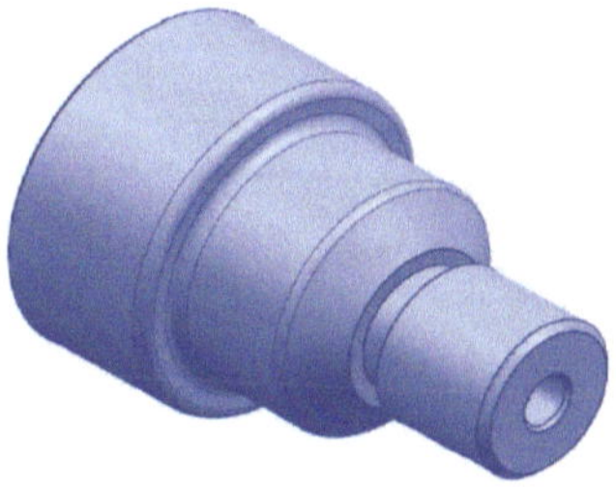
加工内容	刀具号	刀具规格	主轴转速	进给速度	
车端面加工	T01	ID_80_L_1	S1500	F0.1	
粗车加工-1	T02	ID_80_L_2	S1500	F0.1	
精车加工-1	T02	ID_80_L_2	S1500	F0.1	
精车槽加工	T03	FACE_GROOVE_L	S1500	F0.08	
车螺纹	T04	OD_THREAD_L	S200	F0.1	
钻孔加工	T05	D11.5DRILL	S1500	F0.02	
精镗加工	T06	ID_80_L_3	S1500	F0.1	
更改号	更改内容	批准	日期		（单位）
拟制：	日期：	审核：	日期：	批准：	日期：

二、加工准备

微课

加工准备、外径加工

1. 启动 NX 10.0,单击【打开】图标,弹出【打开】对话框,选择五金件.prt 文件,如图 12-1 所示,单击【OK】按钮,打开零件模型。

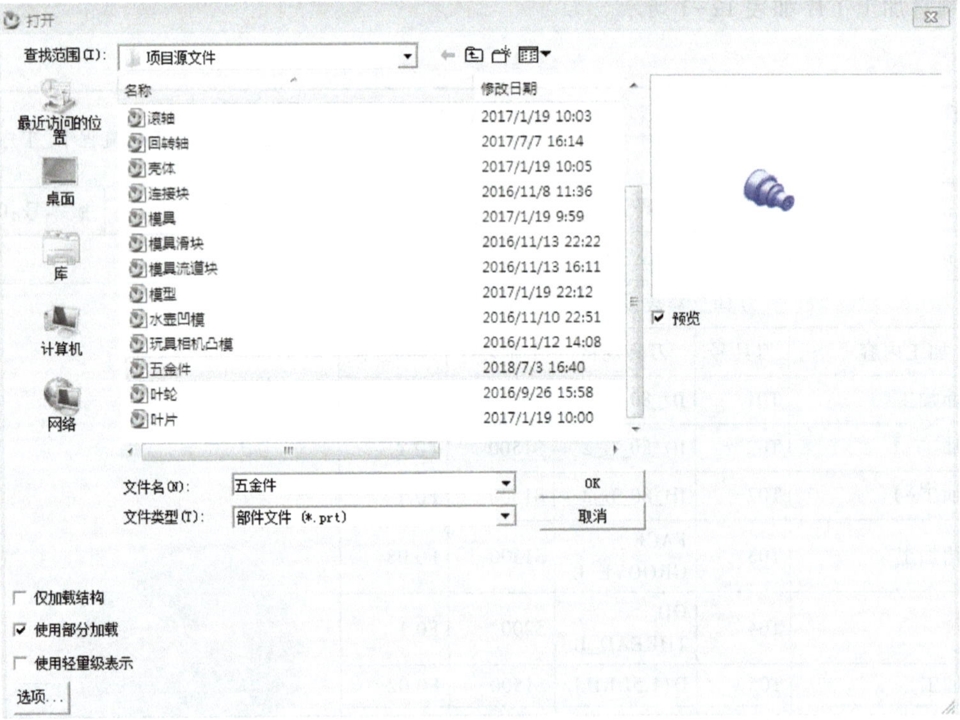

图 12-1　选择模型

2. 在菜单栏中选择【应用模块】选项卡,单击【加工】图标,进入加工环境,如图 12-2 所示。

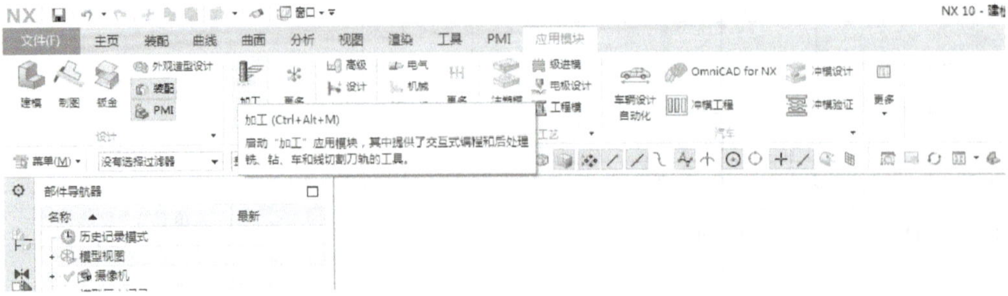

图 12-2　加工模块

3. 在弹出的【加工环境】对话框【CAM 会话配置】栏中选择【cam_general】选项，【要创建的 CAM 设置】栏中选择【turning】选项，如图 12-3 所示，单击【确定】按钮，完成加工环境设置。

4. 在【插入】工具条中单击【创建程序】图标，如图 12-4 所示弹出【创建程序】对话框。

图 12-3　加工环境设置

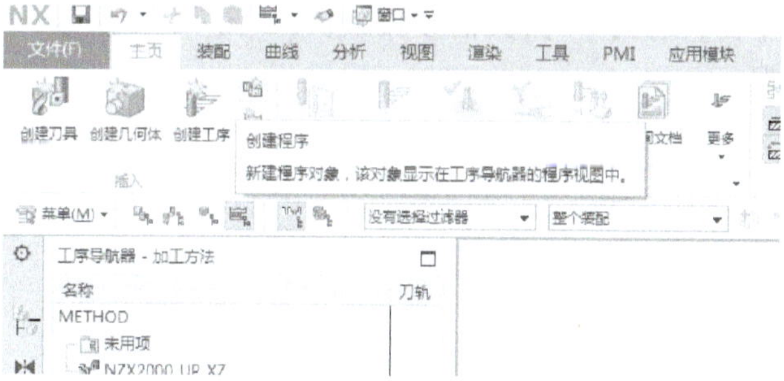

图 12-4　创建程序

5. 修改【名称】为【车端面】，单击【应用】按钮，弹出【程序】对话框如图 12-5 所示，单击【确定】按钮，完成【车端面】的创建。

6. 同样方法创建【粗车外圆】【精车外圆】【精车外圆槽】【车螺纹】【钻孔】【粗镗内孔】【精镗内孔】程序，如图 12-6 所示。

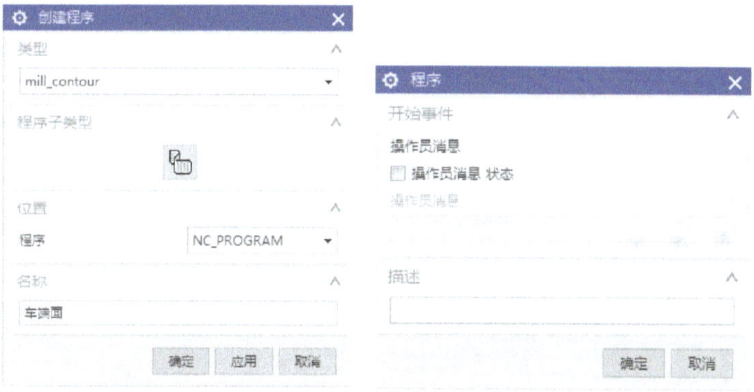

图 12-5　创建程序

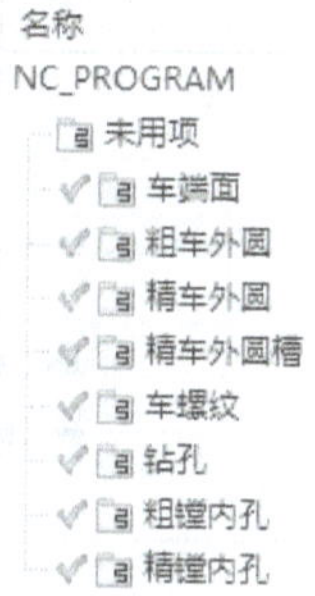

图 12-6　创建程序组

7. 在【工序导航器】工具条中单击【机床视图】图标，在【插入】工具条中单击【创建刀具】图标，如图 12-7 所示。

8. 在弹出的【创建刀具】对话框【类型】下拉列表框中选择【turning】选项，【刀具子类型】选项中选择【OD_80_L】选项，修改刀具【名称】为【T0101】，单击【应用】按钮。弹出【车刀-标准】对话框，设置刀具参数，【ISO 刀片形状】下拉列表框中选择【C(菱形 80)】选项，将【刀

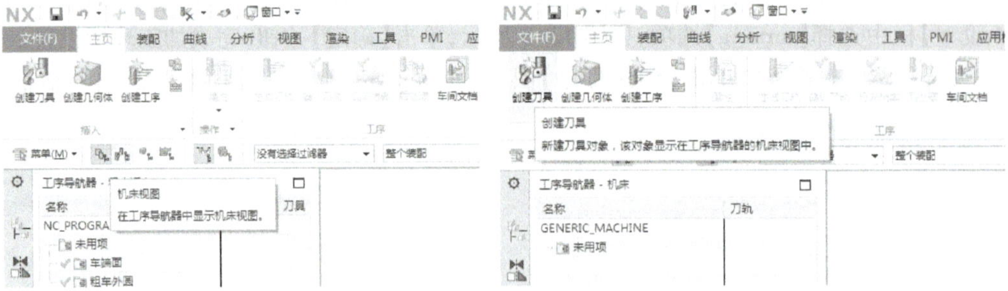

图 12-7　进入创建刀具菜单

尖半径】设为【0.4】，其他参数默认，如图 12-8 所示，单击【确定】按钮，返回【创建刀具】对话框。

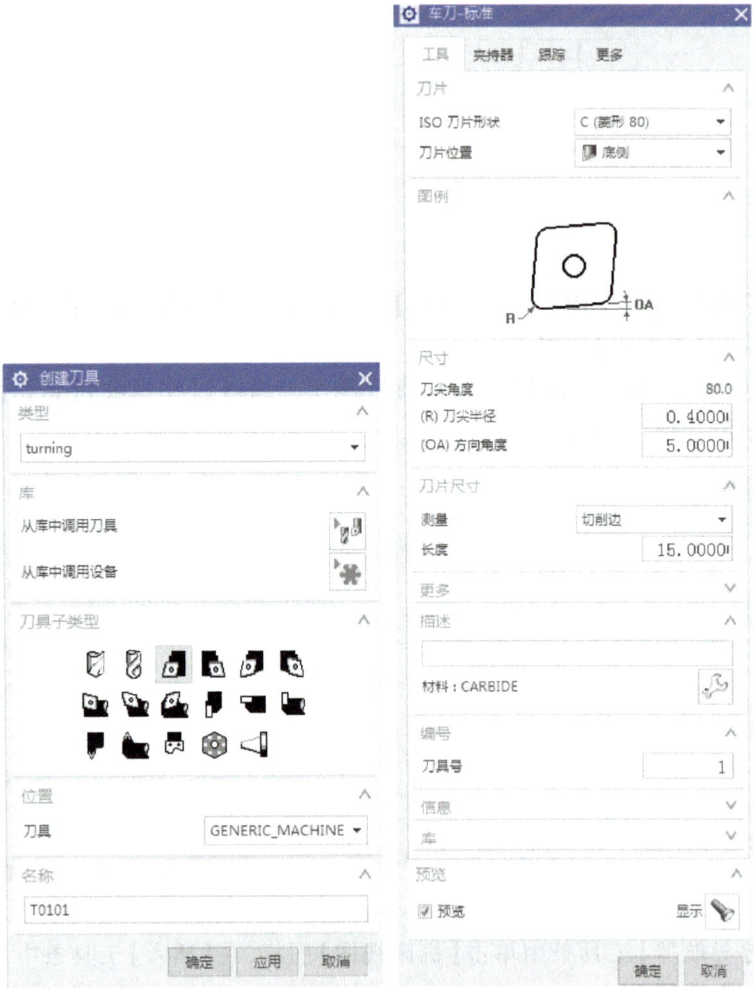

图 12-8　创建车刀

9. 用同样的方法创建【刀具 T0202】，【刀具子类型】选项中选择【OD_80_L】选项，修改刀具【名称】为【T0202】，单击【应用】按钮。弹出【车刀-标准】对话框，设置刀具参数，【刀片形状】下拉列表框中选择【C(菱形 80)】选项，将【刀尖半径】设为【1.2】，其他参数如图，如图 12-9所示，单击【确定】按钮，返回【创建刀具】对话框。

10. 在【创建刀具】对话框的【类型】下拉列表框中选择【turning】选项，【刀具子类型】选项中选择【GROOVE_OD】选项，修改刀具【名称】为【T0303】，单击【应用】按钮。弹出【槽刀-标准】对话框，设置刀具参数，其他参数默认，如图 12-10 所示，单击【确定】按钮，返回【创建刀具】对话框。

图 12-9　创建槽刀

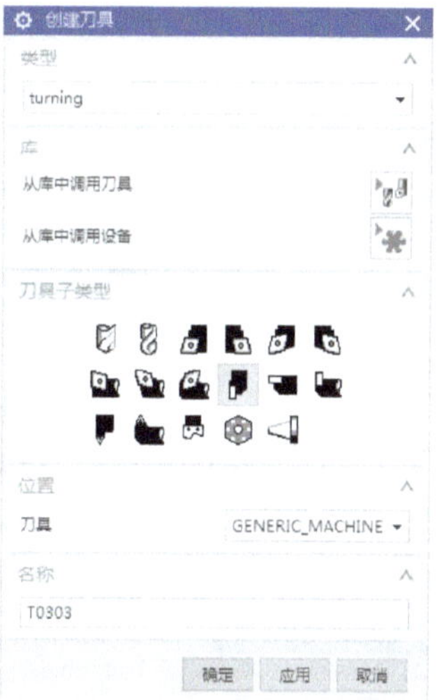

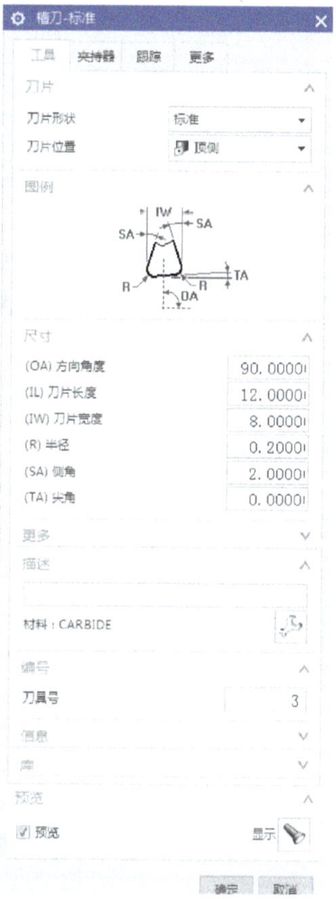

图 12-10　创建工序

11. 在【创建刀具】对话框的【类型】下拉列表框中选择【turning】选项，【刀具子类型】栏选择【OD_THREAD_L】，修改刀具【名称】为【T0404】，单击【应用】按钮。弹出【螺纹刀-标准】对话框，设置刀具参数，【刀片形状】下拉列表框中选择【标准】选项，其他参数如图 12-11所示，单击【确定】按钮，返回【创建刀具】对话框。

12. 在【创建刀具】对话框中，【类型】下拉列表框中选择【DRILL】选项，【刀具子类型】选项中选择【DRILLING_TOOL】选项，修改刀具【名称】为【T0505】，单击【应用】按钮。弹出【钻刀】对话框，设置刀具参数，其他参数默认，如图 12-12 所示，单击【确定】按钮，返回【创建刀具】对话框。

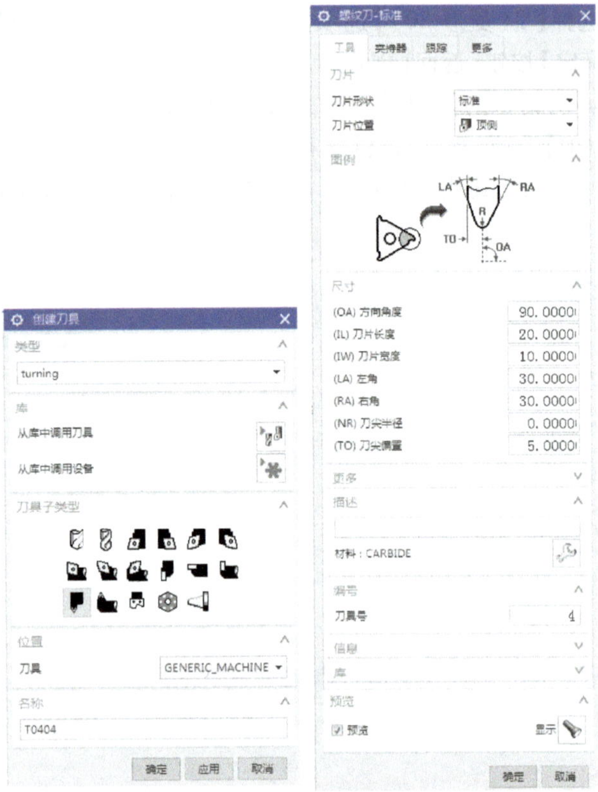

图 12-11　创建刀具

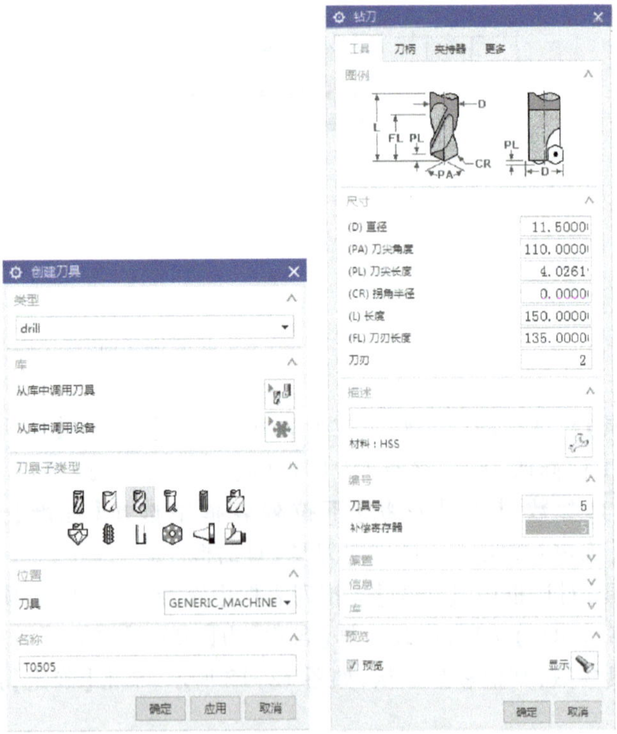

图 12-12　创建刀具

13. 在【创建刀具】对话框中,【类型】下拉列表框中选择为【turning】选项,【刀具子类型】选项中选择【ID_80_L】选项,修改刀具名称为【T0606】,单击【应用】按钮。弹出【钻刀】对话框,设置刀具参数,其他参数默认,如图 12-13 所示,单击【确定】按钮,返回【创建刀具】对话框。

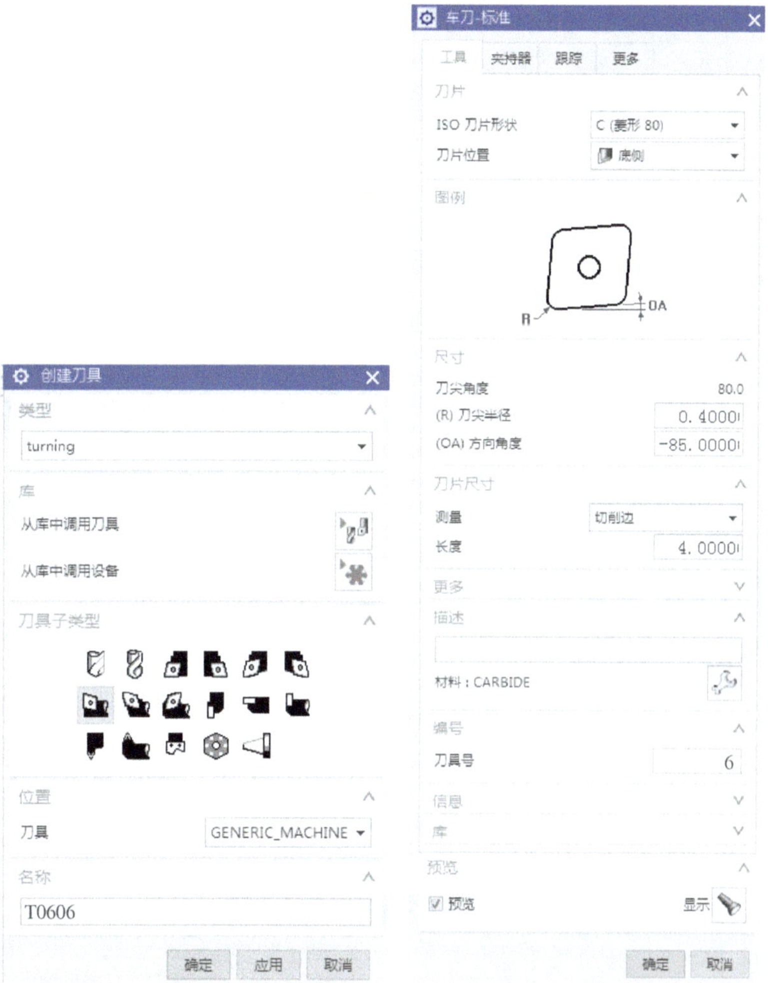

图 12-13　创建铣刀

14. 在【工序导航器】工具条中单击【几何视图】图标,在【操作导航器-几何】中双击【MCS_SPINDLE】图标,如图 12-14 所示。

15. 弹出【MCS 主轴】对话框,双击【机床坐标系】区域中的【指定 MCS】设置图标,零件右端面圆心处作为坐标系中心,【车床工作平面】区域中【指定平面】下拉列表框中选择【ZM-XM】选项,如图 12-15 所示。单击【确定】按钮。

16. 在【工序导航器-几何】视图中双击【WORKPIECE】选项,弹出【工件】对话框,如图 12-16所示,单击【指定部件】图标,弹出【部件几何体】对话框,选择零件模型,单击【指定部件】图标,弹出部件选择对话框,选择如图 12-17 所示为部件,单击【确定】按钮,完成指定部件,返回【工件】对话框。

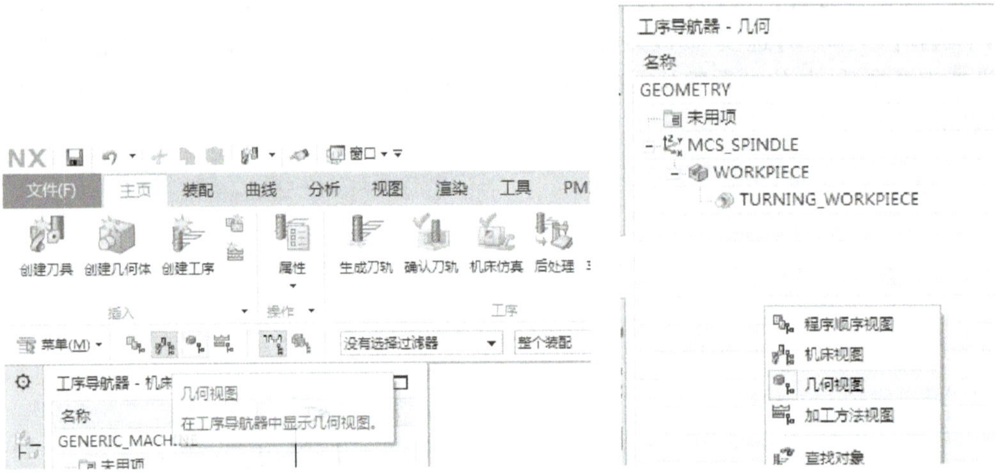

图 12-14　几何视图

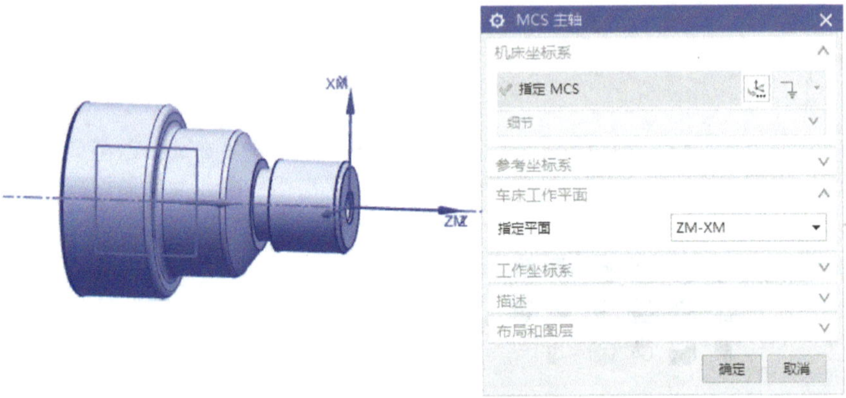

图 12-15　设置 MCS

图 12-16　工件

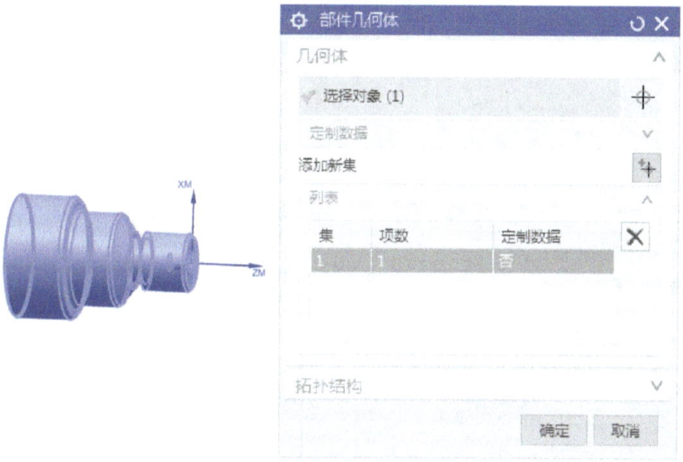

图 12-17　部件

17. 在【工件】对话框中，单击【指定毛坯】图标，弹出【毛坯几何体】对话框，【类型】选择【几何体】选项，选择如图 12-18 所示圆柱为毛坯（该圆柱在建模中预先建好），单击【确定】按钮，退出【工件】对话框。

18. 双击【操作导航器】中的【TURNING_WORKPIECE】图标，自动生成【车加工截面】和【毛坯界面】，如图 12-19 所示。后单击确定选项。

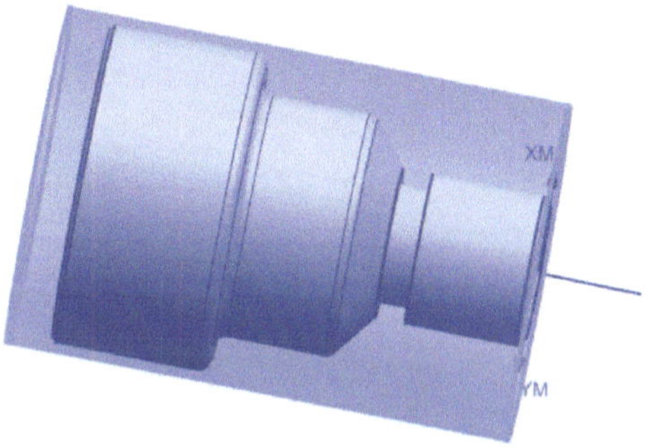

图 12-18　指定毛坯

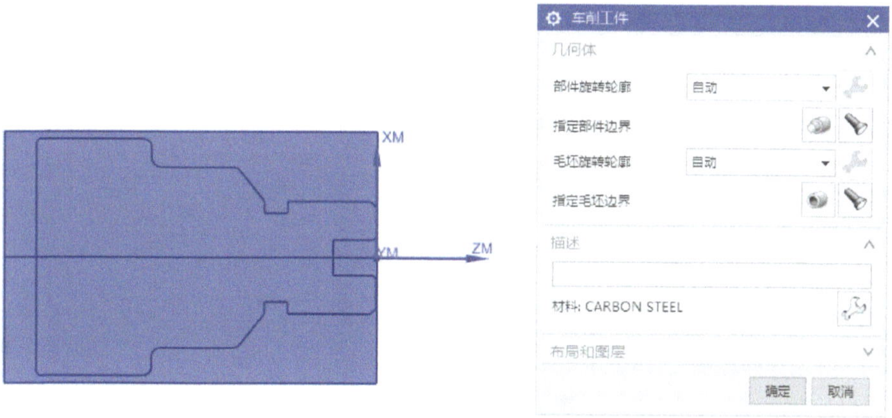

图 12-19　车加工截面

19. 在【工序导航器】工具条中单击【加工方法】图标，如图 12-20 所示。

20. 在【工序导航器-加工方法】视图中双击【NZX2000_UP_XZ】图标，弹出【铣削方法】对话框，将【最小距离】设为【0.1】，【内公差】设为【0.01】，【外公差】设为【0.01】，如图 12-21 所示，单击【确定】按钮。

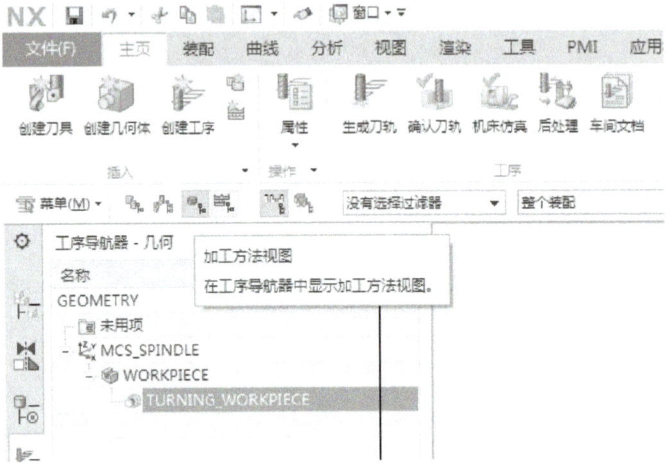

图 12-20　设置加工方法

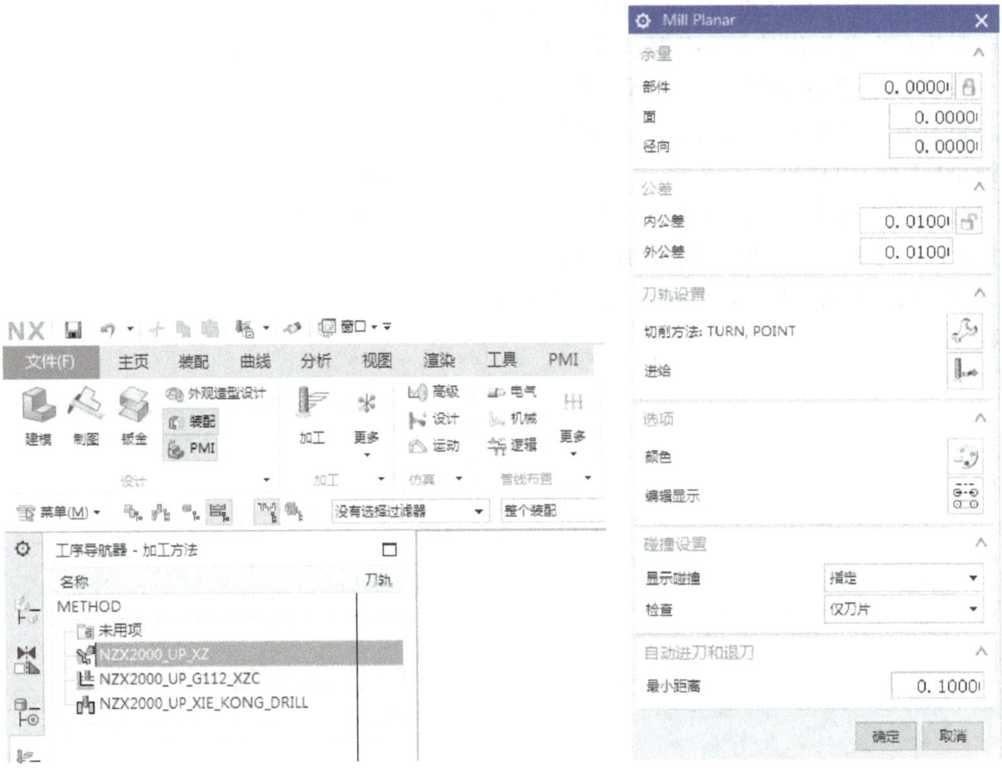

图 12-21　设置铣削方法

21. 在【工序导航器-加工方法】视图中双击【NZX2000_UP_G112_XZC】图标，弹出【车削方法】对话框，修改【部件余量】为【0】，修改【内公差】为【0.05】，修改【外公差】为【0.05】，如图 12-22 所示，单击【确定】按钮。

22. 在【工序导航器】中双击【NZX2000_UP_XIE_KONG_DRILL】图标，弹出【钻加工方法】对话框，显示如图 12-23 所示，单击【确定】按钮。

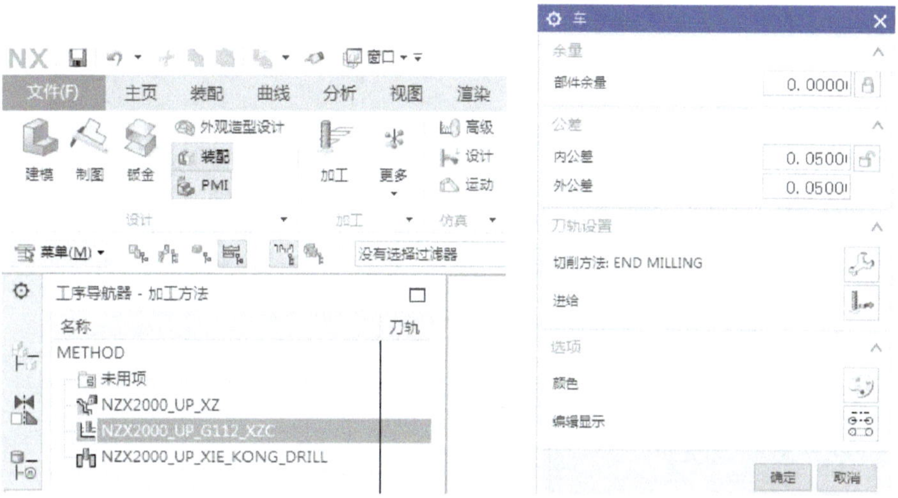

图 12-22　设置车削方法

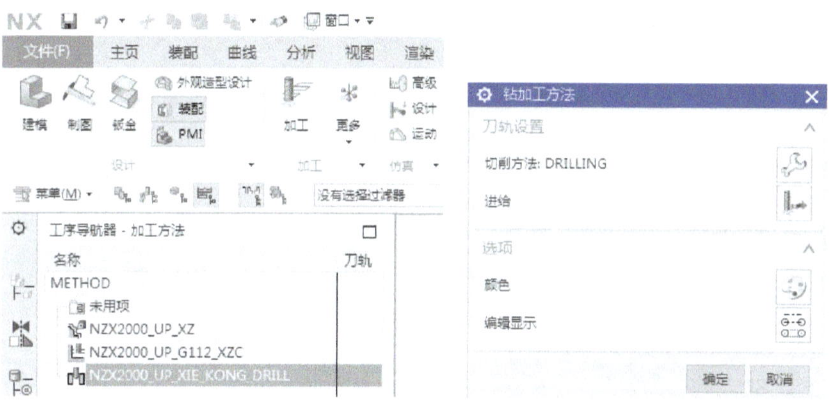

图 12-23　设置钻加工方法

三、 程序编制

(一) 车端面

1. 在【插入】工具条中单击【创建工序】图标,弹出【创建工序】对话框,在【类型】下拉列表框中选择【turning】选项,【工序子类型】选项中选择【FACING】选项,【程序】下拉列表框中选择【车端面】选项,【刀具】下拉列表框中选择【T0101】选项,【几何体】下拉列表框中选择【TURNING_WORKPIECE】选项,【方法】下拉列表框中选择【METHOD】选项,【名称】栏输入【FACING】,如图 12-24 所示,单击【确定】按钮,弹出【车端面】对话框。

2. 在【车端面】对话框中单击【指定切削区域】图标,弹出【切削区域】对话框,选择【轴向修剪平面】下拉列表框中【点】选项,指定图中线条的端点作为指定点,如图 12-25 所示,单击【确定】按钮,返回【车端面】对话框。

3.【切削策略】选项下【策略】下拉列表框中选择【单向线性切削】选项,单击【刀轨设置】图标,将该选项栏展开,设置如图 12-26 所示。

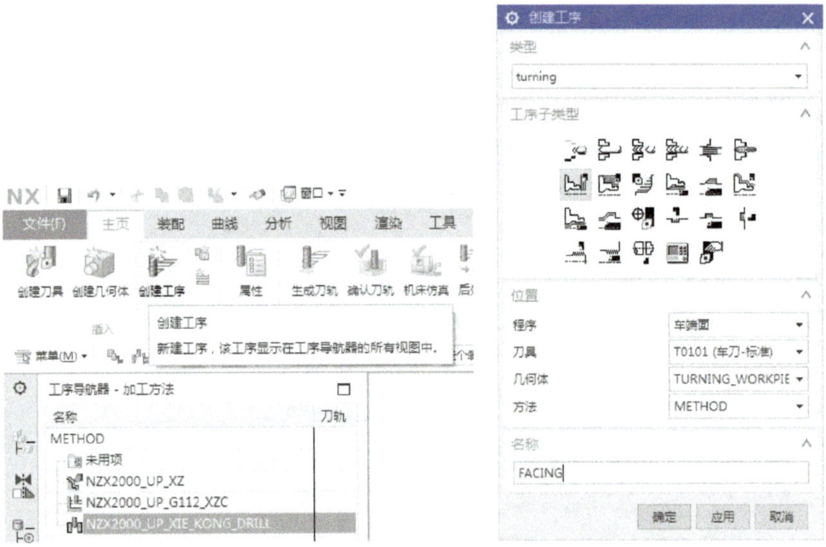

图 12-24　创建工序

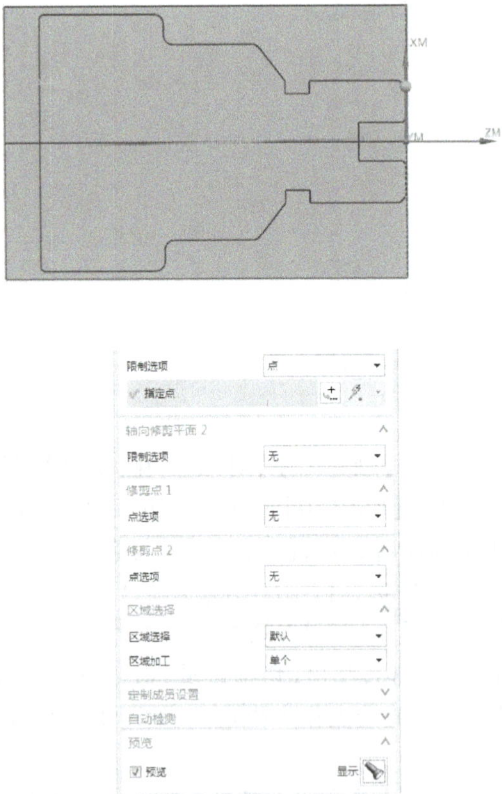

图 12-25　指定切削区域

图 12-26　设置切削策略

4.【切削参数】保持默认不变。

5. 单击【非切削移动】设置图标，弹出【非切削移动】对话框，设置【逼近】方式为【直接】到起【点】，如图 12-27 所示，【运动到起点】设置为坐标系【X20，Y50】的点，【离开】方式与【逼近】相同。

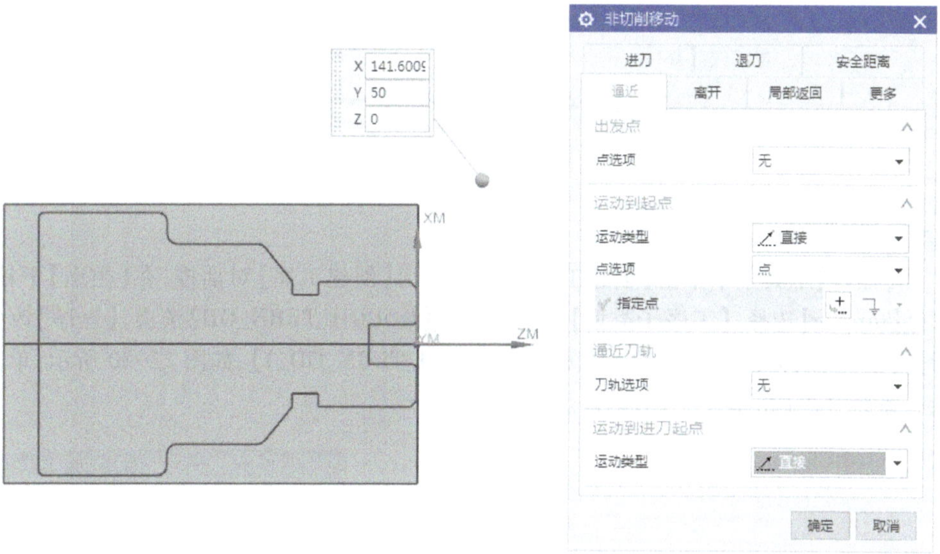

图 12-27　设置非切削移动

6. 单击【进给率和速度】图标，弹出对话框，将【主轴速度】设为【1500】rpm，【切削】设为【0.1】mmpr，如图 12-28 所示，单击【确定】按钮，完成【进给率和速度】参数的设置，返回【车端面】对话框。

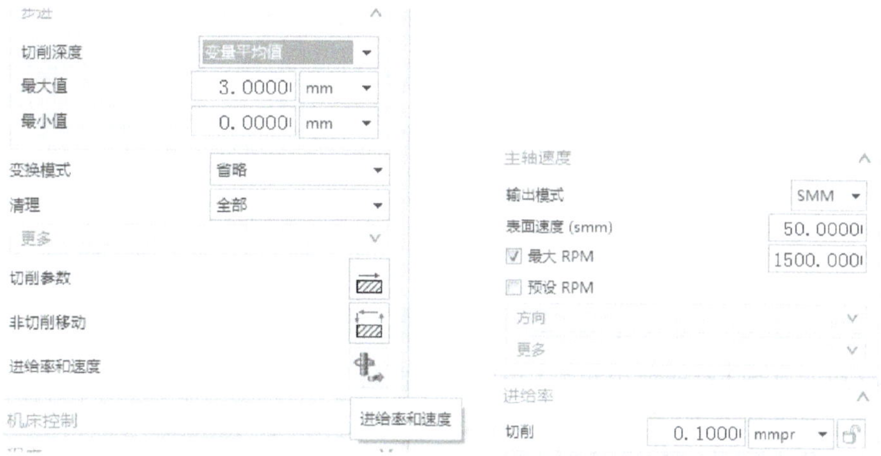

图 12-28　设置进给率和速度

7. 在【车端面】对话框中【操作】区域中单击【生成】图标，生成刀轨，查看生成的刀轨，如图 12-29 所示，单击【确定】按钮，接受生成的刀轨。

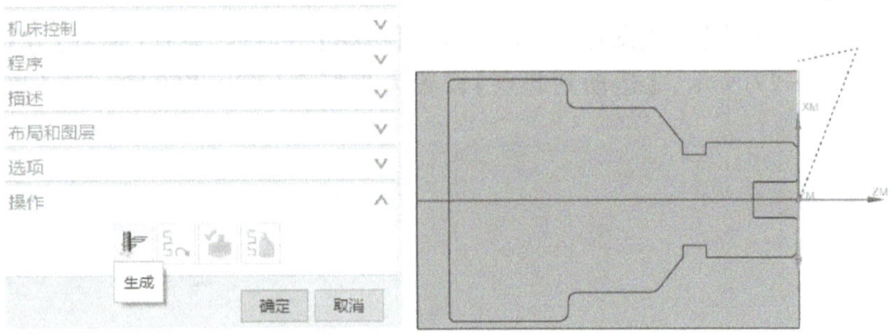

图 12-29　生成刀具路径

（二）粗车外圆

1. 在【插入】工具条中单击【创建工序】图标，弹出【创建工序】对话框，在【类型】下拉列表框中选择【turning】选择，【工序子类型】选项中选择【ROUGH_TURN_OD】选项，【程序】改为【粗车外圆】，【刀具】改为【T0202】，修改名称为【ROUGH_TURN_OD_1】，如图 12-30 所示，单击【确定】按钮，系统弹出【粗车外圆】对话框。

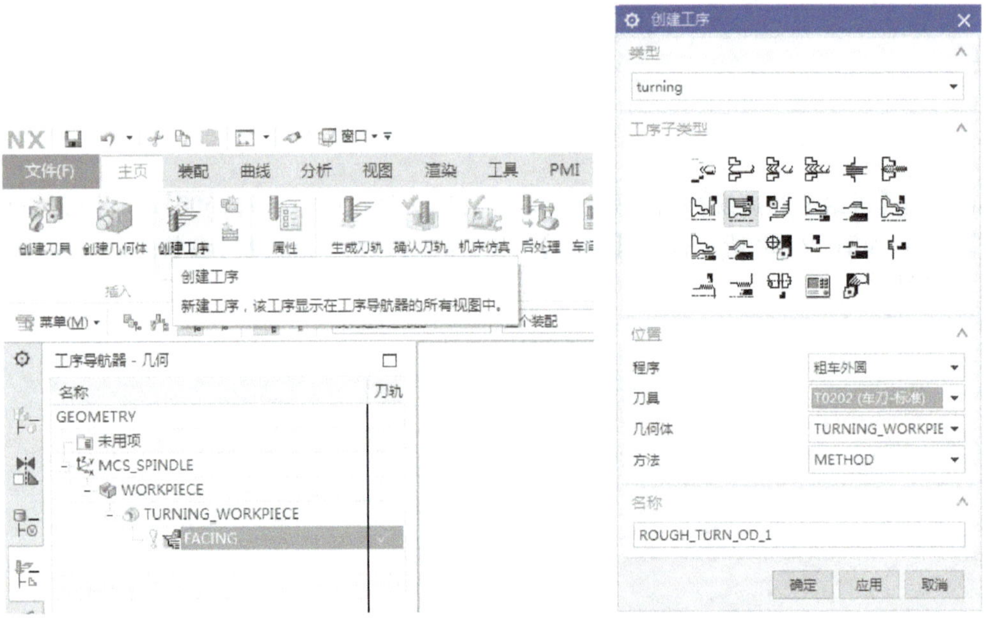

图 12-30　创建工序

2. 在【粗车外圆】对话框中单击【指定切削区域】图标弹出【切削区域】对话框，选择图 12-31中点作为修剪点，单击【确定】图标，返回【粗车外圆】对话框。

3. 【切削策略】选项下【策略】下拉列表框中选择【单向线性切削】选项，【工具】选项下选择【T0202】选项，单击【刀轨设置】图标，将该选项栏展开，参数设置如图 12-32 所示。

4. 单击【切削参数】图标，弹出【切削参数】对话框，参数设置如图 12-33 所示，部件余量留 0.15，其余保持默认不变。

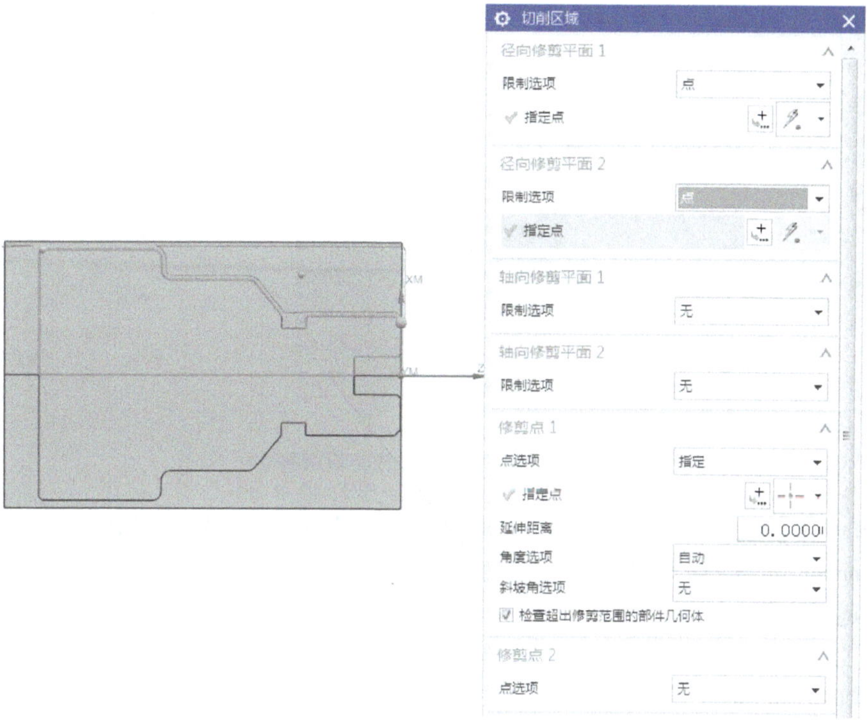

图 12-31　指定切削区域

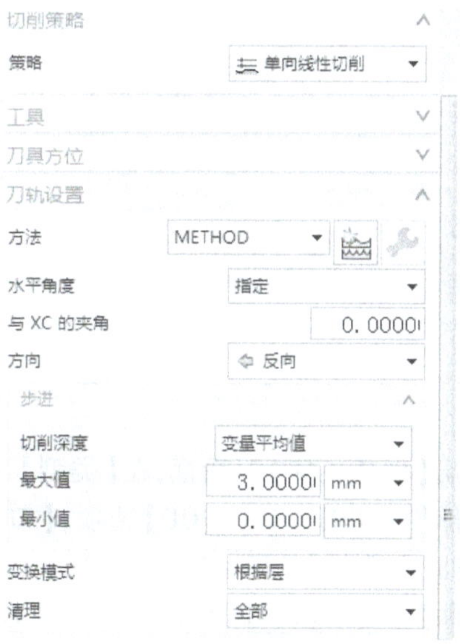

图 12-32　设置切削策略

图 12-33　设置切削参数

5. 单击【非切削移动】图标，弹出【非切削移动】对话框，设置【进刀类型】为【线性-自动】选项，【逼近】方式为【运动到起点】选项，起点坐标为图中的点，【离开】方式与【逼近】相同，如图 12-34 所示。

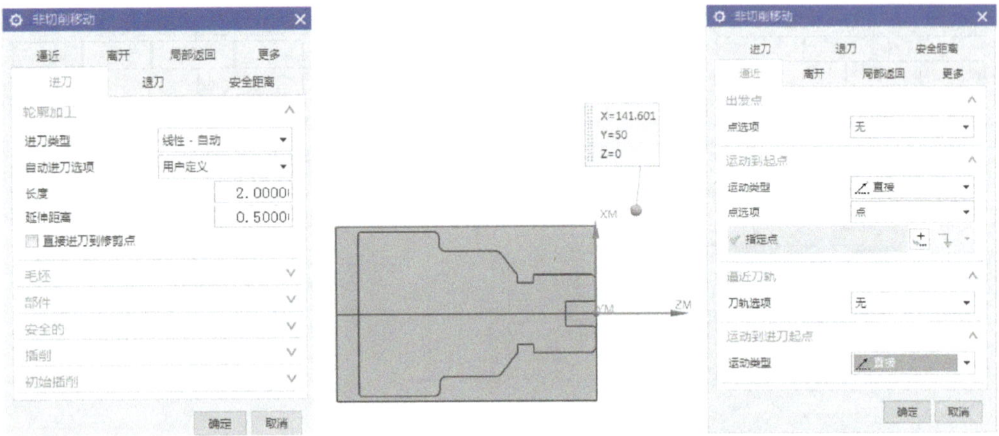

图 12-34　设置非切削移动

6. 单击【进给率和速度】图标，弹出对话框，将【主轴速度】设为【1500】rpm，【切削】设为【0.1】mmpr，如图 12-35 所示，单击【确定】按钮，完成【进给率和速度】参数的设置返回【粗车外圆】对话框。

7. 在【操作】区域中单击【生成】图标，生成刀轨，查看生成的刀轨，单击【确定】按钮，接受生成的刀轨，如图 12-36 所示，完成零件的粗加工。

图 12-35　设置进给率和速度

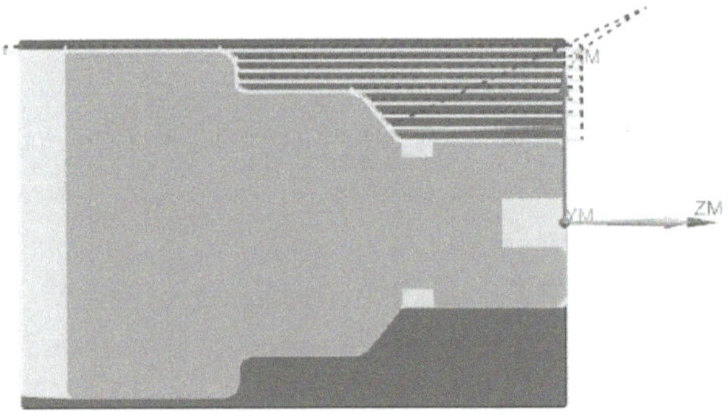

图 12-36　生成刀具路径

（三）精车外圆

1. 在【插入】工具条中单击【创建工序】图标，弹出【创建工序】对话框，在【类型】下拉列表框中选择【turning】选项，【工序子类型】选项中选择【FINISH_TURN_OD】选项，【刀具】下拉列表框中选择【T0202】选项，【几何体】下拉列表框中选择【TURNING_WORKPIECE】选项，【方法】下拉列表框中选择【METHOD】选项，【名称】栏输入【FINISH_TURN_OD】选项，如图 12-37 所示，单击【确定】按钮，弹出【精车外圆】对话框。

2. 在【精车外圆】对话框中单击【切削区域】图标，弹出【切削区域】对话框，选择图中点作为修剪点，如图 12-38 所示，单击【确定】按钮，返回【粗车外圆】对话框。

3. 在【切削策略】选项下【策略】下拉列表框中选择【全部精加工】选项，单击【刀轨设置】图标，将该选项栏展开，参数设置如图 12-39 所示。

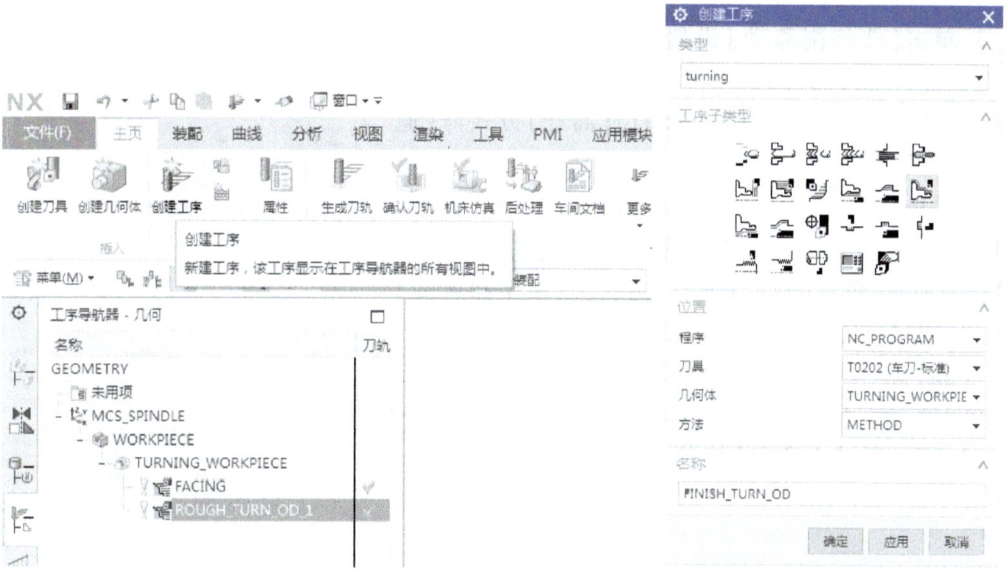

图 12-37　创建工序

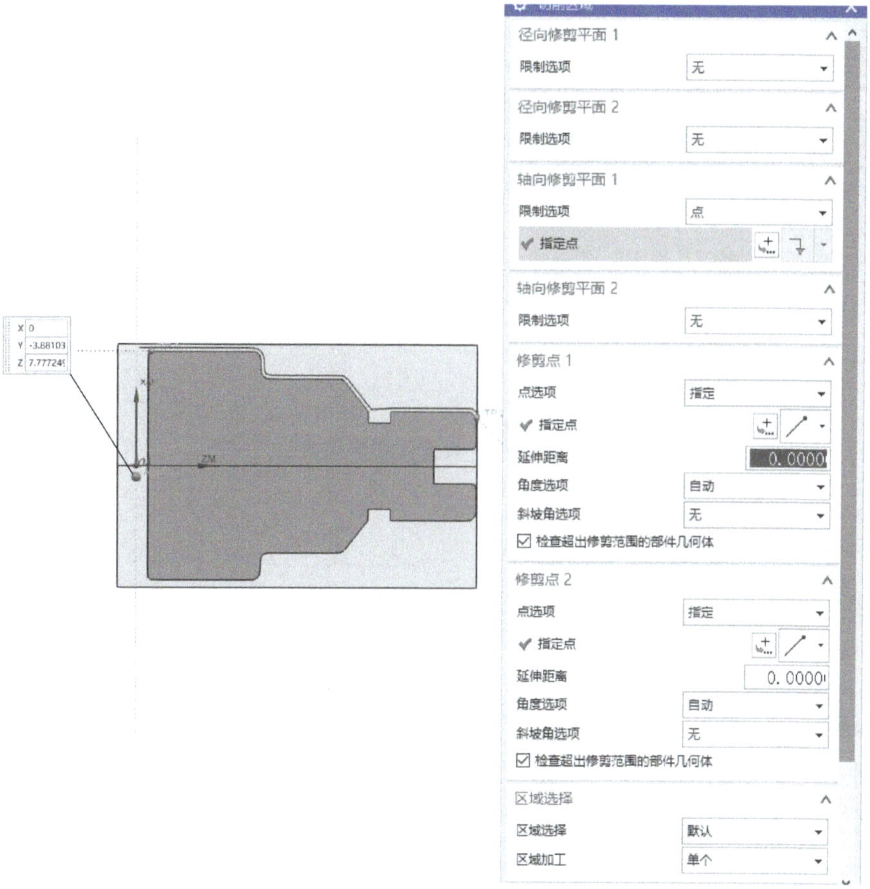

图 12-38　设置切削区域

4.【切削参数】保持默认不变。

5. 单击【非切削移动】设置图标，弹出【非切削移动】对话框，单击【逼近】选项卡，设置【运动方式】为【直接到起点】，起点坐标为【X20，Y50】，【离开】方式与【逼近】相同，如图 12-40。

6. 单击【进给率和速度】图标，弹出对话框，将【主轴速度】设为【1500】rpm，【切削】设为【0.1】mmpr，如图 12-41所示，单击【确定】按钮，完成【进给率和速度】参数的设置返回【精车外圆】对话框。

7. 在【精车外圆】对话框中【操作区域】中单击【生成】图标，生成刀轨，查看生成的刀轨，如图 12-42所示，单击【确定】按钮，接受生成的刀轨。

图 12-39　刀轨设置

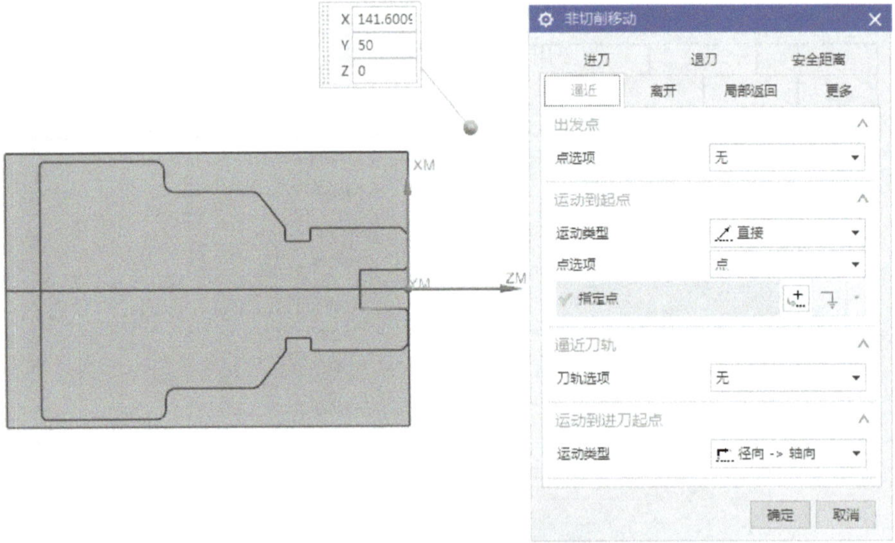

图 12-40　设置非切削移动

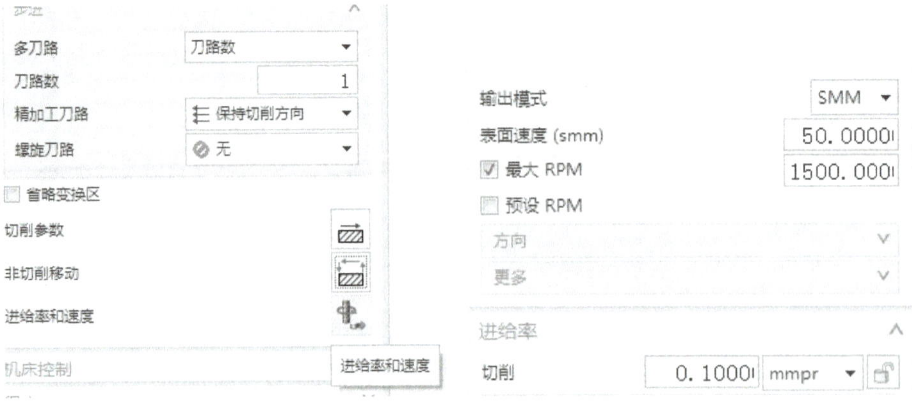

图 12-41　设置进给率和速度

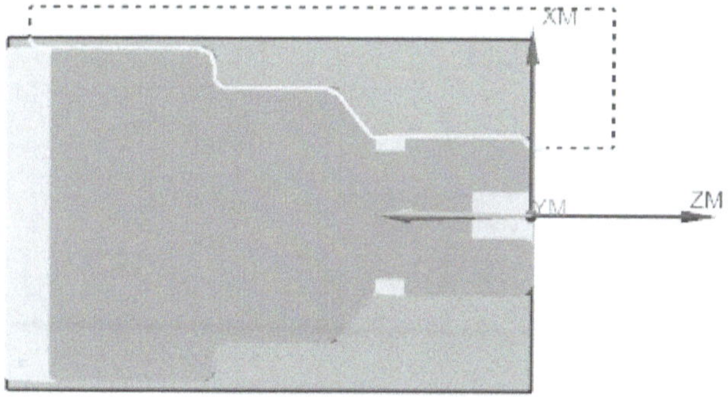

图 12-42　生成刀具路径

（四）精车外圆槽

1. 在【插入】工具条中单击【创建工序】图标，弹出【创建工序】对话框在【类型】下拉列表框中选择【turning】选项，【工序子类型】选项中选择【GROOVE_OD_1】选项，【刀具】下拉列表框中选择【T0303】选项，【几何体】下拉列表框中选择【TURNING_WORKPIECE】选项，【方法】下拉列表框中选择【METHOD】选项，【名称】栏输入【GROOVE_OD_1】，如图 12-43 所示，单击【确定】按钮，弹出【精车外圆槽】对话框。

图 12-43　创建工序

2. 在【精车外圆槽】对话框中单击指定【切削区域】图标，弹出【切削区域】对话框，选择图中 2 个点作为径向的修剪点，如图 12-44 所示，单击【确定】按钮，返回【精车外圆槽】对话框。

3. 单击【切削策略】展开箭头，【策略】下拉列表框中选择【单向插削】选项，单击【刀轨设置】图标，将该选项栏展开，参数设置如图 12-45 所示。

4.【切削参数】保持默认不变。

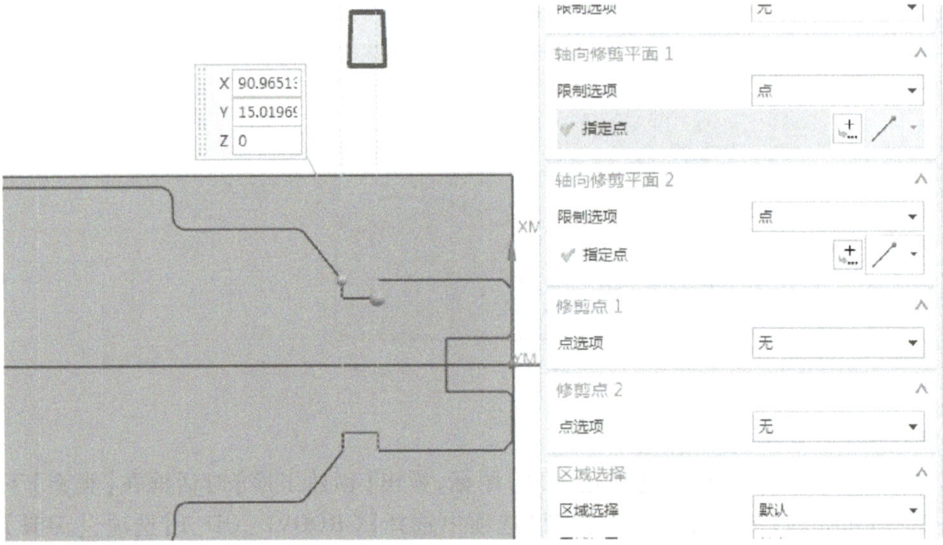

图 12-44　指定切削区域

图 12-45　设置切削策略

5. 单击【非切削移动】图标，弹出【非切削移动】对话框，设置【进刀类型】【退刀类型】为【线性-自动】选项，【逼近】方式为【运动到起点】，起点坐标为图中的点，【离开】方式与【逼近】相同，如图 12-46 所示。

6. 单击【进给率和速度】图标，弹出对话框，将【主轴速度】设为【1000】rpm，【切削】设为【0.05】mmpr，如图 12-47所示，单击【确定】按钮，完成【进给率和速度】的参数设置，返回【精车外圆槽】对话框。

7. 在【精车外圆槽】对话框中【操作】区域中单击【生成】图标，生成刀轨，查看生成的刀具路径，单击【确定】按钮，接受生成的刀轨，如图12-48所示，完成零件的精加工。

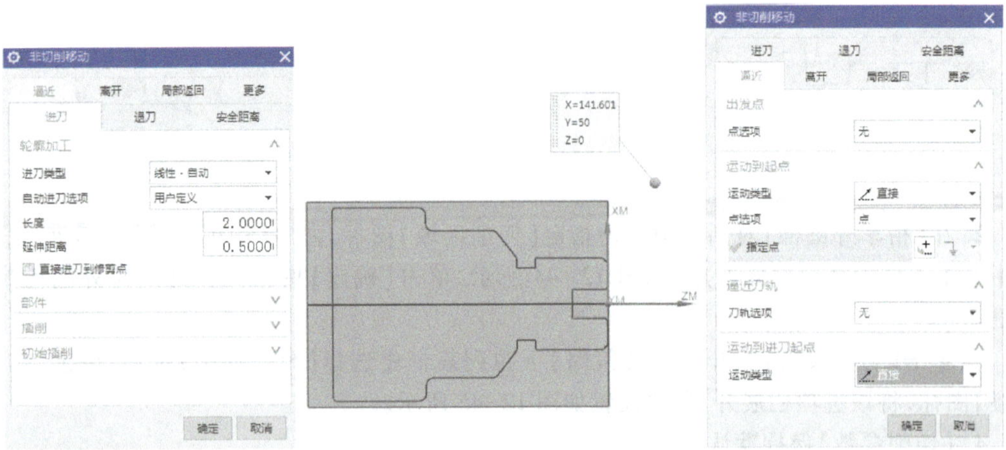

图 12-46　设置非切削移动

图 12-47　设置进给率和速度

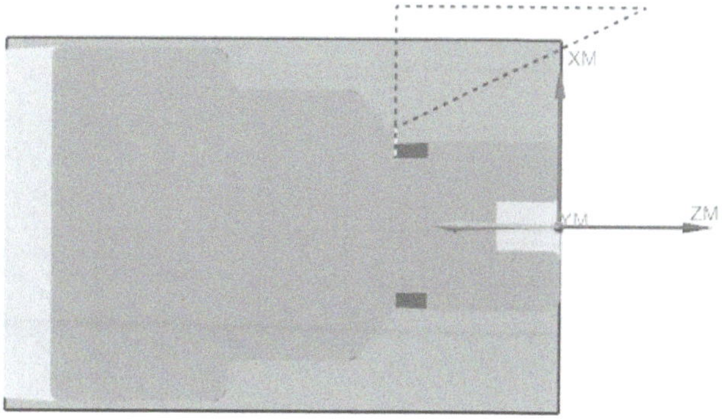

图 12-48　生成刀具路径

（五）车螺纹

1. 在【插入】工具条中单击【创建工序】图标，弹出【创建工序】对话框，在【类型】下拉列表框中选择【turning】选项，【工序子类型】选项中选择【THREAD_OD】选项，【刀具】下拉列表框中选择【T0404】，【几何体】下拉列表框中选择【TURNING_WORKPIECE】选项，【方法】下拉列表框中选择【METHOD】选项，【名称】框输入【THREAD_OD_1】，如图 12-49 所示，单击【确定】按钮，弹出【车螺纹】对话框。

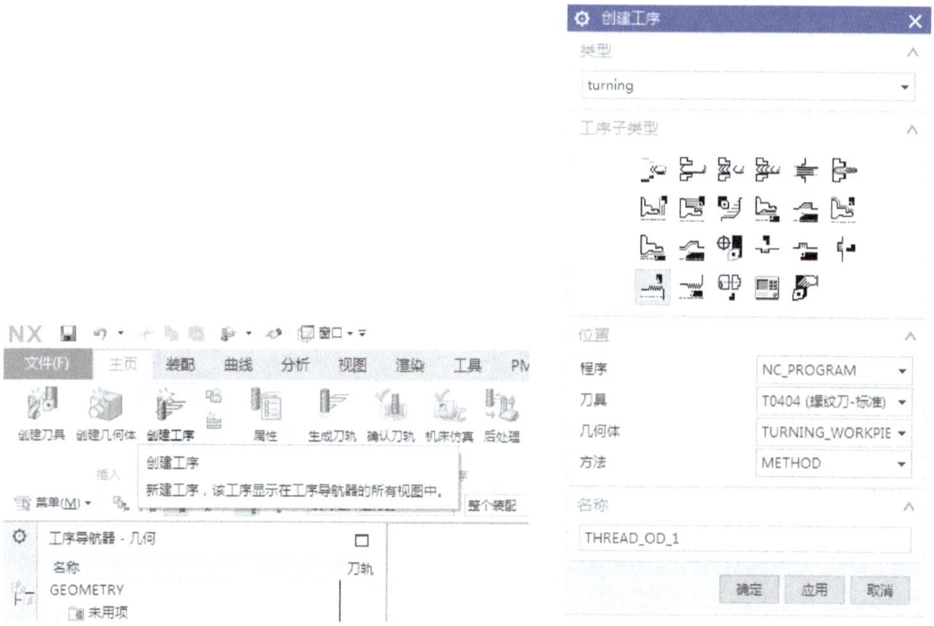

图 12-49　创建工序

2. 单击【螺纹形状】展开箭头，在展开区域中单击【选择顶线】设置图标，选择图 12-50 中线作为顶线。

3. 选择图 12-51 中线作为底线。单击【确定】退出【编辑边界】对话框。

4. 单击【刀轨设置】展开箭头，各个参数设置如图 12-52 所示。

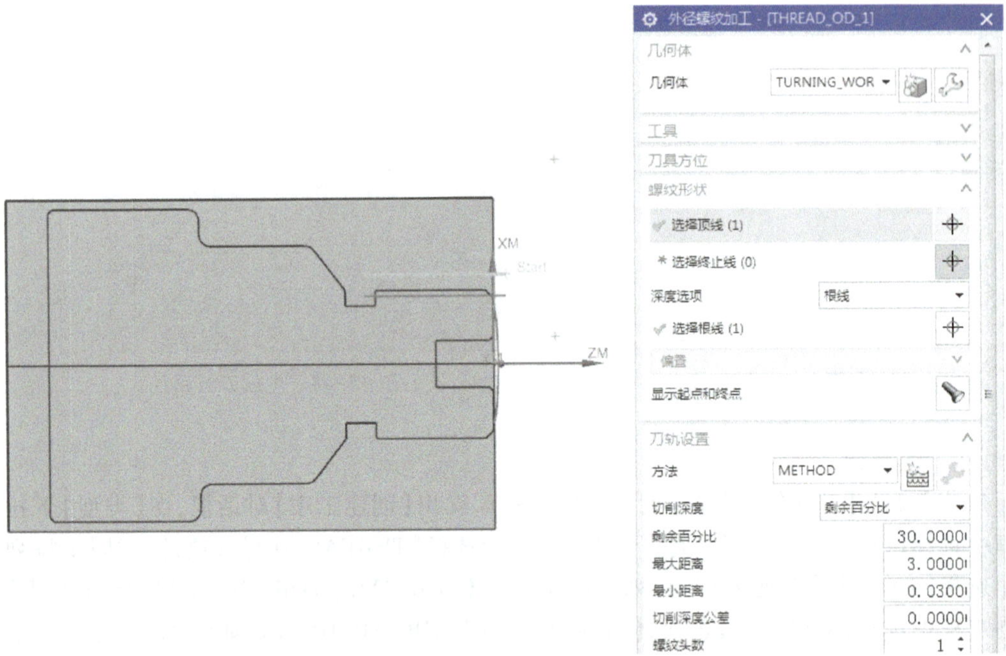

图 12-50　设置螺纹形状

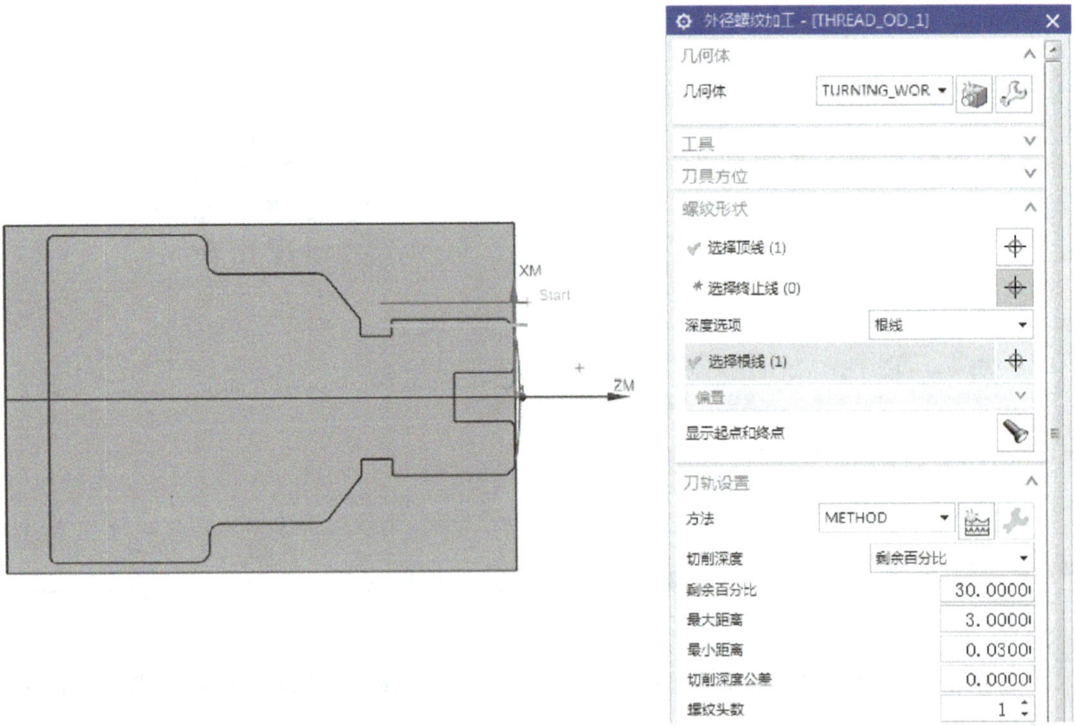

图 12-51　选择底线

图 12-52　刀轨设置

5. 单击【切削参数】图标，弹出【切削参数】对话框，各个参数设置如图 12-53 所示。

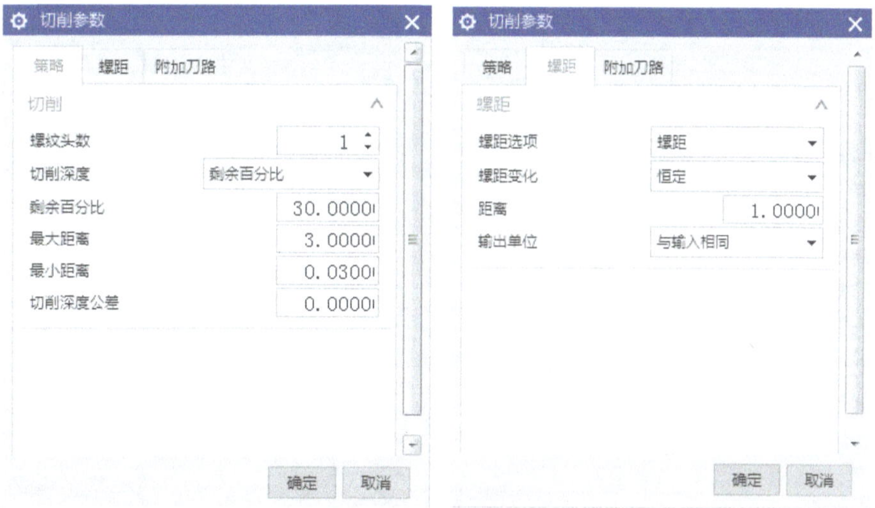

图 12-53　设置切削参数

6. 单击【非切削移动】图标，弹出【非切削移动】对话框，设置【运动类型】为【直接到起点】选项，起点坐标为【X20，Y50】。【离开】方式与【逼近】相同，如图 12-54 所示，单击【确定】按钮，返回【车螺纹】对话框。

7. 单击【进给率和速度】图标，弹出对话框，将【主轴速度】设为【200】rpm，【切削】设为【0.1】mmpr，如图 12-55 所示，单击【确定】按钮，完成【进给率和速度】参数设置，返回【车螺纹】对话框。

8. 在【车螺纹】对话框中【操作】区域中单击【生成】图标，生成刀轨，查看生成的刀轨，如图 12-56 所示，单击【确定】按钮，接受生成的刀轨。

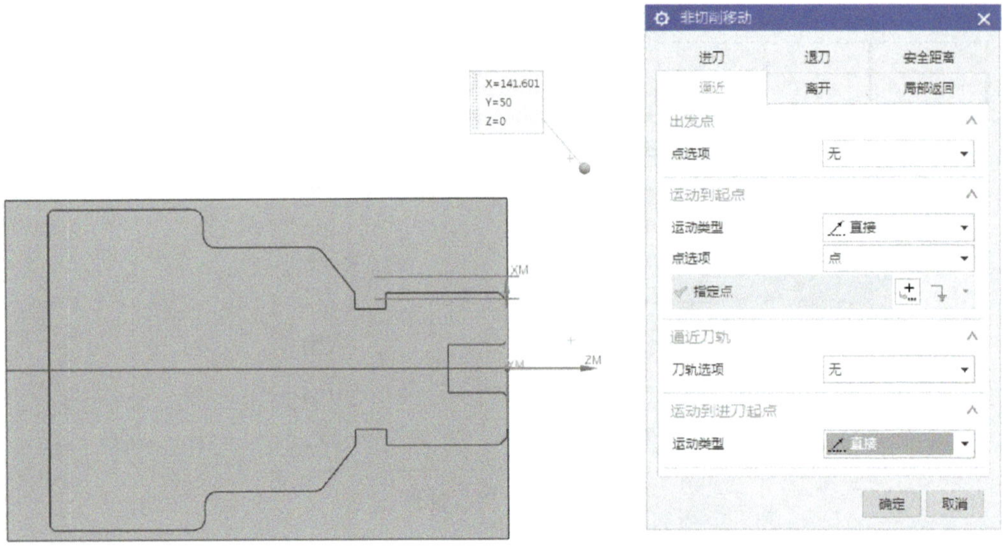

图 12-54　设置非切削移动

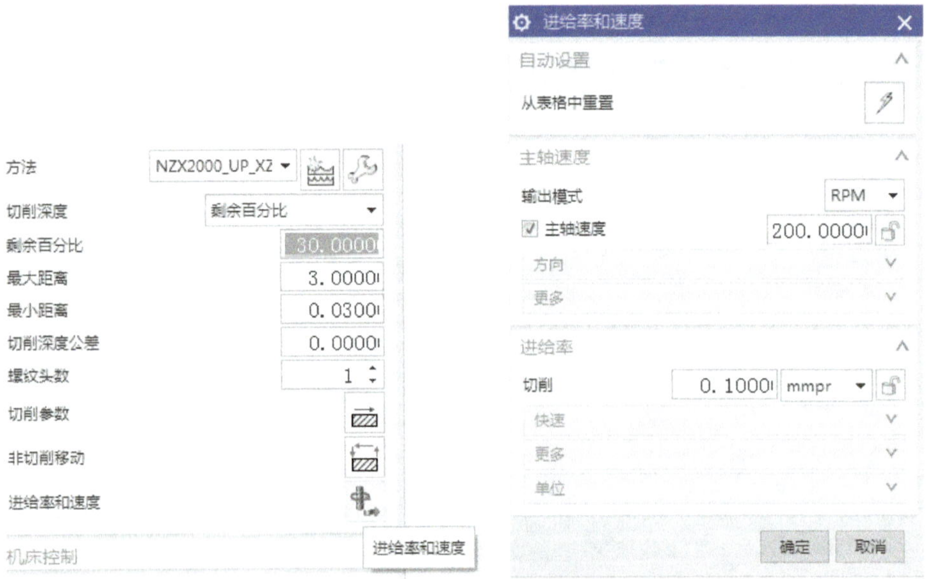

图 12-55　设置进给率和速度

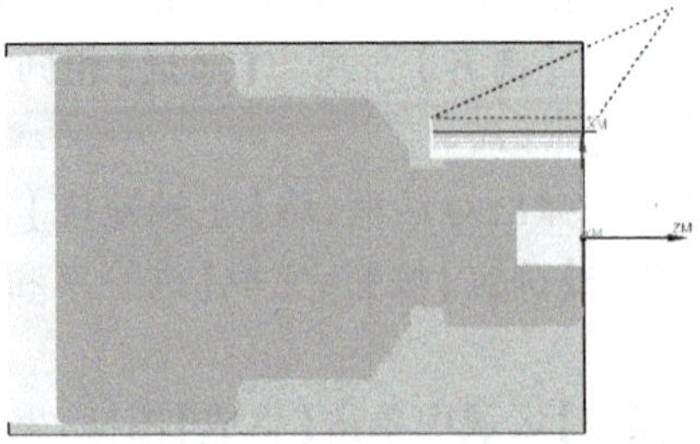

图 12-56　生成刀具路径

（六）钻孔

微课
内孔加工、仿真加工

1. 在【插入】工具条中单击【创建工序】图标，弹出【创建工序】对话框，在【类型】下拉列表框中选择【drill】选项，【工序子类型】选项中选择【PECK_DRILLING】选项，【程序】下拉列表框中选择【钻孔】选项，【刀具】下拉列表框中选择【T0505】选项，【几何体】下拉列表框中选择【MCS】选项，【方法】下拉列表框中选择【METHOD】选项，【名称】栏输入【PECK_DRILLING】，如图 12-57 所示，单击【确定】按钮，弹出【钻孔】对话框。

图 12-57　创建工序

2. 单击【指定孔】图标，弹出【点到几何体】对话框，单击【选择】选项弹出【点】对话框，单击【点位置】区域中【选择对象】图标，指定图 12-58 中孔作为加工孔，单击【确定】按钮，直至返回【钻孔】对话框。

3. 单击【循环类型】展开箭头，在【循环】下拉列表框中选择【标准钻编辑参数】选项，弹出【指定参数组】对话框，单击【确定】按钮，弹出【Cycle】对话框，单击【Depth(Tip)】选项，弹出【Cycle 深度】对话框，选择【模型深度】，如图 12-59 所示，单击【确定】按钮，直至页面返回【钻孔】对话框。

图 12-58　指定孔

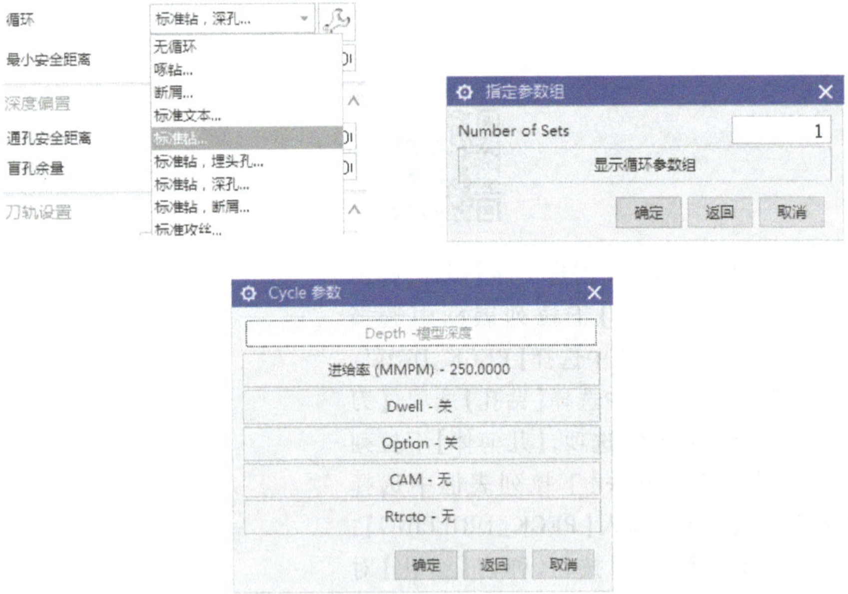

图 12-59　设置循环

4. 打开【刀轨设置】选项中，单击【进给率和速度】图标，弹出对话框，将【主轴速度】设为【1500】rpm，【切削】设为【0.02】mmpm，如图 12-60 所示，单击【确定】按钮，返回【钻孔】对话框。

图 12-60　设置进给率和速度

5. 在【钻孔】对话框中【操作】区域中单击【生成】按钮，生成刀轨，查看生成的刀轨，如图 12-61 所示，单击【确定】按钮，接受生成的刀轨。

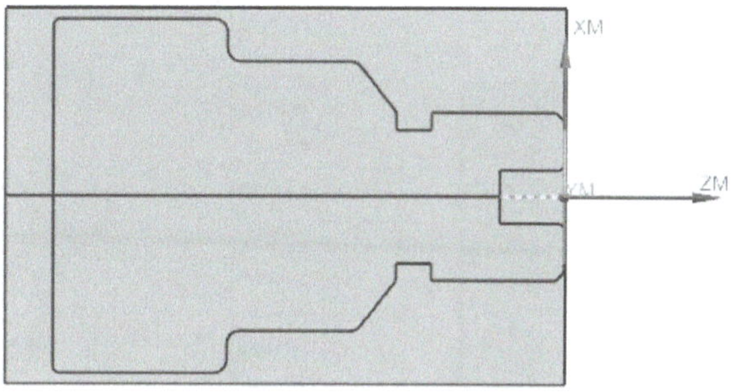

图 12-61　生成刀具路径

（七）粗镗内孔

1. 在【插入】工具条中单击【创建工序】图标，弹出【创建工序】对话框，在【类型】下拉列表框中选择【turning】选项，【工序子类型】选项中选择【ROUGH_BORE_ID】选项，修改名称为【粗镗内孔】，【刀具】修改为【T0606】，【名称】修改为【ROUGH_BORE_ID-1】，如图 12-62 所示，单击【确定】按钮，弹出【粗镗内孔】对话框。

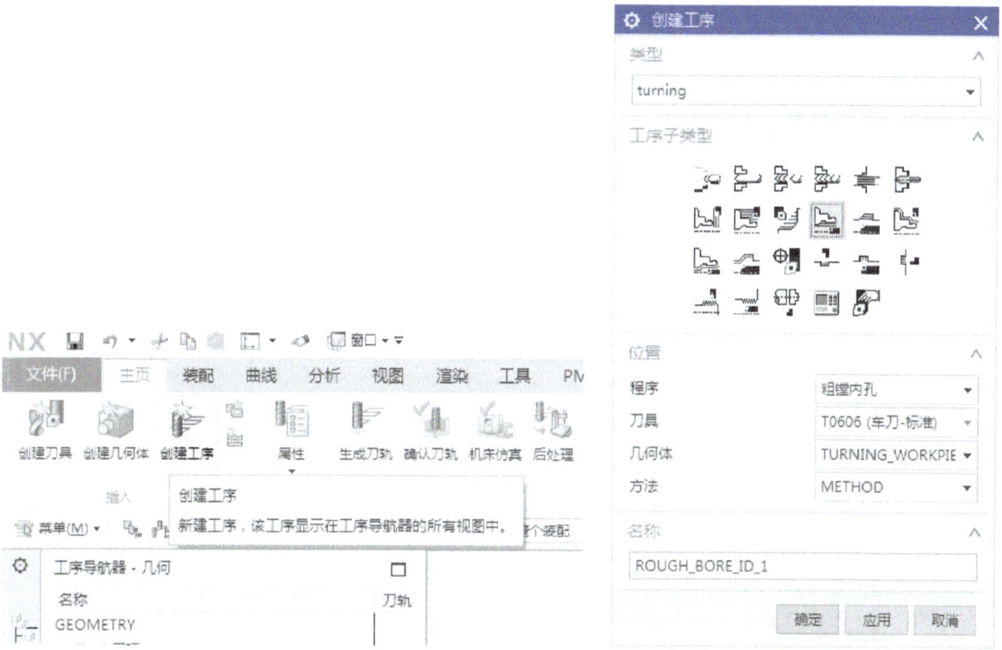

图 12-62　创建工序

2. 在【粗镗内孔】对话框中单击【指定切削区域】选项，弹出【切削区域】对话框，选择图 12-63中点作为修剪点，单击【确定】按钮，返回【精镗内孔】对话框。

3. 在【切削策略】选项下【策略】下拉列表框中选择【全部精加工】选项，单击【刀轨设置】展开箭头，【刀轨设置】参数设置如图 12-64 所示。

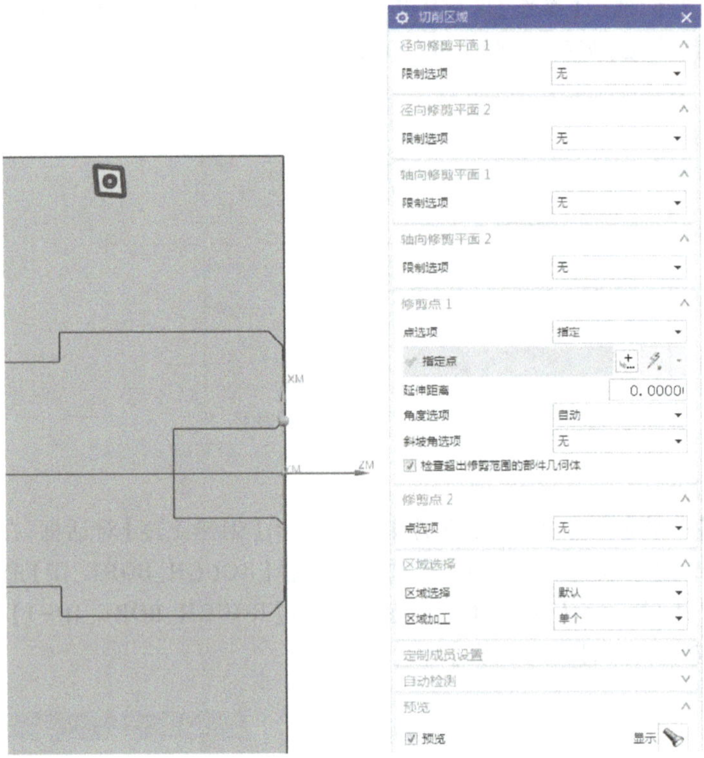

图 12-63　指定切削区域

4. 单击【切削参数】设置图标，弹出对话框，参数设置如图 12-65，部件余量留 0.15 mm，其余保持默认不变。

图 12-64　设置切削策略和刀轨设置

图 12-65　设置切削参数

5. 单击【非切削移动】设置图标，弹出【非切削移动】对话框，设置【进刀类型】为【线性-自动】选项，【逼近】方式为【运动到起点】，起点坐标为图中的点，【离开】方式与【逼近】相同，如图 12-66 所示。

6. 单击【进给率和速度】图标，弹出对话框，将【主轴速度】设为【1500】rpm，【切削】设为

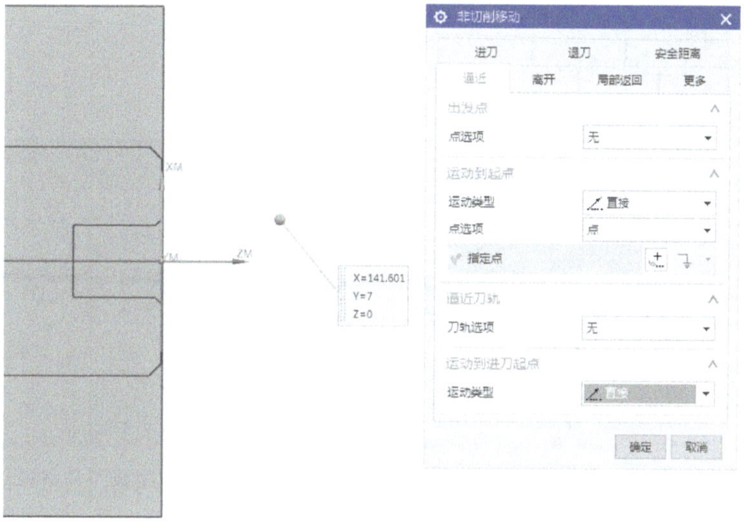

图 12-66　设置非切削移动

【0.08】mmpr,如图 12-67 所示,单击【确定】按钮,完成【进给率和速度】参数的设置,返回【粗镗内孔】对话框。

7. 在【粗镗内孔】对话框中【操作】区域中单击【生成】图标,生成刀轨,查看生成的刀轨,单击【确定】按钮,接受生成的刀轨,如图 12-68 所示,完成零件的粗加工。

图 12-67　设置进给率和速度

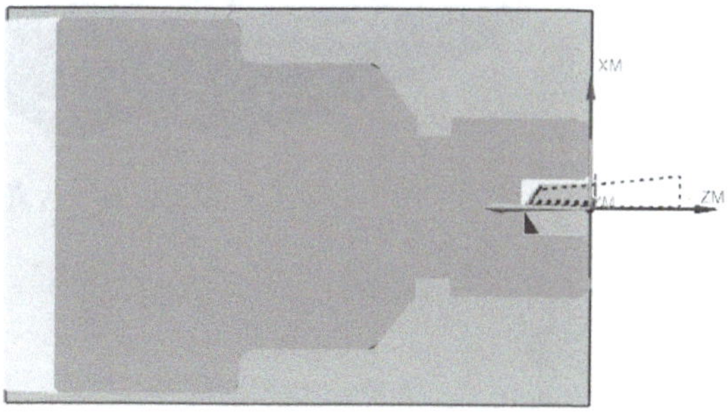

图 12-68　生成刀具路径

(八) 精镗内孔

1. 复制【ROUGH_BORE_ID】程序并粘贴,将余量设置为 0,刀轨设置如图 12-69 所示。

2. 在【精镗内孔】对话框中【操作】区域中单击【生成】图标,生成刀轨,查看生成的刀轨,单击【确定】按钮,接受生成的刀轨,如图 12-70 所示,完成零件的精加工。

图 12-69　刀轨设置

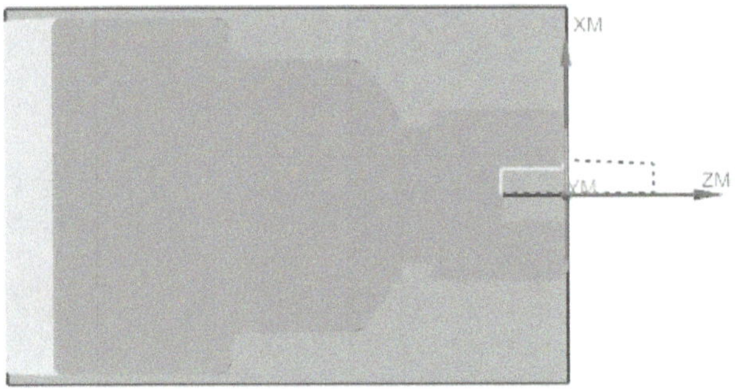

图 12-70　生成刀具路径

四、仿真加工

在【工序导航器-几何】视图中单击【NC_PROGRAM】父节组，在【操作】工具条中单击【确认刀轨】图标，弹出【刀轨可视化】对话框选择【3D 动态】选项卡，单击【播放】按钮，进行工件的加工仿真，结果如图 12-71 所示。

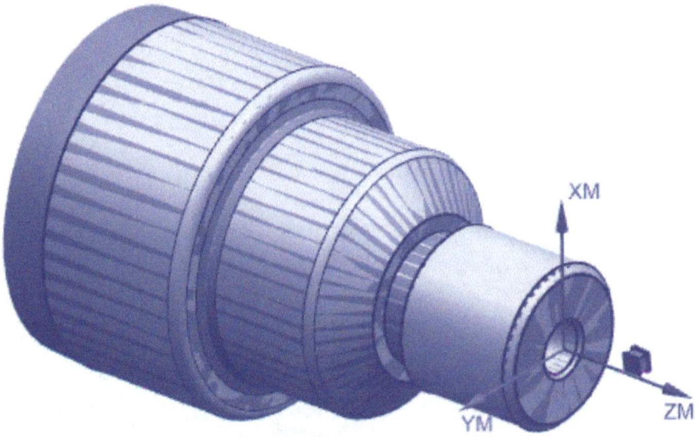

图 12-71　仿真结果

专家点拨

1. 在编制任何一个零件的加工程序前，必须要仔细分析零件图样和零件模型，并编制合理的加工工艺。

2. 在 NX CAM 中编制零件程序时，要考虑零件的装夹。一般对于轴类零件的小批量生产，可以采用加长毛坯以供夹持的方式，待一端全部加工完后，反身装夹，车去夹持部分，只需保证总厚即可。

3. 在粗加工时原则为尽可能提高加工效率，精加工时要保证质量。

4. 为保证孔加工精度，采用粗镗、精镗方式保证孔精度。

课后训练

根据图 12-72 零件的特征，制定合理的工艺路线，设置必要的加工参数、生成刀具路径、通过相应的后处理生成数控加工程序，并仿真加工零件。

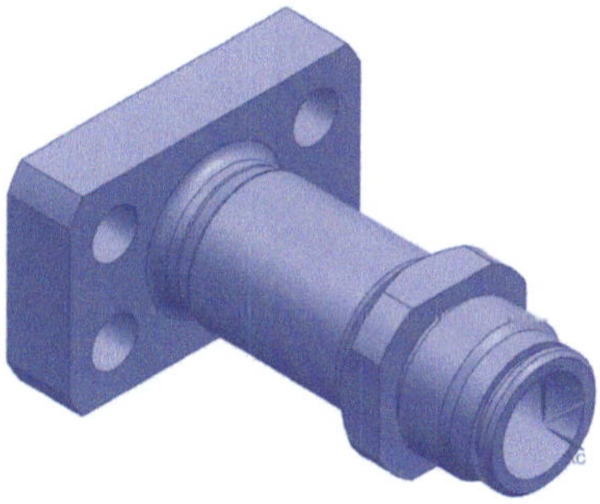

图 12-72　零件

拓展项目

项目13

玩具相机凸模的数控编程与仿真加工

学习目标

能力目标：能运用 NX 软件完成玩具相机凸模的编程与仿真加工。

知识目标：掌握型腔铣几何体设置。

掌握固定轴区域轮廓铣几何体设置。

掌握清根加工几何体设置。

掌握非切削运动设置方法。

素质目标：激发学生的学习兴趣，培养团队合作和创新精神。

项目导读

注塑模具中的成型件凸模是整个模具中的核心零件之一，也是数控加工中出现频率较高的一类零件，凸模的加工精度和质量将直接影响塑料件的精度和质量，因此凸模加工是整个模具制造的核心。这类零件的特点是形状比较复杂，零件整体外形成块状，零件上一般会有曲面、台阶、圆弧面等特征。在编程与加工过程中要特别注意曲面和过渡小圆弧面的加工质量和表面粗糙度。

项目内容

资料 项目内容

微课 加工准备

微课 零件粗加工

知识点微课 零件粗加工

微课 零件半精加工

知识点微课 零件半精加工

微课 零件精加工

知识点微课 零件精加工

项目 14

模型的数控编程与仿真加工

学习目标

能力目标：能运用 NX 软件完成模型的编程与仿真加工。
知识目标：掌握五轴铣削几何体设置。
掌握驱动面构建方法。
掌握五轴驱动方法设置。
掌握五轴切削方向等参数的控制。
素质目标：激发学生的学习兴趣，培养团队合作和创新精神。

项目导读

在玩具制造业中，经常会加工各种形状的模型，这些物品一般形状比较复杂，本项目中的模型就是一个典型案例，由于其零件形状的特殊性，采用车削或者三轴铣削都没法完成零件加工，因此只能采用多轴加工。

项目内容

资料　项目内容

微课　加工准备、零件粗加工

微课　零件精加工、仿真加工

项目15

杯的数控编程与仿真加工

学习目标

能力目标：能运用 NX 软件完成杯的编程与仿真加工。

知识目标：掌握 NX CAM 车铣复合的基本操作流程。

掌握端面车削加工几何体设置、参数设置等。

掌握外径加工几何体设置、参数设置等。

掌握端面开槽几何体设置、参数设置等。

素质目标：激发学生的学习兴趣，培养团队合作和创新精神。

项目导读

杯形零件毛坯为棒料，这类零件的特点是结构比较简单，零件整体外形成轴状，主要包含杯外形面和方头等特征，在加工时要注意加工面的精度和表面粗糙度。

项目内容

资料 项目内容

微课 加工准备、外形加工

微课 方头加工、仿真加工

参考文献

[1] 戴国洪.SIEMENS NX 6.0(中文版)数控加工技术[M].北京:机械工业出版社,2007.

[2] 张喜江.多轴数控加工中心编程与加工技术[M].北京:化学工业出版社,2004.

[3] 陆启建,褚辉生.高速切削与五轴联动加工技术[M].北京:机械工业出版社,2010.

[4] 常赟.多轴加工编程及仿真应用[M].北京:机械工业出版社,2011.

[5] 贺琼义.CAD/CAM软件多轴数控编程[M].北京:国防工业出版社,2012.

读者意见反馈

为收集对教材的意见建议，进一步完善教材编写并做好服务工作，读者可将对本教材的意见建议通过如下渠道反馈至我社。

咨询电话　400-810-0598

反馈邮箱　gjdzfwb@pub.hep.cn

通信地址　北京市朝阳区惠新东街4号富盛大厦1座

高等教育出版社总编辑办公室

邮政编码　100029